白虹 编著

图解

二十四 节气

知识

北京联合出版公司
Beijing United Publishing Co.,Ltd.

图书在版编目（CIP）数据

图解二十四节气知识 / 白虹编著 . —北京 : 北京联合出版公司 , 2016.2（2022.3 重印）

ISBN 978-7-5502-7136-4

Ⅰ . ①图… Ⅱ . ①白… Ⅲ . ①二十四节气 – 图解Ⅳ . ① P462-64

中国版本图书馆 CIP 数据核字（2016）第 020947 号

图解二十四节气知识

编　　著 : 白　虹

出 品 人 : 赵红仕

责任编辑 : 闻　静　徐秀琴

封面设计 : 韩立强

内文排版 : 盛小云

插图绘制 : 李宇譞　李　腾

封面供图 : 摄图网

北京联合出版公司出版

（北京市西城区德外大街 83 号楼 9 层　100088）

鑫海达（天津）印务有限公司印刷　新华书店经销

字数 650 千字　720 毫米 ×1020 毫米　1/16　28 印张

2018 年 11 月第 2 版　2022 年 3 月第 4 次印刷

ISBN 978-7-5502-7136-4

定价 : 78.00 元

前言

　　二十四节气知识是中华民族传统文化的重要组成部分，自古流传至今，广泛地影响着我国广大劳动人民的生产和生活。"春雨惊春清谷天，夏满芒夏暑相连，秋处露秋寒霜降，冬雪雪冬小大寒。"这首《二十四节气歌》在我国民间广为流传，可谓妇孺皆知，二十四节气的影响由此可见一斑。

　　二十四节气也是我国独创的传统历法，是我国历史长河中不可多得的瑰宝，上至风雨雷电，下至芸芸众生，包罗万象。在长期的生产实践中，我国劳动人民通过对太阳、天象的不断观察，创造出了节气这种独特的历法。经过不断地观察、分析和总结，节气的划分逐渐丰富和科学，到了距今两千多年的秦汉时期，二十四节气已经形成了完整的概念，并一直沿用至今。

　　起初，二十四节气及其相关的历法是为农业生产服务的。比如"芒种"这个节气，说的是这个时期小麦、大麦等有芒作物已经成熟，要抓紧时间收割。同时也是有芒的谷类作物（如谷、黍、稷等）播种的最佳时期，倘若耽搁了就有可能造成歉收。在这一时期，农民既要抢收，又要播种，是一年之中最忙的季节，因此节气又称"忙种"。渐渐地，人们发现二十四节气还影响着我们生活的其他方面，包括饮食、起居、养生、节日民俗等。科学证明，二十四节气的各个节气对人身体的影响不同，在各个节气中身体上都会出现不同的生理现象，人们根据身体的状况采取健身或是饮食的方式加以保养或是改善，使身体达到健康的状态。由此可以看出，二十四节气的影响是渗透到生活中的各个方面的。

　　二十四节气之中更是蕴涵着丰富的中华传统文化。北宋著名哲学家程颢有一首题为《偶成》的诗，诗中说："闲来无事不从容，睡觉东窗日已红。万物静观皆自得，四时佳兴与人同。道通天地有形外，思入风云变态中。富贵不淫贫贱乐，男儿到此是豪雄。"这是用自然的法则来表达人生的哲理。无论是"静观万物"，还是享受春夏秋冬"四时佳兴"，人生的道理都是一样的。要想达到"天人合一"的境界，必须按自然规律办事。从这个意义上说，二十四节气在讲述气象变化的同时，也在讲述人与自然的关系、人与人的关系，更是在讲述人类生存的基本法则。

　　二十四节气直接和间接地影响着每一个人，人们总是在时间的交替中生活，随着季节的变化而改变着，这些都与二十四节气有关。太阳的升落，月亮的圆缺，这些自然现象和二十四节气都是分不开的。随着科技的发展、生活水平的提高，人们对于自然界和自身联系的认识也更加深刻，于是二十四节气对人们来说就更为重要。不论你去到地球上的任何国度和地区，只要是中华儿女，就会有二十四节气相随而至。不但如此，受中华文化影响的地区和人们也都有二十四节气伴随他们。

由此可见，了解二十四节气知识，对于传承中华传统文化、服务百姓日常生活都非常重要。

鉴于此，我们精心编写了《图解二十四节气知识》一书。书中首先详细介绍了二十四节气的起源，以及与之相关的历法、季节、物候、节令等内容，接着按照春、夏、秋、冬的顺序介绍各个季节的节气知识，包括农事特点、农历节日、民风民俗、民间宜忌、饮食养生、药膳养生、起居养生、运动养生、常见病食疗防治、民间谚语、诗词鉴赏等，多方位解读二十四节气，带领读者领略传统文化的精髓。

这是一本浓缩了中华传统文化精华的知识宝库，又是一部极其实用的生活必备书、休闲书，集知识性、实用性、趣味性、科学性于一体；既可以开阔视野、丰富知识储备、提高人文修养，也能使读者能够在工作中、休息时，无论身处何地都可以快速地汲取知识的营养。全书覆盖面大、涉猎面广，具有极强的参考性和指导性，一书在手，让你尽览中国传统文化风貌。

目录

第一篇

二十四节气

——中国独有的一种历法

第一章

二十四节气来历：始于春秋，立于秦汉

早在春秋战国时代，人们就有了日南至、日北至的概念。先秦时期，人们知道了表示冷热和四季的几个主要节气：夏至、冬至、春分与秋分。随着劳动人民的不断发明和研究，二十四节气逐渐确定和完整起来，于秦汉年间，二十四节气完全确立。

二十四节气的丰富内涵

我国广大农民群众春播、夏管、秋收、冬藏，都是按照二十四节气来安排的。一年中气候冷热的变化，对于农业生产有着很大的影响。我国大部分地区处在温带，气候冷热变化很大。劳动人民为了农业生产上的需要，创造了二十四节气。在二十四节气中，表示四季变化的有立春、春分、立夏、夏至、立秋、秋分、立冬、冬至八个节气名称；表示天气变化的有雨水、谷雨、小暑、大暑、处暑、白露、寒露、霜降、小雪、大雪、小寒、大寒十二个节气名称；表示农事和其他的有惊蛰、清明、小满、芒种四个节气名称。

古代，人们按照太阳在黄道（即地球围绕太阳公转的轨道）上的位置来划分二十四节气。太阳从黄经零度算起，沿黄经每运行15°所经历的时日称作一个节气。每年运行360°，共经历24个节气，每个月有两个节气。其中，每月第一个节气叫"节气"，即立春、惊蛰、清明、立夏、芒种、小暑、立秋、白露、寒露、立冬、大雪和小寒；每月的第二个节气叫"中气"，即雨水、春分、谷雨、小满、夏至、大暑、处暑、秋分、霜降、小雪、冬至和大寒。"节气"和"中气"交替出现，各经历时日15天，后来人们习惯把"节气"和"中气"统称为"节气"。

二十四节气的科学合理测定

广大农民群众为了搞好农业生产，在远古时期就很重视掌握农时。因为只有掌握了农时，才能按照农时从事农事活动，才能够获得较好的收成。掌握农时就是掌握节气气候的变化规律。最初人们是从观察"物候"入手，根据观察自然界生物和非生物对节气气候变化的反应现象，从而掌握节气气候特征。最初，人们以物候为依据从事农事活动。大约在距今 6000 年的黄帝（轩辕）时代，根据候鸟的迁徙特点，已初制"物候历"。

在较早的古历书《夏小正》中有关于物候的详细记载。《夏小正》全书虽然只有五百余字，却以全年十二个月为序，记载了每月的天象、物候、民事、农事、气象等方面的详细内容，说明我国古人对于星辰，特别是北斗的变化规律的研究已经达到了一定的水平。

二十四节气的含义

立冬——冬季的开始。
小雪——开始下雪。
大雪——降雪量将会增多，地面可能会有积雪。
冬至——寒冷的冬天来临。
小寒——气候开始寒冷。
大寒——一年中最寒冷的时候。

立秋——秋季的开始。
处暑——炎热的暑天即将结束。
白露——天气转凉，露凝而白。
秋分——昼夜平分。
寒露——露水已寒，将要结冰。
霜降——天气渐冷，开始有霜。

立春——春季开始。
雨水——降雨开始，雨量渐增。
惊蛰——春雷乍动，惊醒了蛰伏在泥土中冬眠的动物。
春分——分是平分的意思，表示昼夜平分。
清明——天气晴朗，草木繁茂。
谷雨——雨量充足而及时，谷类作物能够茁壮成长。

立夏——夏季的开始。
小满——麦类等夏熟作物籽粒开始饱满。
芒种——麦类等有芒作物成熟。
夏至——炎热的夏天来临。
小暑——天气慢慢开始变热。
大暑——一年中最热的时候。

后来，人们发现以物候来掌握节气气候并不准确。于是人们便求助于对天象的观测，通过观测星象的变化，找出了星象和节气变化的规律，如在《鹖冠子》中有关于北斗星斗柄的指向记载："斗柄东指，天下皆春，斗柄南指，天下皆夏，斗柄西指，天下皆秋，斗柄北指，天下皆冬。"

紧接着人们又发现，以"天象"观测来掌握节气气候，仍然显得比较粗疏、不够精确。到了距今 2700 多年的春秋时期，人们意识到人的影子长短可能与太阳的位置和气候变化有某种关联。劳动人民经过反复地实践探索，最终用土圭测量出太阳对晷针所投影子的长短，即用土圭测日影的方法确定了春分、秋分、夏至和冬至节气的准确日期。

二十四节气的形成与发展

1. 黄帝时代根据候鸟迁徙制定的"物候历"是二十四节气的原型。

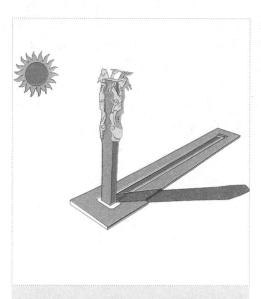

3. 春秋时期，人们通过土圭测日影的方法测定了四季和"二分二至"，进一步丰富了二十四节气。

2. 后来，人们通过观察星象变化，进一步丰富了"物候历"。

土圭测日影就是利用直立的杆子在正午时刻测其影子的长短，据此，人们把一年中影子最短的一天确定为"夏至"，最长的一天确定为"冬至"；两至中间（"冬至"到"夏至""夏至"到"冬至"）影子为长短之和一半的两天，分别定义为"春分"和"秋分"。

随着"两至""两分"的确定，立春、立夏、立秋、立冬——表示春、夏、秋、冬四季开始的四个节气也相继确定。这样，"四立"加上"两分""两至"，恰好把一年分为八个基本相等的时段，把四季的时间范围定了下来。《吕氏春秋》十二纪中详细记载了八个节气，而且还有许多关于温度、降水变化的内容，以及温度、降水变化所影响的自然物候现象等。

随着铁制工具的普遍使用和农田水利灌溉的大发展，农事活动日益精细与复杂，耕地面积日益扩大，这就使得在对天时的掌握上，要有更多的主动性和预见性，以便及时采取措施。于秦汉时代，黄河中下游地区的人们根据本区域历年气候、天气、物候，以及农业生产活动的规律和特征，先后补充确立了其余十六个节气：雨水、惊蛰、清明、谷雨、小满、芒种、小暑、大暑、处暑、白露、寒露、霜降、小雪、大雪、小寒、大寒。至此，历时三四千年，终于形成了完整的二十四节气。西汉《淮南子》一书就详细记载了完整的二十四节气内容。

从此以后，人们对二十四节气的探索随着生产力的提高而发展前进。对于那些对农业生产有特别意义的时段，有了更细致的阐述，并且在不同气候和农业生产特点的地区应用时，产生出大量的农谚、民谣。

第二章

二十四节气和历法：太阳历、太阴历和阴阳合历

节气与太阳历

太阳历是世界上大多数国家、地区和民族通用的历法，简称阳历。

太阳历是基于地球环绕太阳运行的规律制定的。人们把地球环绕太阳运动一周所需的时间称为一个"回归年"，即太阳历的一年。起初确认一个回归年是 365 日，随后人们经过科学的精密计算，确定一回归年是 365 日 5 小时 48 分 46 秒。

大约在公元前 4000 年时，太阳历形成于古埃及。古埃及人依据天狼星的出现和尼罗河泛滥的周期规律，计算出一年是 365 天，分 12 个月，每月 30 天，多余的 5 天为年终节日，这就是古埃及的太阳历，也就是西方最早发明的太阳历。

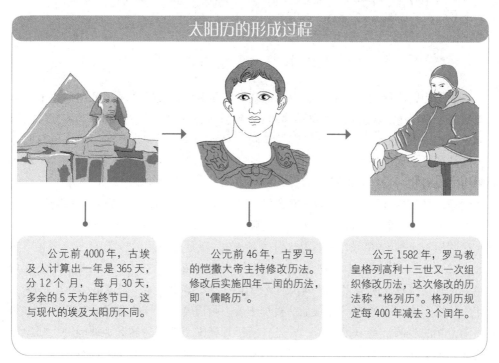

太阳历的形成过程

公元前 4000 年，古埃及人计算出一年是 365 天，分 12 个月，每月 30 天，多余的 5 天为年终节日。这与现代的埃及太阳历不同。

公元前 46 年，古罗马的恺撒大帝主持修改历法。修改后实施四年一闰的历法，即"儒略历"。

公元 1582 年，罗马教皇格列高利十三世又一次组织修改历法，这次修改的历法称"格列历"。格列历规定每 400 年减去 3 个闰年。

古埃及的太阳历经过两次组织修改，才形成当今世界通用的太阳历。第一次是在公元前 46 年，古罗马的恺撒大帝主持修改历法。以古埃及的太阳历为基础，修改后实施四年一闰，即"恺撒历"。第二次是在公元 1582 年，罗马教皇格列高利十三世又一次组织修改历法，这次修改的历法称"格列历"。格列历规定每 400 年减去 3 个闰年，也就是当今世界广泛应用的太阳历，即公历。

埃及的太阳历一年有 12 个月、1、3、5、7、8、10、12 月为大月，大月为 31 天；2、4、6、9、11 月为小月，小月中除 2 月份外均为 30 天。2 月份平年是 28 天，闰年（四年一闰）是 29 天。公历纪元，相传是以耶稣基督诞生年为元年。中国于公元 1912 年（民国元年）正式开始采用公历。

二十四节气也是太阳历。按照历法的定义，二十四节气也是一种历法，可以称为"节气历"，它和古埃及的太阳历可谓并驾齐驱。先民们通过土圭观察日影的变化确立了"二至""二分"节气，又通过"二至""二分"节气的回归，计算得出了一个回归年大约是 365 ~ 366 天的论断；之后又根据日影长短变化的规律，结合气候寒暑变化的规律，相继确定了"四立"节气。仅凭这"二至""二分""四立"八个节气，便勾画出了一年四季完整的图像。

《尧典》说："三百有六旬有六日，以闰月定四时，成岁。"鉴于节气历是依据日影变化的规律所制定，又能直接表达一年四季的轮回，后来又发展为 15 天左右一个节气，一周年为 12 个月，等等。

节气与太阴历

太阴历，简称阴历。据可靠史料记载，世界上一些文明古国，都是在数千年前先后制定和运用了太阴历。我国在 4200 多年前便有了太阴历。太阴历是依据月相的变化周期来制定的，比较直观，容易掌握，故为世人最先采用。我国的先民们把月亮圆缺的一个周期称为一个"朔望月"，把完全见不到月亮的一天称"朔日"，定为阴历的每月初一；把月亮最圆的一天称"望日"，为阴历的每月十五（或十六）。从朔到望，是朔望月的前半月；从望到朔，是朔望月的后半月；从朔到望再到朔为阴历的一个月。一个朔望月为 29 天半，实际上是 29 天 12 小时 44 分 3 秒。

阴历一年有 12 个月，单月是大月（30 天），双月是小月（29 天），全年共有 354 天。12 个朔望月共为 354.367 天，二者一年相差 0.367 天。若不予以调整，经过 40 年后，其朔望日期便会完全颠倒。因此阴历需要安排"闰年"来调整，办法是每 30 年中给规定的 11 年中的每年最后一月加 1 天。阴历经过这样的自我调整以后，每 30 年和月相的步调只差 16.8 分了。并且，由于月亮围绕地球运转和地球围绕太阳运转均非匀速运转，为保持朔日必须在阴历每月初一，也要进行必要的调整。因此，有时会出现连续两个阴历大月或连续两个阴历小月的情况。

阴历在日常生活中的应用

现在虽然人们大多时候都用公历来计算日期，可是阴历在日常生活中还是有着很多的应用。

记述传统节日。

推测潮汐日期和时间。

指导农作物的收种与管理。

指导人们穿衣、起居、进食等养生活动。

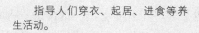

指导婚丧嫁娶的择日。

节气和阴历是我国古代的太阳历和太阴历。传说它们同时产生于4000年前夏朝的前期，当时曾一度对两种历法分别并用。用节气历来记述一年之中寒暑、季节、气候、物候，以及农事时段的演变规律和特征；运用阴历主要记述月、日时段，如每月的初一、十五以及诸多的民族祭祀日期，如春节、元宵节、端午节、七夕节、中秋节、重阳节，以及除夕等。沿海地区的人们根据阴历月相判断海洋的潮汐日期和时间等。

直到今天，在我国还有不少人仍然将节气和阴历分别并用。

节气与阴阳合历

把太阴历和太阳历二者配合起来的历法叫作"阴阳合历"。在我国的夏朝后期，将阴历和节气历结合起来制定了"阴阳合历"。阴历改革成阴阳合历，其具体改进之处，是运用节气历给阴历设置闰月的办法。

一个节气历一年是365天，而阴历的一年是354天，二者一年相差11天，经过一定年限后，寒暑的日期在阴历的年月中则完全颠倒。改进的方法是给阴历增加天数、设置闰月，设置闰月的阴历年份称作"闰年"。

刚开始采取三年一闰，但还剩下三四天；后采取五年两闰，却又超过了四五天；又采取八年三闰，仍差两天。经过反复观测实践，终于确定了"十九年七闰"的办法。那么"十九年七闰"，闰月设置在哪年哪月呢？经过验证考虑，闰月设置于阴历的年、月份中没有"中气"的月份。

由于节气的相间日数是15天左右，而阴历的一个月是29.5天，因而在阴历月份里的节气日则逐年逐月向后移动。大约每过2.8年，就有一个月的"中气"移出该月的月末，形成该月没有"中气"的情况，这就是无中气的月份。于是便以此月为闰月，并以紧靠的上一月的月号为闰月的月号。例如，紧靠的上一月是阴历的四月，那么闰月便是闰四月。其他的调整办法依次类推。

在阴历每次经过十九个年份中，会出现七个年份中有一个月没有"中气"，于是在十九年中设七个闰月，即七个闰年，这就是"十九年七闰"的由来。将阴历和节气历相结合，设置闰年闰月、十九年七闰，最大的好处是使阴历的年月变化和寒暑的变化基本协调一致，将不会出现"寒冬"腊月挥扇过春节，穿着棉衣过"三伏"的现象。

节气在阳历、农历中的日期

最早的农历是《夏小正》，从汉武帝的《太初历》规定了二十四节气的起始时间，以夏历为统一的历法，形成了农历，一直沿用至今。二十四节气和阳历历法，均是基于地球绕太阳运行的周期规律确定的。因此，二十四节气在阳历月份中的日

节气在阳历中的日期

二十四节气在阳历日期中是相对稳定的，变化不大，对应时间见下图。

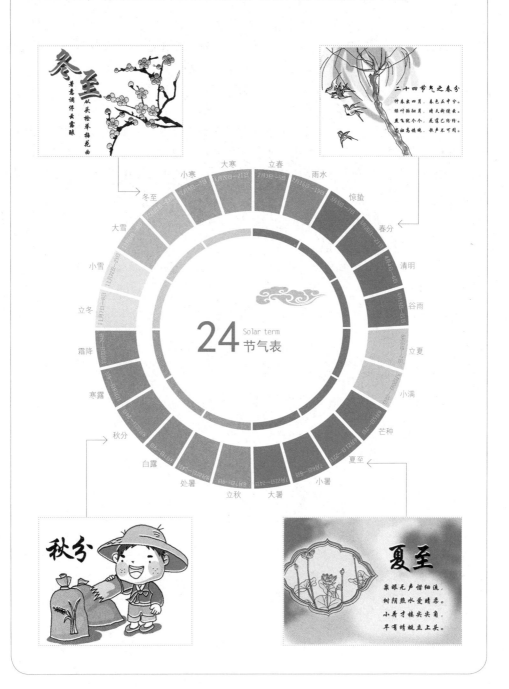

期是相对稳定的，变动不大。

二十四节气反映了太阳的周年规律运动。因此，节气在现行的阳历中的日期基本上是固定的，上半年在每个月的 6 日或 21 日，下半年在每个月的 8 日或 23 日，前后相差 1 ~ 2 天。

二十四节气在农历月份中的日期相对不稳定，历年变动较大。因为农历的月、日是以月相来确定的，12 个月只有 354 天，逢闰年，又增加了 29 天或 30 天。因此，二十四节气在农历中的日期变动很大，同一节气日甚至相差二十余天，不同年会在不同的月份，比较紊乱，不易记忆，应用起来不是很方便。

例如，立春节气日在阳历中均是 2 月 4 日，但是在农历中的日期变化很大，有的在正月的初一到十五日，有的在十二月的十六到二十九日。如果遇到闰年，则是正月和十二月两头立春；闰年的第二年，农历全年又没有立春节气，或者只是到了农历十二月才有立春节气；农历闰年后的第三年又恢复到仅在正月有立春节气等现象。

第三章

二十四节气和季节：四季的形成和四季季节风

二十四节气气温变化形成四季

四季一般是根据二十四节气来划分的：把从低气温走向高气温的季节叫作春季，把气温高的季节叫夏季；把从高气温走向低气温的季节叫作秋季，把气温低的季节叫作冬季。

春季——由立春开始，到立夏止。包括：农历正月、二月、三月；阳历二月、三月、四月。

夏季——由立夏开始，到立秋止。包括：农历四月、五月、六月；阳历五月、六月、七月。

秋季——由立秋开始，到立冬止。包括：农历七月、八月、九月；阳历八月、九月、十月。

冬季——由立冬开始，到立春止。包括：农历十月、十一月、十二月；阳历十一月、十二月、一月。

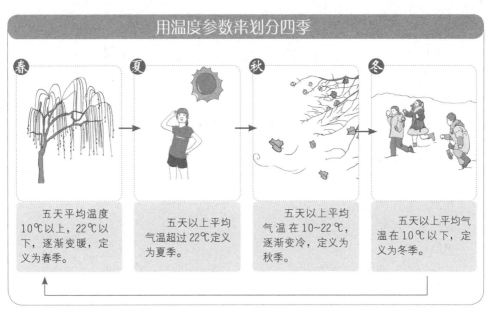

用温度参数来划分四季

春 五天平均温度10℃以上，22℃以下，逐渐变暖，定义为春季。

夏 五天以上平均气温超过22℃定义为夏季。

秋 五天以上平均气温在10~22℃，逐渐变冷，定义为秋季。

冬 五天以上平均气温在10℃以下，定义为冬季。

在现实生活中，春、夏、秋、冬四季在我国各地区开始的时间并不相同，四季的长短也不一致。例如，有些地区4月中旬就进入炎热的夏天了，而有些地区到5月初才感到春暖。这与按照节气划分的季节相差很大。

二十四节气和四季季节风

由于中国东部沿海与太平洋相邻，西南部又与印度洋相距不远，再加上大气环流的作用、海陆热力性质的差异以及冬夏盛行风带的南北推移，形成了明显且普遍的季风现象，并对一年中的节气变换产生了较大的影响。

关于季风现象，古人早有较为详细的记载。《史记·律书》中有著名的"八方位风"在不同月份吹来的描述："不周风居西北……十月也；广莫风居北方……十一月也；条风居东北……正月也；明庶风居东方……二月也；清明风居东南维……四月也；景风居南方；凉风居西南维……六月也；阊阖风居西方……九月也。"由此证明，古人早已经认识到一年四季中冬季吹偏北风，春季吹偏东风，夏季吹偏南风，秋季吹偏西风。《淮南子·天文训》中有以"方位风"对应"八风"的明确记述："距日冬至四十五日条风至；条风至四十五日，明庶风至；明庶风至四十五日，清明风至；清明风至四十五日，景风至；景风至四十五日，凉风至；凉风至四十五日，阊阖风至；阊阖风至四十五日，不周风至；不周风至四十五日，广莫风至。"可见，古人对季风现象的研究是不间断的。

有关季节风（八节风）的风名、风向、控制的节气与时间详情如下：

（1）春季季节风

①风名：条风。

风向：东北。

控制的节气与时间：控制立春、雨水、惊蛰三个节气，约45天。

②风名：明庶风。

风向：东。

控制的节气与时间：控制春分、清明、谷雨三个节气，约45天。

（2）夏季季节风

①风名：清明风。

风向：东南。

控制的节气与时间：控制立夏、小满、芒种三个节气，约45天。

②风名：景风。

风向：南。

控制的节气与时间：控制夏至、小暑、大暑三个节气，约45天。

（3）秋季季节风

①风名：凉风。

风向：西南。

控制的节气与时间：控制立秋、处暑、白露三个节气，约45天。

②风名：阊阖风。

风向：西。

控制的节气与时间：控制秋分、寒露、霜降三个节气，约45天。

（4）冬季季节风

①风名：不周风。

风向：西北。

控制的节气与时间：控制立冬、小雪、大雪三个节气，约45天。

②风名：广莫风。

风向：北。

控制的节气与时间：控制冬至、小寒、大寒三个节气，约45天。

季风对我国的影响

我国大部分地区有明显的季风现象，四季季风对一年中的气候有重要的影响。

夏季高温多雨

冬季寒冷干燥

我国的气温比同纬度的其他地区要高，而且夏季降水集中，雨量充沛。

在冬季，我国大部分地区受冬季季风影响，气温偏低，降水量小。

因此，我国降水的季节变化和年际变化大，降水不稳定。

第四章

二十四节气与物候：七十二候和二十四番花信风

二十四节气和七十二候

二十四节气不但在历法方面有所创造表现，而且与节气物候也有密切的联系。为了科学、有效、更切合实际地划分、界定二十四节气，也为了寻找到各个节气之间相互衔接、起始的"物化标志"，于是便有了从时序上，每月六候（候：古代以一候为五日，具体用鸟兽草木等的变动来验证月令的变易）、一年七十二候的区分，从而出现了各种应时的"物候现象"。

七十二候的基本内容：

（1）立春

初候，东风解冻；二候，蛰虫始振；三候，鱼陟负冰。

（2）雨水

初候，獭祭鱼；二候，候雁北；三候，草木萌动。

（3）惊蛰

初候，桃始华；二候，仓庚鸣；三候，鹰化为鸠。

（4）春分

初候，元鸟至；二候，雷乃发声；三候，始电。

（5）清明

初候，桐始华；二候，田鼠化为鴽；三候，虹始见。

（6）谷雨

初候，萍始生；二候，鸣鸠拂其羽；三候，戴胜降于桑。

（7）立夏

初候，蝼蝈鸣；二候，蚯蚓出；三候，王瓜生。

（8）小满

初候，苦菜秀；二候，靡草死；三候，麦秋至。

（9）芒种

初候，螳螂生；二候，鵙始鸣；三候，反舌无声。

（10）夏至

初候，鹿角解；二候，蜩始鸣；三候，半夏生。

（11）小暑

初候，温风至；二候，蟋蟀居壁；三候，鹰始击。

（12）大暑

初候，腐草为萤；二候，土润溽暑；三候，大雨时行。

七十二候的形成

七十二候既是对古代长期社会生产、生活实践经验的感性认识的总结，又是古代农学、天文学、气象学、物候学等领域的重要科研成果。

农学

二十四节气一直在我们国家传统农业当中占有重要地位，农事活动基本上是按照二十四节气的要求、含义、变化进行指导生产的。

天文学

古人根据太阳一年内的位置变化以及由此引起的地面气候的演变次序，把一年分成24段，分列在十二个月中，以反映四季、气温、物候等情况。

物候学

它主要通过观测和记录一年中植物的生长荣枯、动物的迁徙繁殖和环境的变化等，也反映气候条件对于生物的影响。应用在农事活动里，比较简便，容易掌握。

气象学

古代人们没有现代仪器，依然可以根据规律准确预报天气，二十四节气也是他们的依据之一。

（13）立秋

初候，凉风至；二候，白露降；三候，寒蝉鸣。

（14）处暑

初候，鹰乃祭鸟；二候，天地始肃；三候，禾乃登。

（15）白露

初候，鸿雁来；二候，元鸟归；三候，群鸟养羞。

（16）秋分

初候，雷始收声；二候，蛰虫坏户；三候，水始涸。

（17）寒露

初候，鸿雁来宾；二候，雀入大水为蛤；三候，菊有黄华。

（18）霜降

初候，豺祭兽；二候，草木黄落；三候，蛰虫咸俯。

（19）立冬

初候，水始冰；二候，地始冻；三候，雉入大水为蜃。

（20）小雪

初候，虹藏不见；二候，天气上升，地气下降；三候，闭塞而成冬。

（21）大雪

初候，鹖鴠不鸣；二候，虎始交；三候，荔挺出。

（22）冬至

初候，蚯蚓结；二候，麋角解；三候，水泉动。

（23）小寒

初候，雁北乡；二候，鹊始巢；三候，雉雊。

（24）大寒

初候，鸡乳育也；二候，征鸟厉疾；三候，水泽腹坚。

农历十二个月候应姊妹花

人们根据农历十二个月的花开花落编成《十二姊妹花》歌谣，这也是对农历十二个月候应姊妹花最恰当不过的阐释：

正月梅花凌寒开；

二月杏花满枝来；

三月桃花映绿水；

四月蔷薇满篱台；

五月石榴红似火；

四季对应的鲜花

我国地大物博，一年四季都有鲜花盛开，各色的鲜花把环境装点得十分美丽。

春

正月梅花

二月杏花

三月桃花

"闻道梅花坼晓风，雪堆遍满四山中"，茫茫白雪中，朵朵红梅更耀眼。

"暖气潜催次第春，梅花已谢杏花新"，乍暖还寒的时候正是杏花盛开的时节。

"寻得桃源好避秦，桃红又见一年春"，当桃花盛开，也就表示春天来了。

夏

四月蔷薇

五月石榴

六月荷花

"朵朵精神叶叶柔，雨晴香拂醉人头"，满墙的蔷薇花似玫瑰般艳丽。

"五月榴花照眼明，枝间时见子初成"，满树的石榴花红似火，预示着即将到来的夏季。

"接天莲叶无穷碧，映日荷花别样红"，夏日的荷花别样的艳丽动人。

七月凤仙花

八月桂花

九月菊花

秋

"九苞颜色春霞萃，丹穴威仪秀气弹"，舞动的凤仙花给人们带来了美丽。

"花团夜雪明，叶翦春云绿"，桂花的香气弥漫在秋天的空气中。

"待到重阳日，还来就菊花"，菊花的盛开，给秋天增添了一些靓丽的颜色。

十月芙蓉花

冬月水仙花

腊月腊梅

冬

"芙蓉生在秋江上，不向东风怨未开"，芙蓉花不像牡丹那样雍容华贵，却是别样的美丽。

"韵绝香仍绝，花清月未清"，水仙花如同仙子一般动人。

"已是悬崖百丈冰，犹有花枝俏"，迎风盛开的腊梅为寒冷的冬季增添了一丝生机。

六月荷花洒池台；

七月凤仙展奇葩；

八月桂花遍地开；

九月菊花竞怒放；

十月芙蓉携光彩；

冬月水仙凌波绽；

腊月腊梅报春来。

姹紫嫣红的百花绽放，所展示的自然美必然是非常诱人的。因此，举不胜举的文人墨客对花儿极为钟情。他们玩味和吟咏百花，因而便有了经典的十二月花神之说：一月兰花屈原，二月梅花林逋，三月桃花皮日休，四月牡丹欧阳修，五月芍药苏东坡，六月石榴江淹，七月荷花周濂溪，八月紫薇杨万里，九月桂花洪适，十月芙蓉范成大，十一月菊花陶潜，十二月水仙高似孙。

我国地大物博，由于各地的地理位置不同，南北气候差异较大，各候对应之花可能会出现不完全相同的现象。因此，《十二姊妹花》歌谣内容也会因为地域不同而略有不同之处。

第二篇

春雨惊春清谷天

——春季的六个节气

第一章

立春：乍暖还寒时，万物始复苏

立春是二十四节气中的第一个节气，又称"打春"。"立"是"开始"的意思，中国以立春为春季的开始，每年公历 2 月 4 日或 5 日，太阳到达黄经 315° 时为立春。

立春气象和农事特点：春天来了，开始春耕了

1.北方顶凌耙地、送粪积肥，准备春耕。

立春时节，北方地区顶凌耙地、送粪积肥，并做好牲畜防疫工作。在华北平原，则要积极做好春耕准备和兴修水利。在西北地区，要为春小麦整地施肥，尤其是西北和内蒙古牧区仍要加强牲畜的防寒保暖，防御牧区白灾的发生，确保弱畜、幼畜的安全。西南地区则要抓紧耕翻早稻秧田，做好选种、晒种工作以及夏收作物的田间管理工作。

2.南方紧抓"冷尾暖头"，及时春耕播种。

南方地区则是"立春雨水到，早起晚睡觉"，春耕春种要全面展开了。南部早稻将陆续播种，各地要密切关注天气变化，抓住"冷尾暖头"，及时下种；同时须采取有效措施防范烤烟、蔬菜等作物遭受霜冻或冰冻危害，并应注意加强经济林果及禽

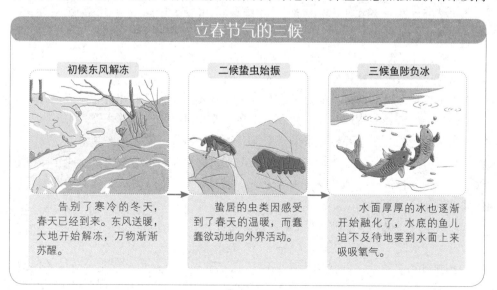

立春节气的三候

初候东风解冻

二候蛰虫始振

三候鱼陟负冰

告别了寒冷的冬天，春天已经到来。东风送暖，大地开始解冻，万物渐渐苏醒。

蛰居的虫类因感受到了春天的温暖，而蠢蠢欲动地向外界活动。

水面厚厚的冰也逐渐开始融化了，水底的鱼儿迫不及待地要到水面上来吸吸氧气。

畜、水产养殖的防寒保暖工作。长江中下游及其以南地区，要及时清沟理墒，确保沟渠畅通，避免作物发生渍害。四川盆地应加强对小麦锈病等病虫害的监测与防治，积极预防春季病虫害的发生与流行。

立春农历节日及民俗宜忌

农历节日

春节——华夏儿女普天同庆

1.大人戴上口罩，楼上楼下清扫灰尘——除陈布新。

据《吕氏春秋》记载，在尧舜时代我国就有春节扫尘的风俗。按民间的说法，因"尘"与"陈"谐音，新春扫尘有"除陈布新"之义，其用意是把一切穷运、晦气统统扫出家门。这一习俗寄托着人们破旧立新的愿望和辞旧迎新的祈求。

2.贴春联、贴福字和贴门神——祝愿美好未来。

春节人们在屋门、墙壁、门楣上贴"福"字，是我国由来已久的风俗。"福"字指福气、福运，寄托了人们对幸福生活的向往，对美好未来的祝愿。为了更充分地体现这种向往和祝愿，很多人干脆将"福"字倒贴，表示"幸福已到"等寓意。

春节前一天下午，人们将绘有门神的画贴于门板上。先期是为了驱邪镇鬼，近世多为增添喜庆欢乐。有些地方喜欢张贴盖有大印的钟馗门神和秦叔宝、尉迟恭画像，以祈求一年平安无事。

3.摆供桌祭神、祭祖、接财神和迎喜神——祈求一年喜事不断。

祭祖、拜喜神

祭祖一般情况下在祭神后进行。福建厦门一带

买年画，出自〔清〕《太平欢乐图》

历史上，民间对年画有着多种称呼：宋朝叫"纸画"，明朝叫"画贴"。直到清朝道光年间，文人李光庭在文章中写道："扫舍之后，便贴年画，稚子之戏耳。"年画由此定名。

常常中午祭神，晚上祭祖。祭祖时定要有一碗春饭。春饭以平常吃的饭为主，只是上面插一朵红纸做的玫瑰花一样的春花。在江苏苏州一带，春节这天，每家都要悬挂老祖宗的遗像，摆上香烛、茶果、粉丸、年糕等物，一家之主率领家人，每天依次瞻拜，直到元宵节的晚上结束。亲戚朋友之间也相互瞻拜尊亲遗像，叫作"拜喜神"。在浙江绍兴一带，祭祖要到宗祠里去，若是没有宗祠，就在祖先堂前叩谒，称作"谒祖"。

4.吃水饺、吃年糕——寄寓新年团圆、发财。

（1）吃水饺

北方过年多数地区吃猪肉大葱馅饺子。饺子又叫扁食、水角儿、角子、馄饨、

煮饽饽等。清代有史料记载："每届初一……无论贫富贵贱，皆以白面作饺而食之，谓之煮饽饽，举国皆然，无不同也。富贵之家，暗以金银小锞及宝石等藏之饽饽中，以卜顺利。家人食得者，则终岁大吉。"

（2）吃年糕

春节家家吃年糕，主要是因为年糕的谐音为"年高"，再加上美味可口，几乎成了家家必备的应景食品。方块状的黄白年糕，象征着黄金、白银，寄寓新年发财的意思。年糕的口味因地而异。

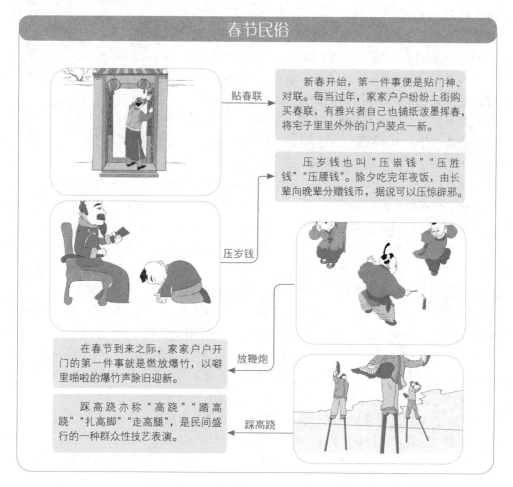

春节民俗

贴春联　　新春开始，第一件事便是贴门神、对联。每当过年，家家户户纷纷上街购买春联，有雅兴者自己也铺纸泼墨挥春，将宅子里里外外的门户装点一新。

压岁钱　　压岁钱也叫"压祟钱""压胜钱""压腰钱"。除夕吃完年夜饭，由长辈向晚辈分赠钱币，据说可以压惊辟邪。

放鞭炮　　在春节到来之际，家家户户开门的第一件事就是燃放爆竹，以噼里啪啦的爆竹声除旧迎新。

踩高跷　　踩高跷亦称"高跷""踏高跷""扎高脚""走高腿"，是民间盛行的一种群众性技艺表演。

立春民俗

1. 鞭打春牛：打去牛的惰性，宣告春耕大忙开始。

鞭打春牛为打春仪式。通常在立春时刻或立春日早晨举行，打春仪式最高由皇帝亲自主持。地方上也主持打春仪式，但是各地稍有不同。

相传古代东夷族首领少暤氏率领民众迁居黄河下游，让百姓由游牧民改为农民，从事农业生产，并派他的儿子句芒经营这番事业。句芒在寒冬即将逝去前，采河边葭草烧成灰烬，放在竹管内，然后守候在竹管旁。到了冬尽春来的那一瞬间，阳气上升，竹管内的草灰便浮扬起来，标志着春天来临了。于是句芒下令大家一起翻土犁田，准备播种。可是帮人耕田的耕牛却仍沉浸在"冬眠"的甜睡中，整日吃吃喝喝、优哉游哉，懒得爬起来耕地。随从便建议用鞭子抽打耕牛，句芒不同意，说耕牛是我们的帮手，不许虐待它们，吓唬吓唬就行了。于是他让随从用泥土捏制成牛的形状，并且故意制造很大的声势，然后挥舞鞭子对之抽打，意在杀鸡给猴看。鞭响声惊醒了耕牛，一看伏在地上睡觉的同类正在挨抽，吓得都站起身来，乖乖地听人指挥，下地耕田去了。由于及时春耕劳作，当年获得了较好收成，原先以畜牧为生的人们纷纷改弦更张从事农业生产了。随后，句芒被尊为专行督作农耕的神祇，鞭打春牛也逐渐成为人们及时春耕大忙的仪式。

春牛图

春牛在人们心目中寓意着丰收的希望、幸福的憧憬以及对风调雨顺的祈求，它是中国民间常见的吉祥图案之一。

随着农业经济的普遍推广，鞭打春牛活动正式列为国家典礼。每逢立春前三日，天子就开始吃素沐浴，到了立春那天，亲率公卿百官去东郊迎春，而判断立春节气来到的方式，基本沿袭句芒的办法。此外，还要预先制作好和真牛一般大小的春牛，送到东郊，等到确认已迎来春天后，便用鞭子抽打春牛，表示督牛春耕。到了唐宋时代，这套礼仪演变成举国上下同时进行的活动：每年夏季，即由官方预测来年立春的准确时间，并根据年月干支，决定取哪一方向的水土做成一条春牛和一尊句芒神像。此后，各级地方官员都据此规定和样式，也照样制作好一套。到了立春那天，皇帝率领百官在京都先农坛前迎春鞭牛，各级地方官员带领百姓在城郊迎春拜牛。如果立春是在农历腊月十五之前，句芒就摆放在春牛的前面，表示农事早；如果立春正值岁末年初之际，就让句芒和春牛并列，表示农事平；如果立春在正月十五以后，句芒就被摆放在春牛身后，表示农事晚。这样，人们便可根据句芒神的塑像和春牛的摆放位置来安排立春农事活动的早晚。

鞭打春牛的场面极热闹，依照惯例是首席执行官用装饰华阳的"春鞭"先抽第一鞭，然后依官位大小，依次鞭打。最终是将一头春牛打得稀巴烂后，围观者一拥而上，争抢碎土——据说扔进自己家田里，就能获得丰收吉兆。此外，亦有纸扎春牛的，并预先在"牛肚子"里装满五谷，等到"牛"被鞭打破后，五谷流出，亦是丰收的象征。清朝后期，皇帝已不再把农事放在重要位次，迎春鞭牛渐渐由官办变为民间举办的迎春活动。

2.掷米打春官，中了一年吉利。

迎春打春官活动流行于浙江一带。每年由当地管农事的胥吏（或乞丐）扮演春官，头戴无翅乌纱帽，身穿朝服，脚蹬朝靴，坐在四周围上红布的明轿中巡游街市，表演幽默风趣的动作；也有拿着"春鞭"边走边表演赶牛的。人们前呼后拥，纷纷向春官掷米，谁掷中了便一年吉利。

3.咬春：咬食生萝卜、吃春饼解除瘟疫。

咬春又叫"食春菜"，盛行于北京和河北等地。每年立春之日，无论贵贱，家家咬食生萝卜、吃春饼解除瘟疫，取迎新之意，民间认为吃生萝卜能免疥疾和解除春天困乏。

春饼以麦面制作，以小面团擀成薄饼，烙制而成。春饼原料很多，要顺利地吃入口中不散，功夫全在春饼的卷法上。卷春饼时，将羊角葱、甜面酱、切好的清酱肉、摊鸡蛋、炒菠菜、韭菜、黄花粉丝、豆芽菜等依次放在春饼上码齐；把筷子放在春饼上，将春饼的一边顺着筷子卷起来，下端往上包好，用手捏住，再卷起另一边，卷好了放在盘子上，再将筷子一根一根地抽出来即可。

4.煨春：烧食春茶，升官富贵。

煨春是在每年的立春之日，人们烧食春茶的习惯。煨春民俗流行于浙江温州一带。最早时的做法是将朱栾（柚的一种）切碎，再搭配白豆或黑豆，放在茶中食饮；随后改用红豆（方言，"豆"与"大"同音）、红枣、柑橘（"柑"与"官""橘"与"吉"同音）、桂花（"桂"与"贵"同音）、红糖合煮，煨得烂熟，称作"春茶"。饮前先敬家中祖先，然后与家人分食。民间相信吃了春茶，可以明目益智，并取其升官、吉祥、富贵之意。

5.小孩帽上、胸前或袖上戴春鸡、佩燕子，预示新春吉祥。

戴春鸡是立春之日古老的风俗。每年立春日，人们用布制作小公鸡，缝在小孩帽子的顶端，表示祝愿"春吉（鸡）"，预示新春吉祥。未种牛痘的孩子，春鸡嘴里还要衔一串黄豆，以鸡吃豆来寓意孩子不生天花、麻疹等疾病。还有人用线穿豆挂于牛角，或用麻豆撒在牛的身上，认为这样做可以使幼儿免患麻疹。前者称为"禳儿疹"，后者称为"散疹"。在河南项城，人们剪彩做春鸡，大多戴在小孩的头上或袖上。在山西灵石，立春日用绢做成小孩形状，俗名"春娃"，戴在儿童身上。

佩燕子是陕西一带人民的风俗。每年立春日，人们喜欢在胸前佩戴用彩绸缝制的"燕子"。这种风俗源自唐代，现在仍然在农村中流行。因为燕子是报春的使者，也是幸福吉利的象征。所以许多人家都在自己厅房正中或房檐下修建燕子窝，只要你能在房檐的墙壁上搭上一小块垫板，上写"春燕来朝"四字，燕子就可自己建筑起窝来。燕子是候鸟，春天飞到北方，秋天飞到南方。"不吃你家谷子，不吃你家糜子，只在你家抱一窝儿子。"所以向阳人家都喜欢燕子在自己院落房舍里繁殖生息。每年立春这天，人们都喜欢佩戴"燕子"，特别是小孩，父母早就给他们准备好了。

立春民俗

他们戴在胸前，手舞足蹈，到处炫耀。

6. 送穷节：祭送穷鬼（穷神）。

送穷节是古代民间一种很有特色的岁时风俗。传说穷神是上古高阳氏的儿子，平时爱好穿穿破旧的衣服，吃穈粥。别人送给他新衣服穿，他就撕破，用火烧成洞，再穿在身上，宫里的人称他为"穷子"。正月末，穷子死于巷中，所以人们在这天做穈粥、丢破衣，在街巷中祭祀，名为"送穷鬼"。到了宋朝，送穷风俗依然流行，但送穷的时间提前了，定在正月初六日。《岁时杂记》书中记载在人日前一日，人们将垃圾扫拢，上面盖上七张煎饼，在人们还未出门时将它抛弃在人流来往频繁的道路上，表示已经送走穷鬼了。

送穷节，在山西大部分地区的人家讲究"喜入厌出"。这一天，要打扫院落，忌讳到别人家借取东西。寿阳等县讲究早晨从外面担水，称为"填穷"。这一天的饮食多为吃面条。晋南地区讲究用刀切面，煮而食之，名为"切五鬼"。妇女这一天忌讳做针线活，以免刺了五鬼的眼睛。

7. 人类的生日（正月初七）：女娲第七天造出了人。

大年初七是中国传统习俗中的"人日"，是人的生日。传说女娲造人时，前六天造出了鸡、狗、猪、羊、牛和马，第七天造出了人。因此，汉民族认为正月初七是"人类的生日"。正月初七日的"人日"，俗称"人齐日"，即"七"的谐音。这一天是一个忌讳出门远行的日子，全家人尽可能团团圆圆，外出的人也要尽量赶回来住。如遇要紧事，也得早晨出门，晚上赶回。等全家人齐全，一个也不缺，才算过好"人日"节。在陕西关中地区，初七的早上，家家户户要吃一顿长寿面——让人们长寿，让老年人"福寿长存"；小孩子长了再长，"长命百岁"。陕北一带还有"用糠著地上，以艾炷炙之，名曰救人疾"，俗为"疾七"的习俗。"疾七"取"疾弃""疾去"之谐音，隐含祛凶求吉之意。

在古代，"人日"还有戴"人胜"的习俗。"人胜"是一种头饰，又叫"彩胜""华胜"，从晋朝开始有剪彩为花、剪彩为人，或镂金箔为人贴于屏风或窗户、戴在头发上的习俗。因此，"人日"也称"人胜节"。

南方一些地区还保有人日"捞鱼生"的习俗。大家都希望在"人日"这一天，越捞越高，步步高升。捞鱼生时，往往多人围坐一桌，把鱼肉、配料与酱料倒在大盘里；大家站起身，挥动筷子，将鱼料捞动，口中还要不断大声地喊道："捞啊！捞啊！发啊！发啊！"并且要越捞越高，寓意步步高升、年年有余。

民间忌讳

1. 正月初一忌讳杀鸡。

正月初一是农历新年之始，年初一不杀鸡。人们认为大过节的，如果杀鸡的话，必然会流血，而流血意味着破败、衰落、不吉；而且"鸡"与"吉"谐音，鸡象征吉祥如意，杀鸡同样意味着不吉，这与过年，特别是大年初一的喜庆气氛极为不协调，非吉即忌。

2. 正月初一不吃稀饭。

"年初一不吃稀"，即正月初一不吃稀饭。原因是"稀"意味着"薄"，年节吃稀就使人联想到一年会吃喝不足。人们为了表明对丰衣足食的未来充满信心，所以立下了"年初一，不吃稀"的食俗禁忌，无非图个吉利，起到心理安慰的作用。

3. 立春日忌讳挑水和掏灰。

立春之日，忌讳挑水和掏灰。说是挑了水，一年当中精神不振，昏昏欲睡，光打瞌睡，没有精力做事，也做不好事情；掏了灰，即讨到晦气，处处倒霉，一年的好运就让晦气抵消了。

立春养生：养肝护阳

立春饮食养生

1.立春时节饮食养生应以补充阳气为主。

《黄帝内经·素问》中记载："春三月，此谓发陈。天地俱生，万物以荣。"这一时节要注意多吃一些补充阳气的食物，以升发体内阳气，气虚症者更应该采取此法饮食养生。

立春时节适合养护人体的阳气，应适当食用些韭菜。韭菜能增强人体对细菌、病毒的抵抗能力，甚至可以直接抑制或杀灭病菌，有益于人体健康。韭菜以颜色嫩绿、茎叶新鲜多汁者为上品。初春时节的韭菜品质最佳，《本草纲目》中记载"正月葱，二月韭"，晚秋次之，夏季最差。为了避免营养的流失，在烹调前应将韭菜快速清洗，在下锅前现切。另外要特别注意，隔夜的熟韭菜不能食用，以防吃坏肚子。

2.平衡消化，多食粗粮，少食油腻。

立春时节要平衡消化，多吃谷类粗粮，如玉米、燕麦等；生菜、芥菜、芹菜等富含膳食纤维的新鲜蔬菜也应多吃。一些调味食品，如葱、姜、蒜等具有祛湿、避

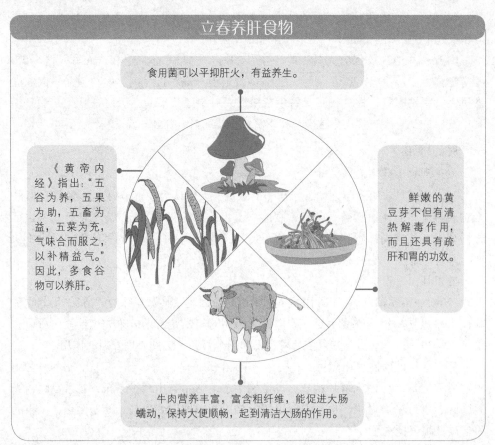

立春养肝食物

食用菌可以平抑肝火，有益养生。

《黄帝内经》指出："五谷为养，五果为助，五畜为益，五菜为充，气味合而服之，以补精益气。"因此，多食谷物可以养肝。

鲜嫩的黄豆芽不但有清热解毒作用，而且还具有疏肝和胃的功效。

牛肉营养丰富，富含粗纤维，能促进大肠蠕动，保持大便顺畅，起到清洁大肠的作用。

秽浊、促进血液循环、兴奋大脑中枢的作用，也可适量食用。还应多吃一些多汁的水果，以消热滞和湿滞、平衡消化。经过冬季的长期进补，立春之时人体的肠胃一般积滞较重，为了避免助湿生痰，甚至阴津耗损、阳气外泄，立春时节也不宜多吃油腻食物。

立春药膳养生

1. 食用首乌猪肝粥补肝肾、益精血和乌发明目。

首乌猪肝粥

材料：首乌少许，猪肝50克，大米200克，水发木耳25克，青菜叶少许，葱、姜各适量，盐、鲜汤、酱油适量。

制作：①将首乌煎熬制药汤20毫升；猪肝剔筋，洗干净，剁成末；葱、姜洗干净，切丝；青菜洗干净，与木耳一起切碎。②将大米、猪肝末以及首乌药汤放入锅中，大火煮沸后用小火慢煲1小时。③等粥黏稠时，放入木耳、青菜碎末及调味料，搅拌均匀，撒上葱、姜丝，即可食用。

2. 服用大葱猪骨补钙汤发汗、祛痰和利尿。

大葱猪骨补钙汤

材料：猪筒子骨两根，葱两根，红枣10粒，姜数片，盐适量。

制作：①将大葱洗干净，切段；红枣洗干净，去核；猪筒子骨洗干净，放入沸水中略微汆烫，捞出浮沫。②锅中放入适量水烧开，下猪筒子骨、姜片与红枣，先下一半葱段，大火煮沸后，然后小火煲约1小时，再下另一半葱段与盐，小火煮熟即可服用。

立春起居养生

1. 立春要晚睡早起。

立春时节作息要晚睡早起。《黄帝内经·素问》中记载了关于立春时节养生要晚睡早起的说法，民间也有"立春雨水到，早起晚睡觉"的民谣。立春以后，天气转暖，阳气回升，万物升发。随着时间的推移，白昼时间越来越长，晚上时间随之变短，我们的作息也应随着这种变化而做出相应的调整，所以此时"晚睡早起"就变得很有必要。这样做可以防止人体受到春天气息的震荡。

立春运动养生

春天是一个万木争荣的美好季节，立春之时，春日到来，人亦应随春生之势而动。立春日出之后、日落之时是散步健身的大好时光，散步地点以选择河边湖旁、公园之中、林荫道或乡村小路为好，因为这些地方空气中的负离子含量较高，空气清新。散步时衣服要宽松舒适，鞋要轻便，以软底为好。

散步不要拘泥于常规形式，应量力而行，决定活动速度快慢、时间的长短，应以劳而不倦、轻微出汗为度。散步速度一般分为缓步、快步、逍遥步三种。老年人以缓步为好，步履缓慢，行步稳健，每分钟行 60 ~ 70 步，可稳定情绪、消除疲劳，亦有健胃助消化的作用。快步，每分钟约行走 120 步，这种散步轻松愉快，久久行之，可振奋精神、兴奋大脑，使下肢矫健有力，适合于中老年体质较好者和年轻人。逍遥步，散步时且走且停、时快时慢，行走一段后稍事休息，继而再走，或快走一程，再缓步一段。这种时走时停、时快时慢的逍遥散步，适合于病后康复期的患者或缺乏体力活动者。

立春时节，常见病食疗防治

1. 饮用姜茶饮防治流行性感冒。

立春过后，流行性感冒便进入了高发阶段。流行性感冒是由流感病毒引起的一种传染性强、传播速度快的急性呼吸道感染性疾病，其主要通过空气中的飞沫、人与人之间的接触或与被污染物品的接触传播。流行性感冒的临床表现为急起高热、全身疼痛、显著乏力和轻度呼吸道症状等特征。

流行性感冒患者可以饮用姜茶饮来发汗解表防治。姜茶饮可以祛风发汗，防治流行性感冒、风寒感冒。流行性感冒患者在日常饮食上还要摄取足够的维生素和矿物质，食用具有抗病毒作用的新鲜蔬菜和水果，如芥蓝、西蓝花、柑橘、柠檬等。

姜茶饮

材料：姜、红糖各25克。

制作：①将姜切成片，红糖捣碎。②锅中倒入适量水，放入姜片，大火煮开，随后改用小火煲25分钟，加入红糖，调匀即可饮用。

2. 过敏性鼻炎应多吃维生素含量丰富的食品。

过敏性鼻炎是日常生活中一种常见病，并可引起多种并发症。立春时气候变化较快，空气中悬浮着很多花粉和其他粉尘，很容易诱发过敏性鼻炎。过敏性鼻炎主要表现为打喷嚏、流清涕、鼻塞、鼻痒，大多数患者还伴有脸部和眼睛的瘙痒症状。

患有过敏性鼻炎的患者要注意均衡营养，尽量少吃或不吃油腻、辛辣食物及甜食，还应该戒烟、戒酒。要多吃柑橘、卷心菜、洋葱、大蒜等维生素含量丰富、可抵抗过敏症的食物。另外，每天适量饮用豆浆也可以改善过敏性鼻炎。过敏性鼻炎可以食用玉米须蚌肉汤来防治，玉米须蚌肉汤可以提高机体免疫力，防治过敏症状。

玉米须蚌肉汤

材料：玉米须、薏米各50克，蚌肉300克，料酒、味精、鸡精、盐、姜片、葱段各适量。

制作：①把玉米须、薏米装入纱布袋内，蚌肉切片。②砂锅内放入蚌肉、纱布袋，加入盐、姜片、葱段、料酒、味精、鸡精，倒入2500毫升清水，大火煮开后改用小火煲30分钟即可食用。

流行性感冒预防措施

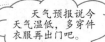

天气预报说今天气温低，多穿件衣服再出门吧。

（1）根据天气预报掌握天气变化，适时增减衣物。

（2）积极锻炼身体，增强免疫力，随时适应气候环境突变。

（3）饭前便后勤洗手，防止病从口入。

不用，用凉水洗就可以。

要不要加点热水？

（4）用冷水洗脸，增强鼻黏膜对空气的适应能力。

（5）早晚开窗换气，室内定期进行熏醋消毒。

（6）少去人口密集的地方活动。

第二章

雨水：一滴雨水，一年命运

雨水是二十四节气中的第二个节气，表示降水开始，雨量逐渐增多。雨水节气一般从2月18日或19日开始，到3月4日或5日结束。此时，太阳到达黄经330°。雨水表示两层意思，一是天气回暖，降水量逐渐增多了；二是在降水形式上，雪渐少、雨渐多了。《月令七十二候集解》中说："正月中。天一生水，春始属木，然生木者，必水也，故立春后继之雨水。且东风既解冻，则散而为雨水矣。"

雨水和谷雨、小雪、大雪一样，都是反映降水现象的节气。雨水时节，气温回升，冰雪融化，降水增多。

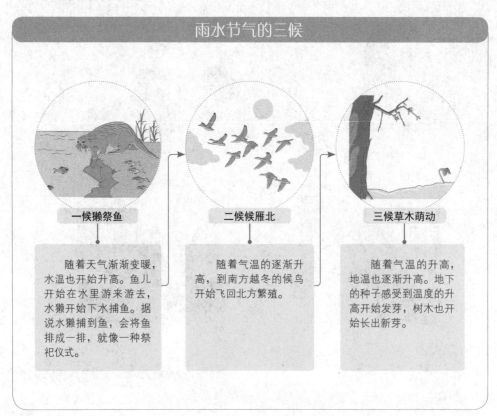

雨水节气的三候

一候獭祭鱼

随着天气渐渐变暖，水温也开始升高。鱼儿开始在水里游来游去，水獭开始下水捕鱼。据说水獭捕到鱼，会将鱼排成一排，就像一种祭祀仪式。

二候候雁北

随着气温的逐渐升高，到南方越冬的候鸟开始飞回北方繁殖。

三候草木萌动

随着气温的升高，地温也逐渐升高。地下的种子感受到温度的升高开始发芽，树木也开始长出新芽。

雨水气象和农事特点：春雨润物细无声，麦浇芽、菜浇花

1. 江南春雨开始滋润万物，华北地区雪渐少、雨渐多。

雨水时节，全国各地的气候总趋势是由冬末的寒冷向初春的温暖过渡。除了云南南部地区已是春色满园以外，西南、江南的大多数地方还是一幅早春的景象：日光温暖、早晚湿寒，田野青青、春江水暖。在华南地区，此时平均气温多在10℃以上，已是桃李含苞，樱桃花开，春意盎然。在华北地区，雨水之后气温一般可升至0℃以上，雪渐少而雨水渐多。西北、东北地区天气仍然寒冷，还是以降雪为主。

2. 冬小麦、油菜普遍返青，进入最佳春灌时期。

雨水——最佳春灌时期

雨水前后，冬小麦、油菜普遍返青，开始生长，对水分的需求量较大，适当的降水对作物的生长非常重要。

在我国的华北、西北以及黄淮地区，降水量一般较少，常不能满足农业生产的需要。

如果早春缺乏降水，雨水前后应及时进行春灌以补充水分。

3. 雨水时节，春雨往往会在夜间降临。

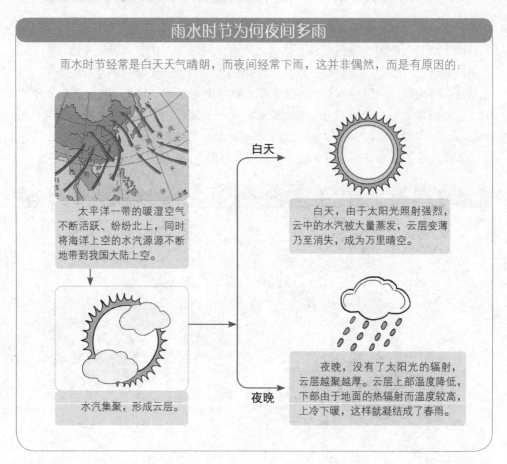

雨水时节为何夜间多雨

雨水时节经常是白天天气晴朗，而夜间经常下雨，这并非偶然，而是有原因的：

太平洋一带的暖湿空气不断活跃、纷纷北上，同时将海洋上空的水汽源源不断地带到我国大陆上空。

水汽集聚，形成云层。

白天

白天，由于太阳光照射强烈，云中的水汽被大量蒸发，云层变薄乃至消失，成为万里晴空。

夜晚

夜晚，没有了太阳光的辐射，云层越聚越厚。云层上部温度降低，下部由于地面的热辐射而温度较高，上冷下暖，这样就凝结成了春雨。

雨水农历节日及民俗宜忌

农历节日

元宵节民间俗称较多，又称作"上元节""元夕节"，是春节之后的第一个重要节日。

1. 闹元宵——民间敲锣打鼓，成群结队游行，期望吉祥如意。

元宵节，闹元宵。就节期长短而言，汉朝是一天，到了唐朝已经定为三天；宋朝则长达七天。明朝时间更长，自初八日点灯，一直到正月十七的夜里才落灯，整整十天，与春节相接，白昼为市，热闹非凡，夜间燃灯，蔚为壮观。特别是那精巧、多彩的灯火，更掀起春节期间娱乐活动的高潮。到了清朝，又增加了舞龙、舞狮、跑旱船、踩高跷、扭秧歌等丰富多彩的内容，只是节期的时间缩短为4~5天。

2. 猜灯谜——灯笼上附有谜语，供路人猜测。

元宵节猜灯谜是我国特有的富有民族风格的一种文娱形式。元宵节期间举办专门的灯谜会，设下奖品，鼓励人们积极参加。人们张挂灯笼的时候，常常会在灯下或灯上附上谜语，供路人猜测赏玩。

3. 放烟火——元宵节自宋代开始燃放烟火。

元宵节燃放烟火的习俗自宋代就已经开始了。我国多数城市从 1992—2005 年曾经禁止燃放烟火，近年来政府实行"禁改限"，虽然燃放的地点有明确的强制性限制，但是燃放的规模越来越大。

元宵节民俗

元宵节是春节后一个较大的民间传统节日，有很多的传统习俗，例如吃汤圆、猜灯谜、放烟火、划旱船等。

吃汤圆

汤圆又叫"汤团""粉果"，因为熟了浮在水上，古代又叫它浮圆子。人们在元宵节吃汤圆，实际上是思念亲人、渴望团圆的意思。

猜灯谜

猜灯谜又叫"打灯谜"，是中国独有的富有民族风格的一种文娱形式，是从古代就开始流传的元宵节特色活动。

烟火起初是专供贵族豪富争雄斗奢的消遣品，到了明、清时期，烟火制作技术有了新的发展，逐渐成为节日的礼品。每逢春节、元宵节以及其他重大活动，都要施放烟火助兴。

旱船是汉族民间表演艺术形式之一，逢年过节或庆祝等，在陕西、山西、河北等地都很流行，是一种模拟水中行船的民间舞蹈。

放烟火

划旱船

4. 吃元宵——元宵节的应节食品。

正月十五吃元宵，"元宵"作为一种吉祥食品，在我国由来已久。元宵由糯米制成，或实心，或带馅。馅有豆沙、白糖、山楂、芝麻、果料等，食用时煮、煎、蒸、炸都可以。起初，人们把这种食物叫"浮圆子"，后来又叫"汤圆"或"汤团"，这些名称与"团圆"字音相近，取团圆之意，有团圆美满、和睦幸福之意。人们也以此怀念离别的亲人，寄托了对未来生活的美好期望。

5. 划旱船——在陆地上模仿行船。

元宵节划旱船是一种在陆地上模拟水中行船的民间舞蹈，传说是为了纪念治水有功的大禹而流传下来的民俗。划旱船也称跑旱船，演出时，一人立于旱船中，另一人手拿"连响"，相当于掌舵人员，其余人在边上敲锣打鼓（伴奏乐器有板儿、锣、鼓等），旱船便根据节奏的变化进行表演。一定时间后（大概几分钟），拿"连响"的表演者会穿插演唱，在旁的伴奏人员也会在一定的时刻加入伴唱，但锣鼓声不停止。演员所唱曲调为花鼓调，其唱词在早些年代都有传统的唱本参考，内容多为古代神话传说等。近年来，唱词多为演员自编，内容多是歌颂党的富民政策好、2008年成功举办奥运会等改革开放以来取得的丰硕成果。

旱船下半部分是船形，上半部分有四根棍子，支撑起一个顶。顶以竹木扎成，再蒙以彩布，形状犹如轿顶。旱船以红绸、纸花装饰，有的地方还装有彩灯、明镜和其他装饰物，艳丽不凡。旱船套系在演员的腰间，使其如同坐于船中一样。演员手里拿着桨，腰上系有一根绸带，用于吊住旱船两边的船舷，以便使旱船跟随身体的摆动而舞动。演员两手握住前面两根棍子，用于控制船动的幅度。整个旱船的表演主要有驾船、圆场步、碎步、横步、自转、正反葫芦、晃船步、平碾步（转船）等动作。整个表演围绕"快、稳、漂、转"的风格，极具地方特色。有时候还会有一人扮成坐船的船客配合表演——一般扮成小丑，以各种滑稽的动作来渲染剧情，逗乐观众。

雨水民俗：撞拜寄、占稻色，望子成龙、望女成凤

1. 撞拜寄：认干爹、干妈，希望孩子健康成长。

雨水节气期间，撞拜寄是客家人的主要民俗之一。撞拜寄这种在中国民间广泛流行的风俗，是借助、联合自然与社会力量共同促进儿女成长的直接体现。拜寄在中国北方也称"认干亲""打干亲"，南方多称为"认寄父""认寄母""拉干爹"等，其实也就是为孩子认干爸、干妈，直白地说就是攀亲戚。

在客家地区，古树旁、水井边、社公庙、大石下随处可见刚刚烧完的纸钱和一些未燃尽的蜡烛，以及满地的爆竹纸屑，这就是它们的干儿子或者干女儿献给它们的礼物。客家人多以树生、水生、地生、石生给男孩子起名，或以石娣、福娣给女孩子起名。这些名字寓意客家人将命硬的孩子拜寄给了有灵气、神气的事物，寄予了望子成龙、望女成凤的厚望。

这种选择自然之物作为拜寄对象的做法可谓历史悠久，而且是人们的最初之选。大自然的力量巨大而神秘，在"万物有灵"的观念支撑下，人们由崇拜、敬畏，发展到用虔诚之心与自然攀上亲缘关系，甘为其子民。从风雨雷电、鹰豹虎狼到金木水火土，都有它们千千万万的儿孙。择物拜寄的方式至今还存在，它仍保留着原始的本真和对自然神秘力量的笃信不疑。比如湖南的土家族，若是决定了给小孩择物为"父母"，通常会选择与水、石相关的东西，希望孩子如水流那般顺利、长寿，像岩石一样坚实、硬朗。而且所选定的动物一旦成了孩子的"干父母"，这些动物即使老了也不能杀，还要善待、礼待它们，并要为其养老送终。

客家人最富有想象力和人情味的民俗就是雨水节气撞拜寄。在旧社会，科学不

撞拜寄有讲究

撞拜寄的寓意就是找干爹、干妈。客家人认为，通过撞拜寄可以让儿女顺利、健康地成长。

在客家地区，如果希望孩子长大有知识，就找一个知书识礼、有学问的文人。

如果孩子身体瘦弱，就找一个身材高大、强壮的人。

如果实在没有机会将儿女拜寄给人，那么就只好将儿女拜寄给具有灵气、神气的山、石、田、土、水、树等。

也有选择动物作为拜寄对象的，如猪、狗、牛、马等。在客家人看来，选择一些动物作为拜寄对象，才能让孩子消除灾祸、平平安安长大成人。

发达，人们缺乏客观认识事物的能力，比较迷信命运，为儿女求神问卦，看自己的儿女好不好养。独子者更怕夭折，一定要拜个干爹，按小儿的生辰年、月、日时辰同金、木、水、火、土的相生相克关系，找算命先生占卜孩子的命运。如果命上缺木，拜干爹、取名字时就要带上木字，以此来保佑孩子长命百岁。

雨水节气撞拜寄，一般在天刚亮的时候，大路边就有一些年轻妇女，手牵着幼小的儿子或女儿，等待第一个从面前经过的行人。一旦有人经过，不管对方是男是女、是老是少，便拦住对方，把儿子或女儿按压在地，磕头拜寄，给对方做干儿子或干女儿。撞拜寄事先没有预定的目标，撞着谁就是谁。被拉着当干爹的，有的扯脱就跑，有的扯也扯不脱身，就会爽快地应允，认为这是对自己的信任，相信自己的命运也会一起好起来。行完跪拜礼后，干爹就要为孩子取名，还得给干儿女赠送钱物，这就算是拜寄完成，今后两家就像亲戚一样走动。

2. 雨水时节，妇女有回家的习俗。

雨水是一个节气，不是一个节日，但是在四川一带，民间有妇女在雨水这一天回娘家的习俗，民间传说这样对妇女有好处。当地出嫁的女儿在这一天要带上罐罐肉、椅子等礼物回去拜望父母，感谢父母的养育之恩。久婚未孕的女儿，也要带上礼物回娘家，回到娘家后，母亲还要给女儿缝制一条红裤子，让其穿在衣裤里面，据说这样可以使女儿早生贵子。

3. 占稻色：预测当年收成的好坏。

宋代以前，农业生产甚至整个经济重心一直都在北方的黄河流域。宋代开始，随着经济重心的南移，中国南部的稻作文化（指人们以水稻种植为主要生存和发展方式的文化）逐渐成为中国农业文明的主体。由宋至元，再历经明清，客家在近千年间传承着有宋代特色的稻作文化习俗，雨水节气爆糯谷花"占稻色"便是其中之一。元末明初学者娄元礼在《田家五行》中描述了当时华南稻作地区"占稻色"的民俗："雨水节，烧干镬，以糯稻爆之，谓之孛罗花，占稻色。""孛罗"即"车娄"，南宋范成大在《吴郡志》中记载："爆糯谷于釜中，名孛娄，亦曰米花。"范成大在《上元纪吴中节物俳谐体三十二韵》中还记载有"捻粉团栾意，熬稃腷膊声"的语句，诗人注释："炒糯谷以卜，俗名孛罗，北人号糯米花。"

传说从宋代开始，吴越地区民间便有在正月十三、十四"卜谷"的习惯，将糯谷放到锅中爆炒，以谷米爆白多者为吉。客家人雨水节气"占稻色"与吴越民间正月十四"卜谷"，具有同样的民俗意义，甚至是同一事物的两种形态。正月十四正值雨水节气前后，时间上差距不是太远；爆谷所用材料、方法几乎没有什么差别。所谓"占稻色"，就是通过爆炒糯谷米花来占卜当年稻获的丰歉，即预测稻谷的成色。成色足则意味着高产，成色不足则意味着产量低。而成色的好坏，就看爆出的糯米花多少。爆出来白花花的糯米越多，则意味着当年收成越好；爆出来的米花少，则暗示着当年收成不好，谷米将要涨价。

　　赣南寻乌客家习惯在雨水节气前后的正月十六、十七晚上，以晴、雨天气来占卜当年早稻的丰歉。民谣道："雨打残灯碗，早禾一把秆；雨打上元宵，早禾压断腰。"就是说，如果雨水节气正好在正月十五元宵节，则那一年早稻一定丰收在望；如果雨水节气在正月十六、十七并且下雨，那么当年的早稻收成一定很差。

其他的民俗节日

偷菜节

　　农历正月十五是贵州省黄平地区苗族姑娘们的偷菜节。节日当天，女孩们成群结队去偷别人家的菜。所偷的菜是大白菜。大家把偷来的菜集中在一起，做白菜宴。

巴乌节

　　巴乌节是彝族人民的传统节日。每年的农历正月十五，当地人们要跳巴乌舞。节日期间，还有耍龙灯、狮灯、白鹤灯等活动。巴乌节主要是欢庆和祈望狩猎丰收。

天穿节

　　每年的正月二十是天穿节，相传这一天为女娲补天日。人们为了纪念女娲"补天补地"的神功，就在正月二十这天吃烙饼、煎饼，并要用红丝线系饼投在房屋顶上，谓之"补天穿"。

填仓节

　　传说古时候，北方曾连续大旱三年，给皇家看粮的仓官便冒死打开皇仓，救济灾民。仓官知道触犯了王法，就放把大火把仓库烧了，自己也被活活烧死。人们为了纪念这个好心的仓官，重补被烧坏的"天仓"，形成填仓节。

4. 转九曲是祭祀老子的一种活动。

转九曲，也称"九曲灯会""灯游会"，在每年的农历正月十五前后举行，盛行于陕西延安、榆林一带，是祭祀老子的一种活动。"转九曲"活动中阵地的摆法是按照传说中姜子牙"黄河龙门阵"的阵式来摆的。组织者在广场上设东、西、南、北、中等九门。九门连在一起，将

九曲黄河阵

"九曲黄河阵"是古时十分流行的元宵节娱乐活动。

三百六十根高粱秆等距离地栽成一个"四方形阵图"，俗称"柱头"；再将柱头与柱头连接起来，点放三百六十七盏灯。中间那根柱头，点放七盏灯，叫作"七星灯"。就整个形式看，九曲就像一座很大的城郭。九曲十八弯，没有重复的路径。这大城郭内又有九个小城郭，小城郭的门径、走法各不相同。转九曲只能顺着围墙顺序走，只许前进不许后退，也不准拐弯抹角，转移方向，否则，你就走不出去。古时候的"转九曲"是一种祭祀老子的宗教活动，现在人们把"转九曲"当作一种益智娱乐游戏或一种健身活动。

5. 新媳妇观灯有讲究。

正月十五日是农历一年中的第一个月圆之日，古称"上元日""上元节"。因为这一天最热闹的时间是在晚上，所以又称"元宵节"。人们有在元宵夜挂彩灯、闹龙灯、观灯、猜灯谜的习俗，所以又叫"灯节"。根据习俗，正月十五是过大年的最后一个高潮，过了正月十五，年也就算过完了。在新年的最后一天，人们大多会尽情地狂欢，吃元宵、挂彩灯、放焰火、闹花会等等。商家店铺和老百姓门前一般都会挂彩灯或宫灯，街头巷尾，灯火辉煌。小孩子们在大人的陪伴下，成群结队，手持各种形状的花灯到大街上嬉闹追逐，不会走路的小孩则由大人抱着，或者架到脖子上逛闹市区。

在这人山人海的观灯人群中，刚结婚的新媳妇们观灯是有严格的规矩的，即大家都在赏灯，而她们却要躲灯。许多地方有"出嫁闺女不看娘家灯"的习俗，俗称"躲灯"。这"躲灯"习俗，各地也不相同。有的地方是不能看娘家灯，出嫁的女儿必须在天黑点灯之前离开娘家，有的地方是在正月十四日就要回婆家。如安徽省蚌埠市的习俗是"闺女不看娘家灯，十五里头（即正月十五之前）不登门"，辽宁省开原市也有出嫁闺女"不看娘家灯"之俗。有的地方是不能看婆家灯，新媳妇在当天必须回娘家或到邻家去；河北省深泽县是"新媳妇三年不看婆家灯"；河南省南阳市一带的新婚男女在正月十五日这天，夫妻相携到岳父岳母家去"躲灯"；陕西一带新

媳妇的"躲灯"是在正月十三或十四这天回娘家（娘家派新媳妇的哥哥或弟弟来接）或到亲戚家住几天，过了正月十六才能回家（陇县的新媳妇"躲灯"是既不在婆家，又不回娘家，而是要到丈夫的舅家或姑家住上几天，一般是正月十二去，正月十六返回）；青海人在正月十五这天，新婚夫妇要带上礼物到娘家去"躲灯"，但不能留宿。有的地方是既不能看娘家灯也不能看婆家灯，如东北三省一带，正月十五这天晚上，新媳妇要到姑母或姨母家或其他亲戚家去住，既不许看婆家灯，也不许看娘家灯。

"躲灯"是针对新婚媳妇而言的，并不是所有的出嫁闺女都不能看娘家灯或婆家灯。很多地方是结婚当年躲灯，以后不必再躲，如陕西陇县；有的地方则是三年，有俗语"三年不看娘家灯""新媳妇三年不看婆家灯"等。黑龙江一带的新媳妇头三年要"躲灯"，三年以后就没有什么讲究了。

关于新媳妇"躲灯"的原因，说法是非常多的。有的说如果不"躲灯"，新媳妇容易蹬（"灯"的谐音）公婆。也有的说闺女看了娘家灯，会瞎了婆婆的眼睛，如汉中一带的俗谚是"正月十五不躲灯，瞎了婆婆双眼睛"（此处是指躲婆家的灯）。还有的说新媳妇不能看婆家的灯，看了婆家的灯自己就会眼睛疼。也有"闺女看了娘家的灯，娘家穷得钉打钉""闺女看了娘家灯，娘家穷个坑""看了娘家灯，要死老公公""看见婆家灯，妨死老公公""正月十五不躲灯，来年死公公"等一类的俗话。黑龙江一带的说法则是"看了婆家灯，死亲爹""看了娘家灯，死公公"。至于娘家、婆家、自家，甚至是亲戚家的灯都不能看的缘由，则是从上述说法推断出来的。因为看了婆婆家的灯会克公婆，看了娘家的灯克父母，看了自己家的灯会夫妻相克，那么看了亲戚家的灯就会克亲戚了，所以只能去住酒店了。根据民间所说的这些"躲灯"的原因来看，显然都属于无稽之谈。

雨水之日民间忌讳

雨水之日下雨是农民盼望的老天恩赐的礼物。"春雨贵如油"，这时适宜的降水对农作物的生长特别重要。春天里，淅淅沥沥的小雨表示当年将是丰收的一年，所以雨水这天忌讳无雨。民谣说："雨水不落，下秧无着。"意思为雨水不下雨，下秧就没有着落了，当年庄稼可能收成不好。

雨水忌讳水獭捕不到鱼

雨水时节，有些地方忌讳水獭捕不到鱼。水獭是水里的动物，样子像小狗，喜欢吃鱼，常常在捕了一条鱼之后，把它咬死放在岸边，再下水去捕，等捕来的鱼在岸边堆得够它吃一顿了，才美美地把鱼吃下肚。因为鱼排列得像祭神时的供品，所以称之为"獭祭鱼"。

雨水养生：护脾胃，防湿邪

雨水饮食养生

时令进入雨水时节，人的脾胃往往容易虚弱，此时应该多食汤粥以滋养脾胃。汤粥容易消化，不会加重脾胃负担，山药粥、红枣粥、莲子汤都是很好的选择，如果将汤粥配上适当的中药做成药膳还能滋补强身。例如可以根据初春时节肝气旺盛的特点，在药膳中适当加入沙参、西洋参、决明子、白菊花、首乌粉等升发阳气的中药材。

平时脾胃虚弱的人，此时应避免进食饼干等干硬食物。因为干硬食物不仅不好消化，还可能给胃黏膜造成损伤。另外，老年人脾胃功能不好，此时应以流食和松软的食物为主，这类食物可以促进人体对营养的吸收。

1. 防燥热，不吃生冷、不吃辣。

雨水时节，由于空气湿度增加，虽然气温仍然很低，但是此时的天气寒中带湿。在这种环境下，人体往往郁热壅阻。此时若吃燥热的食物无异于"火上浇油"。郁热让人想吃凉东西，但吃凉过多，则会使脏腑为湿寒所伤，出现胃寒、腹泻等症状。所以，雨水时节饮食应以中庸为原则，不吃生冷之物，也不能吃大热之物。冷饮、辣椒都是应当慎食的，特别要慎重的是要少喝酒，尽量不喝白酒。

2. 御春寒，多吃高蛋白。

雨水时节虽然是在春季，还属于早春，寒流经常光顾，昼夜温差也比较大。在寒冷的条件下，人体内的蛋白质会加速分解，从而使人的抗病能力降低。所以，此时人体就需要摄入足够的热量来保持体温，应对寒冷。鱼、虾、鸡肉、牛肉、豆制品等含有较高的热量和丰富的蛋白质，所以此时应该多吃。慢性肝炎、肝硬化患者此时也应该注意多吃一些容易消化且富含高蛋白、高维生素的食品，例如牛奶、酸奶、蛋类、豆制品等。

3. 清心醒脾、明目安神可适当吃些莲子。

莲子素有"莲参"之称。雨水时节，人体新陈代谢旺盛，多吃莲子可收到清心醒脾、明目安神、补中养神、健脾补胃、止泻固精、益肾止带、滋补元气之功效。

雨水时节，清心醒脾、明目安神可以食用竹荪莲子丝瓜汤。

竹荪莲子丝瓜汤

材料：鲜莲子（挑选饱满圆润，粒大洁白，肉质厚佳，口咬脆裂，芳香味甜，无霉变虫、蛀者为佳）、水发玉兰片各50克，水发竹荪40克，嫩丝瓜500克。

调料：盐和味精适量。

制作：①将鲜莲子焯5分钟，去衣、心（烹饪莲子前最好先用热水泡一泡，这样可以使莲子迅速软化，增强口感，还可以缩短烹饪时间）。②将竹荪洗净，去头，切块；嫩丝瓜洗净，去皮、瓤，切片；玉兰片洗净。③各种材料下锅后，加水，小

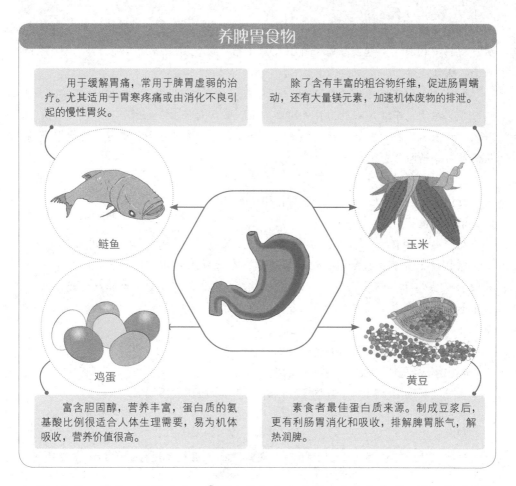

养脾胃食物

用于缓解胃痛，常用于脾胃虚弱的治疗。尤其适用于胃寒疼痛或由消化不良引起的慢性胃炎。

除了含有丰富的粗谷物纤维，促进肠胃蠕动，还有大量镁元素，加速机体废物的排泄。

鲢鱼

玉米

鸡蛋

黄豆

富含胆固醇，营养丰富，蛋白质的氨基酸比例很适合人体生理需要，易为机体吸收，营养价值很高。

素食者最佳蛋白质来源。制成豆浆后，更有利肠胃消化和吸收，排解脾胃胀气，解热润脾。

火煮30分钟，沥水，放汤碗中。④锅内放入盐、味精，大火煮沸后，倒入汤碗内即可食用。

雨水药膳养生

1. 食用香芹牛肉补脾胃、降血压。

香芹牛肉

材料：香芹150克，牛肉250克，食用油50克，淀粉10克，精盐2克，酱油、胡椒粉、味精各适量。

制作：①鲜牛肉洗净，剁成大块，用清水泡两个小时，烧开汆去血水后，捞起晾凉，切成条。②湿淀粉加酱油搅匀后与牛肉条调匀。③锅内油烧至七八成热时，放入牛肉、香芹及其他调料，炒至牛肉熟时即可食用。

禁忌：牛肉为"发物"食物，患疾者慎食，勉强食用后可能会加重病情。

2. 食用枸杞蒸鸡补肾滋阴、养肝明目。

食用枸杞蒸鸡有补肾、滋阴、养肝、明目、降低胆固醇、增强免疫力之功效。

枸杞蒸鸡

材料：枸杞1大匙，子母鸡1只，葱1根，姜数片，清汤3碗，盐、料酒、胡椒面、味精适量。

制作：①把子母鸡宰杀洗干净，放入锅内，用沸水氽透，捞出冲洗干净，沥尽水分。②把枸杞子装入鸡肚，再将鸡肚朝上，放入盆里，加入葱、姜、清汤、食盐、料酒、胡椒面，将盆盖好，用湿棉纸封住盆口，上笼蒸2小时。③拣去姜片、葱段，然后放入味精即可食用。

3. 食用清蒸鲈鱼养气血、消水肿。

食用清蒸鲈鱼可以养气血、消水肿和补脾胃。

清蒸鲈鱼

材料：鲈鱼1条，姜、葱、香菜各10克，盐5克，酱油5克，食用油50克。

制作：①将鲈鱼打鳞、去鳃肠后洗净，在背腹上划两三道痕。②把生姜切丝，葱切长段后剖开，香菜洗净、切成适当长段。③把姜、盐放入鱼肚及背腹划痕中，淋上酱油，放在火上蒸8分钟左右，放上葱、香菜。④锅烧热，倒入油热透，淋在鱼上即可食用。

禁忌：外感及热症没有痊愈者慎用。

4. 服用大枣汤补中益气、养血安神。

大枣能够助湿生热，补中益气、养血安神可以服用大枣汤。

大枣汤

材料：大枣20枚左右。

制作：①大枣洗净，加水，用大火煮开。②改用文火慢煮，等到大枣烂熟即可食用。

禁忌：由于大枣能助湿生热，令人中满，因此因湿热脘腹胀满者慎用大枣汤。

雨水起居养生

1. 雨水时节，要注意"春捂"。

雨水之前天气较冷，雨水之后我国大部分地区气温升高，天气变暖，可以明显地感觉到春天的气息。而这时也是寒潮来袭的时节，人们的情绪容易因为天气的变化而产生波动，往往对人们的健康造成不好的影响，特别是对高血压、心脏病、哮喘病患者更为不利。因此，这个时节要注意"春捂"。

"春捂"是说在春季气温刚要转暖时，不要过早地脱掉棉衣。由冬季转入初春，乍暖还寒，气温变化又大，善于养生的医学家们都十分重视"春捂"的养生之道。专家认为，"春捂"这种民间的传统习惯有一定道理。过早脱掉棉衣，一旦气温降低，给体温调节中枢来个突然袭击，会使身体措手不及，难以适应，容易患上各种呼吸系统疾病和冬春季传染病等。

雨水起居与运动养生

起居养生

> 这么早穿裙子对身体不好。

雨水时节要注意"春捂"，着重捂好头颈与双脚，可避免感冒、气管炎、关节炎等疾病。

要预防湿寒之气，衣着宜"下厚上薄"，女性不宜过早地换上裙装。

运动养生

> 您又来锻炼了？

> 昨天跑了20分钟，今天多跑一点。

这个时节最适合运动，但也要防止"运动过量"，否则不但起不到保健的作用，还会对身体造成不应有的损伤。

雨水时节容易让人困意顿生，这个时候不妨站起身来伸个懒腰，就会感觉轻松自如，恢复精神。

2."春捂"的策略。

当冬季与春季交替时，人体防卫体系处于"冬眠"初醒之际，因此这一阶段不能急于一下子脱掉衣物，而应一件一件地减少，并根据不同体质对外界冷暖变化的适应能力，因人而异增减衣物。

人们在长期的生活与劳动实践中琢磨出：寒多自下而生。因此古人提出了春令衣着宜"下厚上薄"的主张，这也与现代医学所认为的人体下部血液循环较上部为差，易受寒冷侵袭的观点相吻合。因此，春天遵循"下厚上薄"的原则，有利于身体健康。

"捂"带有一点热的意思，也就是说衣服应适当多穿一些。由于春风比冬风柔和很多，因此可以选择一些宽松的款式，既挡风又透气。但绝不是衣服穿得越多越好，如果衣服穿得很多，甚至"捂"出了汗，冷风一吹反而容易着凉"伤风"。一般来说，15℃是"春捂"的临界温度，超过15℃建议脱掉棉衣。由于超出身体的耐热限度，体温调节中枢就会不适应了，这样就会对健康不利。

春季什么时间该"捂"，要根据天气灵活掌握。一般来说，春季早晚气温较低，可适当"捂"一会儿。而晴日的中午，气温一般都较高，此时便可适当减一些衣服。

初春季节，因着凉而患病的人很多，其根源主要是"冷落"了下半身，从而引发季节病或旧病复发，尤其是妇科、痛经、功能性子宫出血等病患者明显增多。每年冬去春来因爱美而受凉致病的女性急剧增加，出现下腹胀痛、月经不调、出血淋漓不尽症状者大有人在。

中医认为，防病如御敌一样。"春捂"只是被动防御。要想防疾健身，还必须从春天开始加强身体锻炼，增强机体的适应能力和抗病能力，并且还要讲究合理饮食和起居。

3. "春捂"注意事项。

"春捂"要捂好两头，即重点照顾好头颈与双脚，可避免感冒、气管炎、关节炎等疾病发生。女性不宜过早地换上裙装，否则会导致关节炎和其他妇科疾病。

小孩子"春捂"要把握好时机，家长应根据气温变化及时给孩子增添衣服。也可多关注天气预报，若有冷空气到来，提前1~2天就要给孩子增添衣物。当昼夜温差较大时，就需要捂一捂；若气温相对稳定时，则可以不捂了。气温回升后不能立即减衣，最好再捂一周左右，尤其对于免疫力弱的婴儿，最好再捂两周以上，以便身体慢慢适应。

雨水运动养生

1. 适量运动，循序渐进。

冬去春来，进入雨水时节，伴随着气温的逐渐转暖，越来越多的人开始到户外参加体育锻炼。这个时节最适合运动，但也最要防止"运动过量"，否则不但起不到保健的作用，还会对身体造成不应有的损伤。因此，此时运动不但要把握一个"度"，而且还要循序渐进。

人们通过实践证明，过量的运动比不运动对人体的伤害更大。因为不运动虽然有很多坏处，但起码使人体保持了一个相对平稳的状态，而运动过量则会把人体固有的和谐打破，给人体造成更大的损害。过量运动会造成人的反应能力下降、平衡感降低、肌肉弹性降低，还会使人食欲减退、睡眠质量下降，导致情绪低落、易怒、免疫力降低，出现便秘、腹泻等症状。所以运动要适可而止、循序渐进。

2. 向懒人学习一点——伸伸懒腰。

雨水时节，春光明媚，和煦的阳光洒向大地，很容易让人困意顿生。尤其是下午，在经过了半天的紧张工作或学习后，人们会感到疲倦。如果这个时候站起身来伸个懒腰，就会立刻像充了电一样，顿时精神振作，感觉轻松自如，好像卸下了什么重担似的。

人们伸懒腰的时候一般都要打个哈欠，同时头向后仰，双臂上举。这个动作会适度地挤压到心、肺，可以促使心脏更加充分地运动，从而把更多氧气运送到人体的各个器官，当然也包括大脑。而大脑一旦获得了更多的氧气，人体就会觉得疲劳顿无，神清气爽。另外，伸懒腰时伴随的扩胸运动还能使人增加呼吸深度，吸入更多氧气，同时呼出更多二氧化碳，提高人体的新陈代谢。伸懒腰的动作还可以活动人体的腰部肌肉，对腰肌劳损有一定的预防作用；其次，伸懒腰时人体向后伸展，还可以防止因脊椎长时间向前弯曲而形成驼背。由此可见，伸懒腰并非懒人的专利，雨水时节困意袭人，在工作、学习之余，不妨向懒人学习一点——伸伸懒腰。

如何克服春困

春天人们容易犯困，总觉得没有睡够，这其实是人体随着季节和气候变化的正常反应。

1.外出郊游、爬山，到野外感受自然之美，从而使人心情振奋，精力充沛。

2.使用有清凉效果的牙膏刷牙，从而兴奋神经，激发活力。

预防春困

3.适当吃些有刺激味道的食物，如苦的、酸的或辣的，刺激神经，当然也可以泡杯茶或咖啡。

4.选用一些可以提神的香水、精油，可以有效降低疲劳感。

雨水时节，常见病食疗防治

1. 腮腺炎，饮用绿豆、黄柏、金银花饮防治。

流行性腮腺炎，民间又称之为"痄腮"或"大嘴巴"，是一种由腮腺炎病毒引起的急性呼吸道传染病，主要经由空气飞沫传播。由冬入春后，是流行性腮腺炎的高发期，易感人群主要是5~15岁的未成年人，偶见成年人发病。腮腺炎传染能力最强的时期是腮腺肿胀的前后一周时间，此病痊愈后患者便可产生免疫力，一般不会再染上腮腺炎。

腮腺炎患者尽量少吃酸辣食物，因为酸辣食物会刺激唾液腺的分泌，从而增加患者的疼痛。患者日常饮食应以易消化的食物为主，并应多喝水。在接受正规治疗的同时也可进行食疗。例如绿豆金银花饮，具有疏风解表、清热解毒、消肿止痒的作用，适合腮腺炎患者饮用。

绿豆金银花饮

材料：绿豆50克，金银花10克，白砂糖30克。

制作：①将绿豆、金银花淘洗干净。②锅内放入绿豆、金银花，加入适量水，大火烧开，改小火煎煮30分钟，关火，去渣取液，加入白砂糖搅匀即可饮用。

2. 痔疮，多吃富含纤维素食物食疗。

痔疮是人体直肠末端黏膜下和肛管皮肤下静脉丛发生扩张和屈曲所形成的柔软静脉团。痔疮又称为"痔""痔核""痔病""痔疾"。痔疮的发病率很高，常言道"十男九痔，十女十痔"。春秋两季，气压相对较高，是痔疮的高发季节，因此，痔疮患者在此时节应加强预防和治疗。

为了确保排便通畅，痔疮患者应该多吃新鲜的水果、蔬菜和其他富含纤维素的食物，尽量少食油腻和辛辣等刺激性食物，切忌喝酒。食疗对痔疮有非常好的预防作用，软炸香椿具有滋阴润燥之功效，适用于痔疮、大便干燥等症。

软炸香椿

材料：香椿200克，干淀粉、盐、蛋清、花椒粉、味精、植物油各适量。

制作：①把香椿淘洗干净。②在蛋清中加入干淀粉，顺着同一个方向搅匀，成蛋糊，放入香椿挂糊。③取一小碗，放入盐、花椒粉、味精，拌匀，成花椒盐。④炒锅放植物油烧热，放入香椿，中火炸至金黄色，盛出蘸花椒盐即可食用。

痔疮的一般预防措施：

（1）平时保持平静、愉悦的心情。由于情绪不稳定会使气血侵入大肠，并集结成块，导致形成痔疮。

（2）及时排便，不要宿便。养成有规律的排便时间；避免久坐，定时适量运动；合理搭配饮食，多食富含纤维素的食物。

（3）保持个人卫生清洁，每天用温水清洗肛门，勤换贴身内裤。

（4）加强体育锻炼，增强身体免疫力。

第三章

惊蛰：春雷乍响，蛰虫惊而出走

惊蛰是一年中的第三个节气，在3月5日或6日。惊蛰，民间的意思是：春雷乍响，冬眠于地下的虫子受到了惊吓而从土中钻出，开始了新的一年的活动。

惊蛰气象和农事特点：九九艳阳天，春雷响、万物长

1.气温回升，土壤开始解冻。

惊蛰时节，春雷响动，气温迅猛回升，雨水增多，正是大好的"九九艳阳天"。此时地温也随之逐渐升高，土壤开始解冻。经过冬眠的动物开始苏醒了。蛰伏在泥

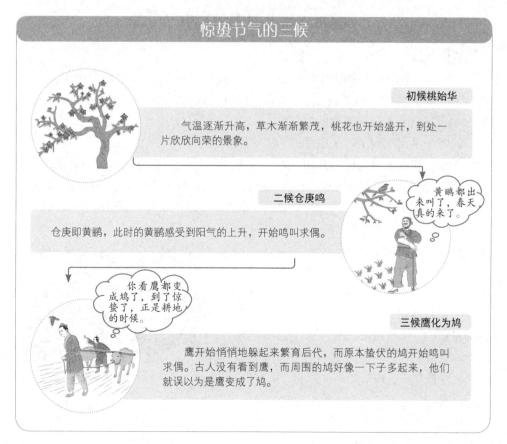

惊蛰节气的三候

初候桃始华

气温逐渐升高，草木渐渐繁茂，桃花也开始盛开，到处一片欣欣向荣的景象。

二候仓庚鸣

仓庚即黄鹂，此时的黄鹂感受到阳气的上升，开始鸣叫求偶。

黄鹂都出来叫了，春天真的来了。

你看鹰都变成鸠了，到了惊蛰了，正是耕地的时候。

三候鹰化为鸠

鹰开始悄悄地躲起来繁育后代，而原本蛰伏的鸠开始鸣叫求偶。古人没有看到鹰，而周围的鸠好像一下子多起来，他们就误以为是鹰变成了鸠。

土中冬眠的各种昆虫，以及过冬的虫卵也要开始孵化。惊蛰时节，除东北、西北地区仍是银装素裹的冬日景象外，其他地区早已是一派融融春光了，桃花红、梨花白，黄莺鸣叫，春燕飞来，处处鸟语花香。

2. 春耕开始，农作物要及时浇水，施好花前肥。

惊蛰时节是春耕的开始。华北地区冬小麦已经开始返青，急需返青浇水。一旦缺水，就会减产，所以此时对冬小麦、豌豆等作物要及时浇水。此时因土壤仍处在冻融交替状态，及时耙地是减少水分损失的重要措施。江南小麦已经拔节，油菜也开始见花，对水、肥的要求逐渐多起来，应适时追肥，干旱少雨的地方适当浇水灌溉，雨水偏多的地方要做好防止湿害的工作。俗谚说"麦沟理三交，赛如大粪浇""要得菜籽收，就要勤理沟"，表明做好清沟沥水工作的重要性。此时，华南地区应抓紧进行早稻播种，同时要做好秧田防寒工作。随着气温回升，茶树也开始萌动，应进行修剪，并及时追施"催芽肥"，促其多分枝、多发叶，提高茶叶产量。桃、梨、苹果等果树要施好花前肥。惊蛰时节，温暖适宜的气候条件既有利于农作物生长，也促进了各种病虫害的增加，防治病虫害和春耕除草工作也刻不容缓。

惊蛰农历节日及民俗宜忌

农历节日

惊蛰前后有一个妇孺皆知的农历节日，那就是农历二月初二的"中和节"，俗称"龙抬头"。此时春回大地，万物复苏，传说中的龙也从沉睡中醒来，俗称"龙抬头"。许多人迷信在这一天理发吉祥。

1. 剃头——"龙抬头"（二月二）理发，福星高照。

北方部分地区将农历二月初二理发称为"剃龙头"。另外还有禁忌，正月不理发，否则会给亲舅舅带来灾难，轻者破财受伤，重者性命难保。有民谣说："正月不剃头，剃头死舅舅。"所以人们纷纷赶在"龙抬头"这天理发，想沾点"龙抬头"带来的好运，传说这天理发会使人吉祥如意，福星高照。

2. 妇女不做女红——避免做针线活刺伤龙眼。

妇女忌讳在农历二月初二这天做针线活，因为龙在这一天要抬头观望天下，使用针会刺伤龙的眼睛。

3. 引钱龙——用灶烟画一条龙，祈求祖先驱赶虫灾。

山东中和节习惯画"引钱龙"，农历二月

农耕图

中和节是服务于农耕社会的重要农事节令，中和节以后，人们便要投入紧张的春耕了。

初二这天，用灶烟在地上画一条龙，称作"引钱龙"。"引钱龙"有两个目的：一是请龙回来，呼风唤雨，祈求农业丰收；二是龙为百虫之神，龙来了百虫就会躲藏起来，有驱赶百虫作用，这对人体健康、农作物生长都是有益的。江苏南通白天用面粉制作寿桃、五畜，蒸熟后插上竹签，晚上再把它们插到坟地、田间，用来供奉百虫之神和祭祀祖先，祈求百虫之神和祖先驱赶百虫，更希望百虫不要祸害农作物，确保五谷丰登。

二月二民间习俗

农历的二月初二，在民间传说是"龙抬头"的日子。这一天民间有着丰富的民俗活动。

剃头

这一天理发，叫"剃龙头"或"剃喜头"。借"龙抬头"这一吉时，保佑孩子健康成长，长大后出人头地；大人理发，辞旧迎新，希望带来好运。

妇女不做女红

妇女们在这一天不能做针线活，因为苍龙在这一天要抬头观望天下，使用针会刺伤龙的眼睛。

引钱龙

山东一带在二月初二这天会用灶烟在地上画一条龙，称作"引钱龙"，以此来祈求一年风调雨顺，五谷丰登。

吃炒豆

吃炒豆习俗在山东流传甚广。清晨，家家用盐或糖炒豆，称"炒蝎子爪"。很多地方还在用很古朴的方法：用提前筛好的沙土炒黄豆。

敲打门枕、门框

山东济宁一带在农历二月初二当天吃过晚饭，各家孩子拿出事先准备好的小木棍，去敲门枕、门框，边敲边唱："二月二，敲门枕，金子、银子往家滚。二月二，敲门框，金子、银子往家扛。"

惊蛰民俗：辟邪求吉利

1. 吃梨："跟害虫分离""离家创业""努力荣祖"。

人们平时忌讳分梨吃，即把梨切成几瓣分给几个人吃。在中国的传统节日中，在不少节日忌讳吃梨，比如中秋节、除夕晚上是不摆梨的，忌讳"离"字。不过，惊蛰节气要吃梨，因梨和"离"谐音，寓意跟害虫分离，也寓意在气候多变的春日，让疾病离身体远一点。惊蛰吃梨还有"离家创业""努力荣祖"之意。因此，民间有惊蛰吃梨的习俗。

传说著名的晋商渠家，先祖渠济是上党长子县人。明代洪武初年，他带着信、义两个儿子，用上党的潞麻与梨倒换祁县的粗布、红枣，往返两地间，从中赢利。天长日久有了积蓄，便在祁县城定居下来。雍正年间，渠百川走西口，正好那天是惊蛰之日，他的父亲让他吃完梨后再三叮嘱："先祖贩梨创业，历经艰辛，定居祁县。今日惊蛰你要走西口，吃梨是让你不忘先祖，努力创业，光宗耀祖。"渠百川走西口经商致富，随后将开设的字号取名"长源厚"。人们走西口也纷纷仿效渠百川吃梨，有"离家创业"之意，后来惊蛰之日也吃梨，多含有"努力荣祖"之寓意。

2. 射虫、扫虫、炒虫、吃虫：寓意除百虫。

惊蛰时节，蛰伏的百虫开始从泥土、洞穴中爬出来，活动，并逐渐遍及田园、家中，或祸害庄稼，或滋扰生活。为此，惊蛰时节，民间均有不同形势的除虫仪式。如湖北省土家族民间有"射虫日"，于惊蛰日前在田里画出弓箭的形状，以模拟射虫的仪式。又如浙江宁波惊蛰日有"扫虫节"，农家拿着扫帚到田里举行扫虫的巫术仪式，将一切害虫扫除。在民俗中，扫帚什么都能扫，包括妖魔鬼怪、鬼魂、疾病、晦气、虫害等。江浙一带习惯将扫帚插到田间地头，恳请扫帚神显灵，扫除害虫。

惊蛰是沉睡很久的昆虫开始活动之时，客家人主张早期灭虫。客家人采用"炒虫"方式来达到驱虫的目的。惊蛰这一天，客家人炒豆子、炒米谷、炒南瓜子、炒向日葵子以及各种蔬菜种子吃，谓之"炒虫"。炒熟后分给自家或邻居小孩食之。客家人还有做芋子饭或芋子饺的习俗，以芋子象征"毛虫"，以吃芋子寓意消除害虫。传说如此一来，可以消灭多种害虫，农作物不受虫害，能够确保当年五谷丰登。

北方民俗中也有惊蛰"吃虫"之说。陕、甘、苏、鲁等省有"炒杂虫、爆龙眼"习俗。人们把黄豆、芝麻之类放在锅里翻炒，噼啪有声，谓之"爆龙眼"。男女老少争相抢食炒熟的黄豆，称作"吃虫"，寓意"吃虫"之后，人畜无病无灾，庄稼免遭虫害，祈求风调雨顺。

3. 拜虎爷：生意人和小孩祭拜虎爷求吉利。

拜虎爷又称作"祭白虎""祭虎神"。虎爷相传是土地公和保生大帝的将领，但坊间一般都将虎爷归于土地公掌管，称之为"虎爷"；而保生大帝所降伏的则称为"虎神"，也有人尊称"虎将军"。虎爷也可说是民间信仰中位居首位的动物神祇。古时候，具有神威能力者，民众都是随着主神供奉（土地公、保生大帝）。传说中因为老虎常仗其凶猛而危害人畜，后来被土地公降伏而成为土地公的坐骑。传说嘉庆微服私访游玩的时候，一天来到一家客栈，这客栈生意兴隆，座无虚席。嘉庆一行人无处可坐，又不愿表明皇帝的身份，正在无奈的时候，嘉庆见桌上供着虎爷，顺口说了句："朕贵为天子，都没位子坐了，你这虎爷竟敢高踞桌上。"在座客人听了此言，纷纷下跪面圣，虎爷也不敢怠慢，便让了位子，从此只敢在桌下。也因为虎爷为动物之身，神格卑微，常置于桌下，所以也称为"下坛将军"。虎爷同时也具有护庙安宅、祈福纳财的能力，而一般信徒则认为虎爷之所以被尊崇，是因为虎爷张着大嘴可以叼来财宝，因此生意人也常常专门来祭拜虎爷。除了会咬钱、纳财之外，虎爷也对小孩子的各种惊吓病症有所保护，俗称小孩子的守护神。因此也常有大人在祭拜土地公时，同时会让小孩子向神桌下的虎爷祭拜，以祈求平安吉祥。

惊蛰民俗

1.吃梨："跟害虫分离""离家创业""努力荣祖"。

2.射虫、扫虫、炒虫、吃虫：寓意除百虫。

3.拜虎爷：生意人和小孩祭拜虎爷求吉利。

4.敲梁震房，驱赶蝎子、蚰蜒等虫子。

祭拜虎爷的供品一般都是用熟鸡、鸭蛋、青肉与米酒。老虎是肉食性动物，相传为了不使虎爷吃了肉后凶性大发，于是改用鸡蛋等素食祭拜，祭拜活动过后的贡品可以带回家里让小孩子吃，以此保佑小孩健康成长。

4. 敲梁震房，驱赶蝎子、蚰蜒等虫子。

"二月二龙抬头"，时处二十四节气之一的惊蛰前后，是各种昆虫（包括毒虫）开始频繁活动的时期，这一节日里驱虫的做法便格外普遍。各地的人们形成了多种多样的驱虫方式，用棍棒、扫帚、鞋子敲打梁头、墙壁、门户、床炕等处，或者拍簸箕、瓦块、瓢等驱虫是曾经普遍流行的做法。与此同时，人们通常还要念唱歌谣，比如在天津，这天一早，农家主妇就用鞋或扫帚击打炕沿，口中轻声念着："二月二，龙抬头，蝎子、蜈蚣不露头。"在山东庆云，二日击炕，要边打边说："二月二日打炕沿，蝎子、蚰蜒不见面。二月二日打炕头，蝎子、蚰蜒全不留。"在山东菏泽，人们在击打房梁、床沿和破瓢时，边打边唱："二月二，敲房梁，蝎子、蚰蜒无处藏。二月二，敲瓢碴，蝎子、蚰蜒双眼瞎。"在山西新绛，家家鼓箕扫床，且唱道："二月二，拍簸箕，疙蚤、壁虱不得上炕里。"河南淮阳有歌谣："二月二，拍瓦子，蝎子出来没爪子。二月二，拍大床，蝎子出来不螫娘。"在江苏徐州，老人早晨醒来，不起床先敲床桄，边敲边念："二月二，敲床桄，俺送香大姐（臭虫）上南乡。"起床后，又拿瓢敲，边敲边念："二月二，敲瓢碴，十窝老鼠九个瞎。"

惊蛰民间忌讳

1. 雷打惊蛰谷米贱，惊蛰闻雷米如泥。

惊蛰是开始"隆隆"鸣雷的时节。惊蛰日及惊蛰后听到雷声是正常的，人们常说："雷打惊蛰谷米贱，惊蛰闻雷米如泥。"意思是惊蛰时节打雷，当年雨水就会多，就有利于农业生产，另外预示着一年风调雨顺、五谷丰登。

2. 未蛰先蛰，人吃狗食——忌讳惊蛰前打雷。

江苏一带忌讳惊蛰之日前响雷。民间认为惊蛰是开始有雷鸣的时节。惊蛰日及惊蛰日后听到雷声是正常的，主年景好、风调雨顾、五谷丰登，但忌讳在惊蛰日之前响雷。江苏一带有民谣云："未蛰先蛰，人吃狗食。"也就是说，如果在惊蛰日之前听到雷声，那么就预兆这年是凶年，收成不好，人们会缺少粮食吃。

惊蛰养生：加强营养，提高新陈代谢

惊蛰药膳养生

1. 养阴补肾，食用冬虫夏草炖老鸭。

冬虫夏草炖老鸭既可养阴补肾，也可治病后体弱头晕、食欲减退、贫血、自汗，以及肺结核引起的阴虚喘咳和肾虚、夜尿频等。

冬虫夏草炖老鸭

材料：冬虫夏草30克，老鸭1只，葱段适量，姜数片，盐2小匙，味精1小匙，料酒2大匙，八角2粒。

制作：①将冬虫夏草用温水洗干净。②将老鸭去内脏，洗干净，入沸水中氽烫，捞出漂净血水、浮沫。③高压锅内加水烧开，放入老鸭、冬虫夏草、料酒、八角、葱段、姜片。④熟透后，加入盐、味精调味即可。

2. 补肾益气、补虚活血，饮杜仲猪瘦肉蹄筋汤。

杜仲猪瘦肉蹄筋汤既可补肾益气、补虚活血，又可以益脾润肺。

杜仲猪瘦肉蹄筋汤

材料：蹄筋（猪、牛均可）100克，猪瘦肉300克，杜仲25克，肉苁蓉15克，花生仁50克，红枣12颗，冷水3000毫升，香油、盐适量。

制作：①把蹄筋浸后洗干净，切成段。②洗净猪瘦肉，切成大块，用开水烫煮一下。③将杜仲、肉苁蓉、花生仁、红枣浸后洗干净，杜仲刮去粗皮，红枣剔去枣核。④煲内倒入3000毫升冷水，烧至水开，放入以上用料。⑤用中火煲90分钟。⑥煲好后，滤去药渣，加入适量香油、盐后便可饮用。

3. 强筋骨、补血、止血，食用烧黄鳝。

烧黄鳝

材料：黄鳝500克，食用油50克，酱油5克，大蒜10克，生姜10克，味精、胡椒、盐各2克，湿淀粉30克，香油10克。

制作：①黄鳝洗净，切成丝或者薄片。②把盐、味精、胡椒、湿淀粉调成芡汁。③姜、蒜切成片。④食用油烧至七成热，下黄鳝爆炒，快速划散，随即下姜、蒜、酱油炒匀。⑤倒入芡汁，淋上香油即成。⑥不习惯腥气者可于起锅前放入适量酒、葱或者芹菜除去腥味。

禁忌：患病属热症或者热症初愈者不宜食用烧黄鳝。

4. 吃香酥鹌鹑补脾胃，利消化。

香酥鹌鹑

材料：鹌鹑8只，湿淀粉150克，花椒2克，白糖5克，料酒10克，精盐2克，生姜、葱各10克，八角10克，官桂3克，食用油（炸鹌鹑用），味精1克。

制作：①鹌鹑掼死，拔净毛，剁去头，爪洗净；剖开脊背取出内脏，洗净，用开水焯烫一下，取出，用清水洗净。②八角打成小颗粒。③用料酒、精盐、花椒、八角、官桂、生姜等腌鹌鹑2～3小时后，上笼用大火蒸20分钟，取出鹌鹑，晾凉后切成块，裹一层湿淀粉待用。④油烧至八成热，放入鹌鹑块，炸黄，使鹑皮起脆，捞出装盘，将蒸鹌鹑的原汁倒入锅内，加入味精，用湿淀粉勾成芡，淋在鹌鹑块上即可食用。

惊蛰起居养生

惊蛰时节，虽然气温逐渐升高，但是波动仍然较大。有时会出现初春气温升高较快，而到了春季中后期，气温和正常年份相比反而较低的气候现象，这种现象俗称"倒春寒"。对于老年人来说，这种气候是非常危险的。曾经有研究表明，在低温的室内不动，老年人的血压会明显升高，可能诱发心脏病、心肌梗死；一些慢性病，如消化性溃疡、慢性腰腿疼等也比较容易复发或加重。所以当此种气候来临时，老年人一定要提高警惕，做好准备。

老年人起居养生注意事项

惊蛰时节，天气乍暖还寒，气温不稳定，老年人尤其要注意天气变化。

（1）要关注天气预报。

时刻根据天气气温变化增添衣物保暖，对手部、面部等敏感部位要注意加强防护。

（2）少沾烟酒，科学调整饮食。

可以适当选择茶、姜汤、膳食纤维含量高的食物，预防中风和心脏病。

（3）讲究卫生。

日常多开门窗，保持室内空气流通，勤洗手、打扫房间，预防疾病传播。

（4）保持良好的心态，注意多休息。

劳逸结合，切勿过度疲劳，否则会使人体抗病能力降低，容易患病。

惊蛰运动养生

1.惊蛰时节全身放松，宜健走。

惊蛰时节，如果没有遭遇"倒春寒"，气温就会逐渐升高，越来越多的人开始走出家门，到室外运动锻炼。但是，由于刚刚经过寒冷、漫长的冬季，人体的各个器官功能还没有恢复到最佳状态，特别是关节和肌肉还没有得到充分的伸展，因此不宜进行过于激烈的体育运动。建议此时最佳的运动方式是"健走"健身。

"健走"是一种介于散步和竞走两种活动之间的运动形式。"健走"的动作要领是：前腿高抬腿、后腿用力蹬，这样两腿肌肉同时用力，大步、快速地向前行走。在春天的气息中，无论清晨还是傍晚，穿上一双合适的运动鞋，选择一条幽静的小道，健步快走，沉浸在鸟语花香中，徜徉于自然氧吧里，让全身在"健走"中得到放松。在不知不觉中，肌肉得以伸展、肺部得到清洁、血液循环加快、新陈代谢逐步改善，健康将会不期而至，精神抖擞、腿脚利索就不言而喻了。

2.多种运动组合，交替运动，强身健体。

惊蛰时节，人们的运动欲望逐渐被和煦的阳光勾了出来。运动是很奏效的养生方式，但是仅仅局限于一种或两种运动则过于单一，不能使身体获得全面、均衡的锻炼，应该采用"交替运动"的方式，选择多种运动方式，合理组合，对身体进行全面、均衡、多方位的锻炼。

（1）跑步、网球、羽毛球、俯卧撑交替运动。经常跑步可以很好地锻炼腿部肌肉，但是上肢却缺乏锻炼，因此应该有针对性地选择一些网球、羽毛球、俯卧撑等能够锻炼上肢的运动。

（2）"向前""向后"交替运动。日常生活中接触到的运动大多是"向前"运动的，如果平时多做些"向后"的运动，如后退走、后退跑，可以提高下肢灵敏度，活跃大脑思维，对人们常见的腰疼、背疼、腿疼也有很好的疗效。

（3）左右开弓、交替运动。平时习惯用右手、右脚较多者，可以尝试用用左手、左脚；平时习惯用左手、左脚多者，可以尝试用用右手、右脚。左右开弓可以使左右肢体更加协调，而且可以同时开发左右大脑，使大脑功能更加协调，并且能够使人越来越聪明。

（4）大脑锻炼和身体锻炼结合起来。打牌、下棋、猜谜等脑力游戏可以锻炼大脑，散步、跑步、打球等体力运动可以锻炼身体。假若将这两种锻炼科学地结合起来，那么既可以锻炼大脑，也可以增强体质。

惊蛰时节，常见病食疗防治

1.饮用红枣花生冰糖汤防治肝炎。

春季高发的肝炎有甲型肝炎和戊型肝炎。肝炎主要有食欲不振、厌油、乏力、

生活中如何预防肝炎

这个季节多喝点红枣花生冰糖汤，可以预防肝炎。

惊蛰时节，可以采取饮用红枣花生冰糖汤预防慢性肝炎。红枣花生冰糖汤具有补中益气、养血平肝功效，适用于急慢性肝炎。

献血车

不到黑窝点去献血。

不用未检测乙型肝炎指标的血液及血制品。

不要用不洁的注射器、穿刺针、针灸针、牙钻、内窥镜等介入性医疗仪器。

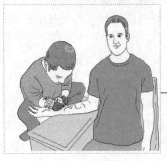

不要用不消毒的剃须刀、穿耳针、文身针等进行美容活动。

身边有肝炎患者的人，更应该注意……

不要和乙型肝炎病人及乙肝病毒携带者共用毛巾、牙刷、被褥等，以防生活接触性感染。

懒动、低烧、黄疸、肝区疼痛、腹胀等症状。如果不慎患上了肝炎，就必须及时到医院就医。在接受正规治疗的同时，也可以通过食疗来辅助治疗，以达到更好的疗效。惊蛰时节，可以采取饮用红枣花生冰糖汤进行食疗防治。红枣花生冰糖汤具有补中益气、养血平肝功效，适用于急慢性肝炎。

红枣花生冰糖汤

材料：红枣、花生米各50克，冰糖适量。

制作：①将红枣、花生米淘洗干净。②在砂锅中倒入适量水，放入花生米，煮沸，再加入红枣，再次煮沸后加入冰糖，煮至冰糖融化即可饮用。

2.饮食防治"桃花癣"。

惊蛰时节是"桃花癣"高发期。由于此时正是桃花盛开的日子，因而美其名曰"桃花癣"。"桃花癣"属于过敏性皮炎，此病易感人群是儿童或青少年，多数患者是在面部出现症状，发病时面部长出大小不等的钱币状浅色斑点。一般情况下，斑点表面干燥，并有少量细小的糠状鳞屑附着，少量患者还会同时伴有不同程度的疼痛、瘙痒或灼热感。另外，患者容易心神不定、坐卧不安、心烦意乱，更有甚者易引起家庭纠纷。

"桃花癣"患者可以采取食疗方法防治。在日常饮食中应该多吃新鲜蔬菜、动物肝脏和禽蛋，禁食或少食辛辣刺激的食物以及海鲜类产品。"桃花癣"也可以饮用猪皮麦冬胡萝卜汤防治。猪皮麦冬胡萝卜汤具有补血活血、促进新陈代谢、保护视力、润泽肌肤、抗衰老等功效。

猪皮麦冬胡萝卜汤

材料：胡萝卜、麦冬各50克，猪皮100克，猪骨高汤、姜片、盐各适量。

制作：①洗净麦冬，然后用温水泡软。②将猪皮清理掉猪毛，洗干净，切成条。③将胡萝卜洗净，切块。④先在汤锅内放入猪骨高汤，大火烧沸，放入麦冬、胡萝卜、猪皮、姜片，再用小火炖煮1小时左右，放入盐调味后，即可食用。

第四章

春分：草长莺飞，柳暗花明

　　春分之日一般是每年阳历 3 月 20 日或 21 日，春分时节是指每年的 3 月 20 日或 21 日开始至 4 月 4 日或 5 日这段时间。太阳到达黄经 0 度（春分点）时开始。春分这天昼夜长短平均，正好是春季 90 日的一半，故称"春分"。春分这一天阳光直射赤道，昼夜几乎相等，其后阳光直射位置逐渐北移，开始昼长夜短。春分是个比较重要的节气，在气候上也有比较明显的特征。春分时节，除青藏高原、东北、西北和华北北部地区外，我国其他地区都进入了比较温暖的春天。

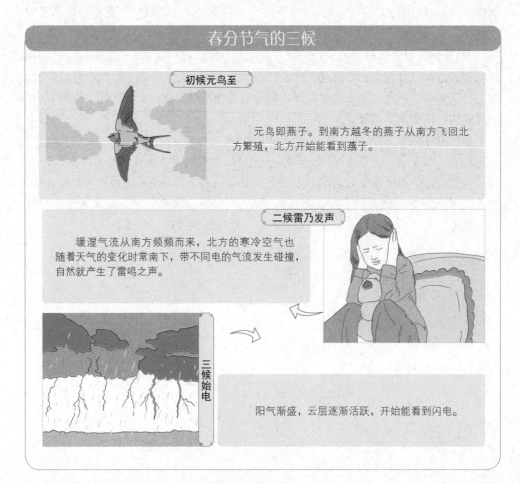

春分节气的三候

初候元鸟至

元鸟即燕子。到南方越冬的燕子从南方飞回北方繁殖，北方开始能看到燕子。

二候雷乃发声

暖湿气流从南方频频而来，北方的寒冷空气也随着天气的变化时常南下，带不同电的气流发生碰撞，自然就产生了雷鸣之声。

三候始电

阳气渐盛，云层逐渐活跃，开始能看到闪电。

春分气象和农事特点：气温不稳定，预防"倒春寒"

1. 东北、华北、西北加强对春旱、冻害的防御。

春分时节，我国多数地区都进入了明媚的春天，辽阔的大地上，杨柳青青、莺飞草长、小麦拔节、油菜花香。在东北、华北、西北地区，抗御春旱仍是春分时节重要的农事活动。历史上，华北地区出现过春分下雪的年份。"春分雪，闹麦子"，是说春分下雪对麦子的危害极大。因此春分时节加强对春旱、冻害的防御尤为重要，常用解决办法及防御措施有选用抗寒良种、小麦播种深度要合理、增施钾肥、灌水或喷雾等等。

2. 进入"桃花汛"期，要注意排涝、防洪。

"桃花汛"是指每年的 3 月下旬或 4 月上旬，黄河在宁夏、内蒙古地区的河段因冰凌融化而猛涨的春水。由于这个时段正是两岸附近地区桃花盛开的季节，所以称作"桃花汛"。

春分时节的气象与农事

春分时节农作物开始生长，需要充足的水分，但我国东北、华北、西北容易发生春旱，需要及时对农作物进行浇灌。

雨水多了容易水涝，有了水渠就不怕了。

春分时节进入"桃花汛"期，长江以南降水增多，要及时注意排涝、防洪。

这几天太冷了，把苗都冻死了。

花都结冰霜了，这可怎么结果啊。

要预防"倒春寒"对农作物的危害。

长江以南地区进入"桃花汛"期，降雨量迅速增多，要注意做好清沟沥水、排涝、防洪工作。同时，要谨防"倒春寒"天气的危害，抓住"冷尾暖头"天气，做好早稻育秧工作。

3. 要预防"倒春寒"对农作物的危害。

春季在阳历3—4月份天气回暖的过程中，常常会因为冷空气的侵入，使气温较正常年份明显偏低，又返回到寒冷状态，这种"前春暖，后春寒"的天气就称作"倒春寒"。比较严重的"倒春寒"不仅使早稻、已播棉花、花生等作物出现烂种、烂秧或死苗，还会影响油菜的开花受粉，以及角果发育不良，降低产量；有时还会影响小麦孕穗，造成大面积不孕或籽实质量低劣等严重农作物灾害。

春分农历节日及民俗宜忌

农历节日

花朝节流行于华北、华东、中南等地，又称"挑菜节"，简称"花朝"。阳历的时间是3月，大致在惊蛰后、春分前，农历节期各地不尽相同。

1. 花朝节：纪念百花仙子的节日。

花朝节（农历二月初二）又称"花王节""百花仙子节"或"花婆节"，是广西宁明、龙州一带壮族人民的传统节日。花朝节是纪念百花仙子的节日，传说百花仙子于农历二月初二降临人间。百花仙子又称"花王""花婆"，是壮族虔诚敬奉的一位女神。传说花婆神专管人类生儿育女，又是儿童的保护神，所以婴儿出世后，多数人家就在卧室的床头边立一个花王圣母神位，上置一束从户外摘回的花或以红纸剪扎成的花。每逢初一或十五日，须焚香敬拜；孩子不舒服了也要祭拜；农历二月二十九日则是大祭，祈求儿女健康。

2. 赏红：贴红纸条或挂红布条、剪红纸小旗。

花朝节时民间纷纷组织"赏红"活动。江苏、浙江、上海、湖北、湖南、江西等地区花朝节时有"赏红"活动。在江苏，栽种花树的人家都要在花树枝上贴红纸条或挂红布条、剪红纸小旗，称为"护花符"。在浙江杭州，以农历二月十二为百花生日，以纸糊成花篮形悬挂在花树之上，也有只粘红纸条的，或缠系在花木枝上、插在盆中。这些活动有祝花木繁盛、人寿年丰的寓意。

3. 蒸百花糕：邻里互赠，增进友情。

花朝节，家家户户蒸百花糕。百花糕是花朝节的特色食品，人们采摘新鲜的花瓣，和着糯米粉，与家人一起动手做，更有节日气氛。做好后，邻里之间互相馈赠，增进感情。

4. 食撑腰糕：蒸食年糕，祈祷身体健康。

撑腰糕，其实就是普通米粉做的糕，即用糯米粉制作成扁状、椭圆形，中间稍凹，如同人腰状的塌饼。上海、浙江等地在花朝节家家蒸食年糕，以隔年糕油煎食，以求腰板硬朗，耐得劳作，故称"撑腰糕"。

春分常见的民俗

春分这天，民间有着丰富多彩的民俗活动。

花朝节流行于华北、华东、中南等地，阳历的时间是3月，大致在惊蛰后、春分前。花朝节是纪念百花仙子的节日，传说百花仙子于农历二月初二降临人间。

民间有通过贴红纸条或挂红布条、剪红纸小旗等活动，祝花木繁盛、人寿年丰。

花朝节　赏红

蒸百花糕　放风筝

通常是全家一起动手制作花糕，完成后还要邻里互赠，表达友好，增进感情。

春分时节是放风筝的好时期，大人和孩子都喜欢外出放风筝。

5. 春分酿美酒——祈求庄稼丰收。

我国大部分地区都有春分日酿酒的习俗。例如北京、天津、河北、山东、山西、浙江等地，在春分之日有酿酒的习惯。浙江《於潜县志》记载，当地"春分造酒贮于瓮，过三伏糟粕自化，其色赤，味经久不坏，谓之春分酒"。《文水县志》记载：

"春分日，酿酒拌酷，移花接木。"在山西陵川，这天不仅要酿酒，还要用酒醴祭祀先农。春分之日，各地纷纷酿酒，据说当日酿酒不仅日后会更加香醇，而且春分之日酿酒会使当年庄稼收成好。

6. 粘雀子嘴：避免麻雀破坏庄稼。

春分之日，民间多数人家要歇一天，不干农活。家家户户吃汤圆，除了家里人吃的汤圆外，还要做二三十个不用包心的汤圆，煮好后用细竹叉扦着置于室外田边地坎，名曰"粘雀子嘴"，免得麻雀来破坏庄稼。传说田间地头放了粘雀子嘴，麻雀老远看见了就会吓得飞跑了。

7. 春分时节小孩、大人比赛放风筝。

春分时节也是人们放风筝的最好日子。特别是春分当天，小孩、大人齐上阵。五颜六色的风筝有王字风筝、鲢鱼风筝、眯蛾风筝、雷公虫风筝等，其大者有两米高，小的也有二三尺。放风筝的场地上有卖风筝的，也可以自己现买材料现场制作。手里攒的，地上拉的，空中飞的，到处都是风筝，你追我赶比赛放风筝。时而笑、时而哭，时而有风筝飞起，时而有风筝坠落，处处洋溢着春天的气息和人间的欢乐。

8. 春分之日，明清皇帝在日坛"祭日"。

祭日仪式原为中国古代的祭奠仪式，表达人们对太阳的崇敬之情。周代时期，春分之日就有祭日仪式了。《礼记》中记载："祭日于坛。"孔颖达疏："谓春分也。"祭日风俗代代相传。清人潘荣陛在《帝京岁时纪胜》中记载："春分祭日，秋分祭月，乃国之大典，士民不得擅祀。"明、清两代皇帝春分日就在日坛祭祀太阳。日坛坐落在北京朝阳门外东南日坛路东，又名"朝日坛"。朝日定在春分的卯刻，每逢甲、丙、戊、庚、壬年，皇帝便亲自祭祀，其余年岁由官员代祭。

祭日活动虽然比不上祭天与祭地典礼的隆重，但仪式规模也颇大。明代皇帝祭日时，奠玉帛、礼三献、乐七奏、舞八佾，行三跪九拜大礼。清代皇帝祭日礼仪有迎神、奠玉帛、初献、亚献、终献、答福胙、车馔、送神、送燎九个步骤，也颇为隆重。

9. 古人栽"戒火草"——防备火患。

梁代宗懔撰写的《荆楚岁时记》中记载，南北朝时，江南人们于春分这天在屋顶上栽种戒火草，如此整年就不必担心有火灾发生了。从古代民俗角度看，此类说法不仅反映出古时候人们已经具有防备火患的意识，并且非常重视，也体现了人们对平安生活的美好期望。

戒火草，即景天。《本草纲目》中有记载，有慎火、戒火、辟火等异名，相传是火灾的克星。《荆楚岁时记》记载，春分那天，"民并种戒火草于屋上"。明代《群芳谱》中记载，景天"南北皆有，人家多种于中庭，或盆栽置屋上，以防火"。像这样的风俗也常见于地方志，例如安徽《歙县志》中记载："谨火，即慎火，一名景天……有盆养屋上以避火者。"

春分放风筝的益处

春分一到，草长莺飞，正是放风筝的最好时间。放风筝不仅可以很好地锻炼身体，而且也有益于调节心情，可以说是一种养生保健的极佳运动。

在春光明媚的春天里和空气清新的田野上放风筝，可以吐故纳新，促进血液循环，清心肝之火。

放风筝时极目远眺风筝的千姿百态，不但能调节眼部肌肉和神经，消除眼睛疲劳，而且可达到保护和增强视力的目的。

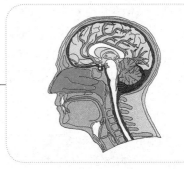

放风筝时，可使处于紧张状态的大脑皮层和脑血管放松，使大脑皮层得到休息，因此对神经衰弱及失眠症患者有缓解和治疗作用。

放风筝时，眼望天空，头向后仰，还可使颈项部的肌肉得到放松，有利于保持颈椎的生理弧度，改善局部血液循环，促进颈椎病的有效康复。

传说仙人掌也有"辟火"作用。清乾隆年间《泉州府志》说："戒火，一名仙人掌，形如人掌，人家以罐植之屋上，云可御火灾。"古人纳入"火灾克星"的还有树木，如江苏泰州民俗认为黄杨可避火。江西东北地区开水塘、种樟树，以防火灾。还有些地方，人们习惯在门前插柳条来防范火患。

10. 农历二月十九日——观音诞辰。

佛教传说观音菩萨的诞辰日是农历二月十九日，因此，信徒们称这一天为"观音诞辰"，并且在此日要以各种形式庆祝或祈祷菩萨保佑。放生是观音诞辰日的重要活动之一，以前上海的老城隍庙和新城隍庙内都有放生池，在庙宇附近的花鸟市场有大量销售乌龟、活鱼的商贩，专门供应信徒们小动物，以放生使用。

11. 春祭：声势浩大的祭祖活动。

春祭其实就是在春天到来的时候，人们用隆重的仪式进行祭祀，希望在新的一年里国泰民安、风调雨顺，寄托了人们的美好向往。春分之日，族中领导带领相关人员，于凌晨就在祖祠摆开祭祖仪式，杀猪、杀鸡、做糍粑、做米果、请鼓手、备祭品、烧火做饭，准备祭祖宴。用过早饭，穿戴着节日盛装的祭祖人员，就会纷纷向祖祠涌来。大约九点过后，祭祖活动开始，祖祠大厅当中的祭台上摆满了猪、鸡、鱼及各种祭品。司仪人员宣布祭祖开始，主祭人就会随着司仪的声声吆喝，朝着祖牌频频叩首祭拜。大厅内一时金钟齐鸣，鼓乐奏响，唢呐声声，鞭炮阵阵，既庄严又喜庆。祭祀礼毕，人们扛着三牲祭品，鸣锣开道，一路吹吹打打前往先祖坟地祭扫祖墓。为鼓励族人积极参加祭祖，凡参加祭祖的人员，不论年龄，男女不限，均可分得一份米果或糍粑，花甲之人可获得双倍待遇。中午的祭祖宴会，另设有敬老席及功名席，特请花甲老汉及读书贤能之人赴宴。宴会上，人们频频举杯相互祝酒，大碗喝酒，大块吃肉，猜拳行令，沉浸在一片欢声笑语的喜庆和谐气氛之中。

12. 吃太阳糕：感恩太阳的光和热。

历朝历代祭祀太阳神的活动可以说就没有停止过。过去春分有祭祀太阳神的活动，直至今天，祭祀太阳神的活动仍然可见。因为太阳把它的光和热恩赐于人类及万物，所以人们对想象中的太阳神极为虔诚。民间祭祀的仪式虽远不及皇家那样隆重，但也非常严肃，一丝不苟。早年北京人祭祀太阳神所用的主要供品是"太阳糕"。这是一种用大米面和绵白糖蒸成的圆形小饼，上面印着一只朱红的金鸡（传说中的鸡神）在引颈长啼，仿佛在呼唤天下之鸡齐鸣，为人间报晓。《燕京岁时记》中记载："二月初一日，市人以米面团成小饼，五枚一层，上贯以寸余小鸡，谓之太阳糕，都人祭日者，买而供之，三五具不等。"制作的太阳糕上为什么要站个小鸡呢？据说太阳从汤谷升起，有一扶桑树，一只玉鸡站立于上，每逢太阳冉冉升起时，它就打鸣报晓，民间的公鸡也随之报晓。也有人说那不是小鸡，是凤凰。《诸神的起源》中记载，风是指风神，凰是太阳，结合起来，凤凰即是太阳的象征。为了锦上添花，太阳糕上再站立着一只凤凰好像更好些。

太阳糕还有一个名字叫作"小鸡糕"。传说清宫门外有一家专做年糕的"袁记斋"小店，是大名鼎鼎的"年糕袁"的前身。"袁记斋"年糕上都打着小鸡红戳，叫"小鸡糕"。一日慈禧太后想吃，送年糕进宫那天，恰逢二月初一"太阳节"。"太阳节"是祭祀太阳神的日子，慈禧看见年糕上朱红的小鸡非常高兴，便说："鸡神引颈长鸣，太阳东升，真是吉祥！"遂将年糕命名为"太阳糕"。

春分养生：调整阴阳，以平为期

春分食疗养生

1.春分时节，饮食忌大寒大热。

春分时节，饮食方面要遵循阴阳平衡原则。由于春分时节在大自然中阴阳各占一半，日常饮食要能够保持机体功能的平衡、协调、稳定。忌偏食——要么常吃大寒食物，要么常吃大热食物，这些饮食习惯弊端较多。春分时节可以多食些菜花、莲子和牛肚。菜花可以强身健体，抵抗流感；莲子可以稳固精气、强健体魄、滋补虚损、祛除湿寒；牛肚可以滋养脾胃、补中益气。另外，还可以将寒、热食物合理搭配食用。例如，把寒的鱼、虾和温性食物的葱、姜、醋等调料搭配，以中和鱼、虾之寒。还可以将补阳和滋阴的食物搭配食用，例如，可以将助阳的韭菜和滋阴的蛋类搭配。这样饮食既可以将寒性食物和热性食物相中和，又可以保证各种食物营养的合理摄取，避免了偏食等情况的发生。

2.缓解压力宜食B族维生素食物。

春分是精神疾病高发期。这个时期，我们可以选择一些可以缓解压力、调节情

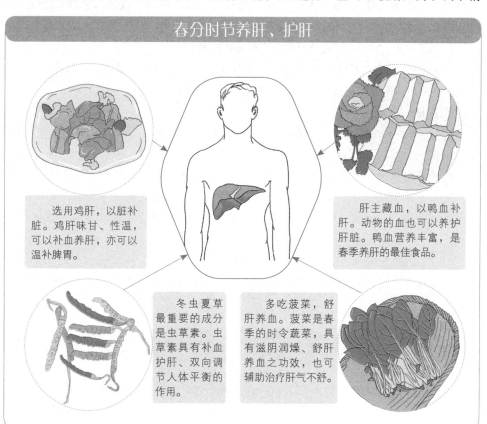

春分时节养肝、护肝

选用鸡肝，以脏补脏。鸡肝味甘、性温，可以补血养肝，亦可以温补脾胃。

肝主藏血，以鸭血补肝。动物的血也可以养护肝脏。鸭血营养丰富，是春季养肝的最佳食品。

冬虫夏草最重要的成分是虫草素。虫草素具有补血护肝、双向调节人体平衡的作用。

多吃菠菜，舒肝养血。菠菜是春季的时令蔬菜，具有滋阴润燥、舒肝养血之功效，也可辅助治疗肝气不舒。

绪的富含 B 族维生素的食物。B 族维生素包括维生素 B_1、维生素 B_2、维生素 B_6、维生素 B_{12}、烟酸、泛酸、叶酸等。这些 B 族维生素是推动体内代谢，把糖、脂肪、蛋白质等转化成热量时不可缺少的物质。如果缺少维生素 B，则细胞功能马上降低，引起代谢障碍，这时人体会出现怠滞等症状。情绪容易激动、生气的人可选择富含 B 族维生素的食品，主要有猪腿肉、大豆、花生、里脊肉、火腿、黑米、鸡肝、胚芽米等富含维生素 B_1 的食品；动物肝脏、牛奶、酵母、鱼类、蛋黄、榛子、菠菜、奶酪等富含维生素 B_6、维生素 B_{12} 的食品。春分适当吃些富含 B 族维生素的食物，不但可以缓解压力，而且可以抵抗疲劳。

春分药膳养生

1. 健身益寿可食用首乌肝片。

首乌肝片

材料：鲜猪肝 250 克，首乌液 20 毫升，木耳 20 克，青菜叶少许，葱、姜、味精、酱油适量。

制作：①将猪肝洗干净，切片。②取少量首乌液（首乌液可用新鲜首乌榨汁，或用干首乌浓煎成汁）、盐、淀粉拌匀，放入烧热油中滑熘。③放入木耳、青菜叶、剩余的首乌液、葱、姜、味精、酱油等炒熟后，即可食用。

2. 润泽肌肤、调经止痛，食用松子玉米鹌鹑汤。

松子玉米鹌鹑汤不但可润泽肌肤、调经止痛，而且具有美白补湿、行气活血的功效，也可消除粉刺、雀斑、老年斑、妊娠斑、蝴蝶斑、脱屑、痤疮、皲裂等。

松子玉米鹌鹑汤

材料：松子仁 75 克，玉米棒 2 只，鹌鹑 4 只，猪瘦肉 150 克，陈皮 1 块，盐、冷水适量。

制作：①将鹌鹑去毛、去内脏，洗干净。②玉米棒去皮、去须，洗干净，切成段。③松子仁漂洗干净。④将陈皮用清水浸透。⑤将猪瘦肉洗干净，沥干水。⑥向煲内倒适量冷水，先用文火煲至水开，然后放入全部材料。⑦待水再滚起，改用中火继续煲 2 个小时左右，放盐调味后即可食用。

3. 利尿消肿、通脉下乳，食用嫩豆腐鲫鱼羹。

嫩豆腐鲫鱼羹不但可利尿消肿、通脉下乳，而且还具有益气健脾、消热解毒之功效。

嫩豆腐鲫鱼羹

材料：嫩豆腐 500 克，鲫鱼肉 200 克，玉米 2 大匙，鸡蛋 1 个，姜丝、香菜、盐、淀粉适量。

制作：①将嫩豆腐、鲫鱼肉切成丁。②鸡蛋打散。③香菜切小段。④锅内加水，煮沸后加入豆腐、鲫鱼肉、玉米。⑤放入盐调味，再以水淀粉勾芡，最后淋上蛋液，撒上姜丝及香菜即可食用。

春分起居养生

1. 屋内适量养花，能够杀菌、除尘。

春分时节的气候十分适宜各种病菌的繁殖和传播，此时是各种流行性疾病的高发期。在日常生活中，要注意经常打开门窗，给房屋通风，最好能在屋内种一些花草。

2. 居室布置舒适有序，有助身心健康。

春分时节，暖湿气流比较活跃，冷空气活动比较频繁，因此，阴雨天气较多。将居室安排得舒适而有序，对身心的健康也很有益处。比如将客厅布置得温和舒畅，同室外的阴雨天气形成反差，又同风和日丽的天气相谐调；将卧室布置得温馨适意，室内的温度保持在 14 ～ 16℃之间，会使人产生温柔、静谧的感觉；将书房布置得明亮温和，空气清新，但又不湿气太重；饭厅注重色彩搭配，会唤起人的食欲；将阳台布置成一个"小花园"，鲜花绚丽，清香四溢，空气清新，悦人心目。居室所营造出来的舒适度既可以解除疲劳，又有助于身心健康。

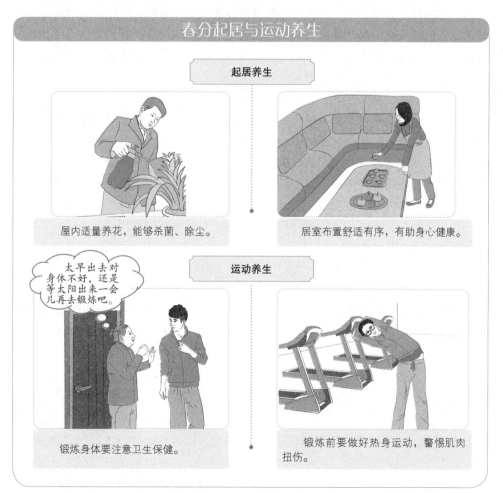

春分起居与运动养生

起居养生

屋内适量养花，能够杀菌、除尘。

居室布置舒适有序，有助身心健康。

运动养生

太早出去对身体不好，还是等太阳出来一会儿再去锻炼吧。

锻炼身体要注意卫生保健。

锻炼前要做好热身运动，警惕肌肉扭伤。

春分运动养生

1. 锻炼身体要注意卫生保健。

春分时节是一个易于滋生细菌的节气，因此在锻炼身体时要注意卫生保健。早晨的气温比较低，有时还会有雾气，室内外温差悬殊。人体骤然受冷，容易患伤风感冒，还会使哮喘病、支气管炎、肺心病等病情加重，所以锻炼时最好选择在太阳升起后再到户外运动。此外还要加强防寒保暖，春分时节气候多变，户外锻炼时衣着穿戴要适宜，随时注意防寒保暖，以免出汗后受凉，更不要在大汗淋漓后脱下衣服或在风口处休息。锻炼身体出汗后，一定要及时用干毛巾擦掉身上的汗水；另外还要及时穿好御寒衣服，做好保暖，以免风寒感冒。

2. 锻炼身体前要做好热身运动。

任何一场体育比赛活动，我们都会看到运动员赛前要做热身运动。锻炼身体也同样需要做热身运动。锻炼前热身就是为了让锻炼的效果更好，减少受伤。热身是指让身体热起来，以微微出汗为准。热身的方法不是一定的，年轻人可以在运动前慢跑，让身体有微微出汗的感觉，然后根据锻炼的具体内容，有针对性地活动各关节，热身时间应该保持在 15 分钟以上。而老年人的热身应该先通过慢走让身体热起来，再做些简单的体操，热身时间要保持在 10 分钟以上。

3. 锻炼身体要警惕肌肉扭伤。

春分时节锻炼身体要防止肌肉扭伤。人们都知道，关节是靠肌肉和韧带来保护的。冬季气温低，肌肉、韧带的柔韧性较差，对关节的保护力度会有所减弱，所以运动中只要磕着、碰着一点，就会造成损伤，容易发生骨折。然而到了春季，随着温度的升高，肌肉弹性增加，骨折的情况很少出现，但是人们往往运动热情过于高涨，会加大运动强度、挑战极限，或者忽视了运动前的热身，肌肉缺乏对突然提高运动强度姿势的适应，就会出现扭伤。因此在春分时节锻炼身体要量力而行，循序渐进增加锻炼强度和难度，并且还要做好锻炼前的热身，警惕肌肉扭伤。

4. 认识误区：运动出汗越多越好。

日常生活中，有不少人以为运动出汗越多，健身效果就会越好，其实这是一个很不科学的观点。现实中有的人稍微一运动就满头大汗，有的人运动很长时间却没有出汗或者很少出汗，这到底是什么原因造成的呢？一般来说，出汗多少与运动强度相关，运动强度越大，出汗越多，反之则越少。另外，每个人的身体状况不一样，所以出汗多少也与个人的身体情况有关。汗腺数量越少，出汗也越少；汗腺越多，则出汗也会越多。体质好的人，肌肉发达，耐力好，即使进行大量运动也轻而易举，不会觉得特别累，出汗就相对较少；体质不好的人，不善于运动，稍微一动就会累得直喘粗气，出汗也就相对较多。运动前饮水的多少也会影响出汗量，运动前饮水越多，运动中越容易出汗。运动后，对于少量的出汗，可以不必太在意；但是对于大量的出汗，应该引起重视。因为大量出汗使体液减少，如果不及时补液，可导致血容量下降、心率加快、排汗率下降、散热能力下降、体温升高、机体电解质紊乱和酸碱平衡紊乱，引起脱水。脱水导致机体的一些主要器官的生理功能受到影响，如心脏负担加重、肾脏受损。钠、钾等电解质的大量丢失可导致神经肌肉系统障碍，引起肌肉乏力、肌肉痉挛等症状。脱水还会使运动能力下降，产生疲劳感等症状。

可见，运动锻炼不是出汗越多越好。尤其是春分前后，运动更不宜太剧烈，出汗过多损伤人体正气。由于春分时节严寒基本上已过去，各种病邪也随之滋生，也有可能出现连续阴雨和倒春寒。此时人体气血运行在肌肤体表，一些旧疾就会发出来，如气管炎、哮喘、关节炎、筋骨关节软组织劳损疼痛等宿疾容易复发。年老或体弱的人，患有心脑血管病、胃肠道病以及失眠、焦虑、抑郁等情志疾病的人此时更不容忽视。因此春分时节运动一定要适度，不宜过分剧烈，造成出汗过多导致津液的大量丢失，而损伤人体正气。

春分时节，常见病食疗防治

1. 失眠饮用酸枣仁汤食疗防治。

失眠是指无法入睡或无法保持睡眠状态，从而导致睡眠不足。常见导致失眠的原因主要有环境因素、个体因素、躯体因素、精神因素、情绪因素等。中医认为，失眠是人体阴阳失调、气血不畅造成的。春分时节，气候变化较大，气候的不稳定容易影响到人的情绪，使人的生理功能失调，再加上春季气压偏低，造成人体激素分泌紊乱，容易导致失眠。

预防失眠的措施

春分时节气候变化较大，气候的不稳定容易影响到人的情绪，容易导致失眠。预防失眠，可以运用以下方法。

晚上临睡前喝杯牛奶，最好加一点蜂蜜，有安神催眠之功效。	在床头柜上放上一个剥开皮或切开的柑橘，吸其芳香气味，可以镇静中枢神经，帮助入睡。	居住环境要保持良好，卧室隔音效果好、温度要适中、光线要柔和。	睡前洗个温水澡，最好用热水泡泡脚，然后做做足底按摩。

根据中医理论，导致失眠的原因是脏腑阴阳失调、气血不和。因此，失眠的食疗应选择可以协调脏腑、调和气血阴阳的食物，以达到补益心肺、滋阴降火、疏肝养血、益气镇惊、化痰清热的效果。

酸枣仁汤具有补肝益胆、宁心安神之功效，还可以缓解失眠多梦症状。

酸枣仁汤

材料：酸枣仁9克。

制作：①将酸枣仁捣碎。②锅内放入酸枣仁，加适量水，小火煎成汤，去渣即可饮用。

2.月经不调饮用田七木耳乌鸡汤食疗防治。

月经不调，也称作"月经失调"，是一种妇科常见病。表现为月经周期或出血量的异常，或是月经前、经期时的腹痛及全身症状。病因可能是器质性病变或是功能失常。中医认为此病的原因多为血热、血寒、气虚、血虚、肾虚、肝郁、肝肾不足等。春分时节，人体激素分泌旺盛，体质弱的人最容易在此时出现月经失调。患者在月经前期或月经期常伴有腹部疼痛等症状。

月经不调的女性可以通过饮食来食疗防治。日常生活中，对月经不调有辅助治疗作用的食物有荠菜、乌鸡、丝瓜、大枣、山楂、芹菜、羊肉、黑豆和红花等，也可以饮用田七木耳乌鸡汤进行食疗防治。田七木耳乌鸡汤具有养血补血、滋阴清热功效，适用于气血不足导致的月经过少症状。

田七木耳乌鸡汤

材料：田七10克，木耳10克，乌鸡1只，盐适量。

制作：①将田七洗净，捣碎。②木耳洗净，撕块。③洗净乌鸡，切块，焯后捞出。④砂锅内倒入适量水，大火烧沸，放入乌鸡块、木耳块、碎田七。⑤大火烧沸后改用小火煲3个小时。⑥加盐调味后即可饮用。

月经失调的预防措施：

（1）经期要注意保暖，避免寒邪侵入。

（2）多休息，避免疲劳过度。

（3）经前和经期要禁食生、冷、寒、刺激性食物。

（4）保持健康心态、情绪稳定、心情愉快。

（5）节制性生活，经期不要进行性生活。

（6）注意经期身体卫生，但也不宜清洁过度。

第五章

清明：气清景明，清洁明净

"清明"是二十四节气之一，清明的意思是清淡明智。中国广大地区有在清明之日进行祭祖、扫墓、踏青的习俗，后来逐渐演变为以扫墓、祭拜等形式纪念祖先的一个传统节日。另外还有很多以"清明"为题的诗歌，其中最著名的是唐代诗人杜牧的七言绝句《清明》。

人们常说："清明断雪，谷雨断霜。"时至清明，华南气候温暖，春意正浓。但在清明前后，仍然时有冷空气入侵，甚至使日平均气温连续3天以上低于12℃，造成中稻烂秧和早稻死苗，所以水稻播种、栽插要避开"暖尾冷头"。在西北高原，牲畜经严冬和草料不足的影响，抵抗力弱，此时需要严防开春后的强降温天气对老弱幼畜的危害。

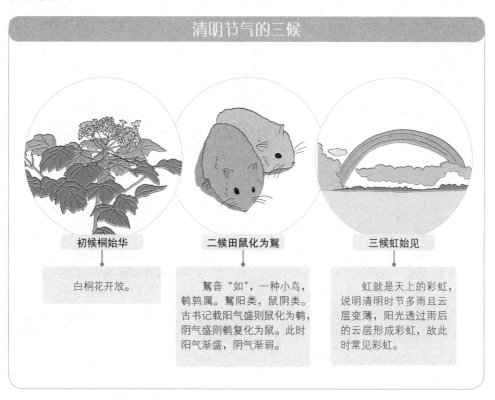

清明节气的三候

初候桐始华

白桐花开放。

二候田鼠化为鴽

鴽音"如"，一种小鸟，鹌鹑属。鴽阳类，鼠阴类。古书记载阳气盛则鼠化为鴽，阴气盛则鴽复化为鼠。此时阳气渐盛，阴气渐弱。

三候虹始见

虹就是天上的彩虹，说明清明时节多雨且云层变薄，阳光透过雨后的云层形成彩虹，故此时常见彩虹。

清明气象和农事特点：春意盎然，春耕植树

1. 清明时节的景色：阳光明媚，柳绿桃红。

清明时节，气温转暖，草木萌动，天气清澈明朗，万物欣欣向荣。自从进入春天以来，"立春"的春意萌发，迎来"雨水"的滋润，到"惊蛰"地气回升、蛰虫启户始出，进入到"春分"的滚滚春雷，到达"清洁而明净"的清明时节历经了两个月的时间。这时春天的景色是阳光明媚、柳绿桃红、群山如黛、百鸟啼鸣，生机无限。

2. 清明前后清爽温暖，植树造林，春耕大忙。

清明时节，除了东北和西北地区外，大部分地区的日平均气温已升至12℃以上，大江南北、长城内外，到处是一片春耕大忙的景象。这个节气，春阳照临、春雨飞洒，种植树苗成活率高、成长快。因此，自古以来，我国就有清明植树的习惯。因而有人还把清明节叫作"植树节"。

3. 清明时节雨纷纷，适时春灌，防春旱。

清明时节，我国大部分地区进入了真正的春季。但此期间的天气，南方与北方好似两重天，北方干燥少雨，南方湿润多雨。诗人杜牧所说的"清明时节雨纷纷"，一般是指我国南方春季的锋面降水现象。4月的江南雨日大多数在16天左右，雨量在100毫米以上，部分地区雨量还要更多。这时天气常常时阴时晴，充沛的水分一般可满足作物生长的需要。令人烦恼和不能忽视的，是雨水过多导致的湿渍和寡照的危害。而黄淮平原以北的广大地区，清明时节降水仍然很少，对开始旺盛生长的作物和春播来说，水分常常供不应求，此时的雨水显得尤为宝贵，这些地区很有必要在蓄水保墒的同时，适时做好春灌、防止春旱的准备工作。

清明农历节日及民俗宜忌

农历节日

1. 清明节：祭祖和扫墓的日子。

清明节是我国传统节日，也是最重要的祭祀节日，是祭祖和扫墓的日子。扫墓俗称"上坟"，是祭祀死者的一种活动。汉族和一些少数民族大多都是在清明节扫墓。按照旧的习俗，扫墓时，人们要携带酒食果品、纸钱等物品到墓地，将食物供祭在亲人墓前，将纸钱焚化，为坟墓培上新土，再折几根嫩绿的柳枝插在坟上，然后叩头行礼祭拜，最后吃掉酒食或者收拾供品打道回府。

清明节又称作"踏青节"，在每年的阳历4月4日至6日之间。此时正是春光明媚、草木吐绿的时节，也是人们春游（古代叫踏青）的好时候。所以古人有清明踏青，并开展一系列民间的习俗活动。

2. 寒食节：纪念介子推。

寒食节也称作"禁烟节""冷节""百五节"，时间在清明节前一两日。寒食节禁

烟火，只吃冷食。后来，逐渐增加了祭扫、踏青、秋千、蹴鞠等风俗。寒食节前后绵延两千余年，曾被称为民间第一大祭日。寒食节的具体日期，古俗讲究在冬至节后的一百零五天。现在山西大部分地区是在清明节前一天过寒食节，榆次等少数地方是在清明节前两天过寒食节；垣曲县还讲究清明节前一天为寒食节，前二天为小寒食。过去的春祭在寒食节，直到后来改为清明节。但是韩国仍然保留在寒食节进行春祭的传统活动。

寒食节的来源，最早是远古时期人类对火的崇拜。古人的生活离不开火，但是，火又往往给人类造成极大的灾害，于是古人便认为火有神灵，要祀火。各家所祀之火，每年又要止熄一次，然后再重新燃起新火，称为"改火"。改火时要举行隆重的祭祖活动，将谷神稷的象征物焚烧。后来慢慢便形成了禁火节。

汉朝时山西民间要禁火一个月的时间。三国时期，魏武帝曹操曾下令取消这个习俗。《阴罚令》中有这样的话，"闻太原、上党、雁门冬至后百五日皆绝火寒食，云为子推""令到人不得寒食。犯者，家长半岁刑，主吏百日刑，令长夺一月俸"。三国归晋以后，由于与春秋时晋国的"晋"同音同字，因而对晋地掌故特别垂青，纪念介子推的禁火寒食习俗又恢复起来，不过时间缩短为三天。同时，这一时期将把寒食节纪念介子推的说法发扬光大，寒食节禁火寒食成了各地共同的风俗习惯。

寒食节有许多习俗，例如上坟、郊游、斗鸡子、荡秋千、打毯、牵钩（拔河）等。寒食节是山西民间春季最为重视的一个节日，山西介休绵山被誉为"中国寒食清明文化之乡"，每年举行声势浩大的寒食清明祭祀（介子推）活动。山西民间禁火寒食的习俗活动一般为一天，只有部分地区习惯禁火三天。晋南地区民间习惯吃凉粉、凉面、凉糕等等，晋北地区习惯以炒奇（即将糕面或白面蒸熟后切成色子般大小的方块，晒干后用白土炒黄）作为寒食节的食品。一些山区这一天全家吃炒面（将五谷杂粮炒熟，拌以各类干果脯，磨成面装进面袋），有的徒手抓着吃，有的用开水冲成汤喝。

寒食节这一天，是小孩子梦寐以求的一天，在这一天，他们可以玩面食，可以用面制作自己喜爱的小动物，让大人放进锅里蒸熟。因为大人们要用蒸寒燕来庆祝节日——用面粉制作大拇指大小的飞燕、鸣禽及走兽（猪、牛、羊、马等）、瓜果、花卉等有趣的馒头，蒸熟后着色，插在酸枣树的针刺上面，或者作为供品，或者装点室内。

有关寒食节的来历，还有一个传说。相传春秋战国时期，晋献公的妃子骊姬为了能让自己的儿子奚齐顺利继位，就设毒计陷害太子申生，申生走投无路就自杀了。申生的弟弟重耳，为了躲避祸害，流亡出走。在流亡期间，重耳受尽了屈辱。原来跟着他一道出奔的臣子，大多陆陆续续地各奔出路去了，只剩下少数几个忠心耿耿的人，一直追随着他。其中一人叫介子推。有一次，重耳饿晕了过去。介子推为了救重耳，从自己腿上割下了一块肉，用火烤熟了送给重耳吃。多年以后，重耳东山

清明民俗

清明时节天气渐暖，草木已经是一片欣欣向荣，此时正是出游、室外运动的好时机。在清明时节，民间有着丰富的活动。

清明节祭祀

清明节是我国传统节日，人们会在这一天祭祖和扫墓。扫墓俗称"上坟"，是祭祀死者的一种活动。汉族和一些少数民族大多都会在清明节扫墓。

寒食节

寒食节也称作"禁烟节"，时间在清明节前一两日。人们在寒食节这一天禁烟火，只吃冷食。

画卵

在鸡蛋上染画颜色是河北、湖南等地区寒食节的一种趣味游戏。后来成为一种独特的民间工艺，并且已经商品化，深受海内外客户欢迎。

斗鸡子

南朝梁代，民间就已经有斗鸡子活动了。近代演变为撞鸡蛋游戏，即把煮熟的鸡蛋或鸭蛋放在一起，互相撞击。

再起做了君主，就是春秋五霸之一的晋文公。晋文公执政后，对那些和他同甘共苦的臣子大加封赏，唯独忘了介子推。有人在晋文公面前为介子推叫屈，晋文公猛然忆起旧事，心中有愧，马上差人去请介子推入朝受赏封官。可是，差人去了几趟，介子推都不肯领赏。晋文公只好亲自去拜访介子推。可是，当晋文公来到介子推家时，只见大门紧闭。介子推不愿见他，已经背着老母躲进了绵山（今山西介休市东南）。晋文公便让随行的军队上绵山搜索，没有找到。于是，有人出了个主意说，不如放火烧山，三面点火，留下一方，大火起时介子推会自己走出来的。晋文公于是下令烧山，孰料大火烧了三天三夜，大火熄灭后，仍不见介子推出来。众人上山一看，介子推母子俩抱着一棵烧焦的大柳树，已经死了。晋文公拉着介子推的尸体哭拜很久，安葬遗体时，发现介子推的脊梁堵着个柳树树洞，洞里好像有什么东西。掏出一看，原来是片衣襟，上面题了一首血诗："割肉奉君尽丹心，但愿主公常清明。柳下作鬼终不见，强似伴君作谏臣。倘若主公心有我，忆我之时常自省。臣在九泉心无愧，勤政清明复清明。"晋文公将血书藏入袖中，然后把介子推和他的母亲分别安葬在那棵烧焦的大柳树下。为了纪念介子推，晋文公下令把绵山改为"介山"，在山上建立祠堂，并把放火烧山的那一天定为寒食节，下令天下，每年这天禁忌烟火，只吃寒食。临走时，他伐了一段烧焦的柳木，到宫中做了双木屐，每天望着它叹道："悲哉足下。""足下"这个古人下级对上级或同辈之间相互尊敬的称呼，据说就是来源于此。第二年，晋文公领着群臣，素服徒步登山祭奠，表示哀悼。行至坟前，只见那棵老柳树死而复活，绿枝千条，随风飘舞。晋文公望着复活的老柳树，像看见了介子推一样。他郑重地走到柳树跟前，毕恭毕敬地折了几枝柳条，编了一个柳圈戴在头上。祭扫后，晋文公把复活的柳树赐名为"清明柳"，又把这天定为清明节。晋文公时时刻刻把介子推的血书作为鞭策自己执政的座右铭。他在位时，励精图治、国富民强，晋国的百姓得以安居乐业，对有功不居、不图富贵的介子推非常怀念。从此以后，寒食节、清明节成了全国百姓纪念介子推的隆重节日。

3. 画卵：在鸡蛋上染画颜色的民间工艺。

在鸡蛋上染画颜色是河北、湖南等地区寒食节的一种趣味游戏。宋代陈元靓《岁时广记》卷十五引《邺中记》记载："寒食日，俗画鸡子以相饷。"南朝梁人宗懔《荆楚岁时记》也曾记载："古之豪家，食称画卵。"到了隋时将鸡蛋染成蓝、红等颜色，互相赠送，或放在菜盘和祭器里。如今，这些民间工艺早已走向商品化，深受海内外客户欢迎。

4. 斗鸡子：撞鸡蛋游戏。

斗鸡子就是一种互相比赛雕鸡蛋和画鸡蛋技艺，或者互相撞击的民间游戏。南朝梁代，寒食节时，民间就已经有斗鸡、镂鸡子、斗鸡子活动了。到隋代更为流行，近代演变为撞鸡蛋游戏，即把煮熟的鸡蛋或鸭蛋放在一起互相撞击，谁的蛋没有碎，谁就是胜者，可以参加下一轮的比赛游戏。

清明民间忌讳

1. 清明忌讳阴天、下雨和刮风。

民间传说，清明不明是荒年之凶兆。清明有风，夏天会闹大旱；清明夜落雨，对麦子极为不利。谚语云："麦子不怕四季水，只怕清明一夜雨。"可见，一年四季下多少雨水对麦子的伤害，都没有清明节一天下雨对麦子的损害大。

2. 清明节忌讳不戴柳、不插柳。

民间有清明节戴柳、插柳的习俗。不戴柳、不插柳已成为禁忌。柳树在民间信仰中具有驱邪的法力效用，戴柳、插柳是为了驱邪、避煞、消灾和解祸。

3. 清明节忌讳探亲、访友、嫁娶。

清明节当天最好不要去探视亲朋好友，隔天去探视为宜。因为清明节是祭奠的特殊时候，此时去探视亲朋好友很说不过去，或者说不吉利。当然，你可以请亲朋好友在外面吃饭。另外，清明节也不宜嫁娶。嫁娶是人生大事，最好避开鬼节，另选时间。

清明养生：养肝护肝、强筋壮骨

清明饮食养生

1. "降火"可适量吃些苦味食物。

由于沙尘、冷空气还会时常光顾，清明时节的天气并没有像人们期望的那样很快转暖，餐桌上的御寒食物也不会退出，羊肉、鸡汤、笋等易"发"食物仍然在日常饮食中占有很大的比例。因此，人们也很容易"上火"。此时，在饮食方面应该有所注意，尽量避免食用热性食物。例如荔枝、龙眼、榴莲等水果，还要注意少吃洋葱、辣椒、大蒜、胡椒、花椒等辛辣助火的食物。这些性热的食物同时还有"发散"的作用，经常食用，会"损耗元气"，导致气虚，从而降低人体免疫力。尤其是辛辣食物，多吃容易导致消化不良，还会对睡眠产生影响，引起皮肤过敏，甚至引发皮肤病。要想"降火"，人们还应该养成良好的生活习惯，规律作息、注意休息、多喝水或者清热败火的饮料，这样可以使体内的"火气"通过新陈代谢，从体液中排出体外。另外，味苦的食物有败火的功效，可适当选食。苦味的食物具有抗菌、解毒、去火、提神醒脑、缓解疲劳之功效。

苦味食物虽然可以降火、抗菌、解毒等，但是却不宜过量。苦味食物大多为寒凉之物，由于清明时节气候还是很容易多变，寒流仍会随时光临，如果此时多吃凉性食物，恰好又遭遇寒流天气，结果无疑雪上加霜，引发胃痛、腹泻，老年人和儿童大多脾胃虚弱，更应该引起注意。另外，脾胃虚寒、大便溏泄（一般指水泻或大便稀溏）的病人也不宜吃苦味的寒性食品。

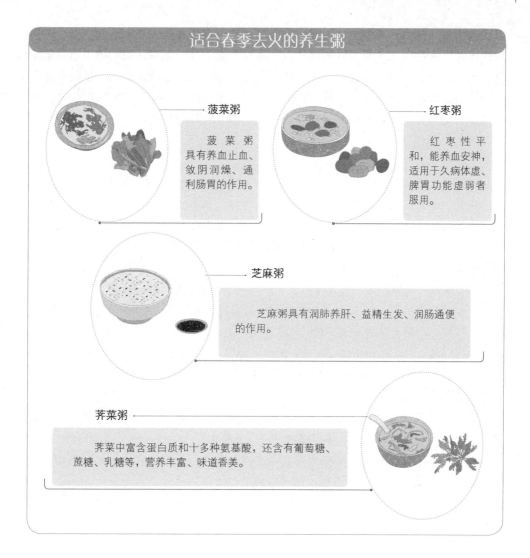

适合春季去火的养生粥

菠菜粥

菠菜粥具有养血止血、敛阴润燥、通利肠胃的作用。

红枣粥

红枣性平和，能养血安神，适用于久病体虚、脾胃功能虚弱者服用。

芝麻粥

芝麻粥具有润肺养肝、益精生发、润肠通便的作用。

荠菜粥

荠菜中富含蛋白质和十多种氨基酸，还含有葡萄糖、蔗糖、乳糖等，营养丰富、味道香美。

2. 清明时节宜少食竹笋。

清明时节正好是竹笋刚上市的时候，竹笋味道鲜美，许多人喜欢吃。但是竹笋不宜多吃：第一，竹笋性寒，滑利耗气，多吃会使人气虚。第二，竹笋属于"发物"，有诱发慢性疾病的可能。《本草从新》对竹笋有这样的记述："虚人食笋，多致疾也。"就是说气虚的病人吃了耗气的竹笋，会加重气虚的症状，更加虚弱多病。第三，吃笋可能引起咳嗽，从而诱发哮喘。第四，竹笋中富含的粗纤维不易消化，很容易造成肠胃不适，甚至造成出血症状。因此，清明时节最好还是少吃竹笋。

3. 保护肝脏宜多食银耳。

清明时节，保护肝脏宜多食些银耳。银耳具有保护肝脏、提高肝脏的解毒能力之功效，还具有提高人体抗辐射、抗缺氧的能力，是饮食养生滋补佳品。挑选银耳以颜色淡黄、根小、无杂质、无异味为上品。食用前最好先用开水泡发，每小时换一次水，换水数次，这样可以去除残留在银耳表面的二氧化硫；切记把未泡发的淡黄色部分丢弃，这一部分请勿食用。还要注意，冰糖银耳含糖量很高，睡前不宜食用，否则会增加血液黏度。另外，当天吃不了的银耳就丢弃掉，因为隔夜的熟银耳会产生影响人体造血功能的有害成分。因此，泡发银耳时切勿提前把第二天用的也一起泡发出来。

芙蓉银耳羹

材料：鸡蛋3个，水发银耳100克，盐、味精、胡椒粉、水淀粉适量。

制作：①将鸡蛋打开倒入碗中，把蛋液打匀，加入清水和盐，调匀，上笼蒸成蛋羹。②将银耳择洗干净。③锅内倒入清水，下入银耳，大火煮10分钟。④放入胡椒粉、盐、味精调味，用水淀粉勾芡，淋在蛋羹上即可食用。

4.强筋壮骨、延年益寿可吃些鲇鱼。

鲇鱼刺少、肉质细嫩、营养丰富，并具有强筋壮骨、延年益寿的养生功效。清明时节，鲇鱼肥美可口，最宜食用。挑选鲇鱼以头扁嘴大、外表光滑、黏液少者为佳。将鲇鱼开膛，处理干净，清洗后放入沸水中烫一下，再用清水洗净，如此可以去除鲇鱼体表的黏液。由于鲇鱼的鱼卵有毒，因此一定要将鱼卵清理干净，否则容易中毒。

强筋壮骨、延年益寿也可以吃些蒜香鲇鱼。

蒜香鲇鱼

材料：蒜瓣适量，鲇鱼1条，豆瓣酱、植物油、料酒、盐、葱段、姜片、泡椒段、白砂糖、酱油、醋、水淀粉、醪糟汁、高汤等适量。

制作：①将鲇鱼开膛，处理干净，清洗后切成段。②蒜瓣放入碗中，加盐、料酒、高汤，上笼蒸熟。③炒锅放入植物油烧热，放入鲇鱼炸至表面金黄。④原锅留底油，放入豆瓣酱炒红，倒入高汤，大火烧沸。⑤再放入鲇鱼和全部调料，大火煮沸后小火熬煮至鱼熟入味。⑥放入蒸好的蒜瓣，烧至汁浓时，将鱼捞出。⑦锅中原汁加醋、葱段、水淀粉勾芡，浇在鲇鱼上即可食用。

清明药膳养生

1.滋阴润燥、益精补血，食用红辣椒爆嫩排骨。

红辣椒爆嫩排骨不仅具有滋阴润燥、益精补血之功效，而且还能够促进食欲、健胃。

红辣椒爆嫩排骨

材料：干辣椒150克，鲜嫩排骨300克，姜1块，葱3根，酱油、高汤各2大匙，醪糟1大匙，白糖半小匙，水淀粉1大匙，香油1小匙，花椒粒半大匙，淀粉2大匙，鸡蛋1个，鸡精适量。

制作：①将排骨洗干净，剁成小块，沥干水分，加入淀粉、鸡精、鸡蛋拌均匀，腌制片刻。②姜切成片，葱切成段。③锅中倒入油烧热，放入腌制好的排骨，快速过油，捞出沥干。④爆香花椒、干辣椒、姜片、葱，加入酱油、高汤、醪糟、白糖及排骨拌炒均匀并煮开。⑤淋入水淀粉勾芡，再淋上香油，即可食用。

2. 补肾健脾、滋润肤肌，食用天冬猪皮羹。

天冬猪皮羹具有补肾健脾、滋润肌肤之功效，也可以治脾肾不足、精神亏损。对皮肤干燥、弹性降低、皱纹早现有改善功效。

清明养生食物

清明时节应注意清热养肝，宜多食以下食物。

猪肝	鸡蛋	芹菜

猪肝含有丰富的营养物质，可以补肝明目，养血。	鸡蛋营养丰富，可提高人体血浆蛋白量，增强肌体的代谢和免疫功能。	芹菜含酸性的降压成分，可以养肝降压。

胡萝卜

胡萝卜含有大量胡萝卜素，有补肝明目的作用，还可治疗夜盲症。

天冬猪皮羹

材料：天冬50克，干猪皮100克，香菇20克，丝瓜15克，枸杞子10克，鸡蛋1个，生姜5克，色拉油8克，盐3克，味精2克，白糖1克，水淀粉25克，清汤3000克，冷水适量。

制作：①将枸杞子漂洗干净，用温水浸泡变软。②生姜去皮，切成小片。③将鸡蛋打入碗内，捞出蛋黄，将蛋清搅匀备用。④用冷水浸透猪皮，切成丁。⑤香菇泡发变软，去蒂切成丁。⑥将丝瓜洗干净，去皮切成丁。⑦水烧开，放入猪皮丁、香菇丁，汆烫去其异味，捞出用冷水冲洗干净。⑧炒锅里倒入色拉油，放入姜片爆香，注入清汤，加入猪皮丁、枸杞子、天冬、香菇丁、丝瓜丁，放入盐、味精、白糖，用中火煮透，下水淀粉勾芡，倒入鸡蛋清，即可食用。

3. 温中补虚、降压安神，食用家常公鸡。

家常公鸡具有温中补虚、降压安神之功效，适用于高血压、冠心病、营养不良、术后康复期患者食用。

家常公鸡

材料：公鸡250克，芹菜75克，冬笋10克，辣椒20克，高汤30克，姜、豆瓣酱、白糖、酱油、料酒、醋、食盐、淀粉、味精和植物油适量。

制作：①将公鸡肉切成小块，用开水焯后捞出备用。②芹菜切成段，冬笋切细条，辣椒剁碎，姜切成末。③将淀粉兑成湿粉，取一半和酱油、料酒、醋、盐放入同一碗内拌匀，另一半湿淀粉和白糖、味精、高汤调和成粉芡备用。④将植物油倒入锅加热，先煸鸡块，至鸡肉变白，水分将干时放进冬笋、豆瓣酱、姜等，大火炒至九成熟，放入芹菜，随后倒入调好的粉芡，至熟起锅即可食用。

清明起居养生

1. 早睡早起，到树林、河边散步。

清明时节气温逐渐升高，雨水也慢慢增多，在此节气中，尽量不要在家中待得太久。俗话说："久视伤血，久卧伤气，久坐伤肉，久立伤骨，久行伤筋。"因此，建议大家应该早睡早起，因为进入清明时节，冬季落叶的树木已萌发出新的叶芽，没有落叶的针叶树木也绽放出新绿，一片翠绿会让空气更新鲜，可以到有树木的地方进行一些体育锻炼。

2. 郊外踏青，徜徉于绿草之中。

清明时节，郊外到处都显现出欣欣向荣、生机勃勃的美景。红灿灿的太阳、湛蓝的天空、嫩绿的小草、绿油油的麦苗、粉色的桃花、随风摆动的柳梢，特别是一朵朵、一簇簇、一片片黄绿相间的油菜花，在春风里昂首怒放，展示着迷人的风姿。此时可以徜徉于绿草之中，流连于迷人的春色。郊外空气清新，在这里漫步，就等于进入天然氧吧，对身体大有裨益。

清明运动养生

1.因人而异，选择合适的运动场地。

人们夜间睡眠排出的大量二氧化碳，厨房内残留的烟油，从户外飘进来的粉尘，还有人们从外边回来携带在身上、脚上的尘埃，都会污染室内的空气。因此，室内是不适合人们进行锻炼的。而繁华的街道，或者靠近工厂和建筑工地的地方，汽车的废气、沙土、飞尘会把空气严重污染，更不是体育锻炼的好场所。只有走出家门，到室外有树木的地方去活动才合适。树木、花草，特别是在清明时节生长茂盛的树草，有净化空气、吸附灰尘及过滤噪声的功能。因此，有树木、花草的地方，大多是空气新鲜而又安静的地方，加之这里鸟语花香的自然景色，能够使人心旷神怡，平心静气地从事各种锻炼活动，取得更好的健身、健美效果。

清明时节郊外运动的益处

清明时节，气温逐渐升高，这时候不要一直待在屋里，多外出走走，会有很多的益处。

锻炼身体，增强抵抗力。

多呼吸清新空气，可以清肺，并且可以使体内新陈代谢加快，增强机体抗病能力。

在清明时节多进行户外活动，比如携全家出游，远离城市的喧嚣，亲近大自然，感受自然的宁静，放慢生活的节奏。这样可以缓解工作和生活积累的压力，放松身心。

2.运动要适度，注意卫生和保暖。

（1）运动要适度：春季，人们往往感到精神不振、四肢无力，很困乏，总觉得没有睡好，即"春困"。在这种情况下，参加锻炼不能一下子进入活动高潮，一定要做充分的准备活动，循序渐进，不能因为气温合适而使运动的时间不规律和运动的时间过长。

（2）运动时要注意卫生和保暖：春季的气温回暖，也是细菌繁殖的高峰季节，疾病的传播也很活跃。所以，在运动过程中要更加重视个人的卫生，及时洗澡、勤洗衣服；运动中或运动后不能立即吹风或冲凉水，防止感冒等疾病危害健康。另外不要暴饮暴食，以免突然增加肠胃的负担，导致肠胃病。

清明时节，常见病食疗防治

1.食用维生素 C 含量高的食物防治高血压。

高血压是指人体在没有受到刺激的状态下，人的动脉压持续增高，并且威胁血管、脑、心脏、肾等器官的一种常见疾病。清明时节，春天已过去大半，人体的肝阳越发上升。肝属木、木生火、火为心，因此，清明时节人的心脏功能十分活跃，很容易引发高血压。高血压一般有头痛、眩晕、耳鸣、心悸、气短、失眠、肢体麻木、头晕、精神改变、眼前突然发黑、原因不明的跌跤、哈欠不断、流鼻血、说话吐字不清等症状。但是部分高血压患者却无明显临床症状。

高血压患者可以饮用金针菇海带汤。金针菇海带汤不但具有降压减脂、醒脑强身之功效，而且还适用于消化不良、便秘引起的肥胖等病症。

金针菇海带汤

材料：金针菇 30 克，海带 50 克，竹笋丝、胡萝卜丝、香菇丝各 20 克，姜片、盐、味精、胡椒粉和植物油等适量。

制作：①将金针菇切成段。②将海带淘洗干净，切成丝。③把海带丝、姜片、植物油放入碗内，倒入适量水，再将碗放入笼中蒸 10 分钟，滤去汁。④锅中倒入水烧开，放竹笋、香菇、胡萝卜煮 5 分钟。⑤放入金针菇、海带丝，大火煮开，撒入盐、味精、胡椒粉调味，即可食用。

高血压患者也可以食用花生米拌芹菜进行食疗防治。花生米拌芹菜具有滋身益寿、补中和胃、行血止血之功效。

花生米拌芹菜

材料：芹菜 300 克，油炸花生米 200 克，酱油、花椒油、盐、味精等适量。

制作：①将芹菜去叶，淘洗干净，切成段，焯熟，过凉水后放入盘中。②倒入油炸花生米。③放入酱油、盐、味精、花椒油。④搅拌均匀即可食用。

高血压的防治措施

随着人们生活水平的提高，高血压的发病率逐年升高。面对高血压应该以预防为主，主要有下面的预防方式。

控制体重，避免过度肥胖。肥胖者患高血压的概率比正常人高很多，所以在日常生活中一定要控制饮食，多运动，保持正常体重，预防高血压。

保持有规律的生活。不要过度劳累，也不要过分安逸，否则都可能伤及元气，导致高血压。

保证足够的休息时间。不要熬夜上网、看电视，节制性生活，减少肾精损耗，保持身体精力旺盛。

高血压患者可以适当多吃维生素C含量高的食物和低胆固醇食物。

在日常生活中应尽量避免食用油腻食品，减少食盐的摄入量，不吃辛辣刺激的食物，少喝咖啡、浓茶，最好是戒掉烟和酒。

2. 多吃粗粮防治头痛。

头痛，多数人认为是小毛病。一般情况下，偶尔头痛或因体位改变而头痛不会有太大的问题。不过，如果长时间头痛，就应引起重视。因为长期头痛或经常头痛可能是重病的先兆。头痛在日常生活中很常见，产生头痛的原因是头部的血管、神经、脑膜等敏感组织受到刺激，可分为疾病性头痛和紧张性头痛。前者是指在春天，病菌通过各种途径侵入人体，从而引起的头痛；后者是由于清明后昼夜时长发生变化，人脑没有完全适应这样的状态而过早醒来，从而导致睡眠不足，继而引发头痛症状。对于头痛，最好的解决办法还是预防。富含镁的食物在一定程度上可以抑制头痛，平时可以多吃粗粮、豆类、蜂蜜、海参、比目鱼等，这些食物都含有较多的镁。平时应少喝咖啡、浓茶以及含有咖啡因的饮料；饮食以清淡为主，尽量少食味精、酱油、醋以及相关的各种调味品。

头痛患者可以食用决明菊花粥。决明菊花粥具有平肝明目、疏风解热之功效，并且适用于偏头痛、高血压、大便干燥等症状。

决明菊花粥

材料：决明子12克，菊花6克，大米50克，白砂糖适量。

制作：①将决明子炒香，晾凉备用。②将菊花、大米淘洗干净。③瓦罐内放入决明子、菊花，煎汁后去渣，加入大米，用小火熬制成粥，放入白砂糖调味即可食用。

头痛预防措施：

（1）根据天气变化，适时增减衣物，防止雨淋及暴晒。

（2）诊断头痛原因，对症施治。生活规律、不熬夜，坚持锻炼身体，增强体质。

（3）减轻视觉负担，用眼1小时左右，应当休息几分钟，室内灯光应尽量柔和。

（4）戒烟酒，忌生、冷、油腻以及过咸、过辣、过酸的食物。

（5）多食新鲜蔬菜、水果、豆芽、瓜类、黑木耳、芹菜、荸荠、豆、奶、鱼、虾等。

（6）积极参与适当的体育运动，保持愉快、平和的心态。

第六章

谷雨：雨生百谷，禾苗茁壮成长

谷雨，顾名思义，就是播谷降雨，同时也是播种移苗、埯瓜点豆的最佳时节。每年 4 月 19 日—21 日，当太阳到达黄经 30° 时为谷雨。谷雨时雨水增多，十分有利于禾苗茁壮成长。谷雨是春季最后一个节气，谷雨节气的到来意味着寒潮天气基本画上句号，气温攀升的速度不断加快。

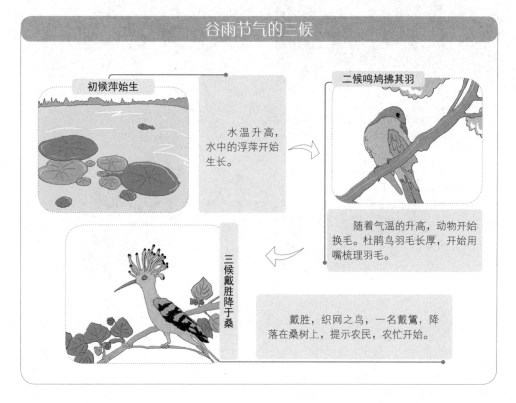

谷雨节气的三候

初候萍始生

水温升高，水中的浮萍开始生长。

二候鸣鸠拂其羽

随着气温的升高，动物开始换毛。杜鹃鸟羽毛长厚，开始用嘴梳理羽毛。

三候戴胜降于桑

戴胜，织网之鸟，一名戴鵀，降落在桑树上，提示农民，农忙开始。

谷雨气象和农事特点：气温回升，谷雨农事忙

1. 谷雨时节气温回升，雨量多，空气湿度大。

谷雨时节，华南暖湿气团开始活跃起来，大部分地区的平均气温逐渐回升，空气湿度也随之加大。西风带的活动频繁，导致低气压和江淮气旋逐渐增多。受其影

响，南方的气温高达30℃以上，而且大部分地区的雨量开始增多，将会迎来每年的第一场大雨，降雨量30～50毫米，空气湿度大，这对水稻的栽插十分有利。有些地区降雨量不到30毫米，需要采取灌溉措施，减轻干旱的影响。北方地区的桃花、杏花等花已开放，杨絮、柳絮四处飞扬，呈现出一片花香四溢、柳飞燕舞的美好景象。气温虽然已经转暖，但是早、晚还是比较凉快。西北高原山地仍处于旱季，降水量一般在5～20毫米。

谷雨气象和农事特点

谷雨时节的气温回升，空气湿度变大，南方往往开始降春雨。而在北方，桃花、杏花等花已经开放，一片鸟语花香。

谷雨正是播种的时节，大江南北一片繁忙，农民们开始了新一年的播种工作。

2. 大江南北的农民朋友忙于播种丰收的"希望"。

谷雨时节正是农村风风火火忙碌的时候，农民朋友们正在希望的田野上播种着自己的"希望"。

北方地区的冬小麦正处在生长期，要特别注意防旱防湿，预防锈病、白粉病、麦蚜虫等病虫害，要拔除黑穗病株，同时要做好预防"倒春寒"和冰雹的准备工作。种植玉米的农家已经开始耕地、施肥、播种，防止土蚕的侵害。有些地方开始种植棉花，有些地方开始种黄豆、杂豆、土豆、花生、红薯、茄子等。在管理田间的同时，农民也在加强猪、马、牛、猪、羊的饲养，希望六畜兴旺。

江南地区，人们正在忙着耕田、施肥、插秧、育苗，准备种水稻。茶农们在忙着采收春茶、制茶，可谓是万里碧绿、千里飘香；蚕农们开始加强春蚕的饲养与管理。

谷雨的农历节日及民俗宜忌

农历节日

上巳节是中国汉族古老的传统节日，俗称"三月三"。该节日在汉代以前定为三月上旬的巳日，后来固定在农历三月初三。农历三月初三为上巳日。上巳节又名"元巳""除巳""上除"。春秋时的郑国，人们每到这一天，会在溱、洧两水之上招魂续魄，手执兰草，祓（古时一种除灾求福的祭祀）除不祥的习俗活动。

到了汉代时，上巳节陆续增加了临水宴饮和求子习俗。晋代王羲之在兰亭修禊吟诗饮酒、流觞曲水，对后世影响颇大。宋代时还有求子习俗；元代又增加了水上迎祥的娱乐活动；明清以后祓禊之意日益变淡，逐渐演变为春游活动。上巳节民间会组织各种丰富多彩的娱乐活动。

谷雨民俗

1. 曲水流觞：一种饮酒赋诗的游戏活动。

曲水流觞又称作"九曲流觞"，是中国古代流传的一种饮酒作诗的游戏。上巳节人们举行祓禊仪式之后，大家坐在河渠两旁，在上游放置觞，觞顺流而下，停在谁的面前，谁就取觞饮酒，同时赋诗一首。觞可以悬浮于水；另有一种陶制的杯，两边有耳，称为"羽觞"，羽觞比木杯重，玩时需放在荷叶或木托盘上。

2. 戴荠菜花：祈祷身体健康。

谷雨时节，野菜已经生发，田间地头、处处都可以找到荠菜，可以说是遍地开花。戴荠菜花是上巳节非常重要的习俗活动，传说戴上以后不犯头痛病，晚上睡得特别香甜。

3. 欢会游春：青年男女结伴对歌，私订终身。

上巳节是青年男女固定的欢会时节。节日那天，青翠的大地上四处飘扬着欢歌笑语，青年男女们结伴尽情地对歌，互赠信物，私订终身。

4. 高禖祈子：源自春秋古俗，对生命的崇拜。

在上巳节整个活动中，要说最重要的当属祭祀高禖，即管理婚姻和生育之神。

传说上巳祈子习俗源自春秋古俗，是一种对生命的崇拜。传说媒神姓高名辛，称高禖。高禖神掌管婚姻、生育，又因古时祭祀高禖大多是在郊外，也有称"郊禖"的。最初的高禖是女性，而且是成年女性，具有孕育状。事实上，远古时期一些裸体的妇女像具有非常发达的大腿和胸部，还有一个向前突出的大肚子，这是生殖的象征。在汉代画像石中就有高禖神形象，还与婴儿连在一起。后来高禖有了很大的变化，如河南淮阳人祖庙供奉的伏羲，就是父权制下的高禖神。同时还出现了生殖崇拜，先女阴、后男根的崇拜。起初上巳节是一个巫教活动，通过祭高禖、祓禊和欢会男女等活动，除灾避邪，祈求生育。自从汉代以后，上巳节虽然仍旧是人们求子的节日，但是已经演变成贵族炫耀财富和游春娱乐的盛会了。

5. 谷雨传说。

传说唐高宗年间，黄河大决堤，洪水淹没了曹州。有一个水性极好的青年，名叫谷雨，他将年迈的母亲送上城墙后，又从洪水中救出十几位乡亲。这时谷雨看见洪水中有一束牡丹花时沉时浮，绯红的花朵像一张少女的脸，绿色的叶在水面上摆动，好像在摆手呼救。谷雨猛地站起，脱下衣服扔给母亲，"扑通"一声跳进水中，向牡丹花游去。水急浪高，谷雨游啊游，在洪水中足足游了六个多小时才追上了牡丹花。救出牡丹花后，谷雨将牡丹花交给了种花的老头——赵老大。

第三年春天，谷雨的母亲得了重病，谷雨四处求医，房中能卖的东西都换汤药吃了，母亲的病情仍不见好转。这天，一位少女飘然而至，来到谷雨家里。她说："俺叫丹凤，家住东村。俺家世代行医，为百姓治病。听说大娘身体欠安，特来送药。"说着，丹凤煎好药，又侍候大娘将药服下。说来也怪，服药后，谷雨的母亲立刻就能下床走动了。不久，谷雨母亲的身体竟然比病前还要硬朗，身上有用不完的力气。母亲说："儿子，东村离咱家不远，你买点礼物去东村找找丹凤姑娘吧！"

谷雨到东村一打听，没有丹凤姑娘，只有赵老大家的百花园。这时他忽然听到园中有女子嬉笑的声音，谷雨扒开桑树篱笆张望，只见丹凤和另外几个女子在戏耍。他情不自禁地喊了一声："丹凤！"只听"忽——"地一阵风响，几个女子瞬间无影无踪。谷雨急忙奔进园中四处寻找，没找到丹凤。谷雨蹲在花丛中，见眼前一株红牡丹摇来摆去，谷雨深深作了一揖，说道："承蒙丹凤姑娘妙手回春，治好了母亲的病！老人家这几日常常想念你，请仙女现身，随为兄回家一叙！"谷雨说罢，只见一页红纸缓缓飘来，上面写着两行字："待到明年四月八，奴到谷门去安家。"

一天晚上，谷雨睡得迷迷糊糊，突然被敲门声惊醒。他开门一看，面前站的竟是丹凤姑娘！只见她披头散发，衣裙不整，面带伤痕，气喘吁吁。丹凤姑娘说："我是牡丹花仙，大山头秃鹰是我家仇人，它是个无恶不作的魔怪。近日它得了重病，逼我们姐妹上山去酿造丹酒，为它医病。我们姐妹不愿取自己身上的血酿丹酒让恶贼饮用，秃鹰便派兵来抢，我们姐妹难以抵挡。丹凤今日前去，只怕难以全身而退，纵然不死，取血酿酒之后，我也难以成仙了。临行之时，我来拜别大娘和兄长。"此时，几个魔怪将草房团团围住。为首的赤发妖魔大声喊叫："速将牡丹花妖放出！敢言半个不字，我叫草房化为灰烬！"丹凤向谷雨和母亲拜了两拜，说道："大娘，兄长，丹凤不想连累你们，我要去了！"说罢夺门而去。谷雨和母亲哭得死去活来，

谷雨时节的其他民俗

谷雨时节，除了文中提到的民俗之外，还有很多逐渐淡出人们生活的民间习俗。

禁杀五毒

谷雨以后气温升高，害虫进入高繁衍期，为了减轻虫害，农民一边进入田间消灭害虫，一边张贴谷雨贴，进行驱凶纳吉的祈祷。

谷雨正是春海水暖之时，是下海捕鱼的好日子。为了能够出海平安、满载而归，谷雨这天渔民举行隆重的海祭，祈求海神保佑他们出海捕鱼平安吉祥。

祭海

赏牡丹

牡丹盛开时节正值谷雨，所以人们又将牡丹花称为"谷雨花"，并衍生出"谷雨赏牡丹"的习俗。

谷雨茶，是谷雨时节采制的春茶，又叫"二春茶"。据说，喝谷雨茶具有清火、辟邪、明目等功效。

喝谷雨茶

伤心欲绝。

丹凤和众仙女被秃鹰劫持到大山头以后，谷雨整天不声不响，在一块大石头上"嚓嚓嚓"地磨着斧头。母亲知道儿子的心，对谷雨说："去吧，把斧子磨好，去杀死秃鹰，救出丹凤姑娘！"她从枕下摸出一包药，放在儿子手里，说："带上这包毒药吧，也许能用得着！"

谷雨去找秃鹰，他手握板斧跳进秃鹰的洞里，见丹凤和三名花仙都被绑在一根石柱子上。丹凤望着谷雨着急地说："你不要莽撞！它们妖多势众，都守护在秃鹰身旁，难以下手！再说我们姐妹因不给秃鹰酿酒，它便命二小妖去大山头抬来石灰，每天烤煮我们，如今姐妹元气大伤，更难对付它了！"谷雨劝丹凤姑娘答应为秃鹰酿酒，暗中将药放入酒中。

丹凤和众仙女叫小妖传话给秃鹰，答应为秃鹰酿酒。丹凤和众花仙酿造了两坛酒，一坛送给秃鹰，一坛留给众小妖。秃鹰捧坛刚喝了一半，另一坛已被众妖争喝一空。酒到口中，非常香甜，稍时便觉得头重脚轻，四肢麻木。谷雨见时机已到，手持板斧冲了出来。秃鹰久病不愈，又喝了药酒，虽有妖术也难以施展。战了几个回合，便被谷雨一斧砍倒在地。谷雨挥动板斧，如车轮转动一般左杀右砍，霎时将众妖消灭了。

谷雨带着丹凤和众花仙欢天喜地地往外走，正在这时，一支飞箭向丹凤后背刺来。谷雨迅速用自己的身体挡住了飞箭，飞箭穿透了谷雨的心，他大叫一声，倒在血泊之中。原来秃鹰虽受重伤，但是并没有咽气，它看到丹凤和众花仙欲走，便从背后下了毒手。丹凤恼怒万分，拿起谷雨的板斧，将垂死挣扎的秃鹰砍成烂泥。回转身来，抱起谷雨的尸体，撕心裂肺地痛哭起来。

谷雨被埋葬在赵老大的百花园中。从此，丹凤和众花仙都在曹州安了家，每逢谷雨的祭日，牡丹就要开花，表示她对谷雨的怀念。谷雨的出生和去世在同一天，后来人民为了纪念他，就把他的生日作为谷雨之日。

谷雨民间忌讳

1. 谷雨忌讳野外放火、烧香、燃放爆竹。

谷雨时节，壮族人生活的地区。有忌讳野外放火的习俗。他们认为，谷雨正是下雨的好时节，如果这个时期在野外生火，会激怒雷公电母，他们自然会报复人间，不给下雨，这一年就会连续干旱，影响农作物生长，收成就会大大地降低。因此，即使这天是去扫墓拜山，也没有人敢在野外放鞭炮、烧香、烧纸钱。

2. 谷雨忌讳气温偏高、阴雨连绵。

谷雨时节，气温会逐渐升高，空气中的湿度增大，降水量也会随之增加。俗话说"雨生百谷"，雨水能够滋润庄稼，促进庄稼生长发育。但是过高的气温和过多的雨水也会引起三麦病虫害，严重影响到农作物的正常生长，如果不及时做好防治工作，将会造成粮食减产。

谷雨饮食养生：除湿防胃病，调神防过敏

谷雨饮食养生

1.喝粥、汤、茶等清除积热。

谷雨时节，不少人感觉体内积热，很不舒服。此时食疗就是一个不错的选择，常用的食疗配方有竹叶粥、绿豆粥、酸梅汤或菊槐绿茶饮等。有条件的也可以选择到郊外出游，呼吸一下大自然中的新鲜空气，有利于排出体内的积热，使人一身轻松。

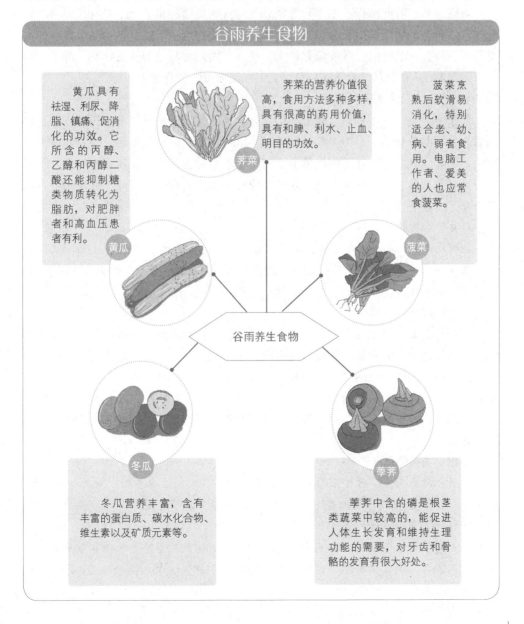

谷雨养生食物

黄瓜具有祛湿、利尿、降脂、镇痛、促消化的功效。它所含的丙醇、乙醇和丙醇二酸还能抑制糖类物质转化为脂肪，对肥胖者和高血压患者有利。

黄瓜

荠菜的营养价值很高，食用方法多种多样，具有很高的药用价值，具有和脾、利水、止血、明目的功效。

荠菜

菠菜烹熟后软滑易消化，特别适合老、幼、病、弱者食用。电脑工作者、爱美的人也应常食菠菜。

菠菜

谷雨养生食物

冬瓜

冬瓜营养丰富，含有丰富的蛋白质、碳水化合物、维生素以及矿质元素等。

荸荠

荸荠中含的磷是根茎类蔬菜中较高的，能促进人体生长发育和维持生理功能的需要，对牙齿和骨骼的发育有很大好处。

如果感觉到体内积热症状比较严重了，那么千万不要耽误，尽快到正规的医院、诊所就诊，在大夫的指导下服用药物，遵照医嘱吃药打针，清除积热。

2. 多吃益肾养心食物，少食高蛋白。

谷雨也是晚春时节，天气将会慢慢变得炎热起来。这个时期，人体内肝气稍伏，心气开始慢慢旺盛，肾气也于此时进入旺盛期。因此在饮食上也应略作调整，尽量多吃一些益肾养心的食物，并且尽量减少蛋白质的摄入量，来减轻肾的负担。

3. 谷雨郊游时要注意饮食卫生。

谷雨时节，温度高低适中，是春季外出游玩的最佳时机。可是此时的温暖气候也非常适合各种病菌的生长和繁殖，食物容易变质霉烂，所以是各种肠胃疾病的高发期。另外，这个时间段昼夜温差较大，受凉后人们容易患上肠胃疾病。外出郊游时劳累奔走，人的抵抗力会大大降低，此时一定要注意饮食卫生。

4. 降肝火、镇静降压吃芹菜。

芹菜不但具有清除积热、降肝火的功效，还有健胃利尿、镇静降压的作用，特别适合谷雨时节食用，对中老年人益处颇多。挑选时，以梗短而粗壮，菜叶稀少且颜色翠绿者为佳。芹菜叶子中胡萝卜素和维生素 C 的含量很高，所以嫩叶最好不要扔掉，可与芹菜茎一起食用。烹调芹菜时应尽量少放食盐，肝火旺、血压高者可以食用芹菜拌海带丝。

芹菜拌海带丝

材料：鲜嫩芹菜 100 克，水发海带 50 克，香油、醋、盐、味精等适量。

制作：①将芹菜淘洗干净，切段，焯熟。②海带洗净，切丝，焯熟。②将芹菜、海带丝，加入香油、醋、盐、味精，拌匀即可食用。

5. 健脾祛湿可吃鲫鱼。

谷雨饮食养生要注意祛湿，鲫鱼可以健脾祛湿，比较适宜这个时节食用，将鲫鱼和薏米等其他可健脾祛湿的食材配合食用效果更佳。一般身体扁平、颜色偏白的鲫鱼肉质嫩，颜色偏黑的鲫鱼则肉质老；新鲜鲫鱼的眼略凸、眼球黑白分明、眼面发亮。鲫鱼处理干净后要用少许黄酒腌一会儿，可以去除腥味，还能使做出来的鱼味道更加鲜美。烹制时要注意，煎炸容易使鲫鱼的营养流失，因此，吃鲫鱼最好清蒸或煮汤。

枣杞双雪煲鲫鱼

材料：鲫鱼两条，水发银耳 100 克，熟鹌鹑蛋 3 个，红枣 5 颗，薏米 40 克，枸杞子 20 克，盐、鸡精、胡椒粉、姜片、芫蔚子、植物油等适量。

制作：①将各种材料分别淘洗干净。②将鹌鹑蛋、银耳、薏米、红枣、枸杞子、姜片、芫蔚子放入高压锅焖 15 分钟。③将鲫鱼开膛，处理干净，入油锅煎至两面金黄后放入姜片，倒入炖好的汤，撒入盐、鸡精，入砂锅，大火炖 15 ~ 20 分钟，放入胡椒粉调味后即可食用。

谷雨药膳养生

1. 补脑益髓、平肝熄风，食用天麻炖猪脑。

天麻炖猪脑具有补脑益髓、平肝熄风之功效，适用于头痛、头风、偏头痛、高血压、眩晕、神经衰弱、手足麻木拘挛及小儿惊风等症状。

天麻炖猪脑

材料：天麻 10～15 克，新鲜猪脑 1 个，生姜、盐等调味品适量。

制作：①把天麻淘洗干净，和猪脑一起放入炖盅内，加入适量水及调味品。②将炖盅放入锅内，隔水炖 1 小时左右即可食用。

2. 利九窍、通血脉、化痰涎，食用春笋烧鲤鱼。

春笋烧鲤鱼

材料：春笋 1 根，鲤鱼 1 条，蒜末 1 匙，料酒 1 小匙，水淀粉 1 小匙，盐、味精、胡椒粉等适量。

谷雨养生药茶与药膳

菊花茶

菊花茶能让人头脑清醒、双目璀璨，对肝火旺、用眼过度造成的双眼干涩有较好的疗效。

枸杞子茶

枸杞子养肝明目，富含胡萝卜素、维生素 B_1、维生素 B_2、维生素 C 及钙、铁等元素。

枸杞粥

此粥非常适合那些常常头晕目涩、腰膝酸软的患者。

猪肝绿豆粥

此粥可补肝养血、清热明目、美容润肤，常喝可使人容光焕发。

制作：①将春笋去壳，淘洗干净，切成块。②将鲤鱼开膛，处理干净后用沸水烫一下，刮去黏液，切成2厘米左右的块，再用开水烫一下。③起锅热油，放入鱼块、春笋、蒜，一同下锅煸炒。④加料酒、清水，大火煮开。⑤汤变白后，放入盐、味精，待熟后，用水淀粉勾芡，放入胡椒粉炒匀，即可起锅食用。

谷雨起居养生

1. 谷雨时节阳长阴消，宜早睡早起。

如今，"日出而作，日落而息"的生活状态早已被打破。现在许多年轻人说："现代生活工作节奏快、压力大，不拼命不行啊，30岁前拿命换钱，30岁后拿钱买命。"越来越多的人逐步加入到"夜班队伍"，但是养生专家忠告我们，熬夜就等于慢性自杀。特别是谷雨时节，阳长阴消，更不应该通宵达旦地加班工作、学习，宜早睡早起，合理安排作息时间。时常熬夜会严重损害人的皮肤，使人提前进入老龄化；同时还会引起视力、记忆力、免疫力的迅猛下降。谷雨时节，熬夜还会使人阴虚火旺。因此，谷雨以后，阳长阴消，应该继续坚持早睡早起的好习惯，遵循自然规律，使人体阴阳始终保持平衡状态。

2. 养花、赏花要提防身体不适或中毒。

谷雨是暮春时节，此时正是赏花的最好时节。但是，鲜花虽好，并不是每个人都可以无拘无束地亲近的。有些人在花丛中待时间长了就会头晕脑涨、咽喉肿痛；有的人接触鲜花会掉发、四肢麻木。这是什么原因呢？原来是有些花会释放有害气体，使人过敏；有些花含有有毒物质，长期接触会引起慢性中毒。有的人抵抗力强就不会中毒，有的人身体弱，时间一长，毒气入侵体内，就病倒了。

谷雨运动养生

1. 散步锻炼要全身放松、闲庭信步。

谷雨节气，降雨明显增多，空气中的湿度逐渐加大，此时养生要顺应自然环境的变化，通过人体自身的调节使内环境（人体内部的生理环境）与外环境（外界自然环境）的变化相适应，保持人体各脏腑功能的正常。中医讲究春夏养阳，秋冬养阴。尤其春日总给人们一种万物生长、蒸蒸日上的景象，谷雨时节室外空气特别清新，正是采纳自然之气养阳的好时机，而活动为养阳最重要的一环。人们应根据自身体质，选择适当的锻炼项目，不仅能畅达心胸、怡情养性，而且还能增强身体的新陈代谢、增加出汗量，使气血通畅、瘀滞疏散、祛湿排毒，提高心肺功能，增强身体素质，减少疾病的发生，使身体与外界达到平衡。

在谷雨节气中，全身放松、闲庭信步是一个很随意、很方便的运动，它不受年龄、性别和身体状况的约束，也不受场地、设备条件的限制，不但能收到良好的健身效果，而且还可以陶冶性情。散步时，双腿、双臂有节奏地交替运动，与心脏的跳动非常合拍，是最能促进体内各种节奏正常的全身运动，也是受伤的危险性最小的运动。

2. 清晨先在室内运动，日出后再外出活动。

春天，人体生物钟的运行基本都在日出前后。但是，由于谷雨时节晚上的地面温度一般要低于近地层大气的温度，出现气象上所谓的"逆温"现象。因此，近地层空气中的污染物、有毒气体就不易扩散到高空中去，造成近地层空气污染严重。据测定，在一般的工业城市，早晨空气中的一氧化碳含量很高，是洁净地区的10倍，粉尘含量也有10倍以上，其中所含的致命物质甚至会高出30多倍。而一天之中，又以早晨6时左右为污染的高峰期。此时，人们外出锻炼，不但不能呼吸到新鲜空气，反而会吸进更多有害物质，尤其是锻炼时，肺活量增大，吸入的有害物质也就更多。并且，由于清晨的气温比较低，过早外出锻炼，还容易引发感冒或其他的疾病。当太阳出来以后，使地面的温度迅速升高，破除"逆温"现象，使近地层的空气污染物很快扩散到高空，降低空气中有害物质的浓度，使空气变得新鲜，适合人们室外活动。

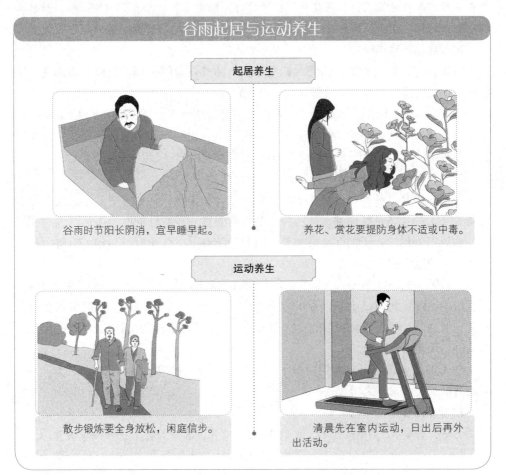

谷雨起居与运动养生

起居养生

谷雨时节阳长阴消，宜早睡早起。

养花、赏花要提防身体不适或中毒。

运动养生

散步锻炼要全身放松，闲庭信步。

清晨先在室内运动，日出后再外出活动。

谷雨时节，常见病食疗防治

1.风湿饮用鸡汤、鱼汤、羊骨汤进行食疗防治。

谷雨雨水增多，气候潮湿，是风湿的高发时节。风湿病患者应及时就医，在配合医生治疗的同时，也可以进行食疗调养。每天可以食用适量的鸡汤、鱼汤或羊骨汤，这些汤可以温养脏腑、固本扶正。中医认为，药食同源，因此可以适当考虑选择一些可以养阴益肾、活血通络的食疗方法来辅助治疗，以达到更好的治疗效果。

枸杞子鸭肾汤具有补肝肾、益精血之功效，适用于风湿病、腰痛遗泄、潮热等症状。

枸杞子鸭肾汤

材料：鸭肾1个，枸杞子、枸杞子梗各20克，猪肝60克，盐、味精、葱段、姜片、料酒、胡椒粉等适量。

制作：①先把枸杞子梗折断，再扎成束。②将猪肝、鸭肾冲洗干净，切成片。③在碗中倒入植物油、盐，将猪肝、鸭肾拌匀，腌制片刻。④在锅内倒入水、料酒和其他剩余材料，煮开，然后用小火炖熟。⑤撒入盐、味精、胡椒粉调味后即可食用。

风湿病的预防措施：

（1）保持良好的心态。情绪失调会导致人体气机升降失调，气血功能紊乱，抗病能力迅速下降，更容易遭受外界侵袭而发病。

（2）起居避免潮湿。房屋应该经常打开门窗通风换气，延长太阳光照射时间。

（3）日常生活中应该重视预防上呼吸道感染、皮肤感染和龋齿等。一旦发生感染，要尽快治疗，以免因人体对感染的病原体发生免疫反应而引发风湿病。

2.三叉神经痛饮用白萝卜丹参汤进行食疗防治。

谷雨时节是各种神经疼痛疾病的高发时期，这类病往往会突然发作，让人防不胜防。三叉神经痛是指面部某些部位出现的阵发性、短暂性的剧烈疼痛，致病原因一般为风寒入侵后，于面部经络会聚，引起经络收引，气血运行受到了阻碍，从而引发三叉神经疼痛。

三叉神经痛不能单纯依靠食疗或药膳来控制病情，因此得了此病后应及时就医，配合医生治疗。此病往往是因为邪气阻遏经络，导致"不通则痛"。平时可多食用些具有祛风通络、活血散瘀功效的食物和药材，饮食应以清淡为主，慎食洋葱、大蒜、韭菜等辛辣刺激性食物。

三叉神经痛患者可以食用白萝卜丹参汤来食疗。白萝卜丹参汤具有祛痰止咳、活血散瘀、安神除烦之功效。

白萝卜丹参汤

材料：白萝卜250克，丹参、白芷各6克，姜片、葱段、盐、植物油等适量。

制作：①将白萝卜洗干净，去掉皮，切成丝。②将丹参、白芷分别润透，切成片。②锅内加入植物油烧至六成热时，放入姜片、葱段爆香，下白萝卜丝、丹参、白芷、盐，倒入适量清水，大火烧开，再用小火煮半个小时，即可食用。

三叉神经痛的防治措施

谷雨时节是三叉神经痛的高发期，此时应该及时做好预防。

今天中午做白萝卜丹参汤。

妈妈，你切萝卜做什么？

三叉神经痛患者可以食用白萝卜丹参汤来食疗。白萝卜丹参汤具有祛痰止咳、活血散瘀、安神除烦之功效。

保持平静的心态，避免过度疲劳。

一旦发现三叉神经分布区有炎症及外伤应及时治疗。

建议中老年人戒掉烟酒，另外尽量少吃酸、辣等各种刺激性食品。

遇到恶劣天气，要注意保护面部，以免受到寒冷刺激。

第七章

春季穿衣、美容、休闲、爱车保养、旅游温馨提示

春季穿衣：早晚增衣，中午减衣

春季是冷暖交替、气候多变的季节。今天可能是春风和煦，明天就有可能变得寒风袭人；白天气候宜人，晚上却会寒冷异常。因此春天的穿衣宜早晚增衣，中午减衣。衣着以保暖御寒、增减随意、美观得体、松紧适宜为原则。

1. 衣料选择要透气、吸汗、保暖。

春天的气温忽冷忽热，因此在选择衣料时，首先要选择具有一定保暖性而又透气吸汗的衣料，如纯棉、纯丝绸的料子最适宜做内衣、内裤，对皮肤有保养作用，不会引起皮肤瘙痒症；全毛薄花呢是春天套装的上好选料；全棉细帆布、磨绒斜纹布、灯芯绒等也是上佳的春季服装面料，可以加工成各种类型的休闲夹克、衬衫及长裤。

2. 款式选择风衣、夹克、休闲装或西装。

（1）风衣：这一款式的服装衣领可敞可紧，腰部可束可放（一般多有腰带），能抵御寒意，增减自如，适合在初春的早晚穿着，或在春雨绵绵的日子里穿着。

（2）夹克：这一款式服装的主要特点是腰腹部紧束，对襟用拉链连接。拉下拉链能够透气散热，拉上拉链能够防风保暖。初春时节的夹克衫可选用全棉细帆布、灯芯绒等作为面料，春末可选用真丝作为面料。

（3）休闲运动装：穿上舒适的休闲运动装，在春暖花开的季节里远足、打球、钓鱼，能够使人身心彻底放松。

（4）西装：西装对于男士来说是春季的最好选择，西装套装与套裙也是女士们在春天不错的选择。

另外，各种质地轻柔、色彩鲜艳、品种款式众多的薄型羊毛衫也是春季着装不错的选择。

3. 服装的颜色根据年龄和肤色选择色调。

服装的颜色可以根据年龄和肤色来进行选择。例如红、橙、黄是暖色，符合春天的热烈、明快，适合于儿童和青少年；绿、蓝、紫为冷色，色调清新、素雅，适合中老年人在春天穿着。

春天穿衣注意事项

春季是冷暖交替、气候多变的季节，一天中也会有不同的气温，所以穿衣要选择合适的衣服。

春天温差大，注意增减衣物。

春天的早晚气温还是很低的，要适当地增加衣物。

中午阳光温暖，这时人们可以稍微减少一些衣服。

春天还是会冷，带上一件衣服预防一下。

在外出时，要随身带件厚衣服，以防天气突变，及时保暖。

春季护肤：清洁、滋润保养

1. 每周用温水清洁面部 2 ~ 3 次。

每周定时、定次对面部进行全面的大清理，可以用温水清洁面部 2 ~ 3 次。每次先用温水洁面，并用湿软毛巾敷面几分钟，使毛孔充分张开，然后再以洁面乳清洗，把面部尘埃和污垢彻底清除干净。

2. 临睡前及洗澡前饮 1 杯水。

睡前饮一杯水或者洗澡前饮一杯水，能够使体内的细胞得到充足的水分补充，将会使皮肤更加细腻柔滑。不要小看这一杯水，它对肌肤是非常重要的。因为当你睡觉时，这一杯水便在你的细胞中被循环吸收·使你的肌肤更加细嫩柔滑。同样，洗澡前也需要饮一杯水美容，尤其是肌肤缺少弹性的女性，最好能养成在洗澡前饮一杯水的好习惯。原因是在你洗澡时能促进皮肤的新陈代谢，使体内的细胞得到充足的水分，将会使皮肤得到较好地滋润。

3. 每周应做 2 ～ 3 次自我按摩。

按摩时应选择营养丰富且无刺激性的按摩液（通常以天然生物制品为佳），以双手置两颊，由内向外画小圈轻轻按摩，以促进皮肤的血液循环，使皮肤光泽细腻，富有弹性。在皮肤保养过程中不可忽视面膜的作用，每周应敷面膜 1 ～ 2 次，可增加皮肤弹性和柔润感，使肌肤变得更加亮丽。

4. 自制水果面膜护理皮肤。

材料：可以考虑选择苹果、梨、香蕉等各种新鲜水果。

制作：①先把水果去皮、捣烂挤汁，然后用毛笔或化妆刷蘸汁，敷在面部，15分钟后用温水洗掉，清洗干净。②也可以在水果汁中加入全脂奶粉，调成糊状，敷在面部，15分钟后用温水洗掉，清洗干净后，涂上营养面霜即可。

春季养花：等闲识得东风面，万紫千红总是春

1. 花盆要与植株大小相匹配。

购买花盆时，要选择与花草植株大小相匹配的花盆。盆大苗小，水量不易控制，根系通气不良，易造成徒长；盆小苗大，头重脚轻，不利于花卉生长。剪除老根过多，换盆后没有浇透水，会影响根系正常生长，容易造成发育不良的后果。另外，花草的叶子呈柱状或针叶状的耐旱品种，往往长有锋利的尖端，栽培和平时养护时要注意安全，不要伤到自己和家人。

2. 开窗通风，让花卉逐步适应室外气温。

早春时候，气温多变，此时将刚刚萌芽展叶或正处于孕蕾期或正在挂果的原产热带或亚热带的花卉搬到室外来养护，若遇到晚霜或寒流侵袭，极易受冻害。轻者嫩芽、嫩叶、嫩梢受冻；重者会突然大量落叶，整株死亡。因此盆花春季出室宜稍迟些，而不能过早，宜缓不宜急。黄河以南和长江中、下游地区，盆花出室时间一般以清明至谷雨之间为宜；黄河以北地区，盆花出室时间一般以谷雨到立夏之间为宜。对于原产北方的花卉可于谷雨前后陆续出室，对于原产南方的花卉以立夏前后出室较为安全。

盆花出室要经过一段逐渐适应外界环境的过程。在室内越冬的盆花已习惯了室温较为稳定的环境，因此不能春天一到就骤然出室，更不能一出室就全天放在室外。一般应在出室前 8 ～ 10 天时选择晴天中午开窗通风，降低室温；开窗时间由短到长，让植物逐渐适应室外气温；或晴天上午 9 时后至下午 17 时前将花卉搬至室外背风向

阳处。开窗通风的方法可使盆花逐渐适应外界气温，也可以上午出室、下午进室、晴天出室、阴天不出室。

早春的天气比较干燥，花卉新长出的幼嫩枝叶在春风中很容易焦边，严重的还会失水、干枯，甚至死亡。有些花卉的老枝叶也比较细弱，所含水分少，也很容易被风吹得脱水。因此，出室的盆花应尽量放置在避风处。

春季气候多变，常有寒流侵袭，而且花卉在春季生理活动加强，细胞液浓度降低，容易结冰，春芽萌发后，一旦遇到寒潮，刺激收缩，就会被冻死。所以遇到恶劣天气时，要及时把盆花移入室内。

土壤消毒方法

从花市买来的土壤中常带有病菌、虫卵以及杂草种子等杂物，所以要对这些土壤进行消毒处理，在家里给土壤消毒可以使用以下3种方法。

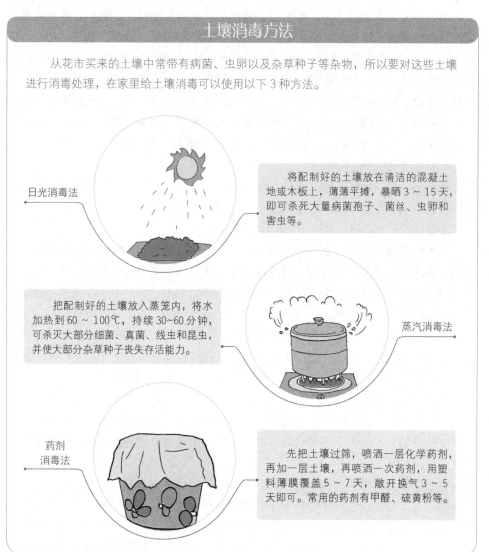

日光消毒法

将配制好的土壤放在清洁的混凝土地或木板上，薄薄平摊，暴晒3～15天，即可杀死大量病菌孢子、菌丝、虫卵和害虫等。

把配制好的土壤放入蒸笼内，将水加热到60～100℃，持续30~60分钟，可杀灭大部分细菌、真菌、线虫和昆虫，并使大部分杂草种子丧失生存能力。

蒸汽消毒法

药剂消毒法

先把土壤过筛，喷洒一层化学药剂，再加一层土壤，再喷洒一次药剂，用塑料薄膜覆盖5～7天，敞开换气3～5天即可。常用的药剂有甲醛、硫黄粉等。

3. 春季盆花浇水、施肥要"薄肥少施，少吃多餐"。

早春盆花浇水要注意适量，不要一下子浇得过多。这是因为早春许多花卉刚刚复苏，开始萌芽展叶，需水量不多，再加上此时气温不高，蒸发量少，因此宜少浇水。晚春气温较高、阳光较强、蒸发量较大，浇水宜勤，水量也要增多，但忌盆内积水。春季对盆花浇水宜在中午前进行，每次浇水后都要及时松土，使盆土通气良好。对于春季气候干燥、常刮干旱风的地区，应注意经常向枝叶上喷水保湿，以增加空气湿度。

盆花在室内经过一个漫长冬季的保养，生长逐渐减弱。进入春季，花卉生长旺盛，水分蒸发量大，耗养多，水、肥必须跟上。刚萌发的新芽、嫩叶、嫩枝或是幼苗根系均较娇嫩，如果此时施浓肥或生肥，极易遭受肥害，"烧死"嫩芽、嫩枝。因此，早春给花卉施肥应掌握"薄肥少施，少吃多餐"的原则，新生枝叶完全展开后，再逐步增加肥量。早春应施充分腐熟的稀薄饼肥水，因为这类肥料肥效较持久，且可改良土壤。施肥次数要由少到多，一般每隔十天左右施1次。春季施肥时间宜在晴天傍晚进行。对刚出苗的幼小植株或新上盆、换盆、根系尚未恢复以及根系发育不好的病株，均应暂停施肥。超量施肥易导致叶片脱落，甚至植株死亡。

4. 春季常见病虫害防治。

花草病虫害防治应采取"预防为主，防治为辅"的原则。首先要打扫花草卫生，其次改善环境条件，可以通过增加光照、通风来降低花草发病率。

5. 春季的养花禁忌：忌讳冷风吹和过早出室。

（1）忌遭遇冷风吹。盆花在室内经过一个温暖的冬天，花卉适应了温度变化较小的室内环境。当春天打开窗门通风时，很多花卉突然经受冷风侵袭，适应不了环境的变化，易造成落叶落花。春季应将盆花避开"风口"，让花卉循序渐进地逐步适应自然通风。

（2）忌过早搬出居室。春季气候变化无常，常有"倒春寒"现象发生。若过早把刚萌动的盆花搬到室外，遇到晚霜或寒流，极易遭受冻害，甚至大量落叶，整株死亡。应在平均气温达到10℃后的适宜时间，才可以把盆花移到室外。

6. 春季整形修剪要相宜。

"七分靠管，三分靠剪"，这是养花行家的口头禅。科学合理的修剪既可以促使植株生长旺盛，也有助于外形美观。虽然一年四季都可以进行修剪，但是各个季节侧重点不同。

春季的修剪重点是根据不同种类花卉的生长特性进行剪枝、剪根、摘心及摘叶等各项工艺流程。对在一年生枝条上开花的月季、扶桑、一品红等，可于早春进行重剪，疏去枯枝、病虫枝以及影响通风透光的过密枝条，一般只保留枝条基部 2～3个芽，其余进行短截。修剪时要注意将剪口芽留在外侧，这样萌发新枝后树冠丰满，开花繁茂。对在两年生枝条上开花的杜鹃、山茶、栀子等，不能过分修剪，以轻度修剪为宜，通常只剪去病残枝、过密枝，以免影响日后开花。此外，早春换盆时应将多余的、卷曲的根适当疏剪掉，以利于促进生发出更多的须根。

春季钓鱼——垂钓绿湾春，春深杏花乱

1.春季钓鱼地点的选择技巧。

经过漫长的冬季以后，春回大地，地气上升。但是，早春气温依然不高，水中的小生物也刚刚复苏，靠岸的水中会长出一些青草，这些青草是鱼的食料，所以鱼会游到近岸处寻找食物。所以，春天适宜在近岸的水草边钓鱼。

春季钓鱼为何要到浅水区

春季钓鱼应该选在浅水区。

春天的阳光照射并不十分强烈，只有浅水区的水温回升快一些。

浅水区的绿叶青草类植物比深水区茂盛，有了叶草，各种小虫也就多，鱼儿会到浅水区捕食。

鱼儿排精产卵也依靠水草、树枝的帮助，产出的精卵常常附着在水中的草茎、树枝上，避免被波浪冲散、冲走。因此，鱼儿会到浅水区产卵。

浅水区的溶氧量也较深水区丰富，鱼儿会游到浅水区生活。

春天气温逐渐攀升，水温在10℃左右时，鱼儿并不活跃。但是，浅水区在太阳光的照射下水温上升较快，因此，浅水区的水温比深水区的水温略高。鱼会游到浅水区觅食，钓鱼地点也应该选择在浅水区。

到了仲春，是鱼类排卵繁殖的旺季。由于浅水区的小草、枝叶生长得比深水区多，鱼卵常依附在草茎、草叶上孕育，这些草类成了鱼的产床，所以鱼也多游到有水草的水域，导致这里的鱼的密度较大。因此，浅水区、有水草的水域应是首选的钓鱼地点。

2. 春季钓鱼用饵秘籍。

春天到了，大自然给自由自在的鱼儿准备了丰富的食物，创造了繁殖的最佳环境。鱼儿显得格外活跃，食欲也特别旺盛，它们会迅速游到阳光充足的浅水区域来

春季钓鱼用饵秘籍

这个地方应该有很多鱼，就在这里下饵吧。

如何放饵：要将诱饵投到有鱼的水域，为此，必须要选择一个有鱼的钓点。

鱼饵选择：钓鱼的饵料应以动物类的饵料为主，如红蚯蚓、蛆芽、红虫等。

鱼饵

香味饵、甜味饵都是鱼喜欢的饵料，这些味道能刺激鱼儿的咬钩欲望。

寻觅食物。

春季钓鱼使用饵料时，首要问题就是如何投放诱饵，也就是说，要将诱饵投到有鱼的水域，投到"鱼窝"里。为此，首先必须要选择一个有鱼的钓点。

经历一个寒冬休养以后，春天的鱼儿变得十分活跃，比较贪食。雌鱼为了产卵繁殖后代，显得饥肠辘辘，需要大量的营养物质满足生理的需要，食欲格外旺盛。这时钓鱼的饵料应以荤饵为主，如红蚯蚓、蛆芽、红虫、面包虫等小软体动物，用这些小动物作为钓饵，钓鱼上钩率特别高。

另外，诱饵的气味应该稍浓一些。香味饵、甜味饵都是鱼喜欢的饵料，在制作饵料时适当多加一些香味或甜味添加剂，这样做更能刺激鱼儿的咬钩欲望。

3. 春季水库钓鱼深浅皆宜。

水库的水位特征比较复杂且多变，这是由于水库不同地势和独特的地理环境使库内水位变得深浅不一。有的钓点今天尚属浅滩，也许明天涨水后又变成了深潭；而往日的深潭，在旱季却显山露水，成了浅滩。随着旱涝的变化，水库的浅滩、深潭互换，钓点也要见机行事，垂钓才能有所收获。春天来临，钓鱼爱好者接二连三地到水库垂钓，从中分享春钓的快乐。对于春季钓鱼水位深浅的选择，应根据出钓的月份和当时的气象条件来确定。月份不同，决定着气温、水温、地温的变化不同。常在水库钓鱼的人都明白，虽然同属春季，早春二月与暮春四月相比，由于温度的大幅变化，形成了大自然生物生长的差异，而且随着气象的变化影响鱼类的生存环境，使它们的活动区域发生改变，从而使钓点的选择由浅至深变化为由深转浅。鱼对水温变化的感知最为灵敏，甚至可以提前几天预测未来天气的变化，在垂钓中表现出觅食积极或活动较少的特点。基于春季不同的时段和气象，使鱼的活动发生变化，在垂钓过程中的应对措施也要随之而变。一般原则是"温高钓浅，温低钓深"，仲春三月最宜钓不深不浅。在实际垂钓操作过程中，要根据一天中的天气变化来灵活调整垂钓水位的深浅度，该浅的时候就到浅水区去垂钓，该深的时候就到深潭去垂钓。

（1）春季到水深的地方去钓鱼的前提。

①初春时。南方多数地区，从年初的1月下旬就能感受到春风，在阳光明媚的日子，会看到水库之鱼跃水的情景。然而，尽管如此，大自然中的气温、水温、地温仍处于冬天的后续阶段，寒冷天气仍是主流。水库之鱼仍处于体能虚弱状态，其活动范围仍很狭窄，更多的时间还蜗居于较深水域。只要到水边留心观察，一米前后的水区，很少有浊色，这说明浅水还不适宜鱼的生存。但是这也不是绝对的，有的年份，初春连续几日晴天或无霜冻，浅水亦有鱼可钓。在这种情况下，找两米多深的水域"打窝"比较理想。初春天气，早晚寒冷，即便是晴好的天气，在上午10点前、下午4点后，气温也较低。这两个时段的前后，鱼咬钩率低。因此，初春时期一定要把握好下竿时机，否则空手而归的概率较大。

②天气阴冷时。早春的天气仍以寒冷为主，仲春三月容易"倒春寒"。这时出钓，浅水因气温低，趋温的鱼儿仍龟缩在温度相对高的深水区。那些水底有高坎、土埂以及坑洼的地方，正是鲫鱼、鲤鱼的聚集地。在有大片水面浮生植物，如浮萍、水葫芦，遮盖下的水域，亦是鱼类避寒之处。水草多的地方也会聚鱼，如是平坦型的浅滩水库，那些旧枯的谷茬脚处，即便水不深，大个鲫、鲤也会藏身于茬脚处避寒。此时将钓饵顺谷茬垂下，便会有鱼上钩。可见，春季天气阴冷时，适宜到深水区域或者有水草的区域垂钓。

（2）春季到水浅的地方去钓鱼的前提。

随着节气的变化，气温逐渐趋于暖和，春天的浅滩成了鱼儿最好的游乐场和繁殖地。此时出钓，在浅水会有渔获，特别是野鲫等品种。

①天气晴朗时。南方地区一般到了桃李盛开的时节，天气晴朗，阳光伴着爽风，二三级东南风时常掠过水面，泛起浪花，使近岸水色略浊，在波光中尽现浅水温存。此时野鲫会纷纷出游。这时就连几十厘米深处，只要水色不透亮，便可用甩大鞭的方法投向十几米远的水域。钓法上宜改用传统双钩、短脑线卧底钓，鱼漂换成十几厘米长的粗形桶漂，这样既可稳定钓组，又易观察鱼汛。如嫌水色不浑，可将岸土拌湿撒下，制造浑水。有草的浅滩，更是鲫鱼出没的地方，是钓浅的首选宝地。这种天气鱼咬钩的时间大大提前，天刚亮下竿即会有鱼活动，黄昏时段也有鱼上钩。鱼汛一般在上午9～12时、下午3～5时，以及黄昏时段为最好。

②春雨纷纷时。春雨的主要特点是细腻而温暖，时下时停。雨水注入湖中，增添了水的活力和新鲜气息。水温、水质改变最快的必是浅水域，喜氧、趋暖的鱼便乘雨而至，加之雨水把岸上尘埃和微生物带入近岸浅水，使水色略浊，常会出现成群的鲫鱼戏水觅食的情况。清晨，绵绵的春雨掩盖了陆岸噪声的干扰，使鱼增加了安全感，活动、觅食积极，大大提高了咬钩的机会。

③气温阴暖的时候。春季气温阴暖的天气多发生在从晴好转向阴冷的前一两天，常伴有一二级微风，而温度相对稳定。虽然此时鲫鱼咬钩没有好天气时快捷，但也会有较大个体的鲫鱼活动，往往会钓到出乎意料的大鲫鱼，因此要全神贯注地查看鱼漂的反应。

4.春季钓鱼首先要"打窝"。

"打窝"其实就是在已选定的钓点上投入饵料，诱鱼入窝。它不仅是淡、海垂钓中一项重要的技术程序，更是在水库垂钓中获鱼成败之关键所在。垂钓之前必须要把鱼引到窝里来，钓多、钓少全凭钓技。水库钓鱼之所以更注重打窝，是由水情、鱼情所决定的，而春钓因季节的特殊性，则更应当讲究打窝的窍门了。

水草间打窝的方法有以下三种：

一是密草打窝法。密草多生长于1～2米深的浅滩，最适合早春和仲春垂钓，暮春后因农业用水，水库水位大降。打窝时，可依据草洞大小选择投饵方法。洞大时，把饵揉成团或将散饵直接投入其中；洞小时，将半圆的乒乓球套入胶套中，装入大米等饵，将线挂在竿尖上直接递入洞口倾倒。还有一种更简便的办法，即把大米包在棉纸或卫生纸里，直接投入窝点，遇水即散。密草中多藏有鲫鱼，要考虑诱饵的适应性，主打诱饵应以大米为主，且量宜少。经长期实践，诱米有无配料关系不大，大米具有的天然香味足以诱鱼。如果是大片密草又没有天然洞、缝，则不适宜选择为窝点。

二是疏草打窝法。这种水域鱼的品种较杂，而且个体相对大些，但密度却小些。因而用饵应以粗多细少为主，用酒糟粒适当拌少量大米或玉米面投下，饵量多些。因疏草间是鱼本能感觉到进出觅食的安全场所，鱼的流动性大、出入频繁，故打窝后半小时到一小时即可下竿垂钓了。

三是在谷茬田地里的打窝法。有一些水库中有大片雨季时淹没的稻田，稻谷收割后留下较高的谷茬，因稻田泥肥、生物丰富，在阳光灿烂的日子，水温也升得快，故鱼多来此处觅食。

5.春季晴暖、风天宜钓鱼。

（1）春季晴暖宜钓鱼。

春天，水温从冰冷转向凉温。适宜的气温、水温使鱼的活动日趋活跃，为垂钓带来有利的形势。

气温、水温攀升，使得鱼向气温较高的浅滩聚集。一般情况下，早春易受到冷空气影响，最好选择冷空气前两三天或冷空气过后两三天的晴或转暖天气出钓，这样在几十厘米至1米多深的大片浅滩水域，只需经二三十小时的阳光普照，就会使各个水层水温有不同的提高。比如说当天天大晴，到了中午至傍晚，浅水区平均水温即能升高好几度，趋温性强的鲫、鲤一类鱼对此最为敏感，因此它们便会适时从相对低温的深水游向浅滩，使鱼情变得好起来。而如果这种升温的情形一直维持数天，将会使浅水区成为鱼活跃的乐园了，此时假若下竿垂钓，那么收获的喜悦是在意料之中的。

（2）春季风天宜钓鱼。

春天常常刮东风或东南风，而且风力的大小总是与晴朗度有关。越是晴空万里，越显得风力强劲，一般地势平缓的湖库，三四级、四五级的风有时从上午吹到傍晚，把下风口近岸浅水区的大片水色搅浑。即便是春雨连绵的日子，也会伴有一二级风轻拂水面，营造出水面涟漪，无形中给垂钓者制造"浑水摸鱼"的机会。这样的天气状况特别适合垂钓。"春钓迎风鲫"，是垂钓者普遍的认知。鲫鱼的逆流性和喜暖性在春天的浅滩中体现得淋漓尽致，再加上鲫鱼春季寻暖床繁殖的必然性，都为春钓浅滩奠定了基础。因此，有经验的垂钓爱好者都会在水库、湖泊的迎风岸处寻觅钓点。

刮风的天气里，水体溶氧量大大增加，鱼能呼吸到更多清新的氧气，增强了机体活动能力。水体在风的作用下，使接受阳光最直接的水面高温逐步传递至中下层，以此形成整个温暖水区，成为鱼的最佳活动区域。风的作用力还使水体冲刷岸堤，将陆岸天然饵料带入水中，成为鱼类的饵源。在宽阔的湖库，由于风的推动作用，会把散在水体表面的饵食一起汇集到下风口，这也是鱼类追逐至下风口聚集的主要原因之一。

春季爱车保养：车身美容，车内清洁维护

1. 防止沙尘和酸雨损伤漆面。

无论是北方还是南方，沿海还是内陆，由于我国春季的特殊气候特征，对汽车漆面的保养都有着较多的不利因素。北方和内陆地区大多干旱，春季风沙较大，对车身漆面有着不小的伤害；而我国的南方和沿海地区，春季雨水虽然较多，但雨水大多呈弱酸性，对车身漆面具有较强的腐蚀性。所以，春天来临，务必要注意保养爱车的"脸面"。

（1）沙尘损伤漆面。春季时常有大风夹带着细小的沙尘抽打在汽车表面，对汽车的漆面形成比较明显的摩擦作用，在表面留下细微的划痕。从外观上看，表现在整个漆面的整洁度、光滑度都会有所下降，漆面发乌，缺乏往日的光泽。

（2）酸雨损伤漆面。目前，我国酸雨地区已达全国陆地面积的四成左右。其中较为严重的大城市分别是北京、上海、天津、重庆等，较为严重的省份分别为山西、

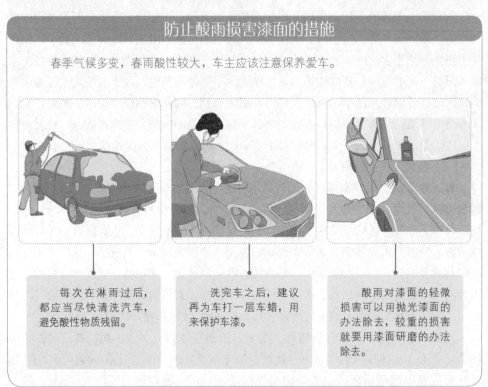

防止酸雨损害漆面的措施

春季气候多变，春雨酸性较大，车主应该注意保养爱车。

每次在淋雨过后，都应当尽快清洗汽车，避免酸性物质残留。	洗完车之后，建议再为车打一层车蜡，用来保护车漆。	酸雨对漆面的轻微损害可以用抛光漆面的办法除去，较重的损害就要用漆面研磨的办法除去。

贵州、云南、安徽、湖南、湖北、广西、四川、江苏、浙江、江西、福建、广东等矿产资源较丰富或经济较发达的省份。一般来讲，农村的雨水酸性不大，郊区雨水略呈酸性，市区雨水酸性较大。酸雨对车漆的损害是很严重的。酸雨中含有酸性物质，而酸性物质具有较强的氧化腐蚀作用。酸雨与车漆接触后，将车漆氧化成"车漆氧化物"，这就是酸雨损害车漆的原因。不仅如此，经过酸雨的损害后，车漆表面会留下众多细小的斑点、坑洼，这些斑点、坑洼平时比较容易藏污纳垢，又成了进一步腐蚀漆面的"侵害源"。酸雨损害轻微时，汽车漆面会发生变色，比如白色漆变黄、深色漆变灰褐色等。酸雨损害严重时，不但会褪色，而且还会造成车漆龟裂、起皮、脱落。

2. 对车内进行彻底除污和消毒。

无论多么高级的汽车，内部的空间都是有限的。一般情况下，很少会将汽车所有门窗打开通风透气，时间久了，车内就会积聚大量细菌。由于车门的开关、人员的进出带进灰尘，驾乘者在车内抽烟、喝饮料或吃食物也会留下细小的残渣，随着春季气温的上升，会有大量螨虫、细菌滋生，同时产生一些刺激性的气味。而春季行车时，车窗大多还是在密闭状态下，所产生的异味不易排除，车内的小环境实际上被恶化了。这不仅会影响到车辆乘坐的舒适性，还会提高乘坐人员患病的概率和交叉传染的可能性。因此，春季到来，要对车内进行彻底除污和消毒。

（1）用高温蒸气把空调通风口、座椅、内饰等边边角角的污渍清除干净。

（2）使用专用的内饰清洗剂对操作台、车门等部位进行清洗消毒。清洗时要注意避免音响、收音机、CD 等电器设备进水后发生电路短路和精密零件腐蚀。在清洗过程中，要注意以下几个方面：

①禁止使用强碱性清洁剂。许多装饰店选用碱性较大的清洁剂，表面上有很明显的增白、去污的功效，但碱性过强的清洁剂会浸入内饰绒布、皮椅、顶篷内部，最终导致该部位材料出现板结、龟裂。建议选择 pH 值较低的清洗液。

②要配合使用抽吸机，用流动的清洁水清洗。一些不规范的汽车美容店工作人员会将清洁剂直接喷在座椅、顶篷上，然后用湿毛巾去擦。这样不仅不能将脏东西清洗掉，还会使脏水和清洁剂的混合液浸入顶篷和座椅，导致内部材料被腐蚀。正确的做法是配合使用抽吸机，用大量的流动清水将脏东西和清洗剂带出来，并将此部位内部的水分抽干。因此，建议在具有抽吸机设备的汽车美容店做内饰清洁护理。

③严禁直接用水冲洗操作台面板。车内的各种开关按钮和音响电路都集中在操作台面板上，因此不要用水直接清洗它，以免造成短路或损伤车载电脑系统。清洁操作台面板时，要进行适当遮挡，一旦有水或者清洁剂溅到上面，要及时擦洗干净，并及时烘干，还要喷涂一层保护剂。

④车内座椅是皮质的，还要使用皮革保护剂。皮革保护剂分乳化型、油性和水性三种。乳化型具有清洁功能，但碱性较强；油性保护剂含有溶剂，会侵蚀、分解

皮革上的树脂和颜料，使皮革褪色；水性保护剂属中性，具有软化皮革，使其恢复弹性与光泽的作用，并有防水、防污的功效。因此，使用各种保护剂前，一定要仔细看看，分清类型，以免误用，损伤汽车内饰材料。

⑤在地毯、脚垫上喷洒车用杀菌剂。对于车内的异味，可以使用空气清新剂或汽车专用杀菌剂，抑制病菌、螨虫的滋生，从而彻底清除车内异味和防止病菌传播。

3. 及时清理空气滤清器的滤芯。

空气滤清器是发动机进气系统的重要部分，其作用是过滤掉空气中的风沙以及一些悬浮颗粒物，使进入发动机的空气比较纯净，减少空气中的杂质对发动机运动部件的磨损，从而使发动机保持正常的工作状态。春天的空气中含有较多的灰尘和细小的沙粒，这些细小的杂质随空气被吸入后，往往被空气滤清器的滤芯阻挡，黏附在滤芯的细小孔洞里，时间一久，黏附的杂质多了，空气滤清器就会发生堵塞。

空气滤清器发生故障后，空气的通过性下降，导致进入发动机的空气减少，这时发动机就会出现不易启动、无力、怠速不稳等情况。这时就需要用高压气体沿着进气的相反方向吹洗空气滤清器的滤芯，以达到使空气滤清器清洁、畅通的目的。平时一定要注意保持空气滤清器进气道的通畅，一般情况下，一个月清理一次空气滤清器的滤芯，如果汽车使用频率高，那么对于空气滤清器的清理就要更勤快些。

4. 春季切勿用水代替冷却液。

春天到了，气温慢慢回升，有的驾驶员发现散热器里的冷却液不足时，觉得没必要防止结冰了，便很随意地用清水来补充。其实，这种做法是错误的。春季气温回升，汽车防冻固然已经不是主题，但普通的水在受热后易生成水碱、水锈，增加了堵塞发动机水道的可能。同时，和冷却液相比，水的沸点较低，也容易造成散热器"开锅"。因此不能随意将冷却液换成清水。另外，如果需要更换冷却液，之前应当全面检查冷却系统，不留隐患。否则加注冷却液后再出现冷却系统故障，往往要放掉冷却液才能维修，造成不必要的浪费。最好在加注冷却液前，对发动机做一次全面认真的检查、清洗。

春季旅游：乡村赏花、水乡泛舟、户外踏青

1. 赏花：云南罗平的油菜花。

云南罗平位于滇、黔、桂三省交界之处，素有"鸡叫三省"之美称。去罗平旅游，主要是看油菜花。每当春季来临的时候，罗平到处都是油菜花，金色的山岗、金色的沟壑、金色的原野、金色的河堤。远远望去，罗平似乎是一个"金色的海洋"。

早春二月，当你前往罗平赏花，经过 324 国道旁的湾子湖时，你会发现整个坝子满眼都是铺天盖地、如波似浪的油菜花。那青的山、黄的花、蓝的天、白的云让人遐想联翩，好像进入仙境一般。这些油菜花经过阳光的照射，形态各异，变化

万千。花姿、花影、花雾、花浪无不使人目眩神迷。登山远眺，在茫茫的油菜花海里，村落点点、溪流纵横，金灿灿的花染黄了小溪，染黄了村庄，染黄了山野，染黄了大地，仿佛使整个罗平变成了一片金黄。

春季赏花

春季是赏花的好时节，外出旅游最好能到各地赏花。

桂林桃花

桂林恭城每年三月份的桃花节时，万亩桃园中的桃花盛开了，如一片花的海洋。

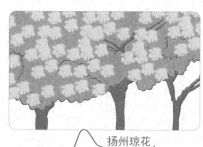

扬州琼花

琼花，又称"聚八仙""蝴蝶花"。四五月间开花，花大如盘，洁白如玉。

庐山樱花

花开时，满山映红，遍野灿烂。

北京海棠

海棠花姿潇洒，花开似锦，自古以来就是雅俗共赏的名花，素有"花中神仙""花中贵妃"之称。

山东菏泽牡丹花

"唯有牡丹真国色，花开时节动京城"，牡丹象征着富贵，素有"国花"之称。

每年春节之后，成千上万的游人从四面八方来到罗平观花海、弄花潮，寻花思情。尤其到了每年的农历二月初二，九龙河附近的布依族、壮族、彝族青年盛装聚集于此，组织举行对歌择偶，别具风格的兵器舞、狮子舞、高跷舞、野毛人舞等丰富多彩的娱乐活动。

每年 2—3 月间组织举办的罗平油菜花节，是云南旅游的一大亮点。成群结队的中外游客、摄影家们蜂拥而来，恨不得跳进金黄的花海中，亲吻那芳香的油菜花。每当此时，花潮交织着人潮，形成了罗平一年一度才能看见的天下奇观。

2.度假游：海南三亚——东方夏威夷。

三亚具有"东方夏威夷"之美称，它拥有海南岛最美丽的海滨风光，有闻名中外的"天下第一湾"——亚龙湾；有"天之尽头，海之边缘"的天涯海角；有象征爱情的"鹿回头"；有椰林环抱、沙平水暖的大东海……流经市内的两条小河，南汇于南边海，北汇于中岛端，上游水网纵横交错，两岸自然生长的红树林绿影婆娑。在这里，时常有水鸟腾飞、鱼跃锦鳞、生机勃勃的景象。

三亚是一个被大自然过分宠爱的地方。大自然把最宜人的气候、最清新的空气、最和煦的阳光、最湛蓝的海水、最柔和的沙滩、最美味的海鲜等都赐予了这座迷人的海滨城市。三亚又是一座依山傍海、充满椰风海韵的园林城市。在三亚看椰树，就如同在北方看柳树、梧桐树一样平常。路旁、海滨、楼前、屋后，随处可见到高高的椰树枝叶下挂着未摘的椰果。

三亚的海域常年温暖，风平浪静，适合进行海上冲浪、海边漫步、帆板冲浪、游泳、滑水等水上运动。到了三亚，没有人不为这里的水上运动所吸引。如果你是一个精力充沛的年轻人，那么三亚一定能使你的激情得到最大限度地发挥。在三亚旅游，无论你是下海潜水，还是冲浪，你都会感到其中的奥妙，这是到其他旅游景点无法获得的享受。

三亚不仅拥有着婀娜的椰树、清新的海风，其美食也极具热带风味，新鲜独特。到三亚旅游，品尝海鲜是一项重要的内容。如果在这里没吃过当地的海鲜，那将是旅行中最大的遗憾。在三亚吃海鲜绝对讲究鲜活，大都是现捞现做的，而且一年四季均有味道鲜美的海味。其中，鲍鱼、海参、海胆是三亚的"海中三珍"，营养价值极高，在当地被视为珍品。青蟹、血蚶、蚝和龙虾等也都是不可多得的美味。当然，在三亚吃海鲜，最好选择临海的地方。想一想坐在海边的餐馆里，任海风在你身上吹拂，沙滩、蓝天、白云、渔船在你眼前晃荡。不必说美食，就这么优哉游哉地一坐，就已经是一种妙不可言的享受了。

3.泡温泉：四川海螺沟，泉眼高温达 90℃。

四川海螺沟温泉是我国驰名的十大天然温泉之一。它的奇特之处，在于周围是白雪皑皑的银色世界，沟内却有大量的温泉群，有的温泉泉眼水温甚至达到了 90℃。初春时节，在这种冰火两重天的地方泡温泉，看着远处晶莹剔透的冰川，自身却浸润在热气腾腾的天然温泉中，其感受必定是妙不可言的。

海螺沟温泉紧挨着海螺沟冰川。海螺沟冰川常年平均气温只有10℃，却拥有众多大小不一的温泉群。其中，以二号营地的温泉为最，泉水从半山腰的泉眼中流出，流量可达到每日8900吨，温度最高可达90℃，足可以用来沏茶和煮鸡蛋。更为独特的是，这里的温泉水质透明、富含钙质、无污染，不但可以用来冲泡身体，还可以用来饮用。目前，围绕二号营地、一号营地以及贡嘎神汤处，建造有多个温泉池和游泳池。即使在冰天雪地的冬季，也同样可以沐浴。当你在海螺沟累得浑身是汗，如能在这里泡一泡温泉，肯定会感到心旷神怡，疲劳全无。与海螺沟温泉形成鲜明对比的是这里的冰川，不仅冰面广、落差大，而且分布着众多的冰面湖、冰面河、冰裂缝……这些形状各异的冰川晶莹剔透，光芒四射。其中最大的一号冰川，高一千多米，宽一千多米，是由无数个极其巨大的冰块组合而成，仿佛是从天上直泄而下的一条银河。

到海螺沟泡温泉，还可去四号营地游玩，观赏被称为"蜀山之王"的贡嘎雪山。它傲立群雄，气势恢宏。远远望去，山上积雪终年不化。当阳光照在金山、银山之上，光芒万丈，瑰丽辉煌，令人"肃然起敬"。在贡嘎雪山，时常有冰崩、雪崩自然现象发生。特大冰崩的落差会达到3000米，冰崩发生时，整个过程气势恢宏、扣人心弦、震耳欲聋。

4. 观光游：云南西双版纳——热带雨林、野象、佛寺和佛塔。

云南西双版纳有我国唯一妥善保存下来的热带雨林自然保护区。它以神奇的热带雨林自然景观和少数民族风情而闻名于世，是中国的热点旅游城市之一。境内的热带植物与佛寺、佛塔星罗棋布。

西双版纳是一个名副其实的"植物王国"。走进西双版纳，除了林木葱郁，你再也找不到一个更合适的词汇来形容这里的景象，而且没有任何的季节之分。西双版纳地区终年高温高湿，热带雨林长得高大茂密，从林冠到树底分为多个层次，彼此重叠，几乎没有直射光线能到达地面，茂盛得几乎没有一丝空隙。踏进西双版纳的热带雨林，那种遮天蔽日的植被仿佛使人进入了混沌初开的远古时代。

西双版纳傣族的泼水节是在每年4月13日—15日举行，大约历时3天。泼水节是云南少数民族中影响面最大、参加人数最多的节日。通常在13日的这一天，就可以进入与水交战的兴奋中，向人们泼水互道恭喜与祝福了。在泼水节期间，不管认识或不认识的人，也不管本地居民或外来游客，都可以参与这场泼水大战。每当此时，人们相互追逐泼水，处处是水的洗礼、水的祝福、水的欢唱，大地也沉浸在一片"水"的笑声中。

西双版纳由于临近泰国、缅甸等佛教国家，数百年前，小乘佛教传入西双版纳，成为傣族人民信仰的宗教。在西双版纳，处处可见充满东南亚风情的佛寺、佛塔，傣族人也基本上都是虔诚的佛教徒。在西双版纳境内，佛寺、佛塔星罗棋布，早已成了傣族群众生活的中心场地，成为他们心目中的圣殿。

其中，曼飞龙佛塔是西双版纳佛塔的典范，极富有东南亚情调；景真八角亭也是西双版纳有名的佛教建筑，酷似傣家竹楼，亭顶是莲花华盖及一杆风铃，微风吹过，一片悦耳之音。曼阁佛寺是景洪市最古老的佛寺建筑，寺院始建于1477年，位于澜沧江大桥的北面，紧靠江边不远的曼阁寨里。它四周被一幢幢傣家竹楼和菩提、杧果、槟榔等高大阔叶树所环绕，为典型的南传小乘佛教寺院，是西双版纳的古寺之一，也是小乘佛教有名的会所，香火极为兴盛。

5. 游名山：湖北武当山——天下第一山。

武当山是著名的道教圣地之一，它兼有泰山之伟、黄山之奇、雁荡山之幽，北宋大书画家米芾将之誉为"天下第一山"。明清以来的历代皇帝都把武当山道场作为皇室家庙来修建，史有"北建故宫，南建武当"之说。武当山共修有九宫、九观等33座道教建筑群。千百年来，武当山作为道教福地、神仙居所而名扬天下。古往今

春季旅游服装搭配

春季出游服装宜简不宜繁，棉质内衣、袜子等物可以根据旅行时间来决定所带的数量，衬衣要有替换的，常用外套备一件，牛仔或运动装备一套即可。

在尽量轻装上阵的同时，也要考虑在有限的衣饰中搭配出亮丽的效果。比如在腰上系条绚丽的丝巾，衣袂飘飘，不知会引来多少惊美的目光。其他的小物件，诸如挂件、胸针、腰带等，巧妙施用就可天天出新。

旅游的时候记得穿舒适的鞋子。

鞋一定要舒适轻巧，并且得兼顾与衣着色调的和谐统一，使你在旅行中备感轻松与怡然。

来慕名朝山进香、隐居修道者不计其数。

武当山的古代建筑群规模宏大、气势雄伟,1994 年被列入"世界文化遗产名录"。据统计,自唐代开始,武当山共建有庙宇五百多处,庙房两万余间。明朝时达到了最为辉煌的阶段,共建成九宫、九观、36 庵堂、72 岩庙、39 桥、12 亭等 33 座道教建筑群,面积达 160 万平方米。现存较完好的古建筑有 129 处,庙房 1182 间,犹如我国古代建筑成就的展览。

武当山不仅仅是道教的香火圣地,而且还是武当拳的故乡。在中国武林中,一向有"外家少林,内家武当"之说。少林与武当,可谓是双峰并立,各有千秋。武当拳发源于道教圣地武当山,在中国传统武术流派中称"内家拳",是中国武术一大名宗。武当拳是武当武术的一个重要组成部分,是武当武术徒手运动套路类项目的总称。武当拳以静制动、以柔克刚、炼气凝神、刚柔相济、内外兼修,也是极好的健身养性之术。

6. 美女和碉楼:四川丹巴藏寨——盛产美人,千碉之国。

(1)丹巴美女。丹巴藏寨是个盛产美女的好地方,这里的女孩天生丽质、温婉可人、皮肤水嫩。甘孜历届选美产生的"州花"大多出自丹巴。至于这里为什么"盛产"美人,却说法不一。相传南北朝的时候,地处西北边陲的西夏战争频繁,在危难时刻,宫廷嫔妃、王公大臣的女眷大都迁出。这些漂亮的贵族美女几经周折,流落至丹巴,和当地土著融合,成为今天丹巴一带的藏族,称为"嘉绒藏族"。嘉绒藏族人由于有多种血统,五官端正、相貌堂堂。女人特别爱美,服饰受唐代"东女国"影响,色彩艳丽,式样繁多,甚至还有明清宫廷服饰。这里的女孩不施粉黛、皮肤光洁、白里透红,洋溢着青春的朝气,常常被摄影师聘请为不用化妆的"人像模特"。

(2)千碉之国。丹巴是我国古碉楼最多、最集中的地区,这里的碉楼高耸入穹、神秘而又古老,因此有着"千碉之国"的美称。丹巴现存古碉楼三百余座,主要集中在中路乡和梭坡乡。在过去的历史里,丹巴的古碉楼主要用于战争,曾在历次战争中对保护藏族人民的生命财产起到了重要作用,受到当地人民的崇敬。如今一些隆重仪式活动也多在碉楼下举行。

7. 江南游:江苏扬州之美在烟花三月。

江苏扬州之美,美在烟花三月。当年李白的一首诗,把扬州之美描绘得淋漓尽致。每年三月,扬州城内桃红柳绿、春光烂漫;瘦西湖上小船悠悠、春风拂面。在这个如诗如画的美景中游玩,那感觉之美是不言而喻的。

自古扬州就是一个景色秀美、风物繁华之城。走在扬州的春天中,用再多的词汇进行描绘都是多余的。由于扬州处处都是美景,只要你愿意,随便走到户外的任何一个地方,迎面就可以感受到绿水映青山的美景。"两堤花柳全依水,一路楼台直到山",这是对春到瘦西湖的高度概括。在十里狭长的湖区,在二十四桥之上,玉箫声总在如水的夜晚，随荡漾的湖水缓缓飘来，令无数文人墨客为之销魂动魄，将满腔的火热情怀都揉进了扬州的春天里，融入了瘦西湖的荡漾水波之中。

人们常说"烟花三月下扬州"，目的就是观赏扬州的琼花。"不赏琼花开，枉来扬州城"，也是历来不变的说法。琼花是扬州的市花，无论是在风光旖旎的瘦西湖湖畔，还是在瓜洲古渡的闸区，或是寻常百姓的房前屋后，到处都有风姿绰约的琼花。每到琼花盛开的季节，中外游客纷至沓来，在扬州这块古老的土地上流连忘返。琼花的美，是一种独具风韵的美。它不以花色鲜艳迷人，不以浓香醉人。琼花的美在于它那与众不同的花型，更在于它传说中的仙风傲骨。盛开的琼花，其花大如玉盆，八朵五瓣大花围成一周，环绕着中间那朵白色的珍珠似的小花，簇拥着一团蝴蝶似的花蕊。

春季旅游注意事项

春季是旅游的好季节，可也是各种病菌突发的季节，春季旅游应注意以下几点。

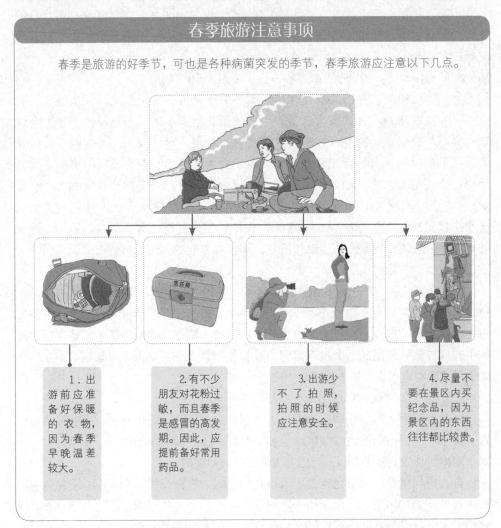

1. 出游前应准备好保暖的衣物，因为春季早晚温差较大。

2. 有不少朋友对花粉过敏，而且春季是感冒的高发期。因此，应提前备好常用药品。

3. 出游少不了拍照，拍照的时候应注意安全。

4. 尽量不要在景区内买纪念品，因为景区内的东西往往都比较贵。

在春风吹拂下，轻轻摇曳，宛若鲜艳的蝴蝶在戏珠，又仿佛仙女在翩翩起舞。

扬州的美不单单是园林的美，精致的茶点和街头小吃更让人眼花缭乱。至于味道如何，现代著名散文家朱自清曾经说过："扬州是吃得好的地方，这个保你没错儿。""早上皮包水，晚上水包皮"，这些说的都是扬州人早上去茶楼喝茶，晚上去浴室泡澡的享乐生活。在扬州，名气和瘦西湖不相上下的，就是富春茶社。走进富春茶社老店之前，首先要经过一条百余米的小巷，两侧的摊铺一片刀光"剪"影，卖的全是扬州三把刀：菜刀、剃刀、修脚刀。巷子尽头便是著名的富春茶社。对于富春茶社的经营之道，有人这样形容："自从富春开门的第一天起，一百二十多年来都是顾客盈门。"到过富春的名人数不胜数，朱自清、巴金、冰心、吴作人、梅兰芳等人都在店内留下过墨宝。在阳春三月的旅游旺季，富春茶社更是门庭若市，门前车水马龙。如果不提前预订，那是很难在这里找到包间和落脚的地方的。

8.古城游：云南丽江——东方威尼斯。

云南丽江是无数人想去的旅游胜地。它是一个能够让人忘记时间的地方，也是一个去了不想走的地方。这里兼有山乡之容、水城之貌。泉水连接着每家每户，开门即河，迎面即柳，形成了"家家临溪，户户垂柳"的特有风采，因此有"东方威尼斯"之美称。

美丽的丽江古城始建于宋元时期，鼎盛于明清，是我国历史文化名城中唯一没有城墙的古城。传说是因为丽江世袭统治者姓木，筑城势必如"木"字加框而成"困"字之故。这里的居民都喜欢在庭院种植花木、摆设盆景，素有"丽郡从来喜植树，古城无户不养花"之说。古城充分利用泉水之便，使玉河水在城中一分为三，三分成九，再分成无数条水渠，使主街傍河、小巷临渠，顺山就势、古朴自然。河水使整个古城异常清净而又充满生机。古城的街道基本都是用青石铺就，干净利落、一尘不染，户户清流环绕，家家推窗即景。再加上流淌不息的小河日夜不停，呈现出一派"城依水存，水随城在"的清秀美丽的景象。

丽江有名的纳西古乐是世界艺术史上的一朵奇葩，它由大型古典乐曲《白沙细乐》和《丽江古乐》两部分组成，被称为"中国音乐的活化石"。流行于丽江的洞经音乐，既具有古朴典雅的江南丝竹之风，又揉进了纳西族传统音乐的风格，形成了独具的韵律。《丽江古乐》共有二十多首，其中《八卦》《山坡羊》《浪淘沙》《水吟龙》获得了中国音乐界专家的高度评价。在民间组织的集会活动上，也时常有群众性的乐舞演出。近年来，纳西古乐已经成为丽江旅游的一个重要观赏项目，深受海内外众多游客的喜爱。

9.观表演：云南腾冲刀杆节——上刀山，下火海。

云南腾冲"刀杆节"是傈僳族最神圣的民族传统节日。每年农历二月初八，身穿节日盛装的人们，便在锣鼓声中涌入刀杆场，举行"上刀山，下火海"的表演。如今，这项惊险的传统祭奠仪式，已演变为傈僳族好汉比赛表演绝技的体育活动。

（1）上刀山，就是"爬刀杆"。"刀杆"上共有锋利雪亮的 36 把钢刀。刀刃向上，刀背朝下，捆扎在 14 米高的两根木杆上，像一架锋利的"刀梯"。当中有三架钢刀梯是扎成剪刀形的，三个精壮的彝族女子和三个强悍的彝族汉子，身着对襟衣，腰扎红布带，赤着双脚、舞着大刀冲入院中。当他们来到刀杆前时，纵横腾挪，用锋利的钢刀划舌头、刺肚皮，但不会出现一丝血迹。接着将刀一丢，健步冲向刀杆，赤脚分别踩在六架刀杆的刀刃上，一级一级地往上爬，一直爬到插满小红旗的刀梯顶上。当最后一位表演者攀上刀杆杆顶时，便把腰带的红旗插上杆顶，并立即点燃悬挂在杆顶的鞭炮。这时，噼噼啪啪的鞭炮声响彻山谷。表演者从刀杆上下来，并让观众验收没有任何刀伤血痕的双脚。此时，广场周围的观众往往会爆发出雷鸣般的掌声。

（2）下火海。在鞭炮和锣鼓声中，几位彪悍的傈僳族壮汉，袒露胸臂、赤着双脚，迅速跳进"熊熊大火"的场中央，开始表演"下火海"。他们先祭祀天地，绕火而舞，并向乡亲们拱手施礼。"下火海"开始时，闯火者头扎大红巾、手舞小红旗，赤着双脚，毫无畏惧地纵身跳进通红的"火海"。先是赤手从"火海"中拉出烧红的铁链绕在手上、身上；接着依次单脚、双脚反复多次在通红的火塘中间跳跃，把炭火踢出一丈开外。起脚时，踢起一个火的"瀑布"，又迅速后仰，脊背落在滚烫的火堆上，身上火星闪烁……接着，闯火者以闪电般的速度，各个手捧通红的火炭，分别在脸上和身上擦洗，然后又让火球在他们手中飞快地翻滚、搓揉。围观的群众时而欢快，时而紧张，时而赞叹，时而惊讶……经过一阵阵紧张激烈的表演后，当火炭被踩成碎粒，火焰已经奄奄一息时，"下火海"活动也就宣告结束。

第三篇

夏满芒夏暑相连

——夏季的六个节气

第一章

立夏：战国末年确立的节气

立夏是一年二十四节气中的第七个节气，为每年阳历的 5 月 5 日或 6 日，此时太阳到达黄经 45°。"夏"是"大"的意思，每年到了此时，春天播种的植物都已经长大，所以叫"立夏"。战国末年就已经确立了"立夏"这个节气，它预示着季节的转换，夏季的开始。

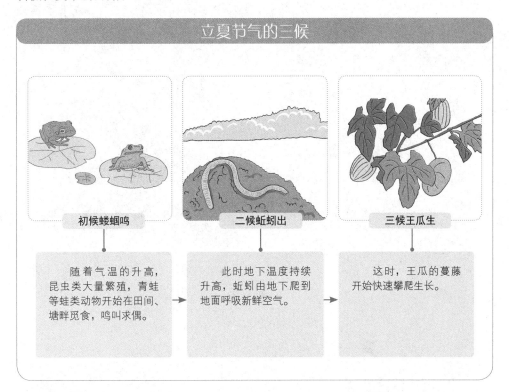

立夏节气的三候

初候蝼蝈鸣	二候蚯蚓出	三候王瓜生
随着气温的升高，昆虫类大量繁殖，青蛙等蛙类动物开始在田间、塘畔觅食，鸣叫求偶。	此时地下温度持续升高，蚯蚓由地下爬到地面呼吸新鲜空气。	这时，王瓜的蔓藤开始快速攀爬生长。

立夏气象和农事特点：炎热天气临近，农事进入繁忙期

随着立夏节气的到来，气温也显著升高，炎暑将临。对于农耕来讲，"立夏"是一个农作物旺盛生长的重要节气。此时，一般夏熟作物进入灌浆、结荚的关键时期，春播作物生长日渐旺盛，田间管理进入紧张繁忙阶段。大江南北早稻也进入了大面

积栽插的关键时期，日后的收成和这一时期的雨水迟早以及雨量多少密切相关。江南在立夏以后，将进入梅雨季节。这一时期的雨量和降雨频率均明显增多，农田管理在防止洪涝灾害的同时，还要谨防因雨湿较重诱发的各种病害，如小麦赤霉病。另外，在"四月清和雨乍晴"的乍热、乍冷天气条件下，农户要注意预防棉花炭疽病、立枯病的暴发流行，管理措施是要早追肥、早耕田、早治病虫，以促早发。我国华北、西北等地，虽气温回升快，但降水仍然不多，对春小麦的灌浆以及棉花、玉米、高粱、花生等春作物苗期生长十分不利，应采取中耕、补水等多种措施抗旱防灾，以争取小麦的高产和确保春作物幼苗的苗壮生长。

立夏气象和农事的特点

立夏以后，江南进入梅雨季节，雨量和降雨频率增多，要注意防涝和防病虫害。

我国华北、西北等地，虽气温回升快，但降水仍然不多，要及时对农作物进行灌溉。

立夏之后，夏熟作物将进入灌浆、结荚的关键时期，春播作物生长也日渐旺盛，农事进入繁忙阶段。

立夏民俗宜忌

立夏民俗

相传公元前623年农历四月八日，佛祖诞生，由天上九龙吐出香水为太子洗浴。汉代，佛教传入中国后，这天便被称为"浴佛节"，又称"佛诞节"。这一节日开始在中国流行，成了中国的传统宗教节日之一。

史籍中对浴佛节有不同的记载。蒙古族、藏族地区以农历四月十五日为佛诞日，即佛成道日、佛涅槃日，故在这天举行浴佛仪式。汉族地区在北朝时浴佛节多在农历四月八日举行，后不断变更、发展，北方改在农历十二月八日（腊八节）举行，南方则仍为四月八日，相沿至今（俗称四月八）。傣族的泼水节在傣历六月（农历四月）举行。清晨，男女老幼沐浴更衣，到佛寺拜佛，这个习俗就带有浴佛的性质。

相传农历四月八日（阳历一般认为是5月12日）为释迦牟尼的生日。此日僧尼皆香花灯烛，置铜佛于水中进行浴佛，一般民众则争舍财钱、放生、求子，祈求佛祖保佑，并举行各种庙会。这天，各地佛寺举行佛诞进香。在北方地区，传说农历四月十八日为泰山娘娘——碧霞元君——的生日，这天会举行妙峰山庙会。南方的九华、龙华、姑苏等地也均有盛大庙会。庙会期间还有堆佛塔活动。可见，中国的庙会是多元的，既有佛寺庙会，也有道教庙会，还有佛、道、儒相结合的庙会。

老北京的各个佛寺在农历四月八日这一天，都有对释迦牟尼的纪念活动——功德法会，法会的一项重要仪式就是用香水浴佛。在浴佛节期间，人们要讨浴佛水，以图吉祥。

1. 斋会——人们讨浴佛水，以图吉祥。

浴佛节有一种习俗，就是斋会。斋会，又名"吃斋会""善会"，由僧家召集，请善男信女在农历四月八日赴会，念佛经、吃斋。与会者要吃饭就必须交"会印钱"，饭菜有蔬菜、面条等。

节日期间的主要饮食是"不落夹"。"不落夹"为蒙古语，是对粽子的称呼。还有一种乌饭，方法是以乌菜水泡米，蒸出后即为乌米饭。这种食品本为敬佛供品，后来演变为浴佛节的饮食。有些地方在节日期间还有放船施粥的风俗。在浴佛节期间，人们要讨浴佛水，以图吉祥。

2. 结缘——以施舍的形式，祈求结来世之缘。

浴佛节有一种结缘活动。它是以施舍的形式，祈求结来世之缘。老北京盛行舍豆结缘的习俗。何谓"舍豆结缘"呢？佛祖认为，人与人之间的相识是前世就结下的缘分，所以俗语有"有缘千里来相会"之说。因黄豆是圆的，而"圆"与"缘"谐音，所以以圆结缘，浴佛日就成了舍豆、食豆日。这个习俗源于元代，盛于清代。清宫内每年的四月初八这一天，都要给大臣、太监以及宫女们发放煮熟的五香黄豆。

北京的寺院农历四月初八开庙时，在焚香拜佛后，还要将带来的熟黄豆倒在寺庙的笸箩里，以代表跟佛祖的结缘。在百姓家，这一天，妇女早早用盐水把黄豆煮好，然后在佛堂里虔诚地盘腿而坐，口念"阿弥陀佛"，手中捻豆不止，每捻一次都代表对佛的虔诚，用此法修身养性。在去庙会的路上，常有一些妇女挎着香袋，拿着香烛，挨家去索要"缘豆"。不管认不认识、信不信佛，大家都十分真诚地给一些黄豆，不拘多少，只为结缘。那时的一些达官贵人，还常把煮好的黄豆盛在器皿内放在家门口外，任路人取食，以示自己与四方邻居百姓结识好缘、和谐相处，确保一方平安。

3. 放生——将小龟、小鸟等带出放生。

佛教主张不杀生，在浴佛节期间还流行放生习俗。放生的习俗宋代已有记载。古代有承美放生的传说，民间有玳瑁放生等。流传到近代则是一些佛庙的僧侣和平民百姓，在农历四月初八这一天，把自己养的或买来的小乌龟、小鱼、小鸟等带到河边或山野放生。

4. 求子——拜观音和送子娘娘，以求吉利得子。

虽然农历四月初八为浴佛节，但是人们总是把自己的愿望也表现在节日活动中，求子就是一个突出例子。这天，各地拜观音求子者不胜枚举。《吉林奇俗谈》中说："吉地白山四月二十四日开庙会，求嗣者诣观音阁，于莲花座下窃取纸糊童子一，归家后置褥底，俗谓梦能可操胜券。"这种偷纸娃娃与抱泥娃娃的性质是一样的。山东聊城地区有观音庙，神案前有许多小泥娃娃，有坐者、有爬者、有舞者，皆男性。四月八日这天，不育妇女多去拜观音和送子娘娘，讨一个泥娃娃，以红线绳套住娃娃脖子，号称"拴娃娃"。有的人还以水服下，认为这样能怀孕生子。泰山除供碧霞元君外，还盛行押子，即在树上押一石，拴红线，以求吉利得子。陕西延安有一个清凉山庙会，祈求龙王降雨。同时设铡关，十二岁以下孩童腰扎草绳、手抱公鸡，先从铡刀下扔过公鸡，接着自己爬过去，俗称"过关"，意味着成年，从此便年年平安，以求吉利。

5. 拜药王——解除疾病。

浴佛节期间，各地还有一些其他的宗教活动，如庆祝菖蒲生日、农历四月十八解灾、以傩驱疫、请符治病、偶像治病等。人们也崇拜药王，祭祀华佗、孙思邈。受道教影响，民间也拜药圣真人，流行捡神药，进行采药活动。这些活动不是偶然的，因为中国从远古时代起就流行巫医，后来中医、中药有了很大发展，出现了不少名医，如扁鹊、李时珍等。中医是民间看病的重要手段，而拜神求佛者多半是为了解除疾病，所以庙会上的不少卖药者、患病者都习惯祭拜中医的祖师爷——药王、医圣。

6. 占卜、赛神——农田大丰收。

我国农村在浴佛节这天有凭风向占卜谷价贵贱的习俗。民谣说："南风吹佛面，有收也不贱。北风吹佛面，无收也不贵。"也有乡民利用这个机会赛社神、剪纸为龙舟，巡行阡陌，在农田里插上小旗，说是能治虫害。陆游在《赛神曲》一文中说：

立夏民俗

立夏是夏天的开始，在这一天，人们为迎接夏天的到来，有着丰富的民俗活动。

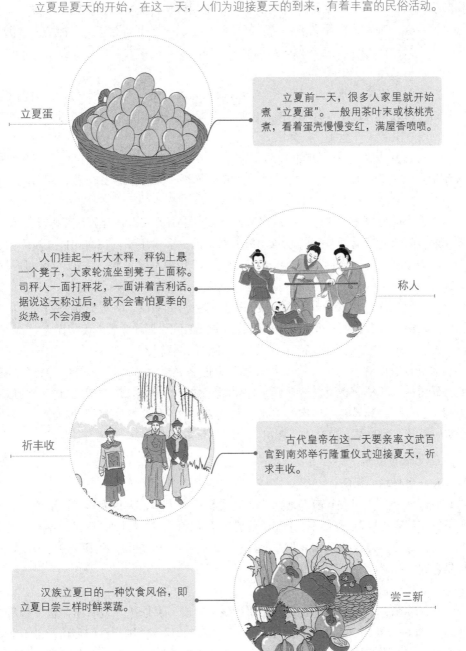

立夏蛋

立夏前一天，很多人家里就开始煮"立夏蛋"。一般用茶叶末或核桃壳煮，看着蛋壳慢慢变红，满屋香喷喷。

人们挂起一杆大木秤，秤钩上悬一个凳子，大家轮流坐到凳子上面称。司秤人一面打秤花，一面讲着吉利话。据说这天称过后，就不会害怕夏季的炎热，不会消瘦。

称人

祈丰收

古代皇帝在这一天要亲率文武百官到南郊举行隆重仪式迎接夏天，祈求丰收。

汉族立夏日的一种饮食风俗，即立夏日尝三样时鲜菜蔬。

尝三新

"击鼓坎坎，吹笙呜呜。绿袍槐简立老巫，红衫绣裙舞小姑。乌臼烛明蜡不如，鲤鱼糁美出神厨。老巫前致词，小姑抱酒壶：愿神来享常欢娱，使我嘉谷收连车；牛羊暮归塞门闾，鸡鹜一母生百雏；岁岁赐粟，年年蠲租；蒲鞭不施，圜土空虚；束草作官但形模，刻木为吏无文书；淳风复还羲皇初，绳亦不结况其余！神归人散醉相扶，夜深歌舞官道隅。"这些记载都说明了人们盼望农作物大丰收的希望。

7. 吃乌米饭——祛风败毒。

江南农村在立夏这一天人人爱吃乌米饭。此饭乌黑油亮，清香可口，由糯米浸入乌树叶内数小时后烧煮而成。据说，吃乌米饭还能祛风败毒，连蚊虫也不会叮咬。

8. 吃立夏饭——祈祷无病无灾。

立夏这一天，很多地方的人们用黄豆、黑豆、赤豆、绿豆、青豆等五色豆拌白粳米煮成"五色饭"，后演变为倭豆肉煮糯米饭，菜有苋菜黄鱼羹，此为吃"立夏饭"。

南方大部分地区的立夏饭都是糯米饭，饭中掺杂豌豆，桌上必有煮鸡蛋、春笋、带壳豌豆等特色菜肴。乡俗蛋吃双、笋成对，豌豆多少不论。民间相传立夏吃蛋主心，因为蛋形如心，人们认为吃了蛋就能使心气精神不受亏损。立夏以后便是炎炎夏天，为了不使身体在炎夏中亏损消瘦，立夏应该进补。春笋形如腿，寓意人的双腿也像春笋那样健壮有力，能涉远路。带壳豌豆形如眼睛，古人眼疾普遍，人们为了消除眼疾，以吃豌豆来祈祷一年中眼睛像新鲜的豌豆那样清澈，无病无灾。

9. "三烧、五腊、九时新"——立夏应季食品。

立夏日有吃"三烧、五腊、九时新"之说。立夏时节，天气转热，时鲜果蔬、鱼虾纷纷应市，故有此俗。"三烧"，即烧饼、烧鹅、烧酒。烧饼即夏饼，烧酒即甜酒酿。"五腊"，即黄鱼、腊肉、咸蛋、海蛳螺、清明狗。"九时新"即樱桃、梅子、蚕豆、苋菜、黄豆笋、莴苣笋、鲥鱼、玫瑰花和乌饭糕。

立夏民间忌讳

1. 立夏日忌讳无雨。

我国河南、贵州、云南等地认为，立夏日这天无雨，天将大旱。谚语说"立夏不下，犁耙高挂""立夏不下，高田不耙""立夏无雨，碓头无米"（碓，舂米工具），意思为假若立夏之日不下雨，那么收成就会减小，农作物几乎不用管理，即使管理也是歉收。

2. 立夏日忌讳坐门槛。

在江苏东台一些地方，立夏日忌讳小孩坐门槛，说是："立夏日坐门槛，容易打瞌睡。"在浙江杭州，养蚕户这天不能开门，亲戚邻居不能随意登门拜访，也不能高声说话。在安徽宁国，人们不能坐门槛，否则会一年精神不振。湖北一带，巫师占卜说："立夏日青气见东南，吉。否则，岁多凶。"这均是一些民间传说，不可轻信。

立夏养生：护养心神，常笑少愁

立夏饮食养生

1. 食用新鲜蔬果对身体有益。

我国的许多地方都盛行立夏"尝新"这一习俗，人们在当天会食用新鲜的蔬果，如樱桃、竹笋、蚕豆等，以及此时盛产的水产品类。

据研究表明，水果的营养成分非常丰富，不但含有人体必需的多种维生素，还富含矿物质、粗纤维、碳水化合物等营养元素。在立夏前后多吃水果，有助于身体健康，特别是儿童，更应该多吃，有利于补充其生长所需要的维生素。

2. 喝粥补水可解除"夏打盹儿"。

人们常说的俗语"春困秋乏夏打盹儿"中的"夏打盹儿"正是用于形容立夏之后，人们嗜睡成瘾、食欲不振的状态。中医学认为，这主要是由于暑湿脾弱所致。

中医学家建议，最好的健脾方式是在早晚进餐时多喝些山药粥、薏米粥、莲子粥等。可以在即将熬制好的粥里加一点荷叶，以增强清热祛暑、养胃清肠、生津止渴的功效。此外，还可适当服用一些专门祛暑湿的药物，如藿香正气水等。

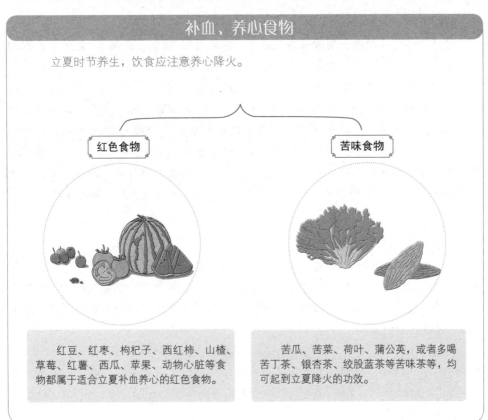

补血、养心食物

立夏时节养生，饮食应注意养心降火。

红色食物

苦味食物

红豆、红枣、枸杞子、西红柿、山楂、草莓、红薯、西瓜、苹果、动物心脏等食物都属于适合立夏补血养心的红色食物。

苦瓜、苦菜、荷叶、蒲公英，或者多喝苦丁茶、银杏茶、绞股蓝茶等苦味茶等，均可起到立夏降火的功效。

立夏药膳养生

1. 益气、活血可食用醪糟豆腐烧鱼。

醪糟豆腐烧鱼具有益气、生津、活血、消肿、散结的功效，不仅有助于孕妇利水消肿，也适合哺乳期妇女通利乳汁。

醪糟豆腐烧鱼

材料：豆腐1块，鲜鱼1条，姜末、蒜末、醪糟各1大匙，辣豆瓣酱2大匙，葱花半大匙，料酒1大匙，酱油2大匙，盐半小匙，白糖2小匙，醋半大匙，香油1小匙，水淀粉适量。

制作：①锅中放油烧热，将鱼的两面稍微煎一下，盛出。②放入姜、蒜末爆香，再放入辣豆瓣酱和醪糟同炒，淋下料酒、酱油、盐、白糖一起煮滚，放入鱼和豆腐，一起烧煮约10分钟。③煮至汁已剩一半时，将鱼和豆腐盛出装盘。④以水淀粉勾芡，并加醋、香油炒匀，把汁淋在鱼身上，撒上葱花即可食用。

2. 清芬养心、调理脾气可食用荷叶凤脯。

食用荷叶凤脯可以清芬养心、升运脾气，可作为常用补虚之品，尤为适宜夏季食补。

荷叶凤脯

材料：鲜荷叶两张，剔骨鸡肉250克，水发蘑菇50克，火腿30克，玉米粉12克，食盐、鸡油、料酒、白糖、葱、姜、胡椒粉、香油、味精各适量。

制作：①将鸡肉、蘑菇均切成薄片；火腿切成10片；葱切短节、姜切薄片；荷叶洗净，用开水稍烫一下，去掉蒂梗，切成10块三角形备用。②将蘑菇用开水焯透、捞出，用凉水冲凉，把鸡肉、蘑菇一起放入盘内，加盐、味精、白糖、绍酒、胡椒粉、香油、玉米粉、鸡油、姜片、葱节搅拌均匀，然后分别放在10片三角形的荷叶上，再各加一片火腿，包成长方形包，码放在盘内，上笼蒸约两个小时，若放在高压锅内只需15分钟即可。③出笼后可将原盘翻于另一空盘内，拆包即可。

立夏起居养生

1. 立夏昼长夜短，宜适当午睡。

在立夏之后，由于白昼时间较长，夜晚的时间较短，人们总感觉睡得不够。俗话说"每天睡得饱，八十不见老"，这是因为人在睡觉时，体内的生长激素、性激素都会增多，免疫功能也得到增强。如果睡眠质量较差，体质便会下降。所以，夏天养成午睡的习惯便显得十分必要。

但值得注意的是，午睡时间并不是睡得越久越好，最佳的午睡时长为一个小时。如果午睡时间过长，反而会让人体感到疲惫。另外，不宜在午餐之后立刻午睡，最好在10~30分钟后入睡。这是因为饭后人的消化器官要开始工作，而人在睡眠时，消化机能会相应降低。

此外，睡姿也十分重要。不宜坐着睡或者趴着睡，头靠着沙发、椅子午睡会造成头部缺氧而出现"脑贫血"，而趴着睡则容易压迫胸腹部，并使手臂发麻。所以，选择舒适的姿势睡眠有助于身体健康。

2.醒后头晕、头痛、心悸的人不宜午睡。

对大多数人来说，适当的午睡是有益身心健康的，但有些老人在午睡醒来后会出现头晕、头痛、心悸以及疲乏等症状，那么这些人是不宜午睡的。另外还有以下四种人不宜睡午觉：

（1）年龄大多在65岁以上者。由于年纪较大，这些老人大多患有动脉硬化症，而午饭后血液吸收了营养，黏稠度较高。在这种情况下选择午睡，血液流通较为缓慢，这样还会为"中风"埋下隐患。

（2）血液循环系统存在障碍者，特别是由于脑血管硬化而时常出现头晕症状的人。由于午睡时心率较慢，脑部的血流量较少，容易引发植物神经功能紊乱，从而诱发出其他的疾病。

（3）低血压患者。这些人在午睡后可能出现大脑暂时性供血不足，甚至还会发生昏厥乃至休克的现象，因此不适宜午睡。

（4）体重严重超标的人。因为午睡是脂肪储存的良好时机，出于健康考虑，体重严重超标的人是不宜进行午睡的。更好的选择是在饭后进行适量的运动，白天保持适度的工作量，避免过度疲劳，适时参加体育锻炼，维持规律的作息时间，尽量避免体重继续增加。

3.居室要通风、消毒，窗户要遮阳防晒。

夏季要重视对居室的布置。一是应全面打扫一下居室，该收的东西（如棉絮、棉衣等）要全部收入橱内，有条件的话，要调整好影响室内通风的家具，以保证室内有足够的自然风。二是要在室内采取必要的遮阳措施，设法减少或避免一些热源和光照，窗子应挂上浅色窗帘，最好是在窗户的玻璃上贴一层白纸（或蜡纸）以求凉爽。由于白天室外温度高，因此，如果太阳光强的话，可以从上午9点至下午6点把门窗关好，并拉上浅色窗帘，使室内充满了空气，从而使室内温度降低。由于此时病菌繁殖很快，造成痢疾、伤寒、霍乱等肠道传染病增多和流行，所以居室要经常用适量的消毒液进行消毒。此外，由于传播病菌的媒介主要是苍蝇，所以消灭苍蝇也是预防肠道传染病的关键之一。

立夏运动养生

1.立夏锻炼身体要适时、适量和适地。

在进入夏季后，天气有所变化。因此，立夏运动应该讲究的三个原则是适时、适量和适地。

（1）适时。运动的时间最好选择在清晨或者傍晚，这时候阳光不太强烈，可以

夏天运动后的注意事项

夏季运动后易出汗，运动过后应该注意以下几点。

（1）尽快更换汗湿的衣物，以免着凉诱发感冒、风湿或者关节炎等疾病。

（2）尽量不要饮用过多的水，以免给胃肠和心脏带来较重负担；禁止在运动后立即吃冷饮，以免肠胃血管突然收缩而造成胃肠不适，甚至猝死。

（3）更不要在运动后马上冲凉水澡，以免造成体温调节功能失调，引起热伤风。

避免强紫外线对皮肤和身体造成损害，应尽量避免在上午 10 点后到下午 4 点前进行户外活动。

（2）适量。由于人体能量的消耗在夏季会有所增加，因此运动的强度不宜太大。建议每次的锻炼时间控制在 1 小时之内，若需锻炼更长时间，可以在锻炼半小时之后休息 5 ~ 10 分钟，再继续锻炼；同时还要注意及时补充水分和营养。

（3）适地。最好选择在户外进行运动，如公园、湖边、庭院等视野开阔、阴凉通风的地方都是较好的运动地点。如果条件有限只能进行室内运动的话，最好打开门窗，让空气保持通畅。

2. 立夏跑步健身要防止中暑和着凉感冒。

立夏节气，人们选择跑步健身时要讲究科学方法，如果不注意锻炼的方法，很容易发生中暑等疾病，影响身体健康。故夏天健身跑步时应该注意以下几点事项：

一是跑步时间最好选择在较凉快的清晨和傍晚，跑步的地方最好是平整的道路、河流两旁和树荫下，最好不要在反射热能强的沥青路和水泥路面上走或跑。

二是因为夏天跑步时出汗多，水分消耗大，需要适当补充身体失去的水分和盐分。特别要注意饮水卫生，不要喝生水，也不要一次喝水太多，要多次、少量地喝些淡盐水或低糖饮料，以防止身体因缺乏矿物质而引起痉挛。

三是健身跑后满头大汗，不要贪图一时凉快而用凉水洗澡。因为这时身体的血管处在扩张状态，汗毛孔又敞开着，洗冷水澡最易着凉而引起感冒。

四是夏季经常下雨，跑步时被雨淋以后，要马上用毛巾擦干身体，换上干燥的衣服，防止着凉而发生感冒。

五是夏天昼长夜短，睡眠时间少，天热跑步的运动量又比较大，为了让身体休息好，中午应睡一会儿午觉，对身体健康更有帮助。

六是夏天练跑步，还要和其他体育锻炼相结合。如游泳、球类、打拳等，这样才能使身体得到比较全面的锻炼，而且还能提高锻炼兴趣。

立夏时节，常见病食疗防治

1. 食用白扁豆粥防治腹泻。

腹泻作为一种常见病症，在一年中的任何时候都有可能发生，尤其是在立夏时节，因为春夏交接时食物容易变质。幼儿最有可能因着凉而引发这种病症。此外，引发夏季腹泻的原因还有细菌或病毒感染、食物中毒、过食生冷食物、消化不良等。腹泻可导致体内水、电解质紊乱和酸碱平衡失调，严重损伤机体，严重者还可能会危及生命。腹泻患者用餐应注意少量、多次。烹饪时应选择一些清淡、富含营养而又容易消化的食材。假若是急性腹泻，可以选择以流食来代替正餐，这样既可以为身体补充水分，又能够舒缓肠胃。

立夏时节，食用白扁豆粥可以缓解寒湿腹泻的症状。

白扁豆粥

材料：大米100克，鲜白扁豆120克，冰糖末适量。

制作：①将大米淘洗干净，用清水浸泡半个小时，捞出沥干。②淘净白扁豆。③在锅中倒入水，放入大米，大火烧开，放入白扁豆，改用小火熬煮成粥，放入冰糖末，搅匀即可食用。

2. 饮用桑叶菊花饮防治流行性结膜炎。

流行性结膜炎的俗称是"红眼病"，它是一种传染性极强的眼部疾病，立夏时分，春夏交接，正是红眼病高发的时节。同时，由于这一时节游泳的人较多，也容易发生感染。此病是由腺病毒引起的，主要通过接触传染，所以患者应避免与他人共用毛巾，也不要去公共游泳池游泳。"红眼病"的症状多表现为畏惧光线，双目流泪，眼部有血丝、发烫、有灼痛感等。立夏时节，对于"红眼病"的防治，应采取

腹泻防治措施

立夏时节气温升高，食物易变质，腹泻高发，应注意以下几点：

（1）少吃冷饮、冷食，避免引起消化系统紊乱；勿食用蚊虫接触过的、放置时间过长的食物。

（2）积极参加户外运动，锻炼身体，增强抵抗力。

（3）发现腹泻症状，及时就医。

预防为主、防治结合的措施，还可以选择服用清热解毒、护肝明目的桑叶菊花饮来加以防治。桑叶菊花饮可辅助治疗流行性结膜炎、风热感冒等症。

桑叶菊花饮

材料：桑叶、菊花各 6 克，白砂糖适量。

制作：①将桑叶、菊花分别洗净。②将水杯中放入桑叶、菊花，加入白砂糖，冲入沸水，浸泡 5 分钟即可。

用法：桑叶菊花饮可代茶频饮。

流行性结膜炎的预防措施：

（1）不要与其他人共用脸盆和眼药水等物品。

（2）在病毒肆虐的时期不要前往一些人潮拥挤的地方，例如商场、影剧院、游泳池、婚丧嫁娶宴席等。

（3）一旦发现周围有人患病，应及时送其就诊，不乱用非处方药，提醒患者注意合理睡眠和饮食。

（4）讲究卫生，定时修剪指甲，饭前便后要洗手，擦脸毛巾要勤洗、消毒。

第二章

小满：小满不满，小得盈满

小满是二十四节气中的第八个节气，阳历时间是 5 月 20 日或 21 日。二十四节气的名称多数可以顾名思义，但是"小满"听起来有些令人难以理解。小满是指麦类等夏熟作物灌浆乳熟，籽粒开始饱满，但还没有完全成熟，因此称为"小满"。

小满气节的三候

初候苦菜秀	二候靡草死	三候麦秋至
苦菜已经枝叶繁茂。	喜阴的一些枝条细软的草类，在强烈的阳光下因为失水开始慢慢枯死。	虽然时间还是夏季，但对于麦子来说，却到了成熟的季节。

小满气象和农事特点：多雨潮湿，谷物相继成熟

1. 气温高、湿度大，夏熟作物相继成熟。

小满时节，除东北和青藏高原外，我国各地平均气温都达到 22℃以上，夏熟作物自南向北相继成熟，苏南地区在 5 月底进入夏收夏种的大忙季节。此时应抓住晴好天气抢收小麦，因为小麦成熟期短，容易落粒，又因此时气温高、湿度大，麦粒极易发芽霉烂。棉苗长到三四片真叶时要及时定苗、补苗、移苗。

南方地区民间农谚赋予了小满新的寓意——"小满不满，干断田坎""小满不满，芒种不管"。把"满"用来形容雨水的盈缺，指出小满时田里如果蓄不满水，就可能

造成田坎干裂，甚至芒种时也无法栽插水稻。因为"立夏小满正栽秧""秧奔小满谷奔秋"，小满正是适宜水稻栽插的季节。俗话说"蓄水如蓄粮""保水如保粮"，为了抗御干旱，除了改进耕作、栽培措施和加快植树造林外，特别需要注意抓好头年的蓄水保水工作。

2. 小满时节干热风危害小麦生长发育

干热风指的是一种自然风，是由高气温、低湿度形成的。它主要危害小麦的生长发育，使小麦蒸腾急速增大，体内水分失调而枯死。发生干热风是有条件的，干热风发生的时间与地理位置、海拔高度、小麦品种及其生育期有关。一般从5月上旬开始由南向北，由东向西北逐渐推移，到7月中下旬结束。黄淮冬麦区5月上旬到6月中旬易发生干热风，华北地区5月下旬到6月上旬出现干热风。春麦区的黄河河套及河西走廊地区的干热风一般发生在6月中旬到7月中旬。对北方的冬麦区来说，小麦的乳熟期容易发生干热风。

小满时节的气象和农事特点

小满时节我国大部分地区气温高、湿度大。

小满时节易形成干热风，危害小麦的生长。

小满正是适宜水稻栽插的季节。

小满时节，不但要采取一些有效的防风措施，以预防干热风和突如其来的雷雨大风的袭击，还要注意浇好"麦黄水"，抓紧麦田病虫害的防治工作，以确保麦子的良好长势。

小满民俗宜忌

小满民俗

1.祭车神——祝福水源涌旺。

一些农村地区的古老小满习俗就是祭车神。在相关的传说里，"车神"是一条白龙。在小满时节，人们在水车基上放置鱼肉、香烛等物品祭拜最有趣的地方，是在祭品中会有一杯白水，祭拜时将白水泼入田中，此举有祝福水源涌旺的意思。

2.狗沐浴——给狗洗澡，为了祭祀狗神。

一般在小满节气期间，在浙江宁波地区有一个习俗，就是给狗洗澡，也就是给狗沐浴，关于这个习俗还有一个动人的传说。

传说，在很久以前，有个员外的女儿生了烂脚疮，请遍名医，总是医不好。员外贴出告示："谁能医好小姐的烂脚，小姐就许配谁为妻。"此时正逢刚入夏不久，不知多少人来给小姐看过病，但小姐的双脚还是越烂越厉害，脓血不止，整日发热。员外没办法，只能在地上铺了一张簟席，让小姐躺着。满地脓血，恶臭熏人，连家里人、丫鬟、侍女也避得老远。小姐越想越伤心，就一把抱起睡在旁边的小花狗哭了起来。小花狗也真乖，从小姐怀里挣脱出来，对着小姐的烂脚舔了起来。说也奇怪，第一日舔下来，小姐就退了热；第二日舔下来，烂脚止了脓血；第三日舔下来，脚疮结出了硬疤；十日之后，小姐就能下地走路了。全家人对小花狗感激不尽，每日都用好肉喂它。小花狗看着这些好肉却一点都不吃，整日围着员外呜呜地叫。员外说："你要什么？"小花狗一口咬住员外的裤脚，把员外拖到贴告示的地方。员外沉默了，原来小花狗要娶他女儿做妻子。这怎么办？员外一想，君子无戏言，自己讲的话要算数，但是自己又不能整天对着女儿和一条狗生活，于是员外决定让他们离开自己，走得远远的，所谓"眼不见心不烦"。第二天，员外找了一只大船，船上装满了淡水和粮食，载着小姐和小花狗出海，让他们自生自灭。一阵风，二阵浪，三推四涌，大船漂到了一个荒无人烟的地方搁浅了。小姐睁开眼睛一看，前面一片白茫茫，船搁浅在茅草滩上，吓得呜呜地哭了起来。小花狗见小姐哭了，就围着小姐转了正三圈、倒三圈，转身便往海里跳。小姐看到小花狗要跳海寻死，就连忙去拽，伸手一抓，只抓住了小花狗的两只脚。小姐用尽浑身力气，把小花狗拖了上来，一看呆了，怎么小花狗变成了肩宽腰圆的小后生？小姐揉揉眼睛，定睛瞧瞧，一点儿没错，就是刚才抓住的两只脚，这两只脚还是狗脚没变过来，其他部分都已变成了人。后来，这个后生告诉小姐，自己是犬神，因为得罪了上界天神才被贬下凡间。

因为他的真身是狗，所以他索性就用狗身投靠小姐家，没想到还成就了自己的一番姻缘。小姐听后喜出望外，当夜，两人就在船上拜了天地，成了亲。

后来，为了祭祀狗太公，也就是狗神，人们都在小满时节为狗沐浴，这一习俗一直延续至今。

小满民俗

小满时节各地有很多民俗活动，下面是四种常见的民俗。

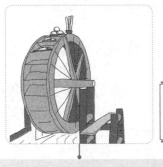

祭车神

狗沐浴

一些农村地区的古老小满习俗就是祭车神，此举有祝福水源涌旺的意思。

一般在小满节气期间，在浙江宁波地区有一个习俗，就是给狗洗澡。这是为了祭祀狗神，这一习俗延续至今。

求雨

小满期间久旱无雨，人们便要求雨，各地都有求雨之风。

请下雨吧

捻捻转儿

因为"捻捻转儿"与"年年赚"谐音，寓意吉祥，所以很受人们的喜爱，人们在小满前后都会吃"捻捻转儿"来讨吉祥。

3. 求雨——反映了原始信仰对龙的崇拜。

小满期间久旱无雨，人们便要求雨，各地都有求雨之风。古时嘉兴一带求雨，以"龙"为对象，反映了对龙的崇拜。其仪式有请龙、晒龙（把龙王塑像抬出来暴晒）、还龙（举行龙会送其还庙）等。嘉兴城郊多在三塔的顺济龙王庙举行求雨活动，后来偶像转换，有些地方也向"刘猛将""关公"等求雨。旧时，平湖全塘一带抬刘猛将出巡，沿海滩至乍浦陈山龙揪泉边，以鱼虾投泉祭神；乌镇一带抬关羽部将周仓的塑像，插柳枝，穿蓑戴笠暴晒于烈日中；嘉善大云、惠民等地则晒龙王神牌；海宁斜桥等地则由僧尼捧观音木像，敲木鱼、磬、钹沿街求雨。总之，民间各地组织的求雨活动，都是企盼龙王爷能够早日下雨，以解农作物急需雨水的燃眉之急。

4. "捻捻转儿"寓意"年年赚"。

小满前后人们所吃的一种节令食品之一是"捻捻转儿"。因为"捻捻转儿"与"年年赚"谐音，寓意吉祥，所以很受人们的喜爱。小满前后，田里的麦子完成了吐穗、扬花、授粉等生长环节后，正在灌浆，籽粒日趋饱满。人们便把籽粒壮足、刚刚硬粒还略带柔软的大麦麦穗割回家，搓掉麦壳，用筛子、簸箕等把麦粒分离出来，然后用锅炒熟，将其放入石磨中磨制。石磨的磨齿中便会出来缕缕长约寸许的面条，纷纷掉落在磨盘上。人们将这些面条收起，放入碗中，加入黄瓜丝、蒜苗、麻酱汁、蒜末，就做成了清香可口、风味独特的"捻捻转儿"。这种面条可凉吃，也可在面条内先拌入少量开水，再拌入调味料，其味不变。没有大麦的人家，有时也用小麦麦穗制作，但味道没有大麦麦穗做成的好吃。

5. "油茶面"：品尝当年新面。

小满前后人们所吃的另一种节令食品是"油茶面"。小满过后，农民最高兴的事就是能够吃到当年的新面。这时，人们会把已经成熟的小麦割回家中，磨成新面，然后把面粉放入锅内，用微火炒成麦黄色，然后取出。再在锅中加入香油，用大火烧至油将冒烟时，立即倒入已经炒熟的面粉中，搅拌均匀。最后，将黑芝麻、白芝麻用微火炒出香味；核桃炒熟去皮，剁成细末，连同瓜子仁一起倒入炒面中拌匀即成。食用时用沸水将"油茶面"冲搅成稠糊状，然后放入适量的白糖和糖桂花汁搅匀即可。也可以根据自己的喜好，在"油茶面"中加入盐或其他调味品食用。

6. 小满"抢水"：旧时人们重视水利排灌。

旧时民间还有一种"抢水"的农事习俗。旧时人们用水车排灌，可谓是农村的一件大事。在民间，水车一般于小满时节启动，民谚"小满动三车"中就有一车是水车。在水车启动之前，农户以村落为单位举行"抢水"仪式。举行这种仪式时，一般由年长执事者召集各户，在确定好的日期的黎明时分燃起火把，在水车基上吃麦糕、麦饼、麦团，待执事者以鼓锣为号，群人以击器相和，踏上小河边上事先装好的水车，数十辆一起踏动，把河水引灌入田，直至河水中空为止。"抢水"表明了人们对水利排灌的重视。

7. 吕祖诞：“神仙生日”。

吕祖诞是民间的传统纪念日。俗传吕祖吕洞宾生于农历四月十四日，故此日称“吕祖诞”或“神仙生日”。史载吕洞宾是唐末五代时的道士，姓吕名喦，号纯阳子，自称回道人。相传他年少时熟读经史却屡试不第，遂浪迹江湖。后在长安酒肆中偶遇钟离权，在庐山遇火龙真人，得传“犬道天遁剑法，龙虎金丹秘文”，一百多岁时仍然童颜不改，且步履轻盈、健步如飞，仿若神仙。全真道教奉其为五祖之一，故称其为“吕祖”。吕洞宾在民间八仙中是传说最多、最著名的一位神仙，同时也是在民间影响最大、被普遍尊奉的神明之一。所以在其诞日，许多地方要举办吕祖庙会，庙会期间有一定的商贸、游玩活动。有些地方在这天还有剪千年葍的习俗，即剪掉千年葍的旧叶子，扔在大街上。千年葍即万年青，因“葍”与“运”同音，故用以祝吉。有些地方在吕祖诞这一天还有种植千年葍的习俗。

8. 浣花日：纪念唐代女英雄浣花夫人。

浣花日是汉族传统的纪念日，在每年的农历四月十九日。此俗主要流行于四川成都一带。这日，人们成群结队地宴游于成都西郊的浣花溪旁。据说这是为了纪念唐代女英雄浣花夫人而设的。据史载，浣花夫人是唐代节度使崔宁之妻任氏。唐大历三年（768 年），崔宁奉召进京，留其弟崔宽守城。这时，泸州刺史杨子琳以精骑数千突袭成都，崔宽屡战皆败，眼看城不可保，此时任氏当机立断，出家资十万募集勇士，组织部队，并亲自披挂上阵，抵抗杨子琳的攻击，致使叛兵败逃，解除了成都之围。相传，浣花夫人生于四月十九日，于是后人为了纪念她，就将此日定为了一个重要的节日——浣花日（唐、宋、元三代为四月十九日，明始改定为三月三日）。

9. “绕三灵”：一种祈祷丰收的仪式。

“绕三灵”是白族的一个传统节日，流行于云南大理等地，一般在农历四月二十三日至二十五日举行。此节日是繁忙的水稻农事之前的一种歌舞活动，是一种祈祷丰收的仪式。此节历时三天，每天都有不同的活动。第一天，身着节日盛装的男女老少以村社为单位，排成长蛇阵，汇集到苍山五台峰下喜州圣源寺，第二天再到洱海边的村庄河涘城，第三天沿洱海到大理三塔附近的马久邑。在这三天内，人们晓行夜宿，吹吹打打，边歌边舞。每支队伍由一男一女盛装歌者领队，两人均手持一枝杨柳，上挂葫芦和彩花。一人右手持柳枝，左手执绳拂；一人左手持柳枝，右手甩毛巾，边舞边唱白族调。每到一地，有的手持金钱鼓或霸王鞭，吹起木叶，边歌边舞；有的用唢呐、锣鼓伴奏，边走边唱“吹吹腔”；有的则手搭花肩，唱起民族歌曲。这就是白族的“绕三灵”。

10. 农历四月二十八日是药王的生日

民间俗传农历四月二十八日是药王的生日，届时要举行祭祀、举办药王庙会等活动，以贺药王生日。我国在不同时代、不同地区流行的药王形象并不一致，神话传说中的伏羲、神农都被奉为“药王”，此外还有黄帝、扁鹊、华佗、邳彤、“三韦"、吕洞宾、李时珍等，但最著名的药王是唐代的孙思邈。他著有《千金要方》《千金翼方》，宋徽宗曾封其为"妙应真人"。孙思邈医术高明，因而被神化为药王。孙思邈的神像多为赤面慈颜、五绺长髯、方巾红袍、仪态厚朴的形象。其次是扁鹊。扁鹊是战国时期著名的医学家，旧时药铺常挂"扁鹊复生"的牌匾，反映出药材业对扁鹊的普遍尊奉。再次是华佗。华佗是汉末医学家，素有"药圣""医王"之称。此外，东汉光武帝刘秀二十八将（二十八宿）之一的邳彤也被尊为药王。相传邳彤不仅以武功见称，亦喜好医学，重视医药。其余药王的知名度、普遍性较差一些，但也被一方所尊奉。对于四月二十八日究竟是谁的诞辰，说法不一，但以孙思邈、扁鹊的为最多。

小满民间忌讳

1. 小满日忌讳是甲子日或庚辰日。

民间常认为，如果小满遇到甲子或庚辰日，到秋收时就会有蝗灾，把农民一年辛劳的庄稼全吃掉。所以旧时的黄历上也有记载说："小满甲子庚辰日，定是蝗虫损稻禾。"

2. 小满忌讳天不下雨。

民间有小满时节忌讳天不下雨的说法，指出小满时稻田里如果蓄不满水，就可能造成田坎干裂，甚至芒种时也无法栽插水稻的情况。正如人们常说的"小满不满，芒种不管"。表明小满与芒种节气之间的雨水存在着正相关，如果小满节气雨水偏少，则意味着芒种节气雨水也将会偏少。

3. 小满过后"夏不坐木"。

进入小满时节以后，我国大部分地区就进入了夏季。民间有"夏不坐木"的说法。小满过后，气温升高，雨量增多，空气湿度大。久置露天的木器，经过露打雨淋，含水分较多，表面看上去是干的，可是经过太阳的暴晒后，温度升高，会使潮气向外散发。如果在上面坐久了，潮气进入体内，容易使人消化不良，常会引发皮肤病、痔疮、关节炎等疾病。因此，小满过后，尽量不要坐露天的木器。

小满饮食养生：健脾利湿，预防皮肤病

小满饮食养生

1. 小满时节应多以素食为主。

小满过后，天气较为炎热，人体汗液的分泌也会相对较多，在选择食物的时候应以清淡的素食为主。但要注意的是，素食所含有的营养元素较为单一，所以还应适当搭配些其他的食物，以保持营养的均衡。

要想达到均衡摄取营养元素的目的，就应该选择不同的素食品种，最常见的就是蔬菜和水果，其中以颜色较为浓烈的营养较丰富。在功效上，应该选择有养阴、

清火功效的蔬果，如冬瓜、黄瓜、黄花菜、水芹、木耳、荸荠、胡萝卜、山药、西红柿、西瓜、梨和香蕉等。另外，最好搭配一些仿荤的素食一起食用，使营养更加均衡，如豆类、坚果类、菌类等都是很好的选择。

小满养生食物

小满时节饮食要以清淡为主，但也要注意营养均衡。

西瓜： 西瓜堪称"盛夏之王"，清爽解渴，味道甘味多汁。除不含脂肪和胆固醇外，含有大量葡萄糖、蛋白氨基酸及丰富的维生素C等物质，是一种营养价值很高的食品。

黄花菜： 有消炎、清热、利湿等功效。含有丰富的花粉、蛋白质、维生素C、钙、氨基酸等人体所必需的养分。

木耳： 味道鲜美，营养丰富，能益气强身，有活血功效，并可防治缺铁性贫血等，同时对高血压患者也有一定帮助。

小满养生食物

西红柿： 西红柿营养丰富，具特殊风味。有消除疲劳、增进食欲、减少胃胀食积等功效。

山药： 补脾养胃，生津益肺。可用于脾虚食少，久泻不止，肺虚喘咳，虚热消渴等症。

小满药膳养生

1.消暑解渴、健脾开胃，饮用节瓜鱼尾汤。

节瓜鱼尾汤有健脾开胃、消暑解渴的功效，可用于小儿夏天口干、食欲不振，可作为开胃佐膳。

节瓜鱼尾汤

材料：大鱼尾1条，节瓜1个，姜、盐适量。

制作：①将节瓜去皮，切成块。②大鱼尾撒入少许盐，腌制片刻，放入油锅中煎至两面黄色，铲起。③锅底留余油爆姜，倒入适量水煲滚。④下入节瓜、鱼尾，待节瓜熟后，撒入盐调味即可食用。

2. 补血养颜、消斑祛色素，服用西红柿荸荠汁。

西红柿荸荠汁有补血养颜、丰肌泽肤、消斑祛色素、补益脾胃、调中固肠的功效。

西红柿荸荠汁

材料：西红柿、荸荠各 200 克，白糖 30 克。

制作：①先将荸荠洗干净，去皮，切碎，放入榨汁机中榨取汁液。②将西红柿洗干净，切碎，用榨汁机榨成汁。③把西红柿、荸荠的汁液倒在杯中混合，加入白糖搅匀即可饮用。

3. 补脾开胃、利水祛湿，饮用赤小豆绿头鸭汤

赤小豆绿头鸭汤可补脾开胃、利水祛湿，可用于治疗腰膝酸软、气血不足、骨质疏松等症。

赤小豆绿头鸭汤

材料：赤小豆 30 克，绿头鸭 1 只，料酒 10 克，葱 10 克，姜 3 克，盐 3 克，鸡精 3 克，胡椒粉 3 克，鸡油 30 克，水适量。

制作：①将赤小豆去掉泥沙，清洗干净。②将绿头鸭宰杀后，去毛、内脏及爪。③姜切片，葱切段。④将赤小豆、鸭肉、料酒、姜、葱同时放入锅内，加入水。⑤用大火烧沸，再用小火炖煮 40 多分钟。⑥加入盐、鸡精、鸡油、胡椒粉调味，即可食用。

4. 平肝清热、利湿解毒，食用芹菜拌豆腐。

芹菜拌豆腐

材料：新鲜芹菜 150 克，豆腐 1 块，食盐、味精、香油等适量。

制作：①将芹菜切成小段，豆腐切成小方丁，均用开水焯一下，捞出后用凉开水冲凉，控净水待用。②将芹菜和豆腐搅拌均匀，再加入食盐、味精、香油，搅匀后即可食用。

小满起居养生

1. 避雨除湿，预防皮肤病

小满节气期间气温明显升高，雨量增多，下雨后，气温下降很快，所以这一节气中，要注意气温变化，雨后要添加衣服，不要着凉受风而患感冒。又由于天气多雨潮湿，所以若起居不当必将会引发风湿症、风疹、湿疹、汗斑、香港脚、湿性皮肤病等症状。

夏天因气候闷热潮湿，所以正是皮肤病发作的季节。《金匮要略·中风历节病脉证并治第五》中记载："邪气中经，则身痒而瘾疹。"可见古代医学家对此早已有所认识。此病的病因主要有以下三点：

一是湿郁肌肤，复感风热或风寒，与湿相搏，郁于肌肤皮毛腠理之间而患病。

二是由于肠胃积热，复感风邪，内不得疏泄，外不得透达，郁于皮毛腠理之间而患病。

　　三是与身体素质有关，吃鱼、虾、蟹等食物过敏导致脾胃不和，蕴湿生热，郁于肌肤导致皮肤病。

　　风疹可发生于身体的任何一个部位。其发病快，皮肤上会突然出现大小不等的皮疹，或成块成片，或呈丘疹样，此起彼伏、疏密不一，并伴有皮肤异常瘙痒，随气候冷热而减轻或加剧。当我们了解了发病的原因后，就可以采取适当的措施加以预防和治疗。

如何预防蚊子叮咬

小满过后，蚊子增多，它们不仅会影响人们的学习与生活，还会传染疾病，怎么预防蚊虫叮咬呢？

（1）定期大扫除，及时清理不用的积水，盛水的容器应每周固定时进行清洗。

（2）安置纱窗、纱门来阻挡蚊子进入房间。

（3）避免使用散发着花香味的香皂、香水、化妆品等，这些香味会吸引蚊子。

（4）多吃些带有胡萝卜素的蔬菜，或者大蒜等味道辛辣的蔬菜。

2. 因人而异洗冷水澡，健美瘦身。

小满节气之后，因为天气渐热，许多人就会有洗冷水澡的习惯。现代医学研究证明，冷水浴不失为一种简便有效的健身方法。冷水浴是利用低于体表温度的冷水对人体的刺激，增强机体的新陈代谢和免疫功能。进行冷水浴锻炼的人，其淋巴细胞明显高于不进行冷水浴锻炼的人。另外，冷水可以刺激身体产生更多的热量来抵御寒冷，并因此消耗体内的热量，使其不被当作脂肪储存起来，从而使人体态健美。但是，冷水浴虽好，却不是每个人都适合的，如体质弱者或患有高血压、关节炎的人就不宜洗冷水澡，以免对身体造成不必要的伤害。

3. 小满饮用冷饮要有所节制。

随着天气逐渐变热，大多数人还喜爱用冷饮消暑降温。但冷饮过量会导致一些疾病，应予以重视。冷饮过量的一般常见病症是腹痛，特别是小孩腹痛。由于儿童消化系统尚未发育健全，过多进食冷饮后，使胃肠道骤然受凉，刺激了胃肠黏膜及神经末梢，引起胃肠不规则的收缩，从而导致腹泻。冷饮过量引起头痛也是一种常见的症状，有些人会发生剧烈头痛，这可能是人体的三叉神经支配着口腔、牙齿、面部及头皮等部位的感觉。所以从小满节气开始，对冷饮一定要有所控制，切不可过量饮用，以免对身体造成伤害，甚至患上肠胃疾病。

小满运动养生

1. 森林浴——省钱、便利、时尚的活动。

人们常说的森林浴就是通过在森林中散步、运动、休息等多种方式，利用自然环境对人体的影响，来促进身心健康，甚至消除疾病的一种自然疗法。森林空气中负离子的含量与海滨、原野一样，最为丰富，是闹市区的几十倍，甚至数百倍之多。而负离子与阳光及其他营养素一样，是人类生命活动中不可缺少的物质，所以被称为"空气中的维生素"和"长寿素"。它能促进肌体的新陈代谢，强健各器官的功能，对增加皮肤弹性、减少皱纹、延缓衰老有一定的作用。在负离子含量丰富的地方呼吸，会获得如在雷阵雨过后那种神清气爽、思维敏捷的感觉。并且，森林中的许多植物都能产生具有抑菌、杀菌功能的挥发性物质，树木还能减少噪声、吸附尘埃、净化空气。所以，在森林中散步、运动、休息就能够获得更多的有益健康的天然成分。经过一段时间的森林浴，许多慢性疾病，如慢性支气管炎、冠心病、神经衰弱等，都会有明显的好转。必须注意的是，最好不要到人烟稀少的大森林中去，以防迷路或遭到猛兽的袭击。

骄阳似火的夏季，阳光下的世界令人生畏。但是只要走进绿叶浓荫的森林里，就会有一股清凉、舒心的微风扑面而来，让人顿觉舒畅。森林浴可集旅游、娱乐与保健强身为一体，适合各类人群，是一种省钱、便利的锻炼方式。

2.小满时节运动要预防中暑。

酷热的夏季，特别是我国的南方和长江中下游地区的气温比较高，进行体育锻炼要特别注意防暑。但在夏季，不能不进行体育锻炼，因为越是恶劣的条件，越能锻炼人的机体的适应能力，锻炼时应注意以下图中的几点。

小满运动养生要避免中暑

中午最好不要安排体育锻炼，不要在太阳直射下进行锻炼，要找阴凉处和通风的场所进行锻炼。

如果要在太阳下运动，必须注意防晒，可戴太阳帽和穿浅色、宽大、透气的运动服等。

休息一会儿再运动吧。

注意运动负荷不宜过大，增加间歇时间和次数，并且应多在阴凉通风处休息。

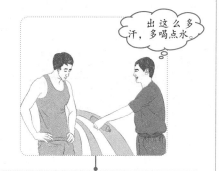

出这么多汗，多喝点水。

夏季人体运动时出汗多，因此要随时注意加强水分和盐分的补充，以保证正常的机体代谢平衡，从而避免中暑。

小满时节，常见病食疗防治

1.糖尿病食用苦瓜拌芹菜防治。

糖尿病以高血糖为主要标志，是一种与内分泌代谢相关的疾病。其病因和发病机理尚未明确，但是大多是由于胰岛素分泌不足，靶细胞对胰岛素反应不敏感，从而引起一系列代谢紊乱。其常见症状是口干舌燥、尿多、暴饮暴食、疲惫消瘦等。夏季易使病情加重，并有可能诱发并发症，所以小满时节糖尿病病人一定要特别注意。食疗是辅助治疗糖尿病基础方法之一。病症较轻的病人只需要通过食疗，便能有效地遏制病情。而病情较为严重的病人在吃药的同时，也应辅以食疗。食疗的目的在于通过膳食上的调整，消除或者减少尿糖，降低血糖，并且预防并发症的出现。

苦瓜拌芹菜具有控制血糖、凉肝降压之功效，适用于糖尿病和肝阳上亢型高血压患者。

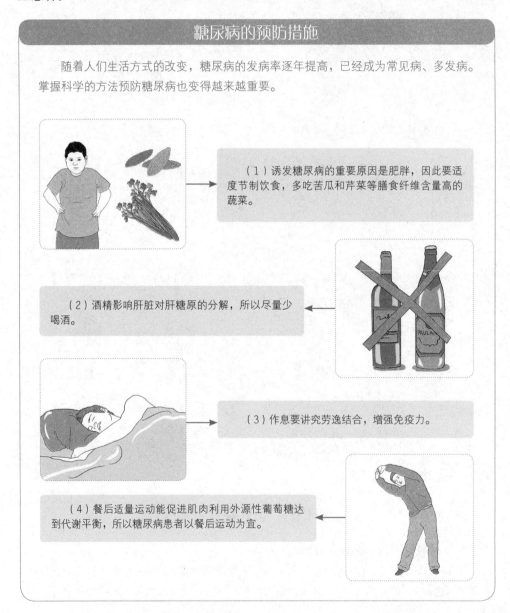

糖尿病的预防措施

随着人们生活方式的改变，糖尿病的发病率逐年提高，已经成为常见病、多发病。掌握科学的方法预防糖尿病也变得越来越重要。

（1）诱发糖尿病的重要原因是肥胖，因此要适度节制饮食，多吃苦瓜和芹菜等膳食纤维含量高的蔬菜。

（2）酒精影响肝脏对肝糖原的分解，所以尽量少喝酒。

（3）作息要讲究劳逸结合，增强免疫力。

（4）餐后适量运动能促进肌肉利用外源性葡萄糖达到代谢平衡，所以糖尿病患者以餐后运动为宜。

苦瓜拌芹菜

材料：芹菜、苦瓜各 150 克，芝麻酱、蒜泥各适量。

制作：①将苦瓜去皮、瓤，切成细丝，焯烫后用凉开水过一遍，沥出水分。②将芹菜去叶、洗净、切段，焯熟后用凉开水过一遍。③取一盘，放入芹菜、苦瓜，加入芝麻酱、蒜泥，拌匀后即可食用。

2.荨麻疹可饮用胡萝卜红枣汤防治。

因小满期间空气湿度增加，且天气闷热，荨麻疹作为一种常见的过敏性皮肤病，便时常在这个时期出现。它是由于皮肤、黏膜的小血管扩张及渗透性增加而产生的一种局部水肿反应。其常见症状是皮肤表面出现大小、形状各异，边界分明的白色或红色疹块，并能感觉到瘙痒，一般夜间会加剧。有荨麻疹的患者可以采用一些清热祛湿的食物辅以治疗，切忌食用增湿味重的食物，以免加重病情。

胡萝卜红枣汤可解毒透疹，适用于各种类型的荨麻疹。

胡萝卜红枣汤

材料：胡萝卜 100 克，红枣 50 克，白砂糖适量。

制作：①洗净胡萝卜，切丁。②洗净红枣，去核。③锅内加水，放入红枣、胡萝卜丁，大火烧沸，小火煮 1 小时，加白砂糖搅匀。④食用时用纱布滤渣，取汤饮用。

荨麻疹的预防措施：

（1）应保持室内外清洁卫生，防止受到污染物的刺激。得过荨麻疹病的人应避免饲养猫、狗之类的宠物，还要注意不要吸入花粉或粉尘。

（2）尽量少食用有可能诱发荨麻疹的食物，如含有人工色素、防腐剂、酵母菌等人工添加剂的罐头、腌腊食品、饮料、海鲜等。

（3）加强体育锻炼，提高自身免疫力，保持健康的心态。

第三章

芒种：东风染尽三千顷，白鹭飞来无处停

芒种是二十四节气中的第九个节气，也是进入夏季的第三个节气。每年的阳历 6 月 5 日左右，太阳到达黄经 75° 时就是芒种。芒种字面的意思是 "有芒的麦子快收，有芒的稻子可种"。《月令七十二候集解》："五月节，谓有芒之种谷可稼种矣。"此时，我国长江中下游地区也即将进入多雨的黄梅时节。

芒种气象和农事特点

芒种是一个典型的反映农业物候现象的节气。时至芒种，四川盆地的麦收季节已经过去，中稻、甘薯移栽接近尾声。大部分地区中稻进入返青阶段，秧苗嫩绿，一派生机。"东风染尽三千顷，白鹭飞来无处停"的诗句，生动地描绘了芒种时田野的秀丽景色。到了芒种时节，四川盆地内尚未移栽的中稻，应该抓紧栽插，如果再

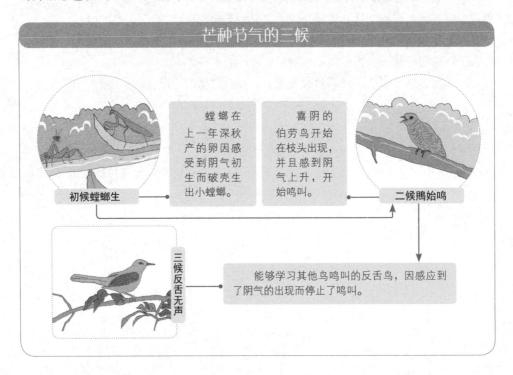

芒种节气的三候

初候螳螂生 — 螳螂在上一年深秋产的卵因感受到阴气初生而破壳生出小螳螂。

喜阴的伯劳鸟开始在枝头出现，并且感到阴气上升，开始鸣叫。 — 二候鹏始鸣

三候反舌无声 — 能够学习其他鸟鸣叫的反舌鸟，因感应到了阴气的出现而停止了鸣叫。

芒种时节的气象和农事特点

芒种期间，我国江淮流域的雨量增多、气温升高，进入"梅雨季节"。

小麦、油菜、豌豆等已成熟，由于小麦易脱粒，所以要抓紧时间收割。

回茬秋收作物，如夏玉米、夏大豆等夏种作物，须尽快播种栽插。

推迟，因气温升高，水稻营养生长期缩短，而且生长阶段容易遭受干旱和病虫害，产量必然不高。甘薯移栽至迟也要赶在夏至之前，如果栽甘薯过迟，不但干旱的影响会加重，而且待到秋季时温度下降，也不利于薯块膨大，产量亦会将明显降低。

1. 天气炎热，农忙夏收、夏种和夏管。

芒种时节，我国大部分地区的农业生产处于"夏收、夏种、夏管"的"三夏"大忙季节。忙夏收，是因为麦已成熟，若遇连雨天气，甚至冰雹灾害，会使小麦无法及时收割而导致倒伏、落粒、穗上发芽、烂麦场。这时，必须抓紧一切有利时机，对小麦进行抢割、抢运、抢脱粒。所以要做到颗粒归仓，以防异常天气的危害。此外，油菜、豌豆等夏杂粮也要收割。

忙夏种，主要是指回茬秋收作物，如夏玉米、夏大豆等夏种作物。因其可生长期是有限的，为保证到秋霜前收获，须尽量提早播种栽插，才能取得较高的产量。

忙夏管，因为"芒种"节气之后雨水渐多、气温渐高，棉花、春玉米等春种的庄稼已进入需水、需肥与生长高峰期，不仅要追肥补水，还需除草和防病治虫。否则，病虫草害、干旱、渍涝、冰雹等灾害同时发生或交替出现，春种庄稼就会大受其害，轻则减产，重则绝收。

2. 梅雨对庄稼有害还是有利？

芒种期间，我国江淮流域的雨量增多、气温升高，在初夏会出现一种连绵阴雨天气。此时空气非常潮湿，天气异常闷热，日照少，有时还伴有低温，各种器具和衣物容易发霉，一般称这段时间为"霉雨季节"。又因为此时正是江南梅子黄熟之时，所以也称为"梅雨天"或"梅雨季节"。

"梅雨季节"要持续一个月左右。最后暖空气战胜冷空气，占领江淮流域，梅雨天气结束，雨带中心转移到黄淮流域。进入梅雨的日子叫"入梅"，梅雨结束的日子叫"出梅"，具体日期因所处地理位置的不同而略有偏差。

梅雨季节时间长、雨量大，容易造成洪涝灾害；出现短梅雨期或空梅时，这个地区会发生干旱。所以，梅雨期到来的早晚、持续时间的长短以及这一时期的雨量，对禾谷的丰收有着重要的意义，民间百姓也非常重视梅雨季节。

芒种农历节日及民俗宜忌

端午节

每年农历的五月初五为端午节，"五"与"午"相通，"五"又为阳数，故又称"午日节""五月节""艾节""端午""重午""夏节"等。它是我国汉族人民的传统节日，大多数年份的端午节都在芒种节气期间。虽然名称不同，但各地人民过节的习俗是相同的。端午节是我国两千多年的习俗，每到这一天，家家户户都悬钟馗像、挂艾叶、挂菖蒲、吃粽子、赛龙舟、饮雄黄酒、佩香囊、游百病、备牲醴等。

端午节的来历，耳熟能详的说法就是纪念屈原。此说最早出自南朝梁代吴均的《续齐谐记》和宗懔的《荆楚岁时记》的记载。据说，屈原于五月初五自投汨罗江，死后为蛟龙所困，世人哀之，每到此日便投五色丝和粽子于水中，以驱蛟龙。又传，屈原投汨罗江后，当地百姓闻讯马上划船捞救，直行至洞庭湖，始终不见屈原的尸体。那时恰逢雨天，湖面上的小舟汇集在岸边的亭子旁。当人们得知是打捞贤臣屈大夫时，再次冒雨出动，争相划进茫茫的洞庭湖。为了寄托哀思，人们荡舟江河之上，此后才逐渐发展成为龙舟竞赛。端午节吃粽子、赛龙舟与纪念屈原相关，唐代文秀《端午》诗："节分端午自谁言，万古传闻为屈原。堪笑楚江空渺渺，不能洗得直臣冤。"

悠久的历史使得端午节的民俗活动缤纷异彩，时至今日，端午节仍是我国人民心中一个十分隆重的节日。

1. 赛龙舟——为纪念屈原举行的一种活动。

据史料记载，龙舟由来已久，和吃粽子的传说一样，也是为了纪念屈原。古代龙舟很华丽，如描绘龙舟竞渡的《龙池竞渡图卷》（元人王振鹏所绘），图中龙舟的龙头高昂、硕大有神、雕镂精美、龙尾高卷，龙身还有数层重檐楼阁。如果是写实的，则可证古代龙舟之华美了。又如《点石斋画报·追踪屈子》绘芜湖龙舟，也是龙头高昂，上有层楼。有些地区的龙舟还存有古风，非常华丽。

在龙船竞渡前，首先要请龙、祭神。如广东龙舟，在端午前要从水下泥土中起出龙舟，祭过在南海神庙中的南海神后，安上龙头、龙尾，再准备竞渡；并且要买一对纸制小公鸡置于龙舟上，认为可保佑船平安。四川、贵州等个别地区直接在河边祭龙头，杀鸡滴血于龙头之上。

在湖南省汨罗市，竞渡前必先往屈子祠朝庙，将龙头供在祠中神翁祭拜，披红布于龙头上，再安龙头于船上竞渡，既拜龙神，又纪念屈原。而在屈原的家乡秭归，也有祭拜屈原的仪式流传。在湖南、湖北地区，祭屈原与赛龙舟是紧密相关的。屈原逝去后，当地人民也曾乘舟送其灵魂归葬，因此也有此风俗。

人们在划龙船时，助兴用的龙船歌也广泛流传起来。如湖北秭归划龙船时，有

端午民俗

端午节这天除了赛龙舟、吃粽子的习俗外，民间还有其他驱邪、祈求平安的民俗活动。

吃粽子

端午节的传统食物是粽子，是为了纪念在这一天投江自尽的屈原。

赛龙舟

据史料记载，龙舟由来已久，和吃粽子的传说一样，也是为了纪念屈原。

挂艾草、菖蒲、榕枝

祛除不祥，以保平安。

饮雄黄酒

古代人认为雄黄可以克制蛇、蝎等百虫。

完整的唱腔、词曲，是根据当地民歌与号子融汇而成，歌声雄浑壮美、扣人心弦，且有"举揖而相和之"之遗风。

2. 吃粽子——为了纪念屈原。

端午节的传统食物是粽子，在民俗文化领域，我国民众把端午节的龙舟竞渡和吃粽子都与屈原联系起来。在屈原的故乡还流传着这样一个故事：

据说屈原投汨罗江以后，有天夜里，屈原故乡的人忽然都梦见屈原回来了。他峨冠博带，一如生前，只是面容略带几分忧戚与憔悴。乡亲们高兴极了，纷纷拥上前去，向他行礼致敬。屈原一边还礼，一边微笑着说："谢谢你们的一片盛情，楚国人民这样爱憎分明，没有忘记我，我也死而无憾了。"

在话别时，众人们发现屈原的身体大不如前，就关切地问道："屈大夫，我们给你送去的米饭，你吃到了没有？""谢谢，"屈原先是感激，接着又叹气说，"遗憾啊！你们送给我的米饭，都给鱼虾龟蚌这般水族吃了。"乡亲们听后都很焦急："要怎样才能不让鱼虾们吃掉呢？"屈原想了想说："如果用箬叶包饭，做成有尖角的角黍（现在的粽子），水族见了，以为是菱角，就不敢去吃了。"

到了第二年端午节，乡亲们便用箬叶将米饭包成许多角黍，投入江中。可是端午节过后，屈原又托梦说："你们送来的角黍，我吃了不少，可是还有不少给水族抢去了。"大家又问他："那还有什么好法子呢？"屈原说："有办法，你们在投放角黍的舟上，加上龙的标记就行了。因为水族都归龙王管，到时候，鼓角齐鸣、桨桡翻动，它们以为是龙王送来的，就再也不敢来抢了。"

千百年来，因为这个传说，粽子便成了最受人们喜爱的端午节食品。

芒种民间忌讳

芒种忌讳刮北风，这一时节的民间禁忌一般都与气候有关。有的地方忌刮北风，当地民间认为芒种刮北风，夏天会发生旱灾，就会严重影响农作物的收成。谚语"芒种刮北风，旱断青苗根"说的就是这个道理。

芒种养生：养心脏、平情绪、勿受寒

芒种饮食养生

1. 芒种吃粽子，解暑讲究多。

芒种时节气温的波动较为剧烈，在此期间，人们很容易上火，而粽子则是民间的解暑圣品。中医理论认为，粽子的原料糯米和包粽子的竹叶、荷叶都有清热去火的功效，可以预防和缓解咽喉肿痛、口舌生疮、粉刺等症状。如果想达到降火的功效，最好选择以红枣、栗子做馅的粽子。红枣味甘性温，可以养血安神，而栗子则有健脾补气的功效。适当吃一些这两种食材做馅的粽子，对人体健康十分有益。应该注意的是，粽子虽然有解暑功效，又是节日佳品，但不能贪食。因为糯米的黏性较大，吃得太多会伤到脾胃，引起腹胀、腹泻等。另外，糖尿病患者尽量不要吃以红枣、豆沙等糖分较高的食材做馅的粽子，而高血压患者则应该尽量少吃肉馅粽子和猪油豆沙馅粽子。

2.芒种补盐应适量。

在芒种之后，气温会越来越高，人体中的盐分也会因为出汗而逐渐流失。许多人习惯在喝水或者吃饭的时候多加点盐来补充盐分，这是不错的选择。但要注意，补充盐分应适量，尤其是给儿童补充盐分更不可过量。

盐作为人们日常生活中不可或缺的调味品，可以使人们的膳食更加丰富多彩。而缺了盐，不仅饮食淡而无味，人的身体也会变得疲乏无力。但是盐分的摄取也不宜过多，太多的盐分会诱发支气管哮喘、感冒、胃炎、脱发等疾病，并可能加重糖尿病和心血管疾病。

那么应该每天摄取多少盐分才算适宜呢？世界卫生组织认为，成年人每天所需

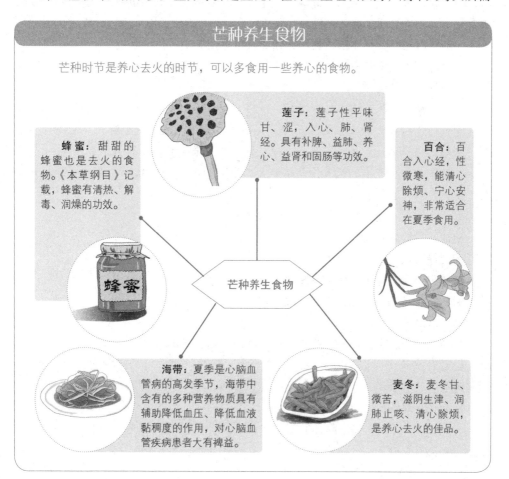

芒种养生食物

芒种时节是养心去火的时节，可以多食用一些养心的食物。

莲子：莲子性平味甘、涩，入心、肺、肾经。具有补脾、益肺、养心、益肾和固肠等功效。

蜂蜜：甜甜的蜂蜜也是去火的食物。《本草纲目》记载，蜂蜜有清热、解毒、润燥的功效。

百合：百合入心经，性微寒，能清心除烦、宁心安神，非常适合在夏季食用。

芒种养生食物

海带：夏季是心脑血管病的高发季节，海带中含有的多种营养物质具有辅助降低血压、降低血液黏稠度的作用，对心脑血管疾病患者大有裨益。

麦冬：麦冬甘、微苦，滋阴生津、润肺止咳、清心除烦，是养心去火的佳品。

的盐量不超过6克，儿童则按照体重相应减少。这里的盐量不仅仅指作为调味品的盐的用量，还包括酱油、咸菜、咸鸭蛋以及其他含盐食物之中的含盐量。所以我们在食用咸泡菜、腌咸菜、咸鱼、虾酱等高盐食品时都应该谨慎。

芒种药膳养生

1. 滋五脏之阳、清虚劳之热，食用陈皮绿豆煲老鸭。

陈皮绿豆煲老鸭具有滋五脏之阳、清虚劳之热、补血行水、养胃生津的功效，是夏日的滋补佳品。

陈皮绿豆煲老鸭

材料：老鸭半只，冬瓜500克，绿豆100克，陈皮1块，姜1片，胡椒粉、盐各适量。

制作：①先将鸭切去一部分肥膏和皮，切成大块汆汤后洗干净，沥干，备用。②将绿豆略浸软，冲洗干净，沥干。③将陈皮浸软，刮瓤，洗干净。④将冬瓜连皮和籽洗干净，切成大块，待用。⑤烧滚适量清水，放入以上所有材料，待水再次滚起，改用中小火，煲至绿豆糜烂和材料熟软及汤浓，加入调味料即可，盛出后趁热食用。

2. 清暑解热、除烦止渴，饮用冰糖绿豆苋菜粥。

冰糖绿豆苋菜粥具有清暑解热、除烦止渴、缓解紧张情绪的功效。

冰糖绿豆苋菜汤

材料：绿豆、苋菜各50克，粳米100克，冰糖10克，清水1500毫升。

制作：①将绿豆和粳米淘洗干净，将绿豆在凉水中浸泡3小时，粳米浸泡半小时，捞起，沥干水分。②将苋菜洗干净，切成5厘米长的段。③锅中加入1500毫升凉水，将绿豆、粳米依次放入，置旺火上烧沸。④改用小火熬煮40分钟，加入苋菜段、冰糖，再继续煮10分钟。

3. 清肝明目、利咽消肿，饮用菊槐绿茶饮。

菊槐绿茶饮具有清肝明目、利咽消肿、安神醒脑之功效。

菊槐绿茶饮

材料：菊花、槐花、绿茶各5克，沸水250毫升，冷水适量。

制作：①将菊花、槐花用冷水漂洗干净。②将菊花、槐花、绿茶放入杯内，加入沸水，焖泡5分钟。

4. 滋补肝肾、引精止血、清热补钙，饮用白菊花乌鸡汤。

白菊花乌鸡汤可以滋补肝肾、引精止血、清热补钙，可治疗贫血、肾虚遗精、崩漏带下等症。

白菊花乌鸡汤

材料：乌鸡1只，新鲜白菊花50克，料酒10克，葱10克，姜5克，盐3克，味精2克，胡椒粉2克，香油20克，清水2800毫升。

制作：①将白菊花洗干净，撕成瓣状。②将乌鸡宰杀后去毛、内脏及爪。③姜拍松，葱切段。④将乌鸡、姜、葱、料酒同放入炖锅内，加水2800毫升。⑤置武火上烧沸，再用文火炖煮35分钟。⑥加入白菊花、盐、味精、胡椒粉、香油后即可食用。

芒种起居养生

1.空调房间要定时通风换气。

如今很多人都不想离开空调房间，以避酷暑之苦，殊不知空调给人们带来凉爽的同时，也带来了负面影响。由于门窗紧闭和室内的空气污染，使室内氧气缺乏；再加上恒温环境，自身产热、散热调节功能失调，就会使人患上所谓的"空调病"。

所以，夏季的空调房室温应控制在26 ~ 28℃比较合适，最低温度不得低于

夏季如何预防空调病

炎炎夏日到来了，很多人都会马上躲到凉快的空调房里享受夏日的清凉，然而过度地吹空调会染上空调病，怎么预防空调病呢？

注意室内温度，最好是设定在26℃左右，既环保又舒适。

保持室内空气的流通，在空调环境内待上1~3个小时后就到非空调区域进行休息，保证人体呼吸到新鲜的空气。

在空调房里不宜久坐，应该隔一个或两个小时，就起来走动，动动胳膊，动动脖子，能有利于身体血液的循环，同时也可以不断地搓手搓脚，促进大脑与全身的兴奋枢纽。

定时更换空调的过滤网和清洗空调换气部位。空调打开后，在屋里适当放些水或者放置加湿设备。

20℃，室内外温差不宜超过 8℃。若久待空调房间，应定时通风换气，杜绝在空调房抽烟。长期生活与工作在空调房间的人，每天至少要到户外活动 4 小时，年老体弱者和高血压患者不宜在空调房间久留。

2. 芒种时节不要贪凉，光脊梁。

芒种节气中，有些人经常光着脊梁，误以为这样凉快，其实并非如此。众所周知，皮肤覆盖在人体表面，具有保护、感觉、调节体温、分泌、排泄、代谢等多种功能。在人体皮肤上有几百万个汗毛孔，每天约排汗 1000 毫升，每毫升汗液在皮肤表面蒸发可带走 246 焦耳的热量。当外界气温超过 35℃，人体的散热主要依赖皮肤的汗液蒸发来加速散热，使体温不致过度地升高。

如果此时光着脊梁，外界的热量就会趁机进入皮肤，且不能通过蒸发的方式达到散热的目的而感到闷热。若穿点透气好的棉、丝织衣服，使衣服与皮肤之间存在着微薄的空气层，而空气层的温度总是低于外界的温度，这样就可达到防暑降温的效果。

芒种运动养生

芒种节气生物代谢旺盛，生长迅速。这时散步，腿和臂持续的运动能促使血管弹性的增加，特别是腿的持续运动，可促使更多的血液回到心脏，改善血液循环，提高心脏的工作效率。这时散步还有助于减轻体重，有利于放松精神，减少忧郁与压抑情绪，提高人体免疫力。有医学专家认为，临睡前进行一次 30 分钟的快步行走，能帮助睡眠，其效果不亚于口服镇静剂。最佳方法是光脚在刚割过的草地或者鹅卵石上散步。人的足底有很多内脏反射区，光脚在刚割过的草地或者鹅卵石上散步，可以对足底的敏感点进行刺激，不仅感觉舒适，而且对身心健康也大有好处。

目前，足底反射区学说认为，脚是一个盘腿而坐的人，脚趾代表头部，趾身为颈部，脚前掌为胸部，脚心为腹部，脚后跟为臀部，而人的四肢则在双脚的外侧部位。

如果希望通过足底刺激来治病或消除亚健康状态的话，就需要足够的刺激量，使反射区感到疼酸时才有效。因此，要有意识地使所需的反射区部位着地，让它承受较大压力，从而起到一定的效果。

如头部有疾，便可蹍起脚走路，用五趾着地，以加大刺激量；腹部有疾，则找突出的鹅卵石，用脚心踩踏；若盆腔有疾，可抬起脚尖，用脚后跟踏石；四肢有疾，则双脚歪斜，用脚底双侧部位着地。

有人认为，光着脚可以放电。人体组织都带有电荷，电荷过多对健康有害。动物通过四足与地面接触便可放电，而人穿着鞋，失去了这一放电的机会。所以，若多光脚亲近大地，便可释放体内的电荷。

芒种起居与运动养生

起居养生

芒种时节不要贪凉，光脊梁。

空调房间要定时通风换气。

运动养生

可多多散步，有利于放松精神，提高人体免疫力。

光脚在草地或鹅卵石上走走，好处多。

芒种时节，常见病食疗防治

1. 小儿厌食症可食用山楂片开胃。

由于天气炎热，夏季人的胃口往往不如其他季节。进入芒种时节后，天气更是一日热过一日，此时也是小儿厌食症的高发时节。若儿童（主要指 3 ~ 6 岁）在很长一段时间内出现食欲不振，很有可能是患上了小儿厌食症。此病多由不健康的饮食习惯、不良的进食环境或者心理因素引起。症状轻者可以通过食疗进行调治；倘若病情较重，很可能会造成营养不良，最好及时就医。

假若孩子已经患上了小儿厌食症，需要对他们的膳食进行一些适当的调整。三餐定时定量，用良好的就餐环境和美味的食物来引起孩子对食物的兴趣，可在餐前让他们吃些山楂片来开胃，以促进食欲。

山药羊肉汤具有补脾益肾、温中暖下的功效，用于虚劳骨蒸、小儿厌食等症。

山药羊肉汤

材料：山药、新鲜羊肉各50克，姜片、葱段、胡椒、料酒、盐各适量。

制作：①羊肉略划几刀，焯熟；山药润透，切片。②锅内放山药、羊肉、水，加姜片、葱段、胡椒、料酒，大火烧沸后改小火炖至酥烂。③捞出羊肉放冷，切片，装碗，再除去原汤中的姜片、葱段，加盐调味，倒入碗中即可。

小儿厌食症防治措施：

（1）耐心地向孩子讲解各种食物的味道和营养价值，让他们能够慢慢地接受原来不太喜欢的食物。

（2）创造良好的就餐氛围，让孩子感觉吃饭是愉快的事情。

（3）要让孩子养成良好的生活规律。除了三餐规律之外，还要让他们养成定时排便的习惯。

2.食用西瓜、冬瓜、绿豆，防治小儿"暑热症"。

小儿夏季热俗称"暑热症"，一般3岁以下的婴幼儿容易发生"暑热症"，是一种常见的发热性疾病。尽管芒种时节还不是夏天最热的时候，但是由于幼儿身体发育不完善、神经系统发育不成熟、发汗机能不健全、体温调节功能较差，不能很好地保持正常的产热和散热的动态平衡，以致排汗不畅、散热慢，因此对于酷热的忍受能力远远不如成人，难以适应芒种时节的夏季酷暑环境。

小儿夏季热的主要症状为持续发热不退、口渴、多尿、闭汗、少汗等。该病持续时间较长，极易诱发其他疾病，甚至还会影响到婴幼儿的脑部健康。暑热症患儿在饮食上应以清淡为主，可以选择高蛋白、高维生素的流质或半流质食物，如蛋奶类、肉类、新鲜蔬菜、水果等。也可吃些清热解毒、生津止渴、利尿的食物，如西瓜、冬瓜、绿豆、酸梅汤等。

绿豆荷叶粥具有祛暑清热、和中养胃的功效，适用于小儿夏季发烧口渴、食欲不佳等症。

绿豆荷叶粥

材料：绿豆100克，大米50克，鲜荷叶1张，冰糖末适量。

制作：①将绿豆淘洗干净，用温水泡2小时。②将大米淘洗干净，清水泡半小时。③洗净鲜荷叶。④将绿豆用大火煮沸，转小火煮至半熟，加荷叶、大米，煮至米烂豆熟。⑤除去荷叶，加入冰糖末即可食用。

暑热症的预防措施

夏季，三岁以下的幼儿易得暑热症，父母应做好预防。

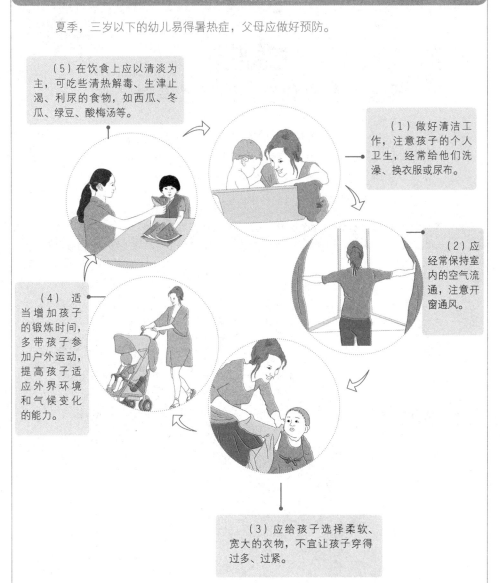

（5）在饮食上应以清淡为主，可吃些清热解毒、生津止渴、利尿的食物，如西瓜、冬瓜、绿豆、酸梅汤等。

（1）做好清洁工作，注意孩子的个人卫生，经常给他们洗澡、换衣服或尿布。

（2）应经常保持室内的空气流通，注意开窗通风。

（4）适当增加孩子的锻炼时间，多带孩子参加户外运动，提高孩子适应外界环境和气候变化的能力。

（3）应给孩子选择柔软、宽大的衣物，不宜让孩子穿得过多、过紧。

第四章

夏至：夏日北至，仰望最美的星空

夏至是二十四节气中最早被确定的节气之一。在每年阳历的 6 月 21 日或 22 日，太阳到达黄经 90° 时，为夏至日。据《恪遵宪度抄本》中记载："日北至，日长之至，日影短至，故曰夏至。至者，极也。"夏至这天，太阳直射地面的位置到达一年的最北端，几乎直射北回归线，北半球的白昼时间到达极限。

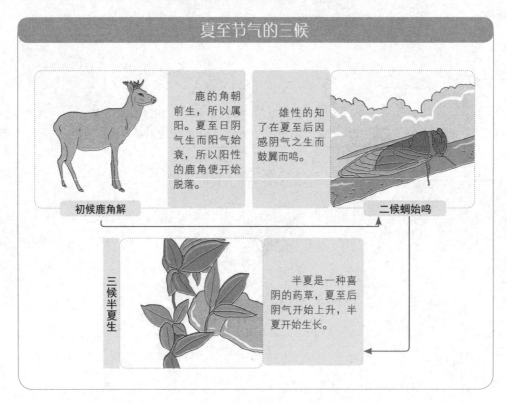

夏至节气的三候

初候鹿角解
鹿的角朝前生，所以属阳。夏至日阴气生而阳气始衰，所以阳性的鹿角便开始脱落。

二候蜩始鸣
雄性的知了在夏至后因感阴气之生而鼓翼而鸣。

三候半夏生
半夏是一种喜阴的药草，夏至后阴气开始上升，半夏开始生长。

夏至气象和农事特点：炎热的夏天来临，准备防洪抗旱

俗话说"不过夏至不热""夏至三庚数头伏"。夏至这天虽然白昼最长，太阳角度最高，但并不是一年中天气最热的时候。因为接近地表的热量这时还在继续积蓄，并没有达到最多的时候。俗话说"热在三伏"，真正的暑热天气是以夏至和立秋为基

⊙夏满芒夏暑相连——夏季的六个节气

点计算的。在阳历7月中旬到8月中旬，我国各地都进入高温天气，此时，有些地区的最高气温可达到40℃左右。

夏至过后，我国南方大部分地区的农业生产因农作物生长旺盛，杂草、病虫迅速滋长蔓延而进入田间管理时期，高原牧区则开始了草肥畜旺的黄金季节。这时，华南西部雨水量也显著增加，使入春以来华南雨量东多西少的分布形势逐渐转变为西多东少。如果有夏旱，一般这时可望解除。近三十年来，华南西部在阳历6月下旬出现大范围洪涝的次数虽不多，但程度却比较严重。因此，要特别注意做好防洪准备。夏至是华南东部全年雨量最多的节气，往后常受副热带高压控制，出现伏旱。为了增强抗旱能力，获得农业丰收，在这些地区抢蓄伏前雨水也是一项非常重要的措施。

夏至气象与农事特点

夏至时节，我国各地都进入高温天气，降雨量也普遍增多。这时空气对流旺盛，易形成骤来疾去的雷阵雨。

夏至时节，恰逢梅雨季节，频频出现的暴雨天气容易形成洪涝灾害，应注意做好防汛措施。

此时各种杂草生长很快，与作物争水、争肥、争阳光，要及时除草。

果树此时也需要认真地护果防虫。

1. 闷热暴雨到来，防洪防汛开始。

就淮河以南的农事而言，早稻抽穗、扬花，田间水分管理要足水抽穗、湿润灌浆，干干湿湿，既满足水稻结实对水分的需要，又能透气养根，保证活熟到老。夏播工作要抓紧扫尾，已播的要加强管理，力争全苗。出苗后应及时间苗、定苗，移栽补缺。各种农田杂草和庄稼一样，此时生长也很快，不仅与作物争水、争肥、争阳光，而且携带多种病菌和害虫。所以，抓紧时间中耕锄地是这一时期极重要的增产措施之一。此时棉花已经现蕾，营养生长和生殖生长两旺，要注意及时整枝打杈，中耕培土，雨水多的地区要做好田间清沟排水工作，防止水涝和暴风雨的危害。各种秋果树此时也需要认真地护果防虫，以提高果品的质量。

2. 夏天也有"九九"——"夏九九"对应"冬九九"

在过去，我国各地流行"夏九九"之说。"夏九九"是以夏至日作为头九的第一天，每九天为一九，顺次称为"一九""二九"……直到"九九"，共81天，期间要经历夏至、小暑、大暑、立秋、处暑、白露六个节气。古书中也有《夏至九九歌》的记载："一九至二九，扇子弗离手。三九二十七，冰水如甜蜜。四九三十六，拭汗如出浴。五九四十五，树头秋叶舞。六九五十四，乘凉弗入寺。七九六十三，床头寻被单。八九七十二，思量盖夹被。九九八十一，家家找棉衣。"这些民谚是劳动人民对自然界仔细观察而总结出来的经验和智慧，在当时科学技术尚不发达的年代，对指导农事活动有很大的帮助。不过在人们的习惯中，所谓"九九"，一般还是指"数九寒天"。

夏至农历节日及民俗宜忌

农历节日

我国每年农历六月二十四日是观莲节，民间以此日为荷诞，即荷花的生日。宋代已有此节，明代俗称"荷花生日"。在水乡江南一带，此日是举家赏荷观莲的盛大民俗节日。泛舟赏荷，笙歌如沸，流传数代，遍染荷香，观莲节也成为汉族最优美而浪漫的节日之一。

1. 观莲花——消夏纳凉。

早在宋代时起，每年的农历六月二十四日，民间便至荷塘泛舟赏荷、消夏纳凉，荡舟轻波、采莲弄藕，享受皓月遮云的夏夜风情，好不惬意。在我国，南起海南岛，北至黑龙江省的富锦，东至上海至台湾省，西至天山北麓，全国大部分地区都有荷花的踪影。其中最著名的赏荷胜地有以下几个地方：

（1）北京：圆明园的荷花不可不看，圆明园的残荷更不可不看。一眼望不到头的荷塘，夏季绿叶红花，覆盖畅春园水面，开得密密匝匝；秋季枝杆傲骨，与历史的沧桑完美融合。沿着荷塘，是通向西洋楼遗址的路，姿态万千的残荷别有神韵。

如果只为残荷，不如在"海岳开襟"附近过白色石拱桥，走一条游人少的小土路。这条小路不但安静，而且满是转弯，每一次峰回路转，都能看到不同角度的残荷。水中不时出现大丛的芦苇，荷似乎也越来越处于天然状态。到了一座朱红色铁皮矮桥的时候，荷与芦苇已经共生并存了。如果不走圆明园正门，而从二宫门进入，那么刚一进来时，看到的便是荷花池。

（2）杭州：说起赏荷，首推"浓妆淡抹总相宜"的杭州西湖。这里的荷花早在唐宋就很有名，白居易、苏东坡、柳永、杨万里都写有赞美荷花的名句，如白居易有"绕郭荷花三十里"之咏。夏日，不管你倚偎在放鹤亭，还是泛舟三潭印月一带，放眼望去，都是俊逸缥缈、独领风骚的绿荷含苞待放，正如诗中所咏："六月西湖锦绣卿，千层翠盖万红妆。"如今，经过精心设计的"曲院风荷"公园，可见红蕖万朵、翠盖层叠，呈现出一派"万杆高荷映镜光"的迷人景色。

（3）济南：山东省济南市的市花是大明湖荷花。这座"家家泉水、户户垂杨"的泉城，最迷人的风景是盛产荷花的大明湖。湖上的翠绿荷叶、鲜艳荷花，倒映在碧水之中，与婆娑垂杨交相辉映，组成一幅迷人的赏荷图，令人驻足流连、思绪万千。古往今来，多少文人墨客为这里的荷花吟诗赋词，清代小说家刘鹗在《老残游记》中赞道："四面荷花三面柳，一城山色半城湖。"

（4）济宁：山东济宁的微山湖，有10万亩野生荷花。夏日来临，满湖荷花，飘香十里，与潋滟的湖光、叠翠的山色交相辉映。清晨赏荷，莲叶玉珠滚滚，别有情韵。中午赏花，映日花朵更显得娇艳妩媚。到了傍晚，整个微山湖片片流霞、朵朵争艳，犹如置身于美妙的仙境之中。

（5）洪湖：湖北洪湖的荷花久负盛名，成了中外游人的游玩胜地。每到夏令，百里洪湖烟波浩渺、荷流香波、花吐莲蓬、艳丽妩媚。远看，一片片荷叶如翻滚绿波，花若红云；近看，叶如伞状，有的浮于水面，有的凌于碧波之上，相互簇拥，荷花有白色的、桃红的、粉红的，朵朵绽开在绿叶丛中。清风徐徐，泛舟湖上，恍若置身于如诗如画的美景中，真有"粉光花色叶中开，荷气衣香水上来"的感受。

（6）昆明：位于昆明市五华山西麓的翠湖，两道长长的柳堤呈"十"字形交会于园心，把全湖一分为四。南北横堤叫"阮堤"，是道光年间云南总督阮元仿西湖"苏堤"美韵而修筑，东西纵堤叫"唐堤"，于民国年间修建。湖中有海心亭，西侧有观鱼堂，东南有水月轩。堤畔遍植垂柳，湖内多种荷花，藕花飘香，真可谓"十亩荷花鱼世界，半城杨柳抚楼台"。

（7）新都：四川省新都区南桂湖是我国西部著名古典园林、赏荷胜地之一，是明代著名文学家杨慎幼年读书之地。该园占地七十余亩，湖面三十余亩，自唐初即种满湖荷花。每到盛夏，万荷竞放、香艳惊天。入秋后，残荷风骨犹存，多为文人墨客、摄影家、艺术家抒情咏怀之地。

（8）肇庆：广东肇庆种植荷花已有上千年历史，尤以市北沥湖中的荷花最负盛名，古诗中写道："放莲船，采莲花，星岩东去是侬家，罗裙绮袖披明霞。"诗人生动地描绘了采莲女在莲湖采莲时的欢乐情景，此地尚有莲花寺、莲花洞、青莲村等以荷莲命名的名胜古迹，可供游人参观。

我国观赏荷花的胜地还有湖南洞庭湖、扬州瘦西湖、河北白洋淀、承德避暑山庄、台湾省台南县白河镇等处。在这些地方，都可以看到荷花的芳容，使人们领略到"红衣翠扇映清波"的美景。

2. 放荷灯——对逝去亲人的悼念。

放荷灯是华夏民族传统习俗，用以表达对逝去亲人的悼念，对活着的人们的祝福。夏至时节的夜晚，人们以天然长柄荷叶为盛器，燃烛于内，让小孩子拿着玩耍，或将莲蓬挖空，点烛作灯；或以百千盏荷灯沿河施放，随波逐流、闪闪烁烁，十分好看。夜色阑珊，杨柳风中有暗香袭人；田田荷叶间，一盏盏闪烁的荷灯随波浮动，点点的星光散落于天上人间；跳动的火苗，照耀出放灯人当时的心情。

夏至民俗

除了观荷花之外，夏至当天还有很多民俗习惯。

伏日牛喝麦仁汤

夏至节气这一天，山东临沂地区有给牛改善饮食的习俗。伏日煮麦仁汤给牛喝，据说牛喝了身子壮，能干活，不淌汗。

祭土地神

夏至节气这一天，南方地区有祭田公、田婆之俗，即祭土地神，祈求农业丰收，防止害虫发生。

夏至面

夏至这天山东各地普遍要吃凉面条，俗称"过水面"，有"冬至饺子夏至面"的谚语。

夏至戴枣花

在夏至时节，有些地方还有女子头上戴枣花的习俗。传说此日女子头上戴枣花可避邪，又可治腿脚不适。

3. 品莲馔——夏至应季食品。

古人在夏至节气这一天还有品尝莲馔的习俗。馔是佳肴的意思，莲馔就是用莲花各部分做的食物。莲的花、叶、藕、子都是制作美味佳肴的上品。早在唐朝时，人们就有于观莲节吃绿荷包饭的习俗。柳宗元的《柳州峒氓》诗云："郡城南下接通津，异服殊音不可亲。青箬裹盐归峒客，绿荷包饭趁虚人。"诗中所说的绿荷包饭就是现今广州和福州的名食"荷包饭"。

明末清初学者屈大均在《广东新语》中记载了荷包饭的制作方法："东莞以香粳杂鱼肉诸味，包荷叶蒸之，表里透香，名曰荷包饭。"荷叶有一种特殊的清香味，因而被广泛用于制作食品，莲花、莲子自古就是制作食品的原料。宋朝人喜欢将莲花花瓣捣烂，掺入米粉和白糖，蒸成莲糕食用；明清时则习惯将莲花花瓣制成荷花酒。慈禧太后还把白莲花制成的酒赏赐给亲信大臣，称为"玉液琼浆"。宋朝的玉井饭和元朝的莲子粥，都是以莲子为主要原料制作的古典美食。时至今日，人们还十分喜爱食用莲子制成的美味补品。藕更是人们经常食用的食品，如今用藕制成的菜肴也琳琅满目。

4. 观莲节男女约会。

在观莲节时，青年男女们便有了亲密接触的机会，他们纷纷借此美好时光表白心中的爱情。有诗说："荷花风前暑气收，荷花荡口碧波流。荷花今日是生日，郎与妾船开并头。"

夏至民间忌讳

1. 夏至之日忌讳在农历五月末。

民间有句谚语"夏至五月头，不种芝麻也吃油；夏至五月终，十个油房九个空"。不种芝麻也吃油，说明庄稼长得好，丰收了。十个油房九个空，表示整个年景的歉收、萧条。所以有夏至之日忌讳为农历五月末之说。

2. "时中下雨"和"时末打雷下雨"将遭灾。

夏至节气对农事来说是一个很重要的节气，古时由于科技不发达，人们过着靠天吃饭的日子，因此民间在此日忌有雷雨。有句民俗谚语云："夏至有雷，六月旱，夏至逢雨，三伏热。"过去农家还把夏至到小暑之间的十五天，分成头时、二时和末时三段，合称为"三时"。其中头时三天、二时五天、末时七天。农人最怕的就是"时中下雨"和"时末打雷下雨"，据传如果在这两个阶段下雨会遭遇水灾。

夏至养生：护阳气，祛暑湿，常游泳

夏至饮食养生

1. 固表止汗，多食酸味。

由于人们在夏至时节出汗较多，盐分的损失较大，身体中的钠等电解质也会有所流失。所以除了需要补充盐分以外，还要食用一些带有酸味的食物。

中医理论认为，夏至时节应该多食用带有酸味的食物，以达到固表止汗的效果。《黄帝内经·素问》中记载有："心主夏，心苦缓，急食酸以收之。"说的便是夏季需要食用酸性的食物来收敛心气。夏至时节建议食用的酸性食物有山茱萸、五味子、五倍子、乌梅等，这些食物除了可以生津、去腥解腻之外，还可以增加食欲。

2 消暑利尿、补充水分，可多吃绿豆。

绿豆被人们称为"济世之良谷"，是夏至时节应该多吃的食品。它有消暑利尿、补充水分和矿物质之功效。

夏至时节饮食应注意

夏至时节气温升高，细菌等微生物滋生加快，食物很容易变质，因此更应注意饮食卫生，防止病从口入。

不要放进去，夏天的剩菜不能再吃了。

（1）尽量不要食用剩菜、剩饭，切忌过量食用冷饮。

（2）不食用过期、无标志、包装破损的食品，不吃或少吃路边摊贩卖的麻辣烫、凉菜或者熟食。

（3）不吃生的和生腌的水产品。

（4）应多吃些"杀菌"类的蔬菜，如青蒜、蒜苗、大蒜、洋葱、大葱等。

夏天吃蒜苗好，多买点吧。

应选择上等的绿豆食用，上等的绿豆一般颗粒饱满、杂质较少、颜色鲜亮。但要注意不宜用铁质炊具来煮绿豆；不要把绿豆煮得过熟，这样会造成营养成分流失，从而影响其清热解毒的功效。此外，在服药期间不能食用绿豆食品，尤其是服用温补药时，更不能食用绿豆食品。

绿豆南瓜羹可消暑利尿、补充水分。

绿豆南瓜羹

材料：南瓜、绿豆各 300 克，盐适量。

制作：①将绿豆用清水淘洗干净，放入盆中，加盐腌片刻，用清水冲洗。②将南瓜洗净，去皮、瓤和子，切块。②锅内倒入 500 毫升冷水，大火烧沸，下入绿豆煮 5 分钟左右。③再次煮沸后下入南瓜块，加盖，改用小火，煮至豆烂瓜熟，加盐调味后即可食用。

3 排毒、祛热解暑宜吃空心菜

因空心菜属于凉性蔬菜，在夏至时服用空心菜汁液可以祛热解暑、排出毒素并降低血温。将其榨汁后饮用可以缓解食物中毒的症状，外用则有利于祛肿解毒。最好选用上好的空心菜食用，其根茎较为细短、叶子宽大、新鲜且无黄斑。由于空心菜不宜久放，所以存放时间最好不要超过 3 天。烹饪时最好用旺火快炒，以防止其营养成分流失。

清炒空心菜有祛热解暑之功效。

清炒空心菜

材料：空心菜 500 克。

调料：植物油、盐、葱花、蒜末、味精、香油各适量。

制作：①洗净空心菜，沥水。②炒锅内放入植物油，烧至七成热，加入葱花、蒜末爆香，放入空心菜炒至八成熟，加盐、味精翻炒，淋入香油，搅拌均匀后装盘即可食用。

夏至药膳养生

1.清热、解毒、祛痘，饮用百合绿豆粥。

百合绿豆粥

材料：粳米 60 克，绿豆 50 克，百合 20 克，冰糖 10 克，冷水 1200 毫升。

制作：①将粳米、绿豆淘洗干净，绿豆用冷水浸泡 3 小时，粳米浸泡半小时。②将百合去皮后清洗干净，切瓣。③把粳米、百合、绿豆放入锅内，加入约 1200 毫升冷水，先用旺火烧沸，然后转小火熬煮至米烂豆熟，加入冰糖调味即可食用。

2.清热解暑、宁心安神，食用荷叶茯苓粥。

荷叶茯苓粥可清热解暑、宁心安神、止泻止痢，对心血管疾病、神经衰弱者亦有疗效。

荷叶茯苓粥

材料：粳米或小米 100 克，茯苓 50 克，荷叶 1 张（鲜、干均可），白糖适量。

制作：先将荷叶煎汤，去渣，把茯苓、洗净的粳米或小米加入药汤中，同煮为粥，放入白糖，出锅即可食用。

夏至起居养生

1. 及时清洗凉席，预防皮肤病。

炎炎夏日，许多人喜欢睡在凉席上，但有些人睡了凉席之后，皮肤上会出现许多小红疙瘩，而且十分痒，这是螨虫叮咬导致的螨虫皮炎症的典型症状。

在酷暑时节，人体排出许多汗液，而皮屑、灰尘等很容易混合在汗液中滴落在凉席的缝隙间，为螨虫创造了繁殖的温床。所以夏季一定要定期清洗凉席，最好每星期清洗一次。清洗时要先把凉席上的头发、皮屑等污垢拍落，然后再用水进行擦洗。如果是刚买的凉席或者已经一年没有使用的凉席，要先用热水反复地进行擦洗，然后放在阳光下暴晒几个小时，这样才能把肉眼看不见的螨虫和虫卵消灭干净。夏天用完凉席之后，也可以用这个方法清洗后保存，再放些防蛀、防霉用品来防止螨虫的出现。如果发现螨虫已经在凉席中安家了，可以把樟脑丸敲碎，均匀地洒在席面上，卷起凉席，一小时后把樟脑丸的碎末清理干净，再用清水进行擦洗，最后放在阳光下暴晒，这样螨虫很容易就被消灭掉了。

人们在选择凉席时，如果对草、芦类的凉席过敏，可以选用竹子或者藤蔓编制的凉席。过敏的症状大多是出现豆粒大小、淡红色的疙瘩，奇痒无比，此种过敏属于接触性皮肤病的一种症状。

2. 勤洗澡，水温要比体温稍高。

夏至节气过后，因天气炎热，人体会分泌出较多的汗液。汗液的主要成分是水，占到 98%～99%。此外还含有尿素、乳酸等有机物和氯化钠、钙等无机物。这些化学成分与尿液中的化学成分相当，如果水分蒸发了，这些无机物和有机物仍然会停留在皮肤上，皮肤就有可能长痱子，甚至还会引发皮炎。

要想彻底清除掉残留在皮肤表面的污垢，最简单的方法就是洗澡。由于天气较为炎热，建议每天早晚用温水各洗一次。因为冷水会刺激毛孔，令毛细血管收缩，影响内热的散发和身体毒素的排出。温水可以使体表的血管扩张，促进血液循环，改善皮肤状况，消除疲劳，增强身体的免疫力。

一般来说，人们在夏天洗澡时，水温以 38～42℃为宜。如果太烫，人体会难以承受，而且温度过高的水会使皮肤的水分流失，使皮肤变得干燥，甚至引发毛细血管爆裂。将洗澡的水温控制在比人体体温稍微高一点的范围内，不仅可以洗净汗液中的废物，还可以消除一天的疲惫，可谓一举两得。

夏至运动养生

1. 夏至开始下水游泳健身。

中医理论认为，夏至是阳气最旺的时节，养生要顺应夏季阳盛于外的特点，注意保护阳气，可以通过游泳等体育锻炼来活动筋骨、调畅气血、养护阳气。炎炎夏日，人们若能畅游在清凉舒适的碧波中，不仅会感觉暑热顿消，还能增添些许生活情趣，锻炼身体，收到健美之效。

夏季游泳注意事项

游泳是夏季最好的运动方式，但夏季游泳应该注意：

应选择适合的游泳场所。游泳场所要干净卫生，同时注意不要到存有安全隐患的地方游泳。

下水前，要活动一下身体，使全身肌肉、关节、韧带有充分的准备，再用水擦洗脸部、胸部和四肢等部位，使身体逐渐适应游泳池中的水温，然后再入水游泳，这样可防止游泳时发生抽筋。

游泳后，要用自来水或温水冲澡、漱口或刷牙，最好用眼药水滴眼，以预防结膜炎、沙眼、流行性角膜炎等疾病。

注意游泳时间安排：一般来说，在饱餐和饥饿时，不宜游泳。因为，饭前腹中空虚，此时的血糖比较低，不能耐受游泳时的体力消耗；若饱餐后立即游泳，胃部因受水的压力作用，易引起疼痛与呕吐。

2.夏季运动要预防日光晒伤。

在炎热的夏季，强烈的日光照射机体时间过长，会损害身体健康，即日射病。因为日光中有一种红外线，这种红外线在夏季更为强烈。日光长时间照射机体，光线就会透过毛发、皮肤、头骨等射到脑细胞，会引起大脑发生病变，同时造成机体各器官发生机能性和结构性病变。日光对皮肤的长时间暴晒，会使皮肤出现发红、瘙痒、刺痛、起皮、水泡、水肿和烧灼感等症状。当然，经常参加体育锻炼的人，机体抵抗日光照射的能力会强一些，但也需注意以下几点：

（1）在日光下进行锻炼，刚开始的时间不宜太长，要逐步延长时间，使机体逐渐适应。皮肤由白转黑是机体产生的一种保护性的适应，所以这种变化属于正常现象。

（2）夏季在阳光下运动时，可以涂一些氧化锌软膏或护肤油、防晒霜等，以便保护皮肤免遭晒伤。

（3）锻炼时间一般安排在早晚为好。

（4）如果在运动时皮肤不慎被晒伤，可用复方醋酸铝液进行湿敷或涂以冷膏；若水泡破溃，可涂硼酸软膏（5%）、氧化锌软膏、龙胆紫液和正红花油等药物治疗。

夏至时节，常见病食疗防治

1.食用绿茶粥防治痢疾。

痢疾是因痢疾杆菌引起的急性肠道传染病，此病多发于夏秋两季，主要是由于不洁的食物损伤脾胃，或者湿热的毒气侵入肠道所致。夏至时节，痢疾开始进入高发阶段，其症状多为恶心、呕吐、腹痛、腹泻、里急后重、下赤白脓血便，并伴随全身中毒等症状。各个年龄段的人都可能患上痢疾，其中1～4岁的幼儿发病率最高。

由于痢疾是肠道性传染病，所以患有痢疾的人对食物的刺激相当敏感。在饮食上，痢疾患者应该多摄取营养和水分，食用一些容易消化的食物。

绿茶粥具有清热生津、止痢消食之功效，适用于痢疾、肠炎等症。

绿茶粥

材料：大米50克，绿茶10克，白砂糖适量。

制作：①将绿茶加水，煮成浓汁，去渣。②将大米淘洗干净。③锅中放入大米，加入茶汁、白砂糖和适量的清水，用小火熬成粥后即可食用。

痢疾的防治措施：

（1）平时要保持良好的个人卫生习惯，饭前便后要洗手。

（2）不喝没有烧开的水，尽量不要吃生冷食品。如果要生吃瓜果蔬菜，记得一定要洗干净后再吃。

（3）保持环境卫生，把苍蝇等传播痢疾的害虫消灭掉。

2. 痱子可饮用猪肉苦瓜汤防治。

夏至时节，如果人体汗液过多而蒸发不畅，就会导致汗管堵塞或破裂，从而使汗液渗入到周围组织中，引起皮肤病，俗称"痱子"。夏至是痱子的高发时节，排汗功能差的儿童和长期卧床的病人最易得痱子。痱子刚起时皮肤发红，然后冒出密集成片针头大小的红色丘疹或丘疱疹，有些还会变成脓包。长痱子的部位会出现痒痛或灼痛感。

长痱子的人在饮食上应该避免食用油炸食品，少吃海鲜、多喝水、多吃蔬果和其他清热解毒的食物。如果婴儿长了痱子，可以把新鲜的蔬果榨成汁后喂其饮用。

猪肉苦瓜汤具有补脾气、生津液、润泽皮肤之功效，适用于中暑烦渴、痱子过多等症。

猪肉苦瓜汤

材料：苦瓜240克，猪瘦肉120克，高汤、盐、姜丝各适量。

制作：①将猪瘦肉洗净，切成薄片，用热水焯透，捞出沥水。②将苦瓜去瓤，洗净，切成薄片，略焯，捞出沥水。③将锅内倒入高汤，大火烧沸，放入猪瘦肉片和苦瓜片。④改用小火煮15分钟左右，放入姜丝，加盐调味后即可食用。

痱子的防治措施

夏至时节是婴儿痱子的高发期，这时可以采取以下措施加以预防。

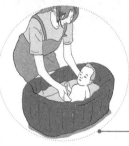

（1）应经常保持皮肤洁净，勤洗澡，勤更换衣物。在衣物的选择上，应该选择宽松透气的类型，以保持皮肤的干燥。

（2）在夏至期间应该多为婴儿翻身，以避免痱子的生成。

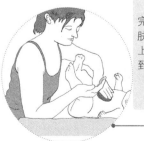

（3）每次洗完澡后在婴儿皮肤的皱褶部位扑上痱子粉，可起到预防作用。

（4）猪肉苦瓜汤具有补脾气、生津液、润泽皮肤之功效。适用于中暑烦渴、痱子过多等症。

第五章

小暑：盛夏登场，释放发酵后的阳光

　　我国每年阳历的 7 月 7 日或 8 日，太阳到达黄经 105° 时为小暑。从小暑开始，炎热的盛夏正式登场了。《月令七十二候集解》中记载："六月节……暑，热也，就热之中分为大小，月初为小，月中为大，今则热气犹小也。"暑，即炎热的意思。小暑就是小热，意指极端炎热的天气刚刚开始，但还没到最热的时候。我国大部分地区都基本符合这一气候特征。全国的农作物从此都进入了茁壮成长阶段，需加强田间管理工作。

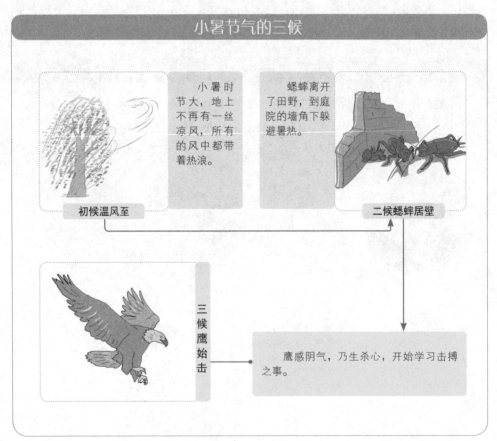

小暑节气的三候

小暑时节大，地上不再有一丝凉风，所有的风中都带着热浪。

蟋蟀离开了田野，到庭院的墙角下躲避暑热。

初候温风至

二候蟋蟀居壁

三候鹰始击

鹰感阴气，乃生杀心，开始学习击搏之事。

小暑气象和农事特点：极端炎热开始，农田忙于追肥、防虫害

1. 盛夏正式登场，农事忙于追肥、防虫害、抗旱和防洪。

小暑期间，南方地区平均气温为26℃左右。一般的年份，7月中旬华南、东南低海拔河谷地区，会开始出现日平均气温高于30℃、日最高气温高于35℃的集中时段，这种气温对杂交水稻的抽穗、扬花非常不利。除了事先在农作物布局上应该充分考虑此因素外，已经栽插的要采取相应的补救措施。在西北高原北部，小暑时节仍可见霜雪，此时相当于华南初春时节的景象。

小暑时节的气象和农事特点

小暑时节盛夏正式开始，气温高，降雨不平均，有的地方需抗旱，有的地方则需抗涝。

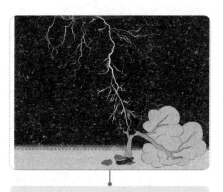

农作物快速生长，对能量需求大，此时需要及时追肥和防虫害。

小暑时节，我国南方大部分地区已进入雷暴最多的季节，要及时做好预防措施。

从小暑节气开始，长江中下游地区的梅雨季节先后结束。东部淮河、秦岭一线以北的广大北方地区开始了来自太平洋的东南季风雨季，自此降水明显增加，且雨量比较集中。华南、西南、青藏高原也处于来自印度洋和我国南海的西南季风雨季中。而长江中下游地区则一般为副热带高压控制下的高温少雨天气，常常出现的伏旱对农业生产影响很大，及早蓄水防旱在此时显得十分重要。农谚有"伏天的雨，锅里的米"之说，这时出现的雷雨、热带风暴或台风带来的降水虽对水稻等农作物生长十分有利，但有时也会给棉花、大豆等旱农作物及蔬菜造成不利影响。

小暑时节，除东北与西北地区收割冬、春小麦等农作物外，农业生产上此时主要是忙着田间管理。早稻处于灌浆后期，早熟品种在大暑前就要成熟收获，要保持田间干干湿湿。中稻已拔节，进入孕穗期，应根据长势追施肥，促穗大粒多。单季晚稻正在分蘖，应及早施好分蘖肥。双晚秧苗要防治病虫，于栽秧前 5 ~ 7 天施足"送嫁肥"。

2. 及时预防雷暴——一种危害巨大的天气现象。

小暑时节，我国南方大部分地区已进入雷暴最多的季节。雷暴是一种剧烈的天气现象，是在积雨云云中、云间或云地之间产生的一种放电现象。雷暴发生时，往往雷鸣电闪，有时也可只闻雷声，是一种中小尺度的强对流天气现象。强雷暴常伴有大风、冰雹、龙卷风、暴雨和雷击等，是一种危险的天气现象。它不仅会影响飞机等的飞行安全，干扰无线电通信，而且还会击毁建筑物、输电和通信线路、电气机车，击伤击毙人畜，引起火灾等。所以，应及时做好雷暴的预防工作。

小暑农历节日及民俗宜忌

农历节日

六月六——天贶节

回娘家——消仇解怨，免灾祛难。

关于这个习俗的由来，还有一个小故事：

据说，在春秋战国时期，晋国有位重臣叫狐偃，他是保护和跟随文公重耳流亡列国的功臣之一。受封后狐偃勤理朝政，十分精明能干，晋国上下对他都很敬重。每逢六月初六狐偃过生日的时候，总有无数的人给他拜寿送礼。狐偃便慢慢地骄傲起来。时间一长，人们对他不满了。

当时的功臣赵衰是狐偃的亲家，他对狐偃的作为很反感，就直言相劝。但狐偃听不进苦口良言，当众责骂亲家。赵衰年老体弱，不久就被气死了。赵衰的儿子恨岳父不讲仁义，便决心为父报仇。

到了第二年，晋国夏粮遭灾，狐偃出京放粮，临走时说六月初六一定赶回来过生日。狐偃的女婿得到这个消息，决定六月初六大闹寿筵，杀狐偃、报父仇。狐偃的女婿把自己的计划告诉了妻子，妻子也痛恨父亲的作为，说自己也顾不得父亲，

六月六民俗

六月六这天除了回娘家之外，各地还有很多其他的民俗。

晒书、晒衣

六月六这天如果是晴天，民间有晒书、晒衣的风俗，可以防霉、防虫。

虫王节

每年农历六月六日是民间的虫王节。为了祈求人畜平安、生产丰收，在六月六还有不少宗教活动。

赶歌节

赶歌节是湖南凤凰、贵州松桃等地苗族的传统节日。这天，苗族青年男女身穿节日盛装，大家聚集在歌场，尽情地唱歌跳舞。

瑶族"半年"

每年农历六月初六是瑶族民间的传统节日"半年"。每年这天，瑶族人都要撒石灰、放响炮、贴对子，企盼人畜无灾、五谷丰登。

让丈夫看着办。可后来想到父亲的好，还是忍不住在六月初五回到娘家，把丈夫的计划告诉了母亲。

母亲听后大惊，急忙派人连夜给狐偃送信。

狐偃的女婿见妻子逃跑了，知道机密败露，便在家中等狐偃来收拾自己。

到了六月初六一大早，狐偃亲自来到亲家府上。他见了女婿就像没事人一样，翁婿二人并马回府去了。那年拜寿筵上，狐偃说："老夫今年放粮，亲见百姓疾苦，深知我近年来做事有错。今天贤婿设计害我，也是为民除害、为父报仇，老夫决不怪罪。女儿救父危机，尽了大孝，理当受我一拜。望贤婿看在我面上，不计仇恨，两相和好！"

自此以后，狐偃真心改过，翁婿比以前更加亲近。

为了永远吸取这个教训，狐偃在每年六月六都要请回女儿、女婿团聚一番。后来，老百姓纷纷仿效，也都在每年六月六接回女儿，以应消仇解怨、免灾祛难的吉利。天长日久，相沿成习，流传至今。

小暑民俗

1. 食新——小暑节气尝新米。

在过去，民间有小暑时节"食新"的习俗，即在小暑过后尝新米，农民将新割的稻谷碾成米后，做好饭，供祀五谷大神和祖先，然后人人吃尝新酒等。据说"吃新"乃"吃辛"，是小暑节后第一个辛日。一般买少量新米与老米同煮，加上新上市的蔬菜等。所以，民间有"小暑吃黍，大暑吃谷"之说。

2. 吃饺子——消除"苦夏"。

人们头伏吃饺子是一种传统习俗。伏天，人们食欲不振，往往比常日消瘦，俗谓之"苦夏"，而饺子在传统习俗里正是开胃解馋的食物。

3. 吃面——辟恶。

在伏天吃面的习俗最早从三国时期就已开始了。《魏氏春秋》中记载："伏日食汤饼，取巾拭汗，面色皎然。"这里的汤饼就是热汤面。《荆楚岁时记》中说："六月伏日食汤饼，名为辟恶。"五月是恶月，六月亦沾恶月的边儿，故也应"辟恶"。

4. 吃藕——小暑节气时令食品。

在民间还有小暑吃藕的习俗。藕含有大量的碳水化合物及丰富的钙、磷、铁等微量元素和多种维生素，钾和膳食纤维也比较多，具有清热、养血、除烦等功效，适合夏天食用。

小暑民间忌讳

1. 忌讳刮西南风。

我国华东许多地方小暑节气忌刮西南风。有句谚语说"小暑若刮西南风，农家忙碌一场空"。也有"小暑西南风，三车不用动"（三车指油车、轧花车、碾米的风车）一说。意思是小暑这天如果刮西南风，这一年将年景不好，庄稼歉收。

2. 忌讳雷鸣。

小暑之日忌讳雷鸣，长江中下游地区广为流传的一句天气谚语："小暑一声雷，倒转作黄梅。"倒转作黄梅是指有些年份，长江中下游地区黄梅天似乎已经过去，天气转晴，温度升高，出现盛夏的特征。可是，几天以后，又重新出现闷热、潮湿的雷雨、阵雨天气，并且维持相当一段时期。这种情况就好像黄梅天在走回头路，重返长江中下游。

小暑养生：避暑降温，劳逸适度

小暑饮食养生

1. 养成经常喝水的习惯。

《本草纲目》的首篇就记载了水的重要性。水是生命之源。如果缺乏食物，人的生命可以维持几周，但如果没有水，人能存活的时间就只有几天了。据现代医学家的研究，水有运送养分和氧气、调节体温、排泄废物、促进新陈代谢、帮助消化吸收、润滑关节等六大功能。如果缺了水，人体就会出现代谢功能紊乱并诱发多种疾病。如果感觉到口干舌燥，那就是身体已经发出了极度缺水的信号了。这个时候脱水已经危及了身体的健康，所以不要等到口渴了再补充水分，在平时就要养成经常喝水的好习惯。

因为在小暑前后气温会突然间攀升，人体很容易缺失水分，所以要及时地进行补充。除直接喝水之外，也可以动手煮一些绿豆汤、莲子粥、酸梅汤等营养汤类。这些汤类不仅能够止渴散热，还有助于清热解毒、养胃止泻。

人们补水不一定仅限于喝水或者喝饮料，也可以食用一些水分较多的新鲜蔬果。例如含水量高达96%的冬瓜，还有黄瓜、丝瓜、南瓜、苦瓜等。这些含钾量高、含钠量低的瓜类食物不仅可以补水，还可起到降低血压、保护血管的作用。

2. 小暑时节应清淡饮食，芳香食物可刺激食欲。

小暑时节的天气十分炎热，人的神经中枢会陷入紧张的状态，而此时内分泌也不是很规律，消化能力较差，容易使人食欲不振。所以应注意清淡饮食，选择一些带有芳香气味的食物。因为芳香会刺激人的食欲，而清淡的食物则更容易被人体消化吸收。

人们常吃的蔬菜中，有很多都带有挥发性的芳香物质，如葱、姜、蒜、香菜等，这些食物都能很好地刺激食欲。还有许多水果也含有芳香物质，如适当地食用柑橘类水果也有助于人体的消化吸收。

除此之外，我们在超市中还可以买到含芳香成分的花茶，如玫瑰花、兰花、茉莉、桂花、丁香花等。饮用这些花茶可以开胃提气、提神散瘀，同时有滋润肌肤的功效。经常服用还可以使身体散发出淡淡的体香，清香宜人。

3. 小暑时节，病患或产妇宜食鳝鱼。

小暑时节的鳝鱼鲜嫩而有营养，十分适宜身体虚弱的病患或产妇食用。应选择体大肥硕、颜色呈灰黄色的鳝鱼，最好不要购买灰褐色的鳝鱼。鳝鱼应现杀现烹，一定要煮熟，半生不熟的鳝鱼不能食用。

山药鳝鱼汤有补中益气、强筋骨等作用。

山药鳝鱼汤

材料：淮山药300克，鳝鱼1条，香菇3朵。

小暑科学喝水

小暑时节，天气炎热，体内水分散失加快，应注意多喝水。

6:30
经过一整夜的睡眠，身体开始缺水，起床之际先喝250毫升的水，可帮助肾脏及肝脏解毒。

8:30
清晨从起床到办公室的过程，时间总是特别紧凑，情绪也较紧张，身体无形中会出现脱水现象。所以到了办公室后，先别急着泡咖啡，给自己一杯至少250毫升的水！

11:00
在冷气房里工作一段时间后，一定得趁起身动动的时候，再给自己一天里的第三杯水，补充流失的水分，有助于放松紧张的工作情绪！

12:50
用完午餐半小时后喝一些水，可以加强身体的消化功能。

15:00
以一杯健康矿泉水代替午茶与咖啡等提神饮料吧！能够提神醒脑。

17:30
下班离开办公室前，再喝一杯水，增加饱足感，吃晚餐时自然不会暴饮暴食。

22:00
睡前1至半小时再喝上一杯水！今天已摄取2000毫升水量了。不过别一口气喝太多，以免晚上上洗手间，影响睡眠质量。

调料：葱段、姜片、盐、料酒、植物油、味精、胡椒粉、白砂糖、香菜段各适量。

制作：①将鳝鱼清洗干净，切段，切成一字花刀，焯透。②把淮山药去皮，切滚刀块，焯水。③炒锅中放入植物油烧热，放淮山药炸至微黄，捞出。④锅留底油，烧热，下姜片、葱段爆香，放鳝鱼、香菇、料酒、开水、淮山药烧开。⑤用小火炖5分钟，撒入盐、胡椒粉、白砂糖、味精、香菜段炒匀即可食用。

4. 清热化痰、补肾养心可吃紫菜。

在炎热的夏天应该多喝点紫菜汤以消除暑热，保持新陈代谢的平衡。

购买时应选择上等的紫菜，叶片薄而均匀，颜色呈紫褐色或者紫红色，其中无杂质。如果紫菜在凉水浸泡后呈现出蓝紫色，说明紫菜已经被有害物质污染，此时就不宜再食用。

紫菜肉粥具有清热化痰、补肾养心的功效。

紫菜肉粥

材料：猪肉末25克，大米100克，紫菜少许，盐适量。

制作：①将大米淘洗干净，用冷水浸泡30分钟，捞出沥水。②洗净紫菜，撕成小片。③将砂锅中倒入适量清水，放入大米、猪肉末，大火煮沸后改用小火熬至黏稠。④加入紫菜、盐，再用大火煮沸即可食用。

小暑药膳养生：

1. 补充营养、清暑解热，饮用八宝莲子粥。

八宝莲子粥具有补充营养、清暑解热、缓解紧张情绪之功效。

八宝莲子粥

材料：莲子100克，糯米150克，青梅、桃仁各30克，小枣40克，瓜子仁20克，海棠脯50克，瓜条30克，金糕50克，白葡萄干20克，糖桂花30克，白糖150克，清水2000毫升。

制作：①将糯米淘洗干净，用冷水浸泡至发胀，放入锅中，加入约2000毫升冷水，用旺火烧沸后，改用小火慢煮成稀粥。②将小枣洗干净，用温水浸泡1小时；莲子去皮，挑去莲心，放入凉水盆中，与小枣一同入笼蒸半小时。③将青梅切成丝；瓜条切成小片；桃仁用开水发开，剥去黄皮，切成小块；瓜子仁用冷水洗干净，沥干；海棠脯切成圆形薄片；白葡萄干用水浸泡后洗干净，沥干；金糕切成丁。④白糖加冷水，和糖桂花调成汁。⑤将制成的所有辅料摆在粥面上，然后放入冰箱内冷却后，将糖桂花汁淋在上面即可食用。

2. 健脾利湿、补虚强体，食用蚕豆炖牛肉。

蚕豆炖牛肉具有健脾利湿、补虚强体之功效。

蚕豆炖牛肉

材料：瘦牛肉250克，鲜蚕豆或水发蚕豆120克，食用盐少许，味精、香油各适量。

制作：①牛肉切小块，先在热水内汆一下，捞出沥水。②将砂锅内放入适量的水，待水温时，将牛肉入锅，炖至六成熟。③将蚕豆放入锅中，开锅后改文火。④放入盐煨炖至肉、豆熟透，加入味精、香油，出锅即可食用。

3.清热、生津、止渴，饮用西瓜西红柿汁。

西瓜西红柿汁具有清热、生津、止渴之功效，对于夏季感冒、口渴、烦躁、食欲不振、消化不良、小便赤热者尤为适宜。

西瓜西红柿汁

材料：新鲜西红柿3个（大小适中），西瓜半个。

制作：①将西瓜去皮、去籽；西红柿用沸水冲烫，剥皮去籽。②将西瓜、西红柿同时榨汁，两者混合，即可饮用。

小暑养生食物

小暑时节应多食用清暑解热的食物。

香蕉
　　性寒，味甘，具有润肠通便、清热解毒、健脑益智、通血脉、降血压的功效。

丝瓜
　　有清热解暑的功效。历代医药典籍皆说丝瓜能"清热利肠"。暑天喝些丝瓜汤，能消暑解热。

苦瓜
　　性寒，有清热解毒的功效。苦瓜营养丰富，含多种氨基酸、维生素和矿物质。

小暑养生食物

芥蓝
　　芥蓝味甘、性辛，有利水化痰、解毒祛风的效果，很适宜夏天食用。

绿豆
　　有清热、解暑、解毒、利尿的功效。绿豆稀饭消暑效力较弱，单用绿豆熬汤效力较强。

小暑起居养生

1. 雨后天晴，尽量不要坐露天的凳子。

有句俗语说："冬不坐石，夏不坐木。"所谓"夏不坐木"，指的是夏天不应该在露天的木凳上坐太长时间。因为夏季空气湿度大、雨水多，木质的凳子、椅子受到风吹雨淋，里面会积聚很多潮气。当天气转好之后，潮气便会向外散发。如果在潮湿的椅子上坐得太久，很有可能会得痔疮、风湿或者关节炎等疾病，还有可能会伤害脾胃，引起消化不良等肠胃疾病。

民间还有一种说法叫作"夏天不坐硬"，指的是老年人在夏天不宜坐在太硬的地方。因为人坐下时，坐骨直接与座位接触，而坐骨的顶端是滑囊，滑囊能分泌液体，以减少组织的摩擦。但对于老年人来说，由于体内激素水平降低，滑囊的功能有所退化，分泌的液体会随之减少。加上在夏季时着装很薄，有的老人身体较瘦，坐在板凳上，坐骨结节将直接与板凳接触，可能会导致坐骨结节性滑囊炎，对身体造成损伤。

小暑期间如果要在户外乘凉，最好准备个薄垫子。如果没有垫子，最好不要在木椅上坐太久，特别是刚下过雨后的木椅。

2. 小暑时节要合理着装，防紫外线。

小暑时节，穿着合理能起到降温消暑的作用，十分有利于身体健康。

（1）应尽量选择穿红色衣服。红色可见光的波长最长，对于吸收日光中的紫外线非常有效，可以保护皮肤，有效地防止皮肤老化及癌变。不宜选择白色的棉质服装，因此类衣物常含有荧光增白剂，很有可能会将紫外线反射到脸部。

（2）应经常把随身佩戴的首饰摘下来擦洗。由于夏季天气炎热，人们的汗液分泌较多，佩戴首饰的部位容易因汗湿而滋生许多细菌。经常把佩戴的首饰摘下来，并对首饰和皮肤接触的部位进行擦洗，可以防止皮肤受到感染。尤其是皮肤容易过敏的人，在选择佩戴首饰的时候一定要注意。

（3）应佩戴能抵挡紫外线的太阳镜。由于小暑时节阳光强烈，如果太阳镜没有防紫外线功能，那么可能比不佩戴太阳镜更容易受到紫外线的侵害，从而使眼睛受到损伤。由于儿童的眼睛娇嫩，遇到强光更容易遭受损害，所以他们更需要佩戴太阳镜。但要注意的是，6岁以下的儿童不适宜长时间佩戴太阳镜，因为他们的视觉功能还未发育成熟，长时间佩戴太阳镜可能会引发弱视。对他们来说，较为妥当的方式是在阳光强烈的时候佩戴，等阳光变弱时就及时将太阳镜取下。

小暑运动养生

1. 到负离子多的地方运动，对身体有益。

负离子有助于降血压、调节心律。人们在通风不良的室内，常感到头昏脑涨；在海滨、山泉、瀑布或旷野，则感到空气清新、精神舒畅，因为这些地方的负离子含量较多。

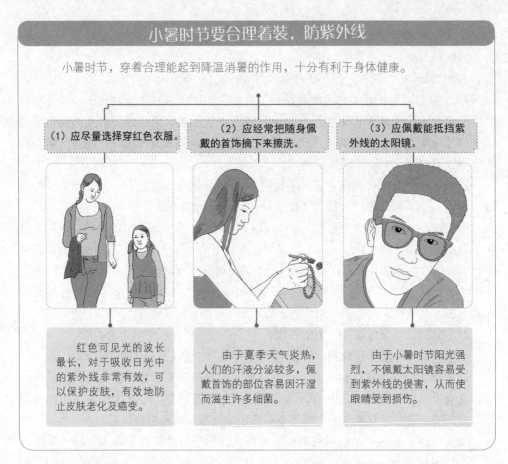

小暑时节要合理着装，防紫外线

小暑时节，穿着合理能起到降温消暑的作用，十分有利于身体健康。

（1）应尽量选择穿红色衣服。

（2）应经常把随身佩戴的首饰摘下来擦洗。

（3）应佩戴能抵挡紫外线的太阳镜。

红色可见光的波长最长，对于吸收日光中的紫外线非常有效，可以保护皮肤，有效地防止皮肤老化及癌变。

由于夏季天气炎热，人们的汗液分泌较多，佩戴首饰的部位容易因汗湿而滋生许多细菌。

由于小暑时节阳光强烈，不佩戴太阳镜容易受到紫外线的侵害，从而使眼睛受到损伤。

负离子有利于人的身体健康，但需达到一定浓度。据研究，大城市中的房间里，负离子密度最低；乡村田野里，空气中含有的负离子较多；山谷和瀑布附近，空气中的负离子密度最高。

生活中许多自然现象都可激发负离子的产生，例如龙卷风、海浪、下雨等。因此，冒着霏霏的细雨，到室外散步、嬉戏，享受大自然赐予的温馨，对身体健康也尤为有益。

小暑时节的雨会给人带来一丝凉意，此时更适合雨练。雨练并不一定要淋雨，打着伞或在敞开门的室内锻炼也可享受带有负离子的空气。当然，如果喜欢雨水淋身带来的快意，也是可以的。

2. 悠闲洒脱散步，可使全身适度活动。

按照中医理论，小暑是人体阳气旺盛的时候，春夏养阳，人们要注意劳逸结合，保护人体的阳气。这时，高温天气下，心排血量明显下降，各脏器的供氧力明显变弱，要注重养"心"。这时要做到起居有常，适当运动，多静养。晨练不宜过早，以免影响睡眠。夏季人体能量消耗很大，运动时更要控制好强度，运动后别用冷饮降温。小暑之时，运动宜以散步为主。

散步是一项较为和缓的运动，它的频率与人体生物钟最合拍、最和谐。散步不拘形式，不受环境的限制，运动量较小，特别适合夏季运动养生的需要。

人们在散步时，听任双脚散漫而行，或走或立、或快或慢，无拘无束、自由自在，一派悠闲洒脱之态。有人以"白云流水如闲步"来形容散步，这句话十分贴切地描绘出了散步时的独特意境。

散步时通过四肢自然而协调的动作，可使全身得到适度的活动，而且对足部起到很好地按摩效果。研究证实，双脚肌肉有节奏的收缩，可以促进血液循环，缓解心血管疾病。同时，散步还能增强消化功能，促进新陈代谢，可防治中老年常见的消化不良、便秘、肥胖等疾病。散步对肺脏功能的改善也极为有利，还能起到健脑安神的作用。而且，步行运动能促进对肌糖原和血液中葡萄糖的利用，抑制了饭后血糖的升高，减少糖代谢时胰岛素的消耗量，可有效降低血糖浓度。

夏季宜选在早晨散步。因为早晨凉爽清新的空气、宁静舒适的环境更有利于散步。散步时要心平气和，可以边走边欣赏景物，或聆听悦耳的鸟鸣，或听音乐、听广播。

小暑时节，常见病食疗防治

1. 饮用绿豆海带汤解食物中毒。

小暑时节，食物很容易被细菌或者毒素所污染。人们如果误食受污染的食物或者本身就含有毒素的食物，就容易引发食物中毒。食物中毒大多表现为急性肠胃炎，患者常伴有恶心、呕吐、腹痛、腹泻等不良症状。

如果不慎食物中毒，在及时送医治疗后，还要注意多补充些水分。饮食应以清淡为宜，选择一些容易消化的食物，避免再次刺激肠胃。

绿豆海带汤具有清暑解热、解毒之功效，能有效预防铅中毒，缓解食物中毒症状，还可缓解紧张情绪。

绿豆海带汤

材料：绿豆、海带各100克。

制作：①将绿豆淘洗干净；海带洗净，切丝。②锅内放入海带丝、绿豆，加适量水，用小火煮熟即可食用。

轻微食物中毒的预防措施：

（1）应选择新鲜的食物，已经变质的食物不宜食用。

（2）食物经过清洗和浸泡后方能食用。

（3）常温下贮存超过2个小时的剩菜、剩饭不宜食用，容易引发食物中毒。

（4）每天坚持锻炼，增强身体的免疫力。

（5）把家中的苍蝇、蟑螂、红蚂蚁等传播细菌的害虫消灭干净。

山楂汁拌黄瓜防治肝硬化

小暑时节，天气炎热，人们往往食欲不振，体内热量不足，容易引起肝脏的病变。而山楂汁拌黄瓜具有清热降脂、减肥消积的功效，可以防治肝硬化。

①山楂洗净，锅中加入200毫升清水，放入山楂，煮15分钟，去渣取汁；黄瓜去皮、心和两头，洗净，切条，加适量清水煮熟，捞出控水。

②在锅中倒入山楂汁，撒入白砂糖，小火熬化，放入黄瓜条，拌匀后即可食用。

2. 食用山楂汁拌黄瓜防治肝硬化。

肝硬化就是肝的质地变硬。其病因是肝脏长期或反复遭受某种损伤，导致肝细胞坏死，纤维组织增生，肝的正常结构被破坏。因为小暑期间天气炎热，人们容易食欲不振，体内热量不足，从而使肝功能受到损伤，引发病变。早期肝硬化没有明显的症状，而在晚期可能会有不同程度的门静脉高压和肝功能障碍。

夏季用食疗护肝，应选择营养丰富、易于消化的食物，还应该听从医生的指导，采取适合自己的食疗方式，从而保证治疗效果。山楂汁拌黄瓜具有清热降脂、减肥消积之功效，适用于高血压、肝硬化、肥胖等症。

第六章

大暑：水深火热，龙口夺食

我国每年的阳历 7 月 22 日、23 日之间，太阳到达黄经 120°，为大暑节气。与小暑一样，大暑也是反映夏季炎热程度的节令，而大暑表示天气炎热至极。

大暑气象和农事特点：炎热至极，既要防洪又要抗旱保收

1. 最炎热的时期，既要预防洪涝，又要抗旱保收。

古书中记载："六月中，……暑，热也，就热之中分为大小，月初为小，月中为大，今则热气犹大也。"这时正值"中伏"前后，是一年中最热的时期，气温最高、农作物生长最快，大部分地区的旱、涝、风灾也最为频繁，抢收抢种、抗旱排涝、防台风和田间管理等任务很重。民间有饮伏茶、晒伏姜、烧伏香等习俗。

2. "三大火炉"城市——南京、武汉和重庆。

大暑节气最突出的特点就是热，极端地热。这样的天气给人们的工作、生产、

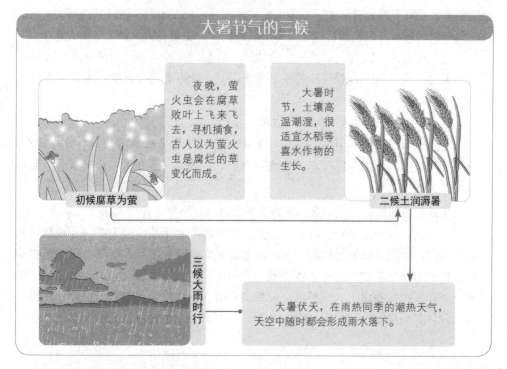

大暑节气的三候

夜晚，萤火虫会在腐草败叶上飞来飞去，寻机捕食，古人以为萤火虫是腐烂的草变化而成。

初候腐草为萤

大暑时节，土壤高温潮湿，很适宜水稻等喜水作物的生长。

二候土润溽暑

三候大雨时行

大暑伏天，在雨热同季的潮热天气，天空中随时都会形成雨水落下。

学习、生活各方面都带来了很多不良影响。一般来说，在最高气温高于35℃时，中暑的人会明显增多；而在最高气温达37℃以上的酷热天气里，中暑的人数会急剧增加。特别是在副热带高压控制下的长江中下游地区，骄阳似火，风小、湿度大，更使人感到闷热难当。全国闻名的长江沿岸"三大火炉"城市南京、武汉和重庆，平均每年炎热日就有17～34天之多，酷热日也有3～14天。其实，比"三大火炉"更热的地方还有很多，如安庆、九江、万县等，其中江西的贵溪、湖南的衡阳、四川的开县等地全年平均炎热日都在40天以上。在此期间，整个长江中下游地区就如同一个"大火炉"，做好防暑降温工作更显得尤其重要。

大暑农历节日及民俗宜忌

大暑民俗

火一直在人类生活中扮演着重要的角色，各地都有火神庙或供奉火神祭祠的习俗。关于火神的来历，有人认为来源于炎帝神农氏，也有人认为来源于灶神。古人曾有夏至祭灶的说法，随着时间的推移，后来才将祭灶风俗改至除夕前。民间传说的火神有祝融与回禄二人，他们都是远古时代传说中的人物，所以人们也将火灾称作"祝融之灾"或"回禄之灾"。火在五行中方位属南，夏末农历六月二十三的火神祭，正是符合了"南天正位"火德星君的身份。十二地支中巳、午属火，所以一般火神祭仪式便从巳时开始，称之为"午敬"，除了供奉鲜花、水果、素馔外，还有寿金金纸和放在桌上的大桶清水，以便信徒将水取回后洒在屋角，据说这样可防火灾。

每年农历的六月二十四日，是关帝圣君的诞辰，也是我国少数民族的火把节。

火把节是彝族、白族、纳西族、拉祜族、哈尼族、普米族、哈萨克族等民族古老而重要的传统节日，有着深厚的民俗文化内涵，蜚声海内外，被称为"东方的狂欢节"。

1.种"太阳"——欢度火把节的活动。

相传农历六月二十四日是人类使用火的纪念日，生活在云南的白、彝、普米、纳西等民族，把六月二十四日定为传统的火把节。届时会举办各种欢度活动，如种"太阳"。

鹤庆西山边的白、彝族群众，每到火把节这天，要举办种"太阳"活动。这天，人们在"打歌"场中心竖一个大火把，火把四周堆放着干柴。火把正前方栽着一截经认真挑选、干燥易燃的树桩作为太阳的象征。太阳升起之际，早已会聚在场中的人们，各拿一根精选的小木棒，依次到"太阳"上"钻"木取火。不管谁"钻"出了火星，众人便蜂拥而上，用早已准备好的草绒、干树枝叶"接"点火种，并想办法把火种移到柴堆上，把柴堆点燃。随即，各人将一个小火把在火堆上点燃，带回家中把各家的火塘点燃，称之"种太阳"。太阳落山后，人们全汇聚到"打歌"场，在白日燃烧的篝火上再次点燃大火把。随之，围绕火把、火堆"打歌"，通宵达旦歌颂火带给人的幸福。

大暑民俗

相传农历六月二十四日是人类使用火的纪念日，鹤庆西山边的白、彝族群众，每到火把节这天，要举办种"太阳"活动。

种太阳

白族和纳西族，到了火把节之夜，要举办耍火活动。

耍火

斗蟋蟀

大暑节气期间，是乡村田野蟋蟀最多的季节，我国有些地区的人们在茶余饭后有以斗蟋蟀为乐的风俗习惯。

过大暑

福建莆田人在大暑节气这一天，有吃荔枝、羊肉的习俗，叫作"过大暑"。

送大暑船

送大暑船是椒江葭芷一带的民间习俗。大暑节到来之前，组织者请木工赶造船只烧香求神。

吃仙草

广东地区有大暑时节吃仙草的习俗。仙草是重要的药食两用植物资源，有神奇的消暑功效。

2.耍火——欢度火把节的活动。

白族和纳西族到了火把节之夜，要举办耍火活动。人们在村寨所有的大树上，系上成团、成束的红花，象征"红花火树如炬燃"。当天上出现第一颗星星之际，人们各舞一个点燃的小火把，载歌载舞，围绕"红花火树"唱颂一番。

3.祭颂火神——祈求五谷丰盛、事事如意。

普米族到了火把节这天，要举办祭颂火神活动。

火把节当天一大早，人们便在各自的村寨口，栽埋一棵大松树，作为火神昂姑咪的化身。树上挂满小火把，村中有多少人口，就要在树上挂系与人口数相符的小火把。下午用牲礼祭过"化身"后，由村中年寿最高的老妇人将"化身"点燃。参加活动者，各从"化身"上取下一个小火把，也在"化身"上将其点燃。尔后，众人在老妇人的带领下，围绕"化身"跳起锅庄舞，歌颂昂姑咪献身传火的功绩。礼赞过"化身"后，各人相约成组，手舞火把，舞于村寨、田野、山林间并放声高歌，祈求火神昂姑咪赐福，庇佑全村人畜兴旺、五谷丰盛、村寨平安、事事如意……

4.舞火唱种——荒野变良田。

有着舞火唱种习俗的黄坪乡是鹤庆县的一个热区，物产富庶。相传，这里的居民是当年孔明和孟获在此屯军留下的后代。这块沃土是当年孔明与孟获结盟时共同开垦出来的，并在六月二十四日晚点火夜战，首次播下了五谷之种，荒野从此变成了良田。为了纪念这一日子，每到这一天，后人就要点火把夜战，播种小春作物。这时，老人和孩子们手舞火把，环绕田地歌舞助兴，青年人在田间播种，劳动生产与民俗活动融为一体，另有一番风味。

大暑民间忌讳

大暑之日忌讳无雨或天不热。

大暑节气忌讳天不热，否则庄稼会歉收，如谚语说的"大暑无汗，收成减半"。农民们希望大暑下雨，"大暑没雨，谷里没米"。大暑不下雨，稻子在生长期将会得不到充分生长，秋后稻谷就是干瘪的。

大暑养生：预防暑湿，远离高温

大暑饮食养生

1.吃含钾食物有助健康。

大暑期间，人们劳作或者活动，不一会儿就会大汗淋漓，而汗液分泌过多可能会令人手脚无力、疲惫不堪。通常情况下，人们会饮用淡盐水来补充汗液中流失的钠成分，但却忽略了和钠同时随汗液排出体外的钾元素。

从食物中吸收钾元素是大暑时节在饮食上应该注意的一个重点。由于茶叶中富含钾元素，要想补充钾，首先可以通过喝茶的方式。其次可以选择同样富含钾元素的豆类，例如黄豆、绿豆、青豆、黑豆、蚕豆等；或者含钾较多的蔬果，如香菜、水芹菜、香蕉、柑橘等。另外，还可以选择玉米、红薯、牛奶、鸡肉、鲤鱼、黄鱼等，这些食物中也含有相当多的钾元素。

2.疲劳、嗜睡应及时补充蛋白质。

大暑时节，正值盛夏，此时气温很高，人们常常选择每天只食用黄瓜、西红柿、西瓜等蔬菜和水果，这种做法是不值得提倡的。夏季的"清淡"饮食指的并不是只吃蔬菜和水果，而是应少吃油脂含量高、辛辣或者煎炸的食品。

大暑饮食宜忌

进入大暑节气以后，高温天气会加快人体的新陈代谢，从而大量消耗蛋白质。所以，应适当地吃一些富含蛋白质的食物，以保证营养均衡。

瘦 肉

鸡 蛋

牛 奶

大暑时节，正值盛夏，此时气温很高，应少吃油脂含量高、辛辣或者煎炸的食品。另外少吃冷食，冷食虽然可以除去燥热感，但它也会对人体的健康造成损害。

辣 椒

油炸食品

冷 食

进入大暑节气以后，高温天气会加快人体的新陈代谢，从而大量消耗蛋白质。如果只吃蔬菜水果，就会造成蛋白质缺乏，体质下降，人体会感到疲劳、嗜睡、精神不济；到了秋冬天气变冷的时候更容易得病。所以应适当地吃一些瘦肉、鸡蛋或者喝些牛奶，以摄入足够的蛋白质，保证营养均衡。

3. 早餐吃冷食易伤胃气。

冷食虽然可以除去燥热感，但它也会给人体的健康带来损害。为了保护脾胃，建议早餐尽量吃些热的食物。由于夜晚的阴气在早晨还未彻底消除，气温还没有回升，人体内的肌肉、神经、血管都还处于收缩的状态，如果吃凉的早餐，会让体内各个系统收缩得更厉害，不利于血液循环。或许初期并不会感觉到胃肠不适，但持续的时间一长或者年龄渐长以后，喉咙就会有痰，而且很容易感冒或者有其他的小毛病，这些都是因为伤了胃气所致。

4. 清热解毒、润肺润嗓可吃些牛蒡。

大暑时节食用牛蒡，有助于清热解毒、祛风湿、润肺润嗓，并对风毒面肿、咽喉肿痛及由于肺热引发的咳嗽疗效显著。择选时应注意，上等的牛蒡表面较为光滑、顺直，没有权根、虫痕。在炒制时，最好爆炒几下便出锅，这样有利于保留牛蒡中的营养成分。

素炒牛蒡根丝具有清热解毒、润肺润嗓之功效。

素炒牛蒡根丝

材料：上等牛蒡根300克，熟白芝麻适量。

调料：植物油、酱油、料酒、白砂糖各适量。

制作：①将牛蒡根去皮，洗净，切丝。②炒锅中倒入植物油烧热，放入牛蒡根丝略炒，加入酱油、料酒、白砂糖炒熟，盛出，撒上白芝麻即可食用。

5. 滋阴润胃、利水消肿可吃鸭肉。

因鸭肉能够清热解毒、滋阴润胃、利水消肿，所以非常适合在夏末秋初食用，不仅能够祛除暑热，还能为人体补充营养。鸭肉以富有光泽、有弹性而且没有异味者为上品。在煮鸭肉的时候可以适当地加入少许腊肉、香肠和山药，可以在增加营养成分之余，使鸭肉口感更好。

滋阴润胃、利水消肿可吃红豆煮老鸭。

红豆煮老鸭

材料：白条老鸭1只（约1500克），红豆50克。

调料：葱段、姜片、料酒、盐、味精、胡椒粉各适量。

制作：①将红豆淘洗干净。②炖锅内放入红豆、老鸭、料酒、姜片、葱段，加3000毫升水。④大火烧沸，改小火炖煮50分钟。⑤放入盐、味精、胡椒粉，搅匀即可食用。

大暑药膳养生

1. 清热解毒、降低血压，饮用当归天麻羊脑汤。

当归天麻羊脑汤具有清热解毒、生津止渴、降低血压之功效。

当归天麻羊脑汤

材料：桂圆肉 20 克，羊脑 2 个，当归 20 克，天麻 30 克，生姜 3 片，盐 5 克，沸水 500 毫升。

制作：①将当归、天麻、桂圆洗干净，用清水浸泡。②将羊脑轻轻放入清水中漂洗，去除表面黏液，撕去表面黏膜，用牙签或镊子挑去血丝筋膜，清洗干净，用漏勺盛着放入沸水中稍烫即捞起。③将以上原料置于炖锅内，注入沸水 500 毫升，加盖，文火炖 3 小时，撒入盐调味即可。

禁忌：虚寒者可加少量白酒调服，阴虚阳亢、头痛者慎用。

2. 减肥降脂、解暑清热可食用荷叶糯米粥。

荷叶糯米粥

材料：鲜荷叶 2 张，糯米 200 克，白糖 30 克，白矾 5 克，冷水适量。

制作：①将糯米淘洗干净，用冷水浸泡 2 小时，然后入锅加适量冷水，先用旺火烧沸，再改用小火熬至八成熟。②白矾加少量水融化。③在另外一口锅的锅底垫 1 张荷叶，上面洒上少许白矾水，将糯米粥倒入锅内，上面再盖 1 张荷叶，用旺火煮沸，加入白糖调味即可。

3. 补脾养胃、养颜祛痘可服用萝卜苦瓜汁。

萝卜苦瓜汁

材料：新鲜白萝卜 100 克，蜂蜜 20 克，新鲜苦瓜 1 个。

制作：①将苦瓜洗净，去瓤，切成小块；白萝卜洗干净，去皮，切成小块。②将苦瓜块和白萝卜放入榨汁机中，搅成汁液。③将苦瓜汁倒入杯中，加入蜂蜜拌匀后即可。

4. 清热通窍、消肿利尿可食用清拌茄子。

清拌茄子具有清热通窍、消肿利尿、健脾和胃之功效。

清拌茄子

材料：嫩茄子 500 克，香菜 15 克，蒜、米醋、酱油、白糖、香油、味精、花椒、精盐各适量。

制作：①将茄子削皮洗净，切成小片，放入碗内，撒上少许盐，再投入凉水中，泡去茄褐色，捞出放蒸锅内蒸熟，取出晾凉。②把蒜捣成碎末。③将炒锅置于火上烧热，加入香油，下花椒炸出香味后，连油一同倒入小碗内，加入酱油、白糖、米醋、精盐、味精、蒜末，调成汁，浇在茄片上。④将香菜择洗干净，切段，撒在茄片上即可食用。

大暑起居养生

1.大暑时节，要保持充足的睡眠。

大暑节气期间，天气已达炎热高峰。在日常起居上，要保持充足的睡眠，不可在过于困乏时才睡，应当在微感乏累时便开始入睡，睡眠前不可做剧烈的运动。睡时要先睡眼，再睡心，渐渐进入深层睡眠。不可露宿，室温要适宜，不可过凉或过热，室内也不可有对流的空气，即人们常说的"穿堂风"。

清晨醒来，要先醒心，再醒眼，并在床上先做一些保健的按摩，如熨眼、叩齿、鸣天鼓等，再下床。早晨可到室外进行一些健身活动，但运动量不可过大，以身体微出汗为度，当然，最好选择散步或静气功为宜。中午气温高，不要外出，而此时居室温度亦不可太低。

2.为什么气温越高反而要增加些衣服。

大暑时节，人们为了贪图凉快，许多年轻小伙子喜欢打赤膊，而年轻女孩喜欢

大暑起居与运动养生

起居养生

穿这件棉的吧，吸汗好一些。

大暑时节，要保持充足的睡眠。

选择一些吸湿性较好的衣物。

运动养生

下午跑步不容易中暑。

刚运动完，喝点绿豆汤吧。

尽量选择在清晨或傍晚天气较凉爽时进行运动，运动要适量。

运动后不要喝冷饮，最好喝些热茶或绿豆汤等防暑饮品。

穿小背心和超短裙，其实这样并不能达到较好的降温效果。研究资料显示，如果人体身处 18 ~ 28℃ 的气温中，大约有 70% 的体温会通过皮肤辐射、对流和传导散发出体外；当人体的温度与气温相当时，人体便会完全靠汗液的分泌来散发热量；而当气温超过体温（36.8℃ 左右）时，皮肤不仅不能散发热量，反而会从周围的环境中吸取热量。所以，大暑时节倘若衣着过于单薄，这样做不仅达不到降温的效果，反而还会使体温升高。

如果想要夏季感觉凉爽，可以选择一些吸湿性较好的衣物。经过测量，当气温处在 24℃，相对湿度在 60% 左右时，蚕丝品的吸湿率约为 10%，而棉织品约为 8%。在所有的衣物材质中，合成纤维的吸湿性最差，不到 3%。所以夏天可以根据个人情况选择真丝、天然棉布、高支府绸等面料的衣物，以达到吸湿降温的效果。

大暑运动养生

烈日炎炎的夏季健身运动，最好选择在清晨或傍晚天气较凉爽时进行。场地宜选择在河湖水边、公园庭院等空气新鲜的地方。有条件者还可以到森林、海滨地区去疗养、度假，以度过炎炎夏日。

扇扇子的好处

在酷热的大暑时节经常手摇一把扇子，对于消暑降温、预防疾病和保持身体健康都是很有好处的。

根据研究表明，只有手指、手腕和关节肌肉协调运动，才能把扇子摇动起来。天气炎热的时候，通过摇动扇子，不仅可以锻炼手臂上的肌肉，使手上的关节更加灵活，还能调节身体的血液循环。

在炎热的天气里，老年人最好用左手来摇扇子。这样一来，左侧肢体的灵活性就能得到改善，从而使右脑得到锻炼，还能有效地预防脑血管疾病的发生。

大暑时节，运动量不宜过大。因为春夏宜养阳，而剧烈的运动可致大汗淋漓，不但伤阴，也伤阳气。因此，大暑时节锻炼的项目以散步、慢跑、太极拳、广播体操为宜。

不少人误以为运动越激烈越好，甚至在运动期间出现不舒服的情况，仍忍着继续下去。这样易导致体力透支，对身体健康十分不利。因此，当锻炼到较为舒适的时候，不应再增加运动量，此时应慢慢减少或者停止运动。

因为每个人的身体素质不相同，所以运动量也应有所差异。一般来说，身体健康的人在运动后，适量的出汗会使身体有一种舒服的畅快感，运动量应该以此为度。

如果喜欢早上起来运动，最好能在运动前或运动中喝一些水。去健身房的时候，要带上一些饮料、白开水、食物等，要随时注意补充运动时所需的能量和水分。

需要引起注意的是，运动后不能过量地喝冷饮，最好喝些热茶或绿豆汤等防暑饮品。因为在运动时热量增加，胃肠道表面温度也急剧上升，如果运动后喝冷饮，强冷刺激会使胃肠道血管收缩，减少腺体分泌量，易导致食欲减退或消化不良。

在刚停止运动后，不可用冷水给身体降温，以免出现发热、伤风感冒等。做完较剧烈的运动后，不可马上卧床休息，也不可立刻用餐。

大暑时节，常见病食疗防治

1. 中暑可食用荷叶粥进行食疗防治。

如果人们长时间处在温度很高、热辐射很强的环境下，很容易导致体内水、电解质的代谢出现异常，并影响神经系统的正常运行，这种症状称为"中暑"，一般伴有恶心、头疼、口干舌燥、胸闷、焦躁、筋疲力尽等症状，更有甚者会出现面色苍白、大量流汗、心慌气短、四肢冰冷、痉挛甚至陷入昏迷等现象。

荷叶粥具有清暑利湿、升发清热之功效，可用于夏季中暑和泄泻后身体的康复。

荷叶粥

材料：大米100克，新鲜荷叶1张，冰糖末适量。

制作：①将荷叶洗净，撕碎；大米淘洗干净。②大米煮粥，加冰糖末搅匀。③趁热将荷叶撒在粥面上，待粥呈淡绿色后即可食用。

2. 食用百合炒莴笋防治风湿性心脏病。

若急性风湿热引发心脏出现炎症，并且没有完全治愈，便可能导致以瓣膜病变为特征的后遗症，即风湿性心脏病。大暑时节由于气温高、湿度大、气压低，会影响人体的循环系统和代谢功能，易导致风湿性心脏病的发生。此病的主要症状为病变的瓣膜区有杂音，心室、心房增大，后期可能出现心脏功能不全和心力衰竭等。

患有风湿性心脏病的患者应少吃盐，通常每天摄入 1 ~ 5 克盐为宜，还应避免食用香蕉等含钠量较高的食物和苦寒、辛辣的食品。因为苦寒食品易损伤阳气，而

中暑的预防措施

大暑时节，天气炎热，是中暑的多发期。此时要注意预防。

中暑了不能喝太多水。喝点荷叶粥吧。

（1）夏季天热时要及时补充水分，适当食用一些新鲜的蔬果，避免睡眠不足。

（2）避免皮肤受到阳光暴晒，尤其是上午10点至下午4点这段时间。外出前一定要做好防晒工作。

（3）可以喝点荷叶粥，因为荷叶粥具有清暑利湿、升发清热之功效，可帮助中暑者的身体恢复。

辛辣的食物会加重心脏的负担。百合炒莴笋具有清心安神、清热养阴的功效，适合风湿性心脏病患者食用。

百合炒莴笋

材料：莴笋200克，百合30克，红柿子椒25克，葱段、姜片、盐、料酒、味精、植物油各适量。

制作：①将莴笋去皮，切菱形片；百合泡软。②将红柿子椒去蒂、子，切菱形片。③炒锅内放入植物油烧热，下入姜片、葱段爆香，加入莴笋、红柿子椒、百合炒熟。④加入料酒、盐、味精，炒匀即可食用。

风湿性心脏病的防治措施：

（1）避免待在潮湿的环境中，避免劳累和饥饿。

（2）三餐要有规律，少吃高脂、多盐或者香蕉等钠含量较高的食品。

（3）患有扁桃体炎、中耳炎、感冒、猩红热或者上呼吸道感染等病症者，要及时就医，以预防风湿热，因为风湿热发作会严重损害心脏瓣膜。必要的时候可以将扁桃体摘除。

第七章

夏季穿衣、美容、休闲、爱车保养、旅游温馨提示

夏季穿衣：选择吸湿、散热性能好和吸热性能差的面料

1.选择吸湿、散热性能好的面料。

夏季应选择吸湿和散湿性能好的衣料，有利于吸收和蒸发汗液，降低体温。相反，吸湿和散湿性能差的衣料，会使人感到闷热和潮湿，很不舒服，而且对皮肤和身体健康不利。所以，为了不妨碍皮肤汗液的蒸发，夏季衣服必须具有一定的吸湿性和散湿性。衣服的吸湿和散湿性，主要取决于原料的性能，与质地的疏密也有一定的关系。

合成纤维类衣物虽有易洗、易干、不用熨烫的优点，但吸湿和散湿性能都很差，汗水不易渗透到纤维内，妨碍汗水蒸发。因此，夏季即便穿着孔隙很大的化纤类织物还是会感到很闷热。

羊毛类衣物吸湿性好，但散湿性差，不宜做夏衣材料。棉布、丝绸、亚麻、人造丝，吸湿性能强，散湿速度快，适合作为夏季衣料。而且，纯棉服装既柔软舒适，又经济实惠。真丝和麻质面料能吸收阳光中的紫外线，可保护皮肤免受紫外线的伤害。

除此之外，夏季服装还应具有透气性好、热吸收率小的优点。透气性取决于衣料的厚薄、织法和纤维的性质，如麻织物和真丝织物的透气性较好，穿这些质地的衣服感觉比较凉爽。

在织法上，纺织品经纬之间呈直通气孔的比交错排列呈斜纹气孔的透气性要好。纺织品的密度愈高，透气性愈差。同样原料织成的布，密度增加一倍，透气性就会减少50%。

总之，稀疏、质薄、量轻、弹性好、柔软的衣料，比细密、质厚、量重、弹性差、不柔软的衣料透气性要好一些。

衣服的热吸收率与衣服的颜色和表面光洁度有关。浅色衣服的热吸收率比深色的小；手感光滑的衣服，其热吸收率也相对较小，故丝光全棉的T恤衫比全棉的穿在身上更为凉爽。

2. 选择短衫、短裤、短裙的款式。

夏天的服装宜选择宽松舒适的为好，不仅活动方便，而且通风透气，还有利于散热。

一般情况来说，服装覆盖的面积愈小，体温散失得愈快。但在炎热的夏季，不要误以为穿得越暴露就会越凉爽。因为，只有当外界气温低于皮肤温度，暴露才会有凉快感。当外界气温高于皮肤温度时，暴露面积不宜超过身体表面积的25%，否则热辐射就会侵入皮肤，反而会使人更热。

夏季，人们喜欢穿短衫、短裙、短裤，这是个不错的选择。当然，夏装还要考虑到鼓风作用。女士穿喇叭裙、连衣裙，走动时能产生较好的鼓风作用，因而比穿瘦型裙更凉快。另外，夏装的开口部位（领、袖、裤腿、腰部）不宜过瘦，最好敞开些，这样有利于通风散热。过瘦的夏装会影响散热。一些年轻人，特别是年轻女性，喜欢穿紧身的衣裤，追求曲线美。但穿衣服时不仅要考虑到美，更重要的还是考虑到健康。因为，档短及过紧的裤子会阻碍女性阴部湿热气体的蒸发，有利于细菌的繁殖，易引起感染。男性穿紧身裤也是害多利少，因为紧身裤易造成股癣，还会经常刺激生殖器，引起身体的不适。

需要注意的是，喜欢穿露脐装、吊带装的女性，在出入有空调的场所时，应避免腹部和肩部受凉，以免引起胃肠功能紊乱和肩周炎、颈肩综合征等疾病。

3. 选择吸热性能差的浅色衣服。

夏季温度高，太阳辐射强，为防止太阳的辐射，应尽量减少衣服吸热程度。

服装衣料的颜色不同，对热量的吸收和反射的强度也各不相同。一般而言，颜色越深，吸热越强，反射性越差；颜色越浅，反射性越强，吸热性越差。

人们常说："夏不穿黑，冬不穿白。"因为白色对光热的吸收最少，反射最强，能将大部分光热反射出去。黑色对光热的吸收最多，反射最少，能将射在它上面的光热大部分吸收进来。因此，夏季衣着的色调应以浅色和冷色为主，素雅大方，避免颜色过于强烈，以反射辐射热。比如，可选择白色、浅绿、浅蓝、淡黄等颜色作为衣料。

4. 选择麻、丝、棉制品的内衣。

在炎热的夏季，人体主要依靠大量出汗来散发热量。大量出汗时，大部分汗液来不及蒸发而溢流在皮肤表面，其中多半又被贴身内衣所吸收。因此，夏季对内衣的选择也是非常重要的。

麻、丝、棉织品是最理想的内衣材料，它们具有良好的透气性、吸湿性、排湿性和散热性。而且，夏季的内衣应宽松舒适，大小适中。

因化纤类内衣的透气性、吸湿性差，所以稍有出汗，内衣便发黏，热量不易散发，产生闷热、潮湿的内环境。这样，局部的微生物便会迅速繁殖，使汗液中的尿素分解产生氨，发出难闻的汗臭味，而且还会使皮肤受到异常刺激，诱发痱子及皮炎等。尤其是女性，更不能选用化纤衣料作为内裤，而且内裤不宜过紧。因为女性阴道常分泌出酸性分泌物，使外阴保持湿润，并具有防止细菌入侵和杀灭细菌的作用。选用化纤内裤，或内裤过紧，都将不利于阴部湿气蒸发，从而为细菌的繁殖创造了有利条件，很容易引起感染。

夏季凉帽的选择

因夏季强烈的阳光照射会对人体产生一系列不良影响，可导致白内障、皮肤晒伤，引发的皮肤癌。在我国，老年性白内障是老年眼病中致盲率最高的一种。因此，夏季应保护好眼睛，在强烈的阳光下，应戴顶帽子，以减轻紫外线对眼睛的直接损害。

黑色棉布帽	遮阳帽	旅游帽
对太阳辐射的遮阻力最小，防护性能较差。	既可遮阳，又能增加美感，可自行调节松紧度，比较适合少女或青年女性佩戴。	帽子小、帽檐大、前额遮阳面积较大。女性以浅蓝、浅黄、奶白等浅色帽为宜。

帽子的选择是有一定讲究的，因为帽子的防护性能决定其保护效果。防护性能主要是对太阳辐射的遮阻力而言，遮阻力越高，防护性能越好，也更加有利于对眼睛的保护。

5. 选择吸湿、透气、排汗材料的鞋袜

人们在夏季选择凉鞋时，宜选用软帮鞋，尤以皮革凉鞋为佳。不宜选用塑料、橡胶、人造革等材料制作的凉鞋，因为它们不具备吸湿的功能，穿着不仅会感到鞋内滑腻，还会发出阵阵臭味。而且这类凉鞋的原材料中含有大量的化学物质，会引起皮肤的过敏反应。

夏季在选择袜子时，尽可能穿透气性好的薄棉袜子，避免穿长丝袜。因为夏季皮肤毛孔处于舒张状态，便于排汗降温。穿上长丝袜后，袜子紧紧箍在皮肤上，不利于汗液排出和蒸发，从而影响散热。另外，汗液排泄不畅和无机盐等皮肤代谢产物的刺激，还会引起皮肤瘙痒等症状。

夏季美容护理：尽量用温水洗脸，切忌天天洗头

1.夏天不宜用凉水洗脸。

人们在炎热的夏季出汗多，水分蒸发后残留在身体表面的盐分、尿素等废物会刺激皮肤。夏季皮脂分泌旺盛，毛孔容易堵塞，这些都会影响皮肤的新陈代谢，导致痱子、痤疮等多种皮肤疾患。由此可见，夏季保持肌肤的清洁是十分重要的。

（1）夏季用凉水洗脸易诱发皮炎。夏天洗脸最大的忌讳是什么？就是用冷水洗脸。满是汗水的脸上，皮肤温度相对比较高，在没有冷却下来的情况下，突然受到冷水的刺激，会引起面部皮肤毛孔收缩，使得毛孔中的油污、汗液不能及时被清洗出来。这样下去，将会使肌肤的毛孔变大。敏感的肌肤甚至可能会因此急性发炎，油性皮肤则容易出现粉刺和痘疮。

（2）夏季每天应至少洗脸两次。夏季每天应至少洗脸两次，尤其是平时有化妆习惯的人。洗脸最好用42℃以下的温热水，以溶解皮脂，促进皮肤新陈代谢。为了有效地去除面部的残留皮脂和污垢，夏季洗脸时最好选用清洁功能比较强的洁面产品。

（3）经常化妆的女性，别忘记再多洗一遍脸。平时有化妆习惯的女性，在去除化妆品和污染物后，应再用清水洗一遍脸，并用干毛巾将水分吸干，使用一些收缩水，涂上乳液等护肤品。油性皮肤毛孔粗大，皮脂腺分泌多，容易附着尘土及寄生细菌，夏季更为明显，所以应多洗几次脸，使皮脂排泄通畅。另外，手、脚、颈、背等暴露在外的部位，也要注意经常清洗和及时涂抹护肤品。

2.夏天美白先养"气血"。

人们经常说"一白遮百丑"，女性都希望拥有白皙无瑕的肌肤，而中医是如何美白的呢？其实中医讲究的不是"白"，而是整体观念——"气血"，就是颜面、皮肤、头发等的变化。面色红润、皮肤细腻光滑是身体内脏腑经络功能正常与气血充盛的外在表现，反之，则会出现脏腑功能与气血失调。夏天我们该如何调养，才能让皮肤更健康美白呢？以下两点可供参考：

（1）一天中有两个时段尽量避免出门。太阳对皮肤的伤害，主要来自阳光中的紫外线。阳光对皮肤伤害最深的时段主要是上午10点至下午4点，所谓"毒日头"的时间。所以外出时要尽量避开这一时间段，但其他时间段外出时也应做好相应的防晒措施，以减少紫外线对皮肤的伤害。

（2）由内而外，中医美白食补最关键。许多人因青春痘、粉刺、黑斑或面色暗沉等问题而苦恼。这些皮肤的问题，除了外在环境因素，多半与脏腑功能紊乱、气血失调有关。中医认为，肤色要光彩亮丽，还得从根本上调理。

补气红枣茶具有补血益气的功效，适合面色苍白、倦怠乏力、容易感冒、头晕心悸者。

补气红枣茶

材料：牛蒡10克，红枣10克，麦冬10克，黄芪10克。

制作：①将所有材料加入2000毫升的水，浸泡30分钟。②大火煮滚后转小火煮约10分钟即可。

理气活血茶具有养血活血、促进血行之功效，适用于唇色偏暗、痛经、身体酸痛等血液循环不佳者。

理气活血茶

材料：丹参10克，黄芪10克，山楂10克。

制作：将材料加入1000毫升的清水，大火煮滚后转小火煮10分钟即可。

消斑养颜茶具有化斑美颜之功效，一般人均可饮用。

消斑养颜茶

材料：白茯苓10克，红枣（去核）10克，西洋参5克，川七3克，珍珠粉3克，玫瑰花5朵。

做法：将以上材料加入1000毫升沸水冲泡，加盖闷约20分钟，过滤后即可。

3. 夏季不要天天洗头发。

在夏季，有许多因素都会伤害头发，影响头发的正常生长。一是夏季阳光中的紫外线较强，使头发易干燥，失去光泽；二是汗水的侵蚀、灰尘的污染，使病菌容易繁殖，造成头皮屑增多、脱发，甚至还会出现毛发变细和断发的现象。

在辨别头发是否受到损伤的时候，可以通过以下两种方式来检查。长发者可将头发的发梢握在手心中，轻轻地搓揉，如果手心感觉发涩，便是发质变差的表现。另外，可以目测发梢，发质不健康的头发在分叉之前，发梢的颜色会有一点点偏浅；在分叉并脱落后，发尾会有白色的点。如果发现这种情况，便应该及时对头发进行养护。

（1）油性发质最容易受损。发质一般分三类，即普通型、油性型和受损型。发质不同，遇到头发损伤的问题也不同。其中油性发质在夏季最容易受损。

夏季，随着日光照射的不断增强，皮脂腺分泌出来的油脂比其他季节更多，而油性的头发本来分泌的油脂就多一些，过多油脂会堵塞毛孔，影响头发"呼吸"。有的人说油性发质不能做营养方面的护理，怕营养过多令头发负担更重。其实不是，造成发质油性的主要原因是缺少水分，所以应该选用补水类的营养护理产品，才能对油性发质起到很好的养护作用。

（2）夏季不要天天洗头发。夏季天气热，容易出汗，很多人都是每天洗头发，这也不正确。因为皮脂膜有滋润皮肤的功效，其中的脂肪酸有抑制细菌生长等作用。经常洗发会将头皮脂膜层洗掉，所以洗发次数不宜过多，尤其是在夏季。夏季油性发质每隔3～4天洗一次，普通发质4～5天洗一次头发为最好。

（3）如何消除夏季头屑。中医认为，头屑主要是因为人体正气不足，抵抗力下降，风燥之邪侵入所致。因此，可用祛风、养血、清热、保湿、杀虫、止痒的方药来治疗。下面有两种去头屑的方法，可供人们选用：

①在适量清水中加入食盐，溶解后再洗头，对消除头皮发痒、减少头屑有很好的效果。

②在1000毫升温水中加入陈醋150毫升，充分搅匀。用此水每天洗头1次，能去头屑、止痒，对防止脱发也很有帮助，还能减少头发分叉的现象。

夏季要预防"首饰病"

夏季，因为天气炎热，患皮肤病的人逐渐增多，很多是因为戴金属首饰造成的。

（1）为什么金属饰物接触皮肤容易造成皮炎

金属饰物在制作过程中，都会按比例掺入少量的铬、镍、铜等金属。天热时人体汗液可导致这些金属饰物表面少量的硫酸镍溶解，皮肤吸收后就会发生过敏反应，从而诱发皮肤病。一些过敏体质的人，反应可能会更加强烈。

（2）预防首饰病先从不贪小便宜做起

一些低档饰品是经过化学处理的，容易引起过敏反应。过敏体质的人应尽量避免佩戴镀金、镀银、镀镍、镀铬及假玉等容易引发皮炎的饰品。

这手镯是纯金的吗？

（3）谨慎选择"穿刺型"首饰

由于穿刺受损的局部组织和饰品不断摩擦接触，非常容易引起皮肤感染，如果是本身属于过敏体质的人，反应也许更为强烈。所以，选择"穿刺型"首饰时要慎重。

4.养护肝、脾可去除汗臭。

进入夏季以后，气温明显升高，在空气流通较差的公共汽车上、人流拥挤的超市中，汗臭蔓延，让人避而远之。其实汗液本应是无味的，那么汗臭味是从哪里来的？

（1）夏季汗多可能肝有问题。从中医学角度解释，夏季出汗过多与人的体质有关。举个例子，用火给水加热，温度升高，水汽就产生了。适度出汗是正常现象，对人体有好处。但出汗过多就不好了，这是因为"汗为心之液"，如果出汗过多就容易损伤心阳，而五脏六腑又是相互牵制的，所以出汗过多也是某些疾病的征兆。

中医认为，肝热者体温略高，容易出汗，汗水呈赤黄色，有臭味。如果日常饮食不当，进食过量燥热的食品或吸烟嗜酒，体内就会积聚很多有毒物质。排毒的途径除大小便外，就是透过皮肤毛孔。因此有肝病的人，排出来的汗会带有臭味。

（2）出汗过多的体质应怎样调养？人体的汗腺有两种，一种叫小分泌腺，它流出的汗液只有水分和盐分，所以不会有臭味，像手、脚等部位的汗腺就是这一种。另外一种则是汗臭的"罪魁祸首"——大分泌腺，因为它藏在毛孔的下面，所以流出来的汗液会略带臭味。

不妨以泡热水澡的方式来锻炼汗腺，以消除汗臭。人坐在水温43～44℃的浴池里，手肘、腰以下浸没在热水中，仅让胸、腹、背露出水面。10～15分钟后汗液从胸、腹、背部流出，再洗澡，擦干身体，然后喝些有暖身发汗作用的姜汤补充水分。锻炼汗腺时不要在空调房间里进行，因为室温过低会降低出汗的效果。锻炼汗腺最好在闷热的6月初连续进行两周。两周后就会达到正常出汗、消除汗臭的效果。

（3）脚臭怎么办？夏天，很多人都有脚臭的毛病，脾湿热时，人会出又黄又臭的汗，这就是"汗臭脚"的由来。一般说来，脚臭与脾的健康有关，此时应以清热祛湿为主。可以每晚都用热水或者明矾水泡脚，明矾具有收敛作用，可以燥湿止痒。还可多吃扁豆，扁豆可以健脾祛湿。另外，土霉素有收敛、祛湿的作用，把土霉素药片压碎成末，抹在脚趾缝里，在一定程度上也能够防止出汗和脚臭。

夏季养花：接天莲叶无穷碧，映日荷花别样红

1. 盛夏花卉的防晒保湿。

夏季正是花卉繁茂与旺盛的季节，气温高、日照强、雨水多，大多数花卉在这个季节要注意适当遮阴，防止暴晒。另一方面还要加强水分的补充，这样不仅能保证花卉的健壮生长，还可以达到降温增湿的目的。

（1）盛夏给花温柔的阳光。喜欢阳光的花卉在春季出室后要沐浴充足的阳光，然而到了盛夏，若遭受强光直射，就会造成枝叶枯黄，甚至死亡。所以要把它们都移到略有遮阴的地方，或室内通风良好、具有充足散射光处，减弱光照强度。

（2）给花"喝水"有讲究。夏天由于气温高，需要给花充足的水分供应，这样不仅满足了花的生长，同时还起到调节温度和湿度的作用。通常情况下花卉每天浇1～2次透水，千万不要浇半截水，否则根系不能充分地吸收水分，就会导致叶片卷缩发黄而枯萎。

给花浇水的时间以早晨和傍晚为最佳，切忌中午浇冷水，否则会出现"生理干

旱"现象，使叶片焦枯，严重的会导致死亡。要特别注意的是，下过雨后，盆内如果积水应立即倒出，或用竹签在盆土上扎若干个小孔，以排出积水，否则容易造成根的腐烂。

（3）夏季花卉繁殖。

第一种是扦插法：①嫩枝扦插，大部分花卉在 6—9 月，采用半成熟的新枝，在遮荫条件下进行扦插。如天竺葵、万年青、米兰、栀子花、富贵竹等。扦插法的操作步骤如下：一是将选好的叶片切断，使主脉暴露出来，并插入到沙床中。二是将植株从盆土中挖出，注意不要伤到根系，选取植株上的肥厚叶片。三是做沙床的盆底放几片碎瓦片，保持盆内良好的透水和透气性。②叶插，用肥厚的叶片和叶柄进行扦插，如从秋海棠剪取叶片，同时切断叶片主脉数处，平铺到沙床上，使叶片和湿沙密切接触，不久会在主脉切口处长芽和长根，取下另栽即可；虎尾兰是将叶片切成数段，直插到沙床上；大岩桐取叶，将叶柄直插到沙床上，就能长出新芽。扦插床上要注意遮阳和保湿。

第二种是嫁接法：①芽接：大部分木本花卉多在夏末秋初的 7—9 月进行芽接。②仙人掌类嫁接多在夏末秋初季节进行，如蟹爪莲、仙人球等。

2. 夏季施肥——薄肥勤施。

夏季在给盆花施肥时，要掌握好"薄肥勤施"的原则，施肥太浓容易造成烂根。一般生长旺盛的花卉，每隔 7 ~ 10 天施 1 次稀薄液肥。施肥的时候要在晴天盆土较干燥的情况下进行，湿根施肥易烂根；施肥时间最好在傍晚，中午土温高，施肥容易伤根。次日还要浇 1 次透水。施肥时一定注意不要将肥水溅到叶片上，以免把叶片烧伤。

3. 修剪——给花塑造"优美"体形。

有许多花卉在进入夏季以后，易出现徒长，影响开花结果。为保持株型优美、花多繁茂，要及时进行修剪。夏季修剪通常以摘心、抹芽（也叫除芽，就是将多余的、过于繁密的、方向不当的芽除去，是与摘心有相反作用的一项技术措施）、除叶、疏蕾（为保证花朵质量而进行的疏减花蕾个数的工作）、疏果和剪除徒长枝、残花梗等为主要的操作内容。

另外，若花蕾过于密集，会使每个花蕾得到的平均养分减少，这时要进行适当的疏蕾，使余留的花蕾可以茁壮生长，花朵更加饱满。

4. 夏季常见病虫害防治。

（1）炎热的夏季高温、高湿，常见的病害和虫害极容易发生。要经常注意观察，一旦发现就应及时喷药防治。

（2）防重于治。经常打扫环境卫生，清除杂草，对培养土和工具进行消毒处理。采取改善环境条件、通风降温等措施，都可以减轻病虫害的发生。

（3）防灼伤（日烧），有些耐阴花卉在夏季若直接暴露在强光下，叶片容易灼伤，出现病斑或叶尖枯黄等情况，要及时采取遮阴措施来改善这一状况。

5. 夏眠花卉要遮阴通风、控制湿度。

进入夏季，有一些喜冷凉、怕炎热的花卉生长缓慢，新陈代谢减弱，以休眠或半休眠的方式来度过高温炎热的天气。所以需要针对这一生理特点，加以精心养护，使它们能够安全度夏。

（1）遮阴通风。进入夏天后，要将休眠花卉置于通风凉爽处，避免阳光直射暴晒。气温高时，还要常向盆株周围及地面喷水，以降低周围气温和为盆株增加湿度。

（2）控制浇水量。对于夏眠的花卉，要严格控制浇水量，少浇水或不浇水，保持盆土稍微湿润为最佳。

（3）防止雨淋。夏季雨水非常丰富，如果植株受到雨淋和雨后盆中积水，极易造成植株的根部或球部腐烂，引起落叶。所以，要将植株放在避风雨的地方。

（4）停止施肥。花卉在夏眠期间，生理活动减弱，消耗的养分极少，所以不需要施以任何肥料。等到天气转凉、气温渐低时，这些夏眠花卉又可重新恢复活力，开始新的生长。

夏季钓鱼——大麦黄，钓鱼忙

1. 夏季钓鱼用饵秘籍。

夏天钓鱼时，诱饵应投放在深水区无阳光直射的庇荫水域。若遇雨天，气温下降时或有三级以上的风时，也是可以钓浅的。因为浅水区有水草，既可以为鱼提供食物，又是遮阳的凉爽水域，所以找有水草的水域施钓为首选方法。

饵料的使用：因夏季的气温、水温都很高，鱼的食欲减退，使用饵料更应精心。从气味上讲，应淡一些。无论是诱饵还是钓饵，都应以素饵为主，少用或不用荤饵，如面团饵。还可以就地取材，用草叶、花瓣、玉米粒或麦穗做钓饵，也可以捉些蚂蚱、菜虫当钓饵。如将新鲜的嫩小麦粒撒到水中当诱饵，此办法钓草鱼、鲫鱼效果非常明显。

因为草鱼不怕热，即使在中午也可以钓到，饵料自然也是以素饵为主，尤其应使用绿色的叶草作为钓饵。

2. 夏季浅滩水区宜钓鱼。

（1）浅滩中有丰富的天然食物和较大的活动空间。鱼类依赖生存的食物主要是水体中的天然微生物和小型动物、植物等。随着高温以及雨季的到来，供鱼食用的物质也随之增多，为鱼类提供了丰富的饵源，鱼的活动活跃，四处游动觅食，增大了咬钩的机会。

①水体中自身的食物来源非常广泛。一般动植物的繁殖和生长受温度影响较大，夏季湿润、高温，水库中最先受到影响的必然是大面积的浅滩。浅滩水区水草生长茂盛，为小鱼、湖虾和水生昆虫提供了成长的附着体和营养源，促使其大量繁殖；

水温的适宜，也为浮游生物的大量繁殖创造了条件，为鱼游向浅水区创造了有利的条件。

②陆地为浅滩带来了非常丰富的饵料。在流域面积广阔的水库，雨季的到来甚至能把数十千米外的陆地生物带入库内，库区周边的山林、草坡、牧场、田园、村庄、道路等因受雨水冲刷，许多跌落和生存于陆地表层及浅层泥土中的微小动物以及植物碎屑都会顺流而下，涌入上游的浅滩。

（2）浅滩是一汪鲜活的水体。作为静水的人工湖一类水体，特别是一些小型湖库坝塘，在经历了一段时间的消耗后，变得缺乏生机与活力。然而当雨季带来了大量雨水，上游一带的浅滩陈水被注入的新水推向下游，鲜亮的新水布满新淹没的大片水区，形成鲜活之势。而且由于水体新陈代谢后溶氧量增加，无疑使趋氧性极强的鱼闻风而至。由于浅滩多平坦、旷野之地，易受风力影响，水面有波浪，加大了水体与空气的接触，也使溶氧量倍增。

夏季钓鱼地点的选择技巧

（1）钓深　如果水温超过 30℃，一般的淡水鱼就无法忍耐了，会潜入深水域"消夏避暑"。所以，"夏钓潭"，潭指深水域。一般情况下水深在 2.5～3 米为宜。

夏季钓鱼选择有阴凉的钓点，如在一些阳光被树木、山体遮挡的水域下钩。尤其是在夏日傍晚，可以说是上鱼的最佳时机，切不可放过。　（2）钓阴

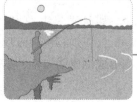

（3）钓夜　夏季宜夜晚到水库等大水面垂钓。白天岸边有各种干扰，大鱼不敢靠近岸边，而晚上连更大的鱼都敢游到岸边来觅食。当然，夜钓一定要保持安静，千万别在岸边弄出响动，更不要将手电筒在水面乱晃，以免惊到鱼。

钓活动的水。夏天在精养鱼塘垂钓，采取寻找"水流"方法或寻找动水的进水口，还有迎风岸、增氧机的四周等。静中找动，动中取胜，才是最佳的选择。　（4）钓动

（3）浅滩符合鱼类繁殖的需要。从一般生殖规律来看，水库中的鱼，如鲫鱼、鲤鱼以及数量最大的小杂鱼白鲦等，一旦进入升温时期皆已开始孕育后代。最先进入繁殖期的是鲫鱼，一旦进入春天，只要有连续几天的晴朗天气，就会有部分鲫鱼游到浅滩产卵，甚至少部分鲤鱼也会在早春二月到浅水滩产卵。到了三四月间，在春雨中，鲫鱼产卵几乎到了高潮期。但由于气温、水情乃至食物的因素，春季鱼类繁殖并不是最盛期，而是到夏初雨季降临，库水上涨，水色浑一点，浅水水草多起来后，才是鱼类大量繁殖的阶段，特别是鲤鱼和白鲦等。因此，随着浅水区的扩展、水体温度的升高，此时非常符合鱼类的繁殖条件，使鱼蜂拥而至。

3. 夏季宜多云或阴天钓鱼。

夏季多云或阴天时有两个特点，一个是天气不太热；二是光线不十分强烈。首先，因云层厚，阳光稀薄，使得气温不高，营造了较适中的水温，鱼会逗留于较浅的水域，特别是鲫鱼和草鱼。因为毕竟浅水有较丰富的微小水生物和植物，索饵的本能促使它们活动于此，如果再有水草覆盖，更是它们喜爱的场所。其次，由于阴天或多云，灰暗的云层遮挡了强烈的阳光，弱光照射到水中，使水底亮度降低，给鱼儿创造了一个安全的环境，钓者适时在这种水域投饵，会很快引来鱼觅饵中钩。这种天气不仅早晚有鱼咬钩，就连中午也常有鱼汛，甚至还会不时碰到大鱼。

4. 夏季雨天时下时停宜钓鱼。

夏日，人们经常遇到雨时下时停的天气，这正是降温消暑的好时机，鱼儿喜欢乘此时机到浅滩游弋觅食。下雨有两个好处：一是激活水体，使水中溶氧量增加，特别是浅水溶氧量更易提升，此时多可见到水面不时翻出水花，鱼的表现十分活跃，觅食积极；二是下雨时段行人稀少，水边变得安静了许多，雨声掩盖了岸上的噪声，鱼会大胆出入浅滩。这时，鱼汛的强弱与雨的起止有关，即在下雨的过程中，鱼咬钩的频率较高，其反映在鱼漂的讯号也是快捷的；而雨停时，鱼汛变得很弱，这恐怕是与鱼的条件反射有关。若不一会儿又飘来雨丝，鱼又会像先前一样活跃，易咬钩。

5. 夏季初临涨水时间宜钓鱼。

到了夏季，雨水一般在阳历6月下旬至7月较为集中，如遇到下了大雨，为湖库补充水量，一些原先被淹没后又干涸在阳光下的草滩和低洼田地再次被淹没。这些地方由于阳光充足，陆生小动物和昆虫繁殖多，鱼长期养成的生活习性，本能地知道在哪里能找到食物。故当新水淹没这些地方后，大量的虫子及植物果实落于水中，成了鱼抢食的美餐，而食草鱼却闷在水中啃吃绿草。钓者要趁新水来的前几天来此下竿，因水色较浑，几十厘米的深处即可上鱼，并且由于新水注入的凉爽性和富氧性，易将鱼吸引到此处，此时即便是晴天也是好钓的。不过时间不长，也就是两三天左右，再过几天下大雨又淹上来一截，又是好钓机会。但当夏末初秋时节，由于浅滩之水逐渐变清，而新来之水也不再浑浊，此时再去钓涨上来的浅水就很难有收获了。

夏季爱车保养：防水、防晒，防爆胎、防自燃

1. 正确检查和使用空调。

夏季，若按照正确的方法对汽车空调进行使用前的检查，不但能保持空调系统良好的工作状态，而且还可以提高该系统的整体使用寿命。

（1）在高温来临之前做好全面的检查。

①检查压缩机皮带的状态和性能。如果皮带与皮带轮槽接触的表面看上去很光亮，表明皮带已经有较严重的打滑现象，应该更换皮带和皮带轮，否则会因空调系统得不到足够的动力而出现制冷不良的现象。

②检查系统软管的接头处是否有泄漏。一般而言，汽车使用时间达到三四年后，空调系统内的制冷剂会由于长时间在高压环境下工作而产生泄漏。仔细观察空调系统各软管的接头部位，如果发现有渗漏痕迹，要及时去维修处解决。另外，如果发生过碰撞事故，也要注意各软管是否因受到碰撞、挤压等外力而出现了裂缝。

③检查冷凝器是否清洁。清洁的冷凝器表面更利于散热，定期检查和清洁冷凝器表面，可大大提高空调系统的制冷效果。

④检查制冷剂的液面高度是否正常。大多数汽车的空调系统都有专门用来察看制冷剂状态的观察孔。观察孔开在干燥器的盖子上面，被一个小小的圆形玻璃覆盖。运转发动机和空调系统，透过观察孔的玻璃，可以看到制冷剂液面的高度和流动状态。如果空调工作正常，可以看到清澈的冷却液在不停地流动，并且在高温时还偶尔夹带着些小气泡。当关掉空调系统的时候，也能够看见一些小的气泡。

（2）正确地使用汽车空调。

能否正确地使用空调，会直接影响汽车空调的制冷质量和使用寿命。所以，要养成科学地使用汽车空调的好习惯。

①应先放热气，再开空调。如果汽车在烈日下停放时间较长，驾驶室内会因为积聚了很多的热量而温度很高。这时，启动汽车后不要立刻使用空调。应该依次把所有车窗都打开，同时将通风调节设置成外循环模式，以较低的速度行驶，利用行驶风把驾驶室内的热气排出去。等驾驶室内温度下降后，再关闭车窗，开启空调。

②车内开空调时，驾驶员不要在车内吸烟。烟气中的焦油颗粒会吸附在空调系统的风道内壁和滤网上，时间久了，就会产生难闻的味道。因此，要尽量避免在车内吸烟。如果确实需要吸烟，也要将通风调节设置成外循环模式。

③注意不要堵塞空调的空气进气口。空调系统在工作时，要通过进气口吸入空气。如果在空气进气口附近堆放物品，致使空调系统空气流通受阻，不但会降低制冷效果，而且还会加重系统工作负担，导致故障。

④应在停车前几分钟关掉空调，但保持吹风状态。这样操作可以使空调冷风管

道内的温度回升，消除与外界的温差，避免水汽在管道内凝结，从而保持空调系统的相对干燥。否则，管道内潮湿的小环境会造成霉菌的大量繁殖，空调就变成了车内空气的污染源。

夏季养车防水、防潮

对于我国大部分地区而言，进入夏季，降雨较多，有车一族在这个季节不要忽视了给爱车做好防水、防潮工作，否则车内发霉、车灯不亮等症状可能就会来找麻烦了。

（1）车内除湿

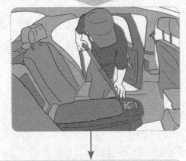

下雨时应该打开空调制冷，这样做不仅可以除去雾气，还有给车里的空气除湿的功能。雨停了就更得注意，积聚的湿气要尽快除掉，否则容易发生霉变的情况。

（2）清洗外表

雨后懒得去洗车，不仅会严重影响个人形象，还会因为雨水中含有的酸性物质残留而对车身和漆面造成严重伤害，使车身失去光泽而影响美观。

（3）检查电路

夏季频繁的降雨可能会对汽车某些部件的性能有所影响，严重的可以导致汽车不能正常启动。

（4）检查制动系统

由于制动液有非常强的吸水性，如果制动系统管路密闭性差的话，雨水就非常容易进入制动液内，这样会影响到制动效果，严重的可能造成制动失灵。

⑤在低速行驶时尽量不使用空调。行车中遇到交通堵塞时，要关掉空调，打开车窗通风。否则，汽车发动机会因为要带动空调系统运转，而保持较高的运转转速。这样做对发动机和空调压缩机的使用寿命都十分不利。

⑥应先关空调，再关掉发动机。有些驾驶员常常在关掉发动机之后才想起关闭空调，这对发动机是有害的。因为在车辆下次启动时，发动机会带着空调的负荷启动，这样的高负荷会损伤发动机。

2. 防止雨刷硬化和变形。

夏季是多雨的季节，雨水的增多必然让雨刷承担更多的责任。在雨中驾车时，如果遇到雨刷不能有效清除风挡玻璃上面的雨水，那你就会如同盲人驾车，失去了安全保障。为了避免这种情况，就要及时排除雨刷故障，及时更换老化的雨刷片。

（1）检查雨刷。将雨刷的开关先后置于各种速度的位置处，注意一下雨刷在工作中是否有震动和异响，检查不同速度下雨刷是否保持一定速度，观察刮水的状态以及是否存在摆动不均匀或漏刮的现象。这两种情况出现任何一种，都意味着雨刷叶片有损坏。此时可以将雨刷拉起来，用手指在橡胶雨刷片上摸一摸，检查是否有损坏，以及橡胶叶片的弹性怎样。如果雨刷片硬化，就需要更换了。

检查雨刷臂弹簧是否保持足够的张力。当雨刷臂弹簧的张力变弱时，就需要更换雨刷臂了。雨刷片借助雨刷臂弹簧的力量而与风挡玻璃紧密接触，当弹簧的张力变弱时，雨刷会由于高速行驶带给风挡玻璃的强大风压而浮起来。这种情况在长尺寸的雨刷上更突出，导致部分玻璃未被刮扫到。这也就是人们常说的行车时雨刷扬升现象，此时最好更换新的雨刷臂。

（2）自己动手更换雨刷片、雨刷臂。雨刷片的更换很简单。雨刷片的固定通常为 U 型钩，只要将钩子拉起来，即可卸下雨刷，但要注意新旧雨刷片型号要一样。更换雨刷后可将风挡玻璃弄湿，观察雨刷的动作是否正常、刮水效果是否处于良好状态。

更换雨刷臂比更换雨刷片稍微复杂一些。先将雨刷臂安装部分的套子拆下来，然后将固定用的螺母转松后拆下，将雨刷臂置于直立的状态，再稍稍动一下就会脱落。接下来，在新的雨刷臂上安装好雨刷片，在雨刷的停止位置将螺母转紧，最后再将盖子装上就完成了。

（3）延长雨刷片的寿命。温度变化或风沙、灰尘等都会使雨刷片寿命缩短。经常清洗风挡玻璃和雨刷片上的脏物，尤其是在下过雨之后，雨水能够减少雨刷不必要的磨损，可以延长雨刷片的寿命。当雨刷片出现刮水不干净时，就要更换新的雨刷片了。

因夏季高温，雨刷的橡胶在烈日照射下很容易软化，甚至会粘在玻璃上。可以在雨刷片上喷些橡胶保护剂，如果手头没有橡胶保护剂而阳光又很强烈的话，停车时应该把雨刷抬起，让其离开风挡玻璃，或者找张报纸，夹在雨刷与风挡玻璃之间。

3.夏季高温防爆胎。

夏季时，由于汽车爆胎而引发的交通事故非常多。造成汽车爆胎的原因很多，夏季高温会加速轮胎橡胶老化、轮胎胎面磨损，还会造成胎压异常，这些都会导致轮胎爆裂。所以应当加强轮胎的日常保养，平时用车前也要检查轮胎状况，以防爆胎。

①经常检查轮胎的外观。夏季的高温会加速轮胎花纹的磨损，内部帘布层的强度也会随之下降。一旦轮胎磨损很严重，就必须及时更换轮胎，否则在雨天容易打滑。除正常磨损外，如果发现轮胎表面鼓包或有破裂现象也应该更换，否则容易发生爆胎的情况。

②应保持标准胎压。夏季轮胎与高温路面摩擦会使轮胎的温度升高，轮胎内部的空气受热膨胀，导致胎压升高。如果不进行适当调整，车身重量集中在胎面中心，经外力冲击和快速磨损，随时都有爆胎的可能。建议夏季每个月测一次胎压，发现气压过高或过低都应及时调整，从而确保夏季的行车安全。

防止紫外线和树脂损伤漆面

烈日炎炎的夏季，阳光中强烈的紫外线照射会使汽车的漆面逐渐褪色。汽车的金属外壳与漆面在烈日照射下都会受热膨胀，导致汽车漆面上产生许多细微的裂纹。另外，高温天气洗车也是加剧漆面老化的原因之一。因此，汽车漆面保养是夏季汽车外部保养的重中之重。

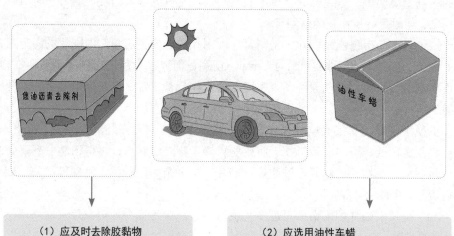

（1）应及时去除胶黏物
目前市面上有专门的焦油沥青去除剂，具有温和而中性的性质，能够快速、有效地去除漆面上的焦油、沥青、树脂等胶黏物。

（2）应选用油性车蜡
汽车漆面在夏天会受到强烈阳光的暴晒，再加上风沙、酸雨、有害气体的侵蚀，漆面会因缺少油分而干燥老化。在对漆面进行研磨抛光或是增亮养护时，应选用油性的车蜡用品。

4.查找自燃点，防止汽车自燃。

每当夏季来临，随着气温的升高，汽车自燃也就成了人们经常谈论的话题。引起汽车自燃的原因很多，最常见的有三种：一是随意升级配置，二是油路、电路故障，三是外界高温影响。

大家普遍认为汽车越高档、越新就越不会发生自燃。但事实上，汽车自燃一般都是油路、电路及汽车升级部件损坏造成的，和新旧没有直接关系。现实中的自燃事故之所以以微型、经济型车居多，则可能与微型、经济型车用户不注重维护保养有关。汽车自燃多是人为因素所致，因此避免汽车自燃，还是以预防为主。如果措施到位的话，很多情况下发生的汽车自燃都是可以避免的。

首先就是要对车辆勤检查。由于发动机在工作状态下温度较高，其附近电线的外表绝缘皮容易老化脱落，造成隐患。所以，做好汽车的日常检查，防止电气线路故障或接触不良非常必要，这是预防汽车自燃最重要的手段。比如要定期检查线路是否有破损、漏油现象，定期检查电路、油路。因轿车的线路在使用三四年后常会出现胶皮老化、电线电阻增大而发热的现象，容易造成短路；蓄电池接线柱因杂质、油污或腐蚀，接点松动发热，引燃导线绝缘层；蓄电池长期受震动或受温度急剧变化影响而使线路接点松动等。

其次是接受过不规范的维修或升级加装的车辆，也会存在自燃隐患。

最后必须要随车携带灭火器。车子一着火，就应该马上开展自救，这时灭火器是绝对少不了的。不少驾驶员存在侥幸心理，他们认为汽车发生自燃的概率很小，带着灭火器又麻烦，所以没必要在车上配备灭火器，这种做法实际上是对自己和爱车的不负责任。很多火灾都是车上未配备灭火器，从而导致来不及施救而烧车毁物的。正如消防专家所说，即便灭火器不能完全将火灭掉，至少也可以暂时控制火势，以争取时间等待消防人员的到来。

夏季旅游：赏花、登山、观日出、探险

1.登山：山东泰山、江西庐山。

被人们称为"五岳之首"的泰山，自古便被视为社稷稳定、国家昌盛、民族团结的象征。从秦皇汉武，到清代帝王，或封禅，或祭祀，绵延不断，素有"五岳独尊"之称。尤其是每年阳历5月份举行的泰山庙会，更是泰山景区内最为热闹的场景。

泰山又名岱岳、岱宗，它气势雄伟，风景壮观。其主峰玉皇顶海拔1500多米，站在岱顶放眼远望，群山河流、原野村庄尽收眼底。《孟子》中有"登泰山而小天下"之说，杜甫诗句中有"会当凌绝顶，一览众山小"之赞。

泰山不仅是历史名山，也是中国文化中著名的文化地标。历代帝王都借助泰山的神威巩固其统治，而泰山又因封禅告祭被抬到与天相齐的神圣高度。一座自然山岳，受到文明大国最高统治者亲临封禅、祭祀，并延续数千年之久，几乎贯穿整个封建社会，这是世界上独一无二的精神文化现象。除此以外，泰山还吸引了众多的历史文化名人。他们朝山览胜，赋诗撰文，留下了丰富的文化精品。司马迁、曹植、李白、杜甫、刘禹锡、苏东坡、郭沫若等挥笔疾书，留下了浩如烟海的颂岱诗文，把游人从山神崇拜引向游览观赏、求知审美的新方向。

2. 名湖：四川泸沽湖——高原明珠。

泸沽湖素有"高原明珠"之称。整个湖泊状似马蹄，四周群峰环绕，湖内烟波百里。每逢晴天，蓝天白云倒映湖中，水天一色，宛如仙境。走进泸沽湖，如同走进了一个神秘的世界，古朴的民风、秀丽的山水，加上浓郁的摩梭风情，使这里充满了迷人的色彩。

泸沽湖古称"鲁窟海子"，又名"左所海"。在纳西族的摩梭语里，"泸"为山沟，"沽"为里，意即山沟里的湖。由于这里地处高原，四周森林茂密、空气清新、人烟稀少，是目前全国范围内遭受人为破坏最轻、自然生态保护最好的湖泊之一。

泸沽湖不仅水清，山也秀。群山之中尤以格姆山（狮子山）为人们所喜爱。这座山雄伟高大，状如雄狮在湖边蹲伏静息，狮头面湖，倾斜的横岭似脚，只要细心观察，还能看得出口耳鼻眼，使人越看越觉得惟妙惟肖。每年农历七月二十五日，摩梭人都要在这里举行一次盛大的祭祀活动。

3. 日出之旅：威海成山头——太阳升起的地方。

在山东省荣成市成山头镇有一座成山头。成山头三面环海，一面接陆，与韩国隔海相望。成山头又名"天尽头"，古时被认为是日神所居之地。传说姜太公助周武王平定天下后，曾在此拜日神、迎日出，修日主祠。

在成山头旅游，有以下几大胜景是不容错过的：

①日出东方。

这里是我国最早能看见海上日出的地方。自古就被誉为"太阳升起的地方"，有中国的好望角之称。

古人有诗云："观海无边天做岸，登高绝顶我为峰。"在成山头看日出，最震撼人心的就是太阳冲破黑暗、带来光明的那一瞬间。那时，可以看到红日逐渐露出海平面，由一弯到半圆，再全部升上天空，漫天彩霞、海天一色。当太阳由绯红到金黄，人、树、房子等先是黑影，再被染红，再呈现出本来的色彩。

②海雾惊涛。在成山头以及周围地区，一年当中有两百多天是处于云雾缭绕之中的，这其中尤以春夏为多。站在成山头举目四望，飘于眼前的是朦胧似梦一般的迷雾，碰触肌肤的是冷飕飕的海雾。此时，你若站在成山头上遥望日出，整个海面好似仙境，有超凡脱俗之感，给人的感觉好像是到了海外仙山。

③古今胜地雄关。成山头留下了许多精彩的历史传说。相传秦始皇曾两次驾临此地，礼祀名山，寻求长生不老之药，留下了秦桥遗迹、秦代立石、始皇庙及李斯

手书"天尽头，秦东门"等古迹。公元前94年，汉武帝刘彻率领文官武将自长安出发，途经泰山，一路东进巡游海上至此，为成山头日出这一奇丽的自然景观所折服，遂下令在成山头修筑拜日台、拜日主祠，以感恩泽，且作《赤雁歌》以抒情怀。

特殊的地理位置还使得成山头成为兵家必争之地，在三国、隋、唐、明、清等各个朝代均有战事发生。

4. 竹海之旅：蜀南竹海——天然氧吧。

横跨宜宾的长宁、江安二县的蜀南竹海四季翠绿、泉甘水冽、溪流纵横、湖泊如镜，是消夏避暑的绝佳去处。漫步蜀南竹海，你能感受到连空气都含着竹的清香。

①蜀南竹海天下翠。绿色是蜀南竹海最亮丽的一道风景线。在以竹景为主要特色的蜀南竹海，漫山遍野的楠竹遍布大小28座山峦、五百多个山丘。这里的翠竹苍劲挺拔、品种繁多，在国内独领桂冠。在数百千米的竹海中，共生长有六十余种竹子，比如人面竹、湘妃竹、慈竹、花竹、罗汉竹、鸡爪竹、算盘竹、箭竹等，数不

赏花观鸟之旅

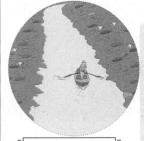

每到夏日，荷花遍布整个白洋淀。翠绿的荷叶铺满水面，玉立在荷叶间的花朵颜色各异，是观赏荷花的极佳之地。

赏花——白洋淀

泰山气势雄伟，风景壮观，其主峰玉皇顶海拔1500多米。泰山不仅是历史名山，也是中国文化中著名的文化地标。

登山——泰山

成山头三面环海，一面接陆，是我国最早能看见海上日出的地方。自古就被誉为"太阳升起的地方"。

日出——威海成山头

乌尔禾魔鬼城的山丘被狂风吹成了各式各样的"建筑物"。每当夜幕降临的时候，魔鬼城内狂风大作、飞沙走石，伴有怪异而凄厉的声音。

探险——新疆乌尔禾魔鬼城

胜数。除了品种繁多，蜀南竹海的竹子还丰姿各异。它们互抱成林，形成翠玉般的迷宫。漫步竹荫深处，处处飘荡着竹的清香，竹的身影。远远望去，一片竹海，连川连岭，令人叹为观止。

②感受天然氧吧。蜀南竹海植被覆盖率达 87%，氧气充足，是"洗肺"的极好去处，所以有"天然氧吧"之称。景区内有多处沿着山岩倾泻而下的瀑布，与岩石冲击后，产生了大量负离子。据科学家分析，如果长时间呼吸这种带有负离子的空气，不仅能减轻生活中的压力，而且有利于身体的健康。

5. 度假之旅：大连海滨——浪漫之都。

美丽的海滨城市大连是一座绿色之城，整座城市仿佛隐藏在树林当中，路与树相互融合，四季常青。尤其是这里的海滨，山环水绕，气候宜人。众多的海水浴场各具特色，礁石林立的海岛千姿百态，而远近闻名的旅顺港更是中外游客必去的旅游胜地。

①诗情画意之城。大连被誉为"浪漫之都"，这座驰名的海滨之城拥有"世界环境五百佳"的荣誉和地跨黄海与渤海的极大优势，既拥有现代都市的繁华，也拥有一片世外仙境般的美丽沙滩。

②消夏避暑的首选。大连的气候四季如春，夏季凉爽宜人，更兼有诱人可口的海鲜、绮丽迷人的海岸、星罗棋布的海滩以及发达的旅游设施。清晨去海滨看日出，傍晚去金石滩听涛声。

6. 探险之旅：新疆乌尔禾魔鬼城。

在祖国的西域，有一个被称为"魔鬼城"的地方——乌尔禾魔鬼城。之所以被称为"魔鬼城"，是因为这里的山丘被狂风吹成了各式各样的"建筑物"。每当夜幕降临的时候，魔鬼城内狂风大作、飞沙走石，怪异而凄厉的声音更增添了阴森恐怖的气氛。所以当地人称其为"苏鲁木哈克"，意指魔鬼出没的地方。

①鬼哭狼嚎般的风声。

乌尔禾魔鬼城还有一个名字，叫作"风城"。每当夏秋季节大风来袭时，这里黄沙遮天，大风在风城里激荡回旋，凄厉呼啸，呜呜的风声听起来如鬼哭狼嚎般，让人毛骨悚然。魔鬼城的称呼也由此而来。然而对于探险者来说，要想体验到这种骇人的风声，只有深入魔鬼城，才能感受到它的恐怖。

②摄影师的独宠。

乌尔禾魔鬼城是大自然的杰作。在辽阔的地平线上，耸立着一座座金黄色的土包，颇像古代的城墙。在"城墙"的上方露出了高高低低、层层叠叠的暗黄色的山峰，看上去与中古时代的城堡十分相似。由于这里的景致独特，曾被许多电影选为外景地。比较知名的有《七剑》《卧虎藏龙》《天地英雄》《冰山上的来客》等。许多摄影家一踏进乌尔禾魔鬼城，就被那些千奇百怪、张牙舞爪的地貌所吸引，梦幻般的迷宫世界与色彩金黄的"城堡"，令摄影师们流连忘返。

7. 皇陵：清东陵、清西陵。

清东陵位于河北省遵化市境内，它与清西陵是中国最后一个封建王朝的皇家陵墓群，也是中国现存规模最大、体系最完整的古帝陵建筑，包括顺治帝、康熙帝、乾隆帝、雍正帝、道光帝在内的数百座皇家陵寝坐落于此。

①清东陵：清东陵四面环山，气象宏大。位于清东陵中心的是顺治帝的孝陵，其他陵寝在昌瑞山南麓依次排开，均由围墙、隆恩门、隆恩殿、配殿、方城、明楼及宝顶等建筑构成。其中方城、明楼为各陵园最高的建筑物，内立石碑，碑上以汉、满、蒙三种文字刻写墓主的谥号。明楼之后为"宝顶"，其下方是停放灵柩的"地宫"。

夏季旅游注意事项

夏季是人们外出旅游的旺季，在旅游中有哪些注意事项呢？

着装

外出旅游穿着上首先要"舒服"，衣服以宽松、休闲装为佳。外出时最好戴一顶遮阳帽或使用防晒伞。

饮食

游客要注意饮食安全，讲究饮食卫生，防止身体不适或疾病。

住宿

应选择通风透光的旅店，睡觉时最好不要整夜开着空调，以免受凉，导致第二天浑身无力。

其他

到海滨地区参加游泳活动时，要在与旅行社约定的区域内或景区限定的区域内游泳，最好结伴而行，携带必要的保护、救生用品，以防溺水事故发生。

在清东陵，除了参观古色古香的墓葬建筑群外，你还可以感受一下三百年的或辉煌或衰败的故事。从入关后的第一位皇帝的顺治皇帝，到辅佐两位皇帝的孝庄、开创康乾盛世的康熙皇帝、文武兼备的"十全老人"乾隆皇帝、咸丰皇帝、两度垂帘听政的慈禧、同治……这些曾在清王朝政治舞台上扮演极为重要角色的人物，如今都长眠于此，默默地诉说着往日的荣光。

②清西陵：富贵奢华，钟灵毓秀。按封建王朝的祖制，儿孙去世后要与长辈同葬一处。但是到了清王朝的雍正帝却独辟蹊径，在河北易县境内首辟陵寝，从而开创了清东陵与清西陵并列的格局。清西陵的中心是雍正的泰陵，其余诸陵均分列泰陵东西两侧，包括雍正、嘉庆、道光、光绪四位皇帝的陵墓。陵寝的规制和建筑形式均体现了森严的等级制度：帝陵最大，后陵次之，妃园寝最小；帝、后陵和喇嘛庙为红色围墙、黄琉璃瓦顶。整个陵区内古木参天，郁郁葱葱。众多建筑均有彩画与雕刻，陵区宫殿内多为旋子彩画，庙宇牌坊上多为和玺彩画，而行宫、住宅则多施苏式彩画。

8.民俗之旅：永定土楼、安徽宏村。

（1）闽西永定土楼——东方建筑明珠。

闽西永定土楼是我国古建筑中的一朵奇葩。它历史悠久、风格独特、规模宏大、结构精巧，被誉为"东方建筑明珠"。

进入客家聚居的闽西南山区后，形如城堡的土楼就会不时映入你的眼帘。它们当中既有圆形、方形的土楼，也有府第式、交椅体的土楼。登高远眺，山顶上的土楼犹如土中冒出的巨型蘑菇，盆地中的土楼却像巍峨的古罗马城堡，极富神秘感。

从建筑特色来看，有方楼与圆楼之分，其中尤以圆形土楼最富客家传统色彩，也最为讲究。

①土楼的产生之谜。永定土楼是客家人聚居的住所。客家人在西晋至清末的千余年间，为躲避战乱、灾荒的侵扰，先后迁入赣、闽、粤等地。由于长期住在偏僻的山区，又处于客居的地位，客家人特别担心盗匪袭扰。于是，几十户人家就联合起来掘土，夯筑起一米多厚、十几米高的土墙，造成 3 ~ 5 层的土楼，几十户人家住在同一座楼中。

②独特的功能设计。永定土楼的设计十分独特，充分表现了古代劳动人民的智慧。土楼有许多功能，比如聚族而居、安全防卫、防风抗震等。即使对于现代建筑设计而言，这些特色也很有参考价值。

聚族而居的功能：天圆地方是中国传统的宇宙观。古人认为，圆形给人带来万事和合，子孙团圆；同时为了共同抗击自然灾害和安全防卫的需要，必须建立高大和坚固的圆形土楼。

安全防卫的功能：圆形土楼一般为四层，一层是厨房、膳厅、浴室、猪舍等；二层是储藏食物的仓库；三层、四层才是卧室。巨大的圆形土楼如同一座古罗马城堡，不存在死角。如果遇到外来势力的侵袭和攻击，只要关上大门，守住要口，全楼就安全无恙。

防风的功能：土楼之所以外形成弧形，其中一个重要的功能就是防风。无论风有多大，都将沿着弧形从两边分流，外墙的受力面积很小，有较强的抗风能力。

③古朴的土楼文化。客家人在千百年的生活中积累了许多自己独特的风俗，土楼中央的公共空间，一律都是祭祀祖先的祠堂。客家人敬拜的不是神佛，而是祖先，这使得客家人传衍有序。在婚丧嫁娶方面，他们也有自己的一系列习俗。比如，客家人娶新娘一般都在下半夜进行，新娘出嫁时一定要哭嫁，婚桌上也必须摆有"十二碗"。到了正月十五时，客家人习惯闹花灯，一般都在祖祠进行，新婚夫妇须

民俗之旅

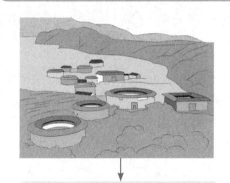

闽西永定土楼历史悠久、风格独特、规模宏大、结构精巧，被誉为"东方建筑明珠"。

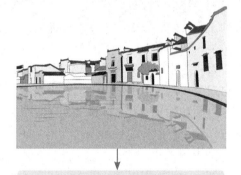

徽州宏村：一座座粉墙黛瓦，飞檐翘角的徽派民居倒映在湖中，被称为"中国画里的乡村"。

凤凰吊脚楼：沿沱江两岸的吊脚楼很多，但最集中、最整齐、最美观的吊脚楼群在虹桥两侧，又以廻龙阁吊脚楼群最为壮观。

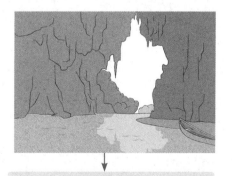

云南坝美：坝美村四面环山、不通公路，进出寨子主要靠村前村后两个天然的石灰熔岩水洞，村民们要经过几千米长的幽暗水洞才能进出。

告慰祖先，以期家庭人丁兴旺。

（2）徽州宏村——中国画里的乡村。

宏村被称为"中国画里的乡村"。这里保存着大量的徽派民居。这里一座座粉墙黛瓦、飞檐翘角的徽式民居，在湖光的倒映之下，俨然一幅幅精美的水彩画，让人忍不住产生"人在村中走，景在画中移"的感受。

①建筑史上的奇观。宏村距今已有近千年历史，其始建于北宋年间，原为汪姓氏族的聚居之地。如果从高处俯瞰全村的话，整个宏村就像一只昂首奋蹄的大水牛，巍峨苍翠的雷岗是牛首，参天古木是牛角，由东而西错落有致的民居群宛如牛庞大的身躯，绕村的溪河上先后架起了四座桥梁，是为牛腿，形成"山为牛头树为角，屋为牛身桥为脚"的牛形村落。

除了整体布局像一只牛形，宏村的水系也是依牛的形象设计。在西北角引一溪水贯穿全村，在青石板下从一家一户门前流过，使得家家户户的门前都有清渠，经九曲十八湾的"牛肠"后流入被称为"牛胃"的月塘，然后又绕屋穿户，流向被称作"牛肚"的南湖。

宏村的水利布局有效地解决了宏村的消防用水，同时起到了调节气温的作用，为居民生产、生活用水提供了方便，还创造了一种"浣汲未妨溪路连，家家门前有清泉"的良好环境。这样科学合理的布局每年都会吸引一大批日本、美国、德国等国内外专家前来考察。

②中国画里的乡村。宏村被称为"民间故宫"，现保存有完好的明清古民居一百四十余幢，周围青山绿水环抱，环境秀丽宜人，显得古朴典雅、意趣横生。村里的"承志堂"富丽堂皇、精雕细刻，可谓皖南古民居之最。

在宏村，最受艺术家欢迎的是南湖书院的亭台楼阁。此外，宏村里面的敬修堂、东贤堂、三立堂、叙仁堂，或气度恢弘，或朴实端庄，这些美轮美奂的徽派建筑，和着村中的参天古木、民居墙头的青藤老树、月湖里的艳丽荷花，真可谓是步步入景，处处堪画。

第四篇

秋处露秋寒霜降

——秋季的六个节气

第一章

立秋：禾熟立秋，兑现春天的承诺

立秋，田野里的稻谷已开始逐渐褪去绿衣，换成斑驳的金黄，一颗颗稻粒慢慢地变得饱满，这是春天播下的希望，如同我们约定的那样，开始兑现春天的承诺，禾熟立秋。

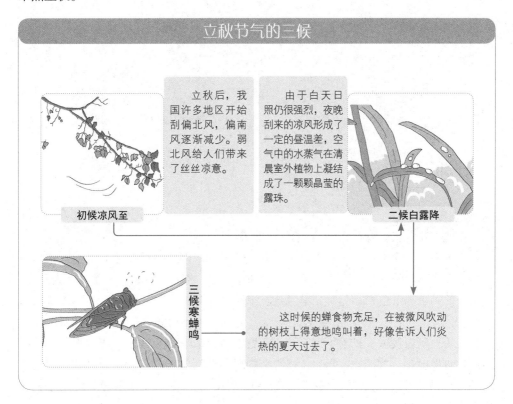

立秋节气的三候

立秋后，我国许多地区开始刮偏北风，偏南风逐渐减少。弱北风给人们带来了丝丝凉意。

初候凉风至

由于白天日照仍很强烈，夜晚刮来的凉风形成了一定的昼温差，空气中的水蒸气在清晨室外植物上凝结成了一颗颗晶莹的露珠。

二候白露降

三候寒蝉鸣

这时候的蝉食物充足，在被微风吹动的树枝上得意地鸣叫着，好像告诉人们炎热的夏天过去了。

立秋气象和农事特点：秋高气爽，开始收获

1.秋高气爽，进入收获的季节。

立秋是二十四节气中的第十三个节气。每年阳历 8 月 8 日前后，太阳黄经到达135° 是立秋。秋，春华秋实，是植物快成熟的意思。立秋一般预示着炎热的夏天即将过去，秋天即将来临，草木开始结果，进入收获季节。

立秋时节的气象和农事特点

都立秋了还是这么热啊。

立秋时节，我国大部分地区气温仍然很高，各种农作物生长旺盛。

这个时候正是施肥的好时节。

这个时期农作物对水分的需求都很迫切，此时受旱会对收成造成影响。

晚稻生长在气温由高到低的环境里，必须抓紧温度较高的有利时机追肥耘田，加强管理。

2.南方北方农田追肥、秋耕、播种和防虫。

立秋时节，全国北方、南方地区气温仍然较高，各种农作物生长旺盛，中稻开花结实，单季晚稻圆秆，大豆结荚，玉米抽雄吐丝，棉花结铃，甘薯薯块迅速膨大，对水分的需求都很迫切，此时受旱会给农作物收成造成损失。因此有"立秋三场雨，秕稻变成米""立秋雨淋淋，遍地是黄金"之说。晚稻生长在气温由高到低的环境里，必须抓紧温度较高的有利时机追肥耘田，加强管理。秋季也是棉花保伏桃、抓秋桃的重要时期，"棉花立了秋，高矮一齐揪"，除对长势较差的田块补施一次速效肥外，打顶、整枝、去老叶、抹赘芽等要及时跟上，以减少烂铃、落铃，促进棉花正常成熟和吐絮。

立秋农历节日及民俗宜忌

1.七夕节。

七夕节源于中国家喻户晓的牛郎织女的爱情传说。农历七月初七这一天是人们俗称的七夕节。七夕节又称"乞巧节""女儿节"（亦称女儿节、少女节），别称"双七"（此日，月、日皆为七）、"香日"（俗传七夕牛郎织女相会，织女要梳妆打扮、涂脂抹粉，以至满天飘香）、"星期"（牛郎织女二星所在的方位特别，一年才能相遇一次，故称这一日为星期）、"巧夕"（因七夕有乞巧的风俗）、"女节"（七夕节以少女拜仙及乞巧、赛巧等为主要节日活动，故称"女节"）、"兰夜"（农历七月古称"兰月"，故七夕又称"兰夜"）等。七夕是传统节日中最具浪漫色彩的一个节日，也是姑娘们最为重视的日子之一。

传说农历七月七日的夜晚，是牛郎与织女在天河相会的日子，民间就有妇女乞求智巧之事。"七七"之夜，是青年男女谈情说爱、共结百年之好的时候，更是才女们一展才华、巧女们争奇斗巧的时候，也是家庭和睦、老幼和谐、共享天伦的时候。

《夏小正》记载七月"初昏，织女正东向"。汉代时出现了描写牛郎织女故事的雏形。《古诗十九首》有"迢迢牵牛星，皎皎河汉女……盈盈一水间，脉脉不得语"的句子，《淮南子》上还出现了"乌鸦填河成桥而渡织女"的传说。民间已有七夕看织女星和穿针、晒衣服的习俗。汉代刘歆所著、晋代葛洪辑抄的《西京杂记》中记载："汉采女常以七月初七日穿七孔针于开襟楼，俱以习之。"当时太液池西边建有"曝衣楼"，专供宫女七月七日晾晒衣服之用。到晋朝时，民间出现了向牛郎织女二神祈求赐福的活动，这些就是后来"乞巧"活动的萌芽状态。

七夕乞巧节在宋元之际已经相当隆重，京城中还设有专卖乞巧物品的市场，世人称为"乞巧市"。宋代的《醉翁谈录》中说："七夕，潘楼前买卖乞巧物。自七月一日，车马嗔咽，至七夕前三日，车马不通行，相次壅遏，不复得出，至夜方散。"从这个描述乞巧市购买乞巧物的热闹情况，可以很容易判断出当时七夕乞巧节的隆重程度。

2. 牛郎织女的传说。

传说天上有个织女星，还有一个牵牛星，织女和牵牛偷偷地恋爱，且私订了终身。但是，天条律令是不允许男欢女爱、私自相恋的。织女是王母娘娘的孙女，王母娘娘一怒之下，便将牵牛贬下凡尘了，惩罚织女没日没夜地织云锦。

有一天，众仙女们向王母娘娘恳求去人间游玩一天，王母娘娘当天心情比较好，便答应了她们。她们看到织女终日忙忙碌碌不停地织锦，便一起向王母娘娘求情让织女也共同前往，王母娘娘也心疼受惩后的孙女，便答应了她们众姐妹的请求。

话说牵牛被贬下凡之后，投胎到凡间一个农民家中，取名牛郎。牛郎是个聪明、忠厚的小伙子，后来父母去世，他便跟着哥嫂一起过日子，哥嫂待牛郎非常刻薄。一年秋天，嫂子让牛郎去放牛，给他九头牛，却让他等有了十头牛时才能回

牛郎织女图扇页

本图是根据我国民间传说牛郎织女的故事绘制而成。画面中牛郎眼望飞鹊，心绪遐远；织女则目视牛郎，面带喜色，似正述说着离情别绪。

家。牛郎没说话，只是默默地赶着牛进了山。在草深林密的山上，牛郎坐在树下暗自伤心，不知道何时才能有十头牛，才能回家。这时，有位须发皆白的老人出现在他的面前，问他为何伤心。牛郎如实相告，老人得知他的遭遇后安慰他："孩子，别难过，在伏牛山里有一头病倒的老牛，你去好好喂养它，等老牛病好以后，你就可以赶着它回家了。"老人说完话后就消失了。

牛郎翻山越岭，走了很远的路，终于在伏牛山脚下找到了那头病倒的老牛。他看到老牛病得不轻，就去给老牛打来一捆捆草，一连喂了好多天，老牛吃饱了，开口说出了自己的身世。原来老牛是天上的金牛星，因触犯天条被贬下天庭，摔坏了腿，无法动弹。老牛还告诉牛郎，自己的腿伤需要用百花露清洗一个月才能痊愈。

牛郎不怕辛苦，到处采集花露，细心地照料了老牛一个月，直到老牛病好后，牛郎兴高采烈地赶着十头牛回了家。

牛郎回到家后，嫂子对他仍旧不好，曾几次要加害他，都被老牛设法相救。嫂子最后把牛郎赶出家门，牛郎只要了那头老牛做伴。

有一天，老牛对牛郎说："牛郎，今天你去一趟碧莲池，有几个仙女在那里洗澡，其中穿红色衣服的女子人品最好，你把她的衣服藏起来，随后穿红衣的仙女就会成为你的妻子。"牛郎便听老牛的话去了碧莲池，拿走了红色的仙衣。仙女们见有人来了，便纷纷穿上衣裳，像鸟儿般飞走了，只剩下没有衣服穿无法飞走的仙女，她就是织女。织女见自己的仙衣被一个小伙子抢走，又羞又急，却又无可奈何。这时，牛郎走上前来，要她答应做他妻子，他才还给她衣裳。织女定睛一看，这个小伙子就是自己朝思暮想的牵牛，便含羞答应了他。

牛郎和织女生了一男一女两个孩子，他们满以为能够终身相守，白头到老。可是纸包不住火，王母娘娘知道这件事后，勃然大怒，发誓一定要派遣天兵天将捉拿织女回天庭问罪。

有一天，织女正在做饭，牛郎匆匆赶回，眼睛红肿着告诉织女："牛大哥死了，他临死前说，要我在他死后，将他的牛皮剥下放好，有朝一日披上它，就可飞上天去。"织女一听，心中明白，老牛就是天上的金牛星，只因替被贬下凡的牵牛说了几句公道话，也被贬下天庭。他怎么会突然死去呢？织女琢磨着自己偷偷来到凡间的事，心想可能要出大事了，便让牛郎剥下牛皮保存起来，然后厚葬了老牛。

突然有一天，天空中狂风大作，雷鸣闪电交加，天兵天将从天而降，不容分说，押解着织女便飞上了天空。正飞着，织女听到了牛郎的声音："织女，等等我！"织女回头一看，只见牛郎用一对箩筐，挑着两个儿女，披着牛皮赶来了。慢慢地，他们之间的距离越来越近，织女可以看清儿女们可爱的模样了，可就在这时，王母娘娘驾着祥云赶来了，她拔下头上的金簪，往他们中间一划，刹那间，一条波涛滚滚的天河横在织女和牛郎之间。

织女望着天河对岸的牛郎和可爱的儿女们哭得声嘶力竭，牛郎和孩子们也哭得

七夕节民俗

1. 乞巧

乞巧活动是七夕节最传统的习俗。山东济南、惠民、高青等地的人们陈列瓜果乞巧，如有蜘蛛结网于瓜果之上，就意味着乞得巧了。女孩对月穿针，或者捉蜘蛛一只，放在盒里，第二天开盒，如已结网，称为得巧。

2. 拜织女

少女、少妇组织自己的朋友——少则五六人，多则十来人——一起祭拜织女。

3. 吃巧果

七夕节民间习俗吃巧果。巧果的制作方法是：先将白糖熔为糖浆，然后和入面粉、芝麻，拌匀后摊在案上擀薄，凉凉后切为长方块，最后折为梭形面巧胚，炸至金黄即成。

4. 七夕夜听悄悄话

传说每年的七月七日夜晚，有许多少女偷偷躲在长得茂盛的瓜棚下，或者在葡萄架下静静地倾听，可以隐约地听到织女和牛郎在互诉相思之情。

死去活来。王母娘娘看到此情此景，也为牛郎织女的爱情所感动，于是网开一面，同意让牛郎和孩子们留在天上，并且限定每年七月七日，让他们全家团圆一天。

立秋民俗

1. 戴楸叶：寓意迎秋。

每逢立秋之日，各地农村有戴楸叶的风俗，楸叶即楸树之叶。据说，立秋日戴楸叶，可保一秋平安。

2. 贴秋膘：大鱼大肉进补。

立秋民间有"贴秋膘"的习俗。民间流行在立秋当天以悬秤称人，将体重与立夏时称的重量对比，来检验肥瘦，体重减轻叫"苦夏"。立秋这一天，普通百姓家吃炖肉，讲究一点的家庭吃白切肉、红焖肉，以及肉馅饺子、炖鸡、炖鸭、红烧鱼。

3. 摸秋："摸秋"不算偷，丢"秋"不追究。

在"立秋"之夜，民间有"摸秋"的风俗。人们悄悄结伴去他人的瓜园或菜地中摸回各种瓜果、蔬菜，俗称"摸秋"。丢了"秋"的人家，无论丢多少，也不追究，据说立秋夜丢失点"秋"还吉利呢。

4. 秋社：祭祀土地神。

秋社原是秋季祭祀土地神的日子，始于汉代，后来定在立秋后第五个戊日。古代五谷收获已毕，官府与民间皆于此日祭祀诸神答谢。宋时有食糕、饮酒、妇女归宁之俗。

立秋民间忌讳

1. 立秋之日忌讳打雷。

立秋之日，民间许多地方忌讳打雷。据说在河南淮阳一带，立秋之日如果听到雷声，则有可能会发生水灾。在江苏武进、阳湖、太仓等地流传有"秋勃鹿，损万斛"的说法，认为立秋之日打雷，晚稻将会遭殃。在陕西孝义一带有谚语云："雷鼓立秋，五谷天收。"

2. 立秋之日忌讳下雨。

立秋之日下雨，将会发生旱情，民间有"雨打头，晒杀鳝头"的说法。对农作物来说，秋旱是最糟糕的事情。在浙江遂昌，人们相信立秋下雨，此后非旱即涝，农谚说："立秋雨打头，无草可饲牛。"在福建浦城，人们认为立秋下雨会妨碍豆类作物生长。在河北新河，认为立秋日下雨将会阴雨连绵，妨碍秋季收割庄稼。

立秋养生：饮食、起居、运动，皆以养收为原则

立秋饮食养生

1. "贴秋膘"有讲究。

到了立秋日，很多人开始进补大鱼大肉，"贴秋膘"，这是北方地区的一种传统习俗。但是这种进补做法也不宜放开肚皮胡吃海喝，否则会适得其反，引发新的疾病。进补应该适量，并且要吃对东西。

首先要保持体内酸碱度平衡。通常人体中的血液呈弱碱性，要是吃了太多鱼、肉等酸性食物，容易破坏血液的酸碱平衡，导致高血压、高脂血症、痛风、脂肪肝等病症。在适当"贴秋膘"的同时，还应该适量补充蔬菜、水果，并且食用豆制品、栗子等碱性食物。

其次要根据身体实际情况选择适合的食物。对于身体健康的人来说，正常的饮食，营养就足够了，完全没有必要刻意吃太多的营养食品。

2. "少辛增酸"保健康。

立秋以后天气逐渐变凉、阴长阳消。这个时节养生的关键在于"养收"，即吃些祛除燥气、补气润肺、有益肝脾的食物，坚持"少辛增酸"的原则，以保持身体的健康。"少辛"也就是避免吃葱、姜、蒜、韭菜、辣椒等辛味的食品。由于肺属金，在金秋时节，肺气较为旺盛，"少辛"的作用就是不让肺气过盛，以免伤及肝脏。

3. 适当食用"温鲜"食物。

进入秋天以后，气温逐渐降低，如果还延续夏天的饮食喜好，大量吃生鲜瓜果，会造成体内湿邪过盛，对脾胃产生不良的影响，引发腹部疼痛、腹泻、痢疾等胃肠疾病，也就是许多人经历的"秋瓜坏肚"之苦。建议立秋过后适当食用一些有利于胃的"温鲜"食物，使胃肠消化系统得以畅通运行。适当食用一些温热性质的新鲜瓜果有助于慢性胃肠道疾病的调养。另外，用餐也应该有所讲究，尽量有规律，还应做到少食多餐，不吸烟、不喝酒。

4. 生津止渴、利咽祛痰可食用橄榄。

橄榄具有生津止渴、利咽祛痰的功效，被中医称作"肺胃之果"。进入立秋时节，天气干燥，多吃橄榄可以起到润喉的作用，并可缓解咳嗽、咯血、肺部发热等症状。橄榄以外皮呈金黄色、果皮无斑、形状端正、果实饱满为上乘。如果颜色极为青绿，可能是经过了矾水的浸泡，倘若食用，有害身体健康。如果将橄榄和各种肉放在一起炖熬，那么食用后可以起到活络筋骨的效果。但是橄榄的味道又酸又涩，建议一次不要食用太多。

饮用橄榄杨梅汤也具有生津止渴、利咽祛痰之功效。

橄榄杨梅汤

材料：新鲜橄榄10颗，杨梅15颗。

做法：①将橄榄、杨梅分别淘洗干净。②砂锅内倒入适量水，放入橄榄、杨梅。③小火熬成汤即可饮用。

5. 吃百合可预防季节性疾病。

新鲜的百合既可以做菜食用，又具有滋补人体的功效。由于立秋时节的天气比较干燥，适当食用百合可以预防季节性的疾病。挑选百合以柔软、颜色洁白、表面有光泽、无过多的斑痕、鳞片肥厚饱满为上乘。百合可以搭配薏米食用，这样组合既比较好吃，又有利于营养的吸收。

立秋时节，预防季节性疾病可以食用百合枸杞土鸡汤。

百合枸杞土鸡汤

材料：水发百合50克，土鸡1只，枸杞子10克，盐、醪糟、啤酒、葱、姜片、植物油等适量。

制作：①将土鸡洗干净，切成块，加啤酒腌制10分钟。②将百合、枸杞子淘洗干净。③锅中倒入水，下鸡块，烧开后捞出，过冷水，捞出沥水。④炒锅倒油加热，放姜片煸香，倒入鸡块翻炒两三分钟，倒入开水，加醪糟，倒入砂锅中炖45分钟左右。⑤倒入百合、枸杞子再炖20分钟，加入盐调味，放入葱花即可食用。

6. 滋阴益胃、凉血生津，食用生地粥。

生地粥具有滋阴益胃、凉血生津之功效，也可以作为肺结核、糖尿病患者之膳食。

生地粥

材料：生地黄25克，大米75克，白糖适量。

制作：①将生地黄洗净、切细后，用适量清水在火上煮沸约30分钟后，滗出药汁，再煎煮一次，两次药液合并后浓缩至100毫升，备用。②将大米洗净煮成白粥，趁热加入生地汁，搅匀，食用时加入适量白糖调味即可。

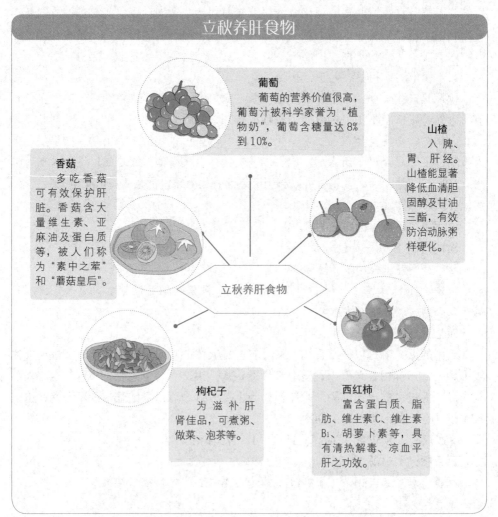

立秋养肝食物

葡萄
葡萄的营养价值很高，葡萄汁被科学家誉为"植物奶"，葡萄含糖量达8%到10%。

山楂
入脾、胃、肝经。山楂能显著降低血清胆固醇及甘油三酯，有效防治动脉粥样硬化。

香菇
多吃香菇可有效保护肝脏。香菇含大量维生素、亚麻油及蛋白质等，被人们称为"素中之荤"和"蘑菇皇后"。

立秋养肝食物

枸杞子
为滋补肝肾佳品，可煮粥、做菜、泡茶等。

西红柿
富含蛋白质、脂肪、维生素C、维生素B_1、胡萝卜素等，具有清热解毒、凉血平肝之功效。

立秋药膳养生

1. 健脾开胃、滋阴降火，食用八宝粥

八宝粥具有健脾开胃、滋阴降火、养颜润肺之功效，适用于面色无华、肌肤干燥老化严重的虚弱之人。

八宝粥

材料：花生仁、桂圆、莲子、松仁、红枣、葡萄干各50克，糯米150克，红豆100克，白糖200克，水适量。

制作：①将糯米淘洗干净，用冷水浸泡2～3小时，捞出沥干，倒入锅中，加适量水煮熟，取出备用。②将花生仁、红豆、莲子淘洗干净，分别用冷水浸泡变软，倒入锅中，加适量冷煮至熟软。③倒入糯米粥及桂圆、红枣、松仁煮至浓稠状，再放入葡萄干和白糖，搅拌均匀，接着煮15分钟，起锅即可食用。

2. 清热生津、解暑消烦，饮用木耳辣椒煲猪腱汤。

木耳辣椒煲猪腱汤

材料：新鲜猪腱300克，木耳20克，红枣4颗，辣椒1个，盐、水等适量。

制作：①把木耳用温水浸透发开，洗干净，切成块。②将红枣淘洗干净，去核。③将辣椒洗净去蒂，去籽，切成丝状。④将猪腱肉清洗干净。⑤将所有材料放入开水中，用中火煲1小时，再放入适量盐调味。

3. 清热解毒、补胃添髓，食用醪糟老姜蟹。

醪糟老姜蟹

材料：醪糟2大匙，老姜50克，螃蟹2只，葱4根，盐、白糖等适量。

制作：①把姜清洗干净，切成片。②将葱淘洗干净，切成段备用。③将螃蟹淘洗干净，去除鳃及肺叶，切成块。④锅中放入油烧热，倒入姜片爆香，倒入螃蟹拌炒至蟹肉发白，撒入调料，小火焖煮15分钟。⑤再倒入葱段，开大火翻炒至汤汁收干，起锅即可食用。

4. 补脾养胃、补肾涩精，食用鲫鱼砂仁羹。

鲫鱼砂仁羹具有补脾养胃、补肾涩精之功效，主要治疗体虚疲劳、脾虚久泻、肾虚遗精、带下等症状。

鲫鱼砂仁羹

材料：新鲜鲫鱼500克，缩砂仁、荜拨、陈皮各10克，胡椒20克，大蒜2瓣，葱末3克，盐2克，酱油6克，泡辣椒8克，食用油15克，水适量。

制作：①将鲫鱼开膛，去鳞、鳃和内脏，清洗干净。②把陈皮、缩砂仁、荜拨、大蒜、胡椒、泡辣椒、葱末、盐、酱油等调料塞入鲫鱼肚内备用。③炒锅内放入食用油烧热，将鲫鱼放入锅内煎熟，再倒入适量水，炖煮成羹即可食用。

立秋起居养生

1. 早卧早起，与鸡俱兴。

立秋时节天高气爽，在起居上应该采取"早卧早起，与鸡俱兴"之策略，也就是说应该顺应季节变化调整作息，早卧早起以养阴舒肺。早卧以顺应阳气之收敛，早起为使肺气得以舒展，且防收敛的太过。立秋乃初秋之季，暑热未尽，虽有凉风时至，但天气变化无常，即使在同一地区，也极有可能会出现"一天有四季，十里不同天"的状况。因此穿衣不宜太多，否则会影响机体对气候转冷的适应能力，反而容易导致受凉，患上感冒。

2. 保持有规律的作息，逐渐消除秋乏。

随着夏季的酷热渐渐离去，秋天悄然而至，这时人们便会觉得疲惫困倦，精力不济。这主要是因为人的身体在立秋时节进入自我休整的阶段，即所谓的"秋乏"。这是一种正常的生理现象，秋乏是人体由于夏季过度消耗而进行的自我补偿，同时也是机体为了适应金秋的气候而进行的自我休整，它能使机体内外的环境达到平衡，是一种保护性的反应。"秋乏"可以通过逐渐适应和调节来消除，不用担心它会影响正常生活。但是需要注意的是，为了补充夏天消耗的能量，这个时节要适时摄取营养，同时通过适当的运动来顺应气候的变化，加强身体适应入秋气候的变化能力。另外还要保持规律的作息。建议晚上10点以前入睡，中午适当午休，从而使秋乏得以逐渐消除。

立秋运动养生

过了立秋日之后，气温会慢慢降下来。在经历了酷暑和湿闷后，人们会倍感秋季的凉爽和舒适。人体会顺应时节的变化，使阴精阳气都处于收敛内养的状态，身体的柔韧性和四肢的伸展度都不如夏季。因此秋季运动不宜太激烈，最好慢慢地增加运动量，避免阳气损耗。

在众多运动项目中，轻松慢跑对于秋季养生好处多。实践证明，进行轻松的慢跑运动，能够增强呼吸功能，可使肺活量增强，提高人体通气和换气能力；能改善脑部的血液供应和脑细胞的氧供应，减轻脑动脉硬化，使大脑能正常地工作；能有效地刺激代谢，延缓身体机能老化的速度；可以增加能量消耗，减少由于不运动引起的肌肉萎缩及肥胖症，并可使体内的毒素等多余物质随汗水及尿液排出体外，从而有助于减肥健美；还会增加心脏收缩时的血液输出量、降低安静心率、降低血压，增加血液中高密度脂蛋白胆固醇含量，提升身体的作业能力；还可以减轻心理负担，保持良好的身心状态。轻松慢跑还可控制体重，预防动脉硬化，调整大脑皮层的兴奋和抑制过程，消除大脑疲劳。此外，轻松慢跑运动还可使人体产生一种低频振动，可使血管平滑肌得到锻炼，从而增加血管的张力，并能通过振动将血管壁上的沉积物排除，同时又能防止血脂在血管壁上的堆积，这在防治动脉硬化和心脑血管疾病上有重要的意义。

立秋运动注意事项

立秋时节，一早一晚温差逐渐增大，这个时节运动要预防感冒、秋燥和疲劳等的发生。

（1）预防感冒

立秋晨练，要根据气温的变化，适时增减衣物。运动后如果衣服被汗水打湿，不要穿着潮湿的衣服吹风，否则容易感冒。

（2）预防秋燥

立秋以后，容易出现口干舌燥、喉咙肿痛、鼻出血、便秘等症状。锻炼身体的同时，要注意补充水分，常吃具有滋阴润肺功效和补液生津作用的梨、蜂蜜、银耳、芝麻等食物。

（3）预防疲劳

锻炼身体也要讲究限度。比较好的锻炼效果是感觉出身体发热、有汗，锻炼后身体感觉轻松舒适。

（4）预防肢体受伤

运动前要根据自己的身体状况，合理安排热身动的活动量，把关节和肌肉活动开，再进行锻炼运动。

立秋时节，常见病食疗防治

1. 多吃水果、蔬菜防治肥胖症。

肥胖症有单纯性肥胖和继发性肥胖之分。肥胖症主要是指体内脂肪堆积过多，导致体重超过标准体重过多的一种营养过剩性疾病。单纯性肥胖者内分泌及代谢系统没有发生病变，而继发性肥胖者则是由其他疾病引发的。

　　肥胖症患者减肥要坚持按时按量、少甜少咸、多素少荤的饮食原则，减肥才能有效果。另外还要尽量少吃猪肉，因为猪肉的脂肪含量非常高。可采用鸡、鱼、牛肉等替代猪肉，平时多吃水果蔬菜，严格控制食量。

　　山楂红豆汤适用于改善单纯性肥胖症，此汤具有利水除湿、降低血脂之功效。

山楂红豆汤

材料：新鲜山楂15克，红豆250克。

制作：①将红豆淘洗干净。②将山楂清洗干净，去核。③锅内放入红豆、山楂，倒入800毫升水，大火烧开。④用小火煮半个小时即可饮用。

肥胖症的预防措施

　　单纯性肥胖可能会随季节的变化而变化。立秋气温下降后，脂肪细胞的生理活性非常强，如果此时不注意饮食结构调整，肥胖程度往往会有所失控。此时，应该注意预防肥胖症。

（1）积极参加体育锻炼

　　建议业余时间充裕的朋友常参加户外运动，这样不仅能预防肥胖，还能提高免疫力。

（2）养成良好的作息习惯

　　作息要有规律，每天保证充足的睡眠时间，合理安排工作和生活。

（3）保持积极、上进、乐观的心态

　　积极、上进、乐观的心态和轻松愉快的情绪会对身体各项机能产生良好的影响，有助于预防一般的肥胖或者减轻压力性肥胖。

（4）多吃水果、蔬菜

　　肥胖症的人平时多吃水果、蔬菜，严格控制食量，也可食用山楂红豆汤，此汤具有利水除湿、降低血脂之功效。

2.饮用桔梗杞果茶防治肺炎秋燥症。

立秋是肺炎的高发时节，中医上有"肺炎秋燥症"一说。肺炎是因细菌或病毒感染而引发的急性肺部炎症。立秋前后，空气太干燥，会对呼吸道和肺部产生刺激，使呼吸系统的抵抗力减弱，一旦受凉，就非常容易感染，接着出现干咳、胸痛、高烧、呼吸急促等一系列症状。立秋时节，要多吃梨、萝卜、蜂蜜等滋阴养肺的食物，充分滋润肺部，以减少干燥对肺部的影响。另外，还要少吃辛辣的食物，尤其是已经患有肺炎秋燥症的人，应尽量减少对肺部的刺激，以免加重病情。

桔梗杞果茶具有宣肺止咳、祛痰生津之功效，适用于肺炎、咳嗽、痰多、小便不畅等症状。

桔梗杞果茶

材料：新鲜杞果500克，桔梗50克，冰糖末适量。

制作：①将桔梗冲洗干净，切片。②将杞果去皮、核，放入榨汁机中，榨取汁液。③锅内放入冰糖末、适量水，熬成冰糖汁。④放入桔梗、适量水，大火烧开，改小火煮半小时，去渣取液，加入冰糖汁、杞果汁，即可饮用。

肺炎秋燥症的预防措施：

（1）即使天气恶劣也要坚持锻炼身体，增强抵抗力，以便有效地预防肺炎秋燥症。

（2）一早一晚温差大，要根据气温冷热适时增减衣物。

（3）注意居室整洁卫生，避免有害气体、粉尘及烟雾入侵体内。

（4）一旦有急性支气管炎、咽炎、感冒等呼吸道感染或者其他身体不适症状，要及时就医。

第二章

处暑：处暑出伏，秋凉来袭

处暑以后，我国大部分地区气温日较差增大，秋凉也时常来袭。这个时节昼暖夜凉的条件对农作物体内干物质的制造和积累十分有利，庄稼成熟较快，民间有"处暑禾田连夜变"之说。

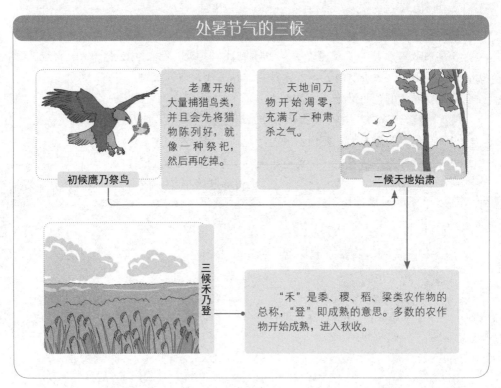

处暑节气的三候

初候鹰乃祭鸟　老鹰开始大量捕猎鸟类，并且会先将猎物陈列好，就像一种祭祀，然后再吃掉。

天地间万物开始凋零，充满了一种肃杀之气。　二候天地始肃

三候禾乃登　"禾"是黍、稷、稻、粱类农作物的总称，"登"即成熟的意思。多数的农作物开始成熟，进入秋收。

处暑气象和农事特点：早晚凉爽，农田急需蓄水、保墒

1. 处暑时节白天热、早晚凉。

处暑时节是反映气温变化的一个节气。"处"含有躲藏、终止的意思，"处暑"表示炎热暑天结束了。每年阳历 8 月 23 日前后，太阳黄经为 150° 时是处暑节气。这个时期炎热的夏季已经基本到头了，暑气就要散尽了。处暑是温度下降的一个转

折点。节令到了处暑，气温进入了显著变化阶段，逐日下降，已不再是暑气逼人的酷热天气。节令的这种变化，自然也在农事上有所反映。前人留下的大量具有参考价值的谚语，如"一场秋雨一场凉""立秋三场雨，麻布扇子高搁起""立秋处暑天气凉""处暑热不来"等，就是对处暑时节气候变化的直接描述。但总的来说，处暑时节的明显气候特点是白天热、早晚凉，昼夜温差大，降水少，空气湿度低。

2. 处暑禾田连夜变，雨水充沛是关键。

处暑时节，大部分地区气温逐渐下降。由于很快就要进入秋收之际，因此适量的降水还是十分有必要的。我国大部分地区气温日较差增大，昼暖夜凉的条件对农作物体内干物质的制造和积累十分有利，庄稼成熟较快，民间有"处暑禾田连夜变"之说。正处于幼穗分化阶段的单季晚稻来说，充沛的雨水又显得十分重要，遇干旱要及时灌溉，否则会导致穗小、空壳率高。

处暑前后，春红薯薯块膨大，夏红薯开始结薯，夏玉米抽穗、扬花，都需要充足的水分供应，此时受旱对产量影响十分严重。从这点上说，"处暑雨如金"一点也不夸张。处暑以后，除华南和西南地区外，我国大部分地区雨季即将结束，降水逐渐减少。特别是华北、东北和西北地区，应该尽快采取措施蓄水、保墒，以防秋种期间出现干旱，进而延误冬季农作物的播种期。

处暑农历节日及民俗宜忌

农历节日

中元节是在每年农历的七月十五。中元节又称"七月节"或"盂兰盆节"，为三大鬼节之一。中元节是道教的说法，"中元"之名起于北魏。中元节与除夕、清明节、重阳节，是中国传统节日里祭祖的四大节日。民间多是在此节日纪念去世的亲人、朋友等，并对未来寄予美好的希望。

关于中元节的传说很多，《修行记》说"七月中元日，地官降下，定人间善恶，道士于是夜诵经，饿节囚徒，亦得解脱"。阎罗王于每年农历七月初一，打开鬼门关，放出一批无人奉祀的孤魂野鬼到阳间来享受人们的供祭。七月的最后一天，这批孤魂野鬼重返阴间，鬼门关重新关闭。

传说佛教盂兰盆节起源于"目连救母"的故事，《大藏经》记载了这一故事。佛陀弟子中，神通第一的目犍连尊者，惦念过世的母亲，他用神通看到母亲因在世时的贪念业报，死后堕落在恶鬼道，过着吃不饱的生活。目犍连于是用他的神力化成食物，送给他的母亲。但母亲不改贪念，见到食物到来，生怕其他恶鬼抢食，贪念一起，食物到她口中立即化成火炭，无法下咽。

目犍连虽有神通，身为人子，却救不了母亲，十分痛苦，请教佛陀如何是好。佛陀授意目犍连农历七月十五日是结夏安居修行的最后一日，法善充满。在这一

中元节民俗

祭祖

中元节是中国民间的一个传统祭祖节日，人们在农历七月十五这天祭祀祖先，并以供奉祭品、烧纸烛、放河灯等仪式，普度诸多的孤魂野鬼。

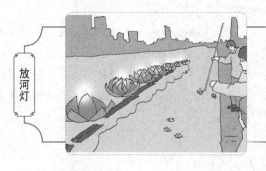

放河灯

放河灯（也常写为"放荷灯"）是华夏民族传统的习俗，用以悼念逝去的亲人，对活着的人们进行祝福。放河灯流行于汉族、蒙古族、达斡尔族、彝族、白族、纳西族、苗族、侗族、布依族、壮族、土家族等地区。

放焰口

放焰口是一种佛教仪式，是根据救拔焰口饿鬼陀罗尼经而举行的施食饿鬼之法事。该法会以饿鬼道众生为主要施食对象，施放焰口，则饿鬼皆得超度，亦为对死者追荐的佛事之一。

天，盆罗百味，供养僧众，功德无量，可以凭此慈悲心，救度其亡母。随后目犍连遵照佛陀旨意，于农历七月十五日用盂兰盆盛珍果素斋供奉十方僧众，母亲最终获得食物。

传说中元节在梁武帝时就已存在，至宋朝盛行。清乾隆时期《普宁县志》言："俗谓祖考魂归，咸具神衣、酒馔以荐，虽贫无敢缺。"祭品之中，楮衣是不可或缺的。因七月暑尽，须更衣防寒，与人间"七月流火，九月授衣"。在20世纪20年代至40年代，中元节远比"七夕""清明"热闹。人们传承着以家为单位的祭祖习俗，民国时期，祭祖先、荐时食的古老习俗仍然是乡村中元节的首要内容。20世纪50年代，中元节依然热闹。但后被认为是宣扬封建迷信，逐渐边缘化。随着改革开放的脚步，传统节日逐步回归，但是中元节依旧被冷落了。2010 年 5 月，文化部公布了第三批国家级非物质文化遗产名录推荐项目名单，香港特别行政区申报的"中元节"（潮人盂兰胜会）最终入选，并且列入民俗项目类别的非物质文化遗产。

中元节的祭祀内涵，一是阐扬怀念祖先的孝道，二是发扬推己及人、乐善好施的义举。这两个方面均是从慈悲、仁爱的角度出发，具有健康、向上、激励人学善向善的作用。但是，我们在庆赞中元的同时，也应该跳脱迷信色彩，客观认识现实生活的人情世故。

1. 七月歌台——祭祀祖先、普度众生。

在传统的习俗里，中元节是个祭祀祖先、普度众生的重大节日。每逢农历七月中元节，民间便会组织举行隆重的庆祝活动，无论是商业区或是居民区，都可以看到庆中元的红色招纸，张灯结彩、设坛、酬神，寺庙也分别建醮，街头巷尾上演地方戏曲、祭拜祈福、歌台唱歌等，处处呈现一派热闹非凡的景象。

2. 中元普度——祈求平安顺利。

中元节是重要的民俗节日。民间传说人死后会变成鬼魂，悠游于天地之间。中元普度祭拜无子嗣的孤魂野鬼，让它们也能享受到人世间的温暖，是中国传统伦理思想"博爱"的延伸。人们会在农历七月初一至七月三十日之间，择日以酒肉、糖饼、水果等祭品举办祭祀活动，以慰在人间游荡的鬼魂，并祈求自己全年平安顺利。较为隆重者，甚至请僧、道诵经作法超度亡魂。也有人会在这段时间请出地藏菩萨、目犍连尊者等佛像，放置高台以消弭死者亡魂的戾气。浙江温州一带，每到七月底，家家户户都会点香球（柚子插上香）来祭拜地藏王；宁波等一些地区也会在门前插上几支清香以祭告亡灵。福建闽南一带地区，其祭拜活动就更丰富多彩了。

处暑民俗

1. 开渔节——欢送渔民开船出海。

处暑时节，沿海地区为了节约渔业资源，同时也是为了促进当地旅游业的发展，从而诞生了一种"文化搭台、经济唱戏"的开渔节活动。对于沿海渔民来说，处暑以后是渔业收获的时节，每年处暑期间，在浙江省沿海都要举行一年一度隆重的开渔节，在东海休渔结束的那一天，举行盛大的开渔仪式，欢送渔民开船出海。中国多个地区都有类似的节日，比如象山开渔节、舟山开渔节、江川开渔节等。较为著名的是象山开渔节，也称作"中国开渔节""石浦开渔节"等。

2. 处暑吃鸭子——防"秋燥"。

处暑时节是气温由热转凉的交替时期。处暑节气的来临，雨量会逐渐减少，燥气开始生成，人们普遍会感到皮肤、口鼻相对干燥，所以应注意防"秋燥"。这个节气饮食应遵从"处暑时节，润肺健脾"的原则，人体经过整个炎热夏季，热积体内，调养好脾胃，有利于体内夏季郁积的湿热顺利排出。而鸭味甘性凉，因此民间流传有处暑吃鸭子的习俗。具体做法也是五花八门，有烤鸭、子姜鸭、白切鸭、核桃鸭、柠檬鸭、荷叶鸭等等。

处暑养生：健脾补肝，预防秋燥、秋乏

处暑饮食养生

1. 处暑养生忌吃苦味食物。

处暑时节秋燥尤为严重。而燥气很容易损伤肺部，这也是这个时节各种呼吸系统疾病的发病率会明显攀升的直接原因。同时，肺与其他各器官，尤其是胃、肾密切相关，因此秋天肺燥常常和肺胃津亏同时出现。肺燥津亏具有口鼻干燥、干咳甚至痰带血丝、便秘、乏力、消瘦以及皱纹增多等典型症状。在五味之中，苦味属于燥，而苦燥对津液元气的伤害很大。"肺病禁苦"一说在《金匮要略·禽兽鱼虫禁忌并治第二十四》中就有所记载，而且《黄帝内经·素问》中也提到"多食苦，则皮槁而毛拔"。因此处暑养生要少食苦瓜、羊肉、杏、野蒜等苦燥之物。假若已经出现肺燥津亏的症状，那么就要及时冲泡麦冬、桔梗、甘草等饮用，或者吃些养阴生津的食物来润肺，例如秋梨、萝卜、藕、香蕉、百合、银耳等。

2. 不要急于"大补"。

虽然夏天已经过去，但是人们可能会由于炎热天气的影响还是没有食欲，此时进食仍然较少，身体的各项消耗却不少，因此处暑时节适当吃些补品，对身体是很有好处的。不过同时也要避免乱补，更不要盲目服用人参、鹿茸、甲鱼、阿胶等营养极为丰富的补品进行"大补"。这个时期人们的脾胃功能一般较弱，这是由于夏天人们为了去火祛暑，常吃一些苦味食物或是冷饮所致。因此这个节气大量食用过于滋腻的补品，脾胃一下子适应不了，容易引发消化不良的肠胃疾病。

这个时节，进补可以采取循序渐进的办法，可以选择那些"补而不峻""润而不腻"的平补之品，这样既营养滋补，又容易消化吸收。蔬菜可以选择番茄、平菇、胡萝卜、冬瓜、山药、银耳、茭白、南瓜、藕、百合、白扁豆、荸荠、荠菜等，水果、干果可以选择柑橘、香蕉、梨、红枣、柿、芡实、莲子、桂圆、花生、栗子、黑芝麻、核桃等，水产、肉类可以选择海蜇、海带、黄鳝、蛇肉、兔肉等。建议身体较弱、抵抗力差、患有慢性病的人不要随意选择滋补品，最好在医生的指导下进行合理的进补。

处暑药膳养生

1. 清热生津、祛斑美白，食用首乌百合粥。

首乌百合粥具有清热生津、解暑消烦、利咽润肠、祛斑美白之功效，适用于便秘、干咳、心烦口渴、面色无华等症状。

首乌百合粥

材料：何首乌、黄精各20克，百合25克，糙米100克，白果10克，红枣10颗，蜂蜜30克，水适量。

制作：①将何首乌、黄精淘洗干净，装入纱布袋中。②将糙米淘洗干净，用冷水浸泡4个小时，捞出，沥干水分。③百合去皮，洗干净，切瓣，焯水烫透，捞出，沥干水分。④白果去壳，切开，去掉果中白心。⑤红枣洗干净备用。⑥锅中倒入适量水，先将糙米放入，用大火烧开后倒入其他材料，然后改用小火慢熬成粥。⑦待粥凉后加入蜂蜜搅拌均匀，即可食用。

2.防治大便秘结、贫血，食用嫩姜爆鸭片。

嫩姜爆鸭片可以防治阴虚水肿、虚劳食少、虚羸乏力、脾胃不适、大便秘结、

处暑养生食物

处暑时节进食还是较少，所以应食用一些对身体能量有补充的食物。

桂圆含丰富的葡萄糖、蔗糖和蛋白质等，含铁量也比较高，可在提高热能、补充营养的同时促进血红蛋白再生，从而达到补血的效果。

平菇含丰富的蛋白质，而且氨基酸种类齐全，矿物质含量十分丰富。

银耳味甘、性平、无毒，既有补脾开胃的功效，又有益气清肠、滋阴润肺的作用，还可以增强人体免疫力。

桂圆

平菇

银耳

处暑养生食物

西洋参

西洋参性寒，味苦、微甘，归心、肺、肾经，具有补肺降火、养胃生津之功效。

南瓜

南瓜含有丰富的胡萝卜素和维生素C，可以健脾、预防胃炎、防治夜盲症、护肝，并有中和致癌物质的作用。

贫血、浮肿、肺结核、营养性不良水肿、慢性肾炎等疾病。

嫩姜爆鸭片

材料：嫩姜1块，新鲜鸭胸肉1块，葱2根，料酒1大匙，盐、胡椒粉各少许，酱油2大匙，糖、淀粉等适量。

制作：①将鸭肉切成薄片，拌入料酒、盐、胡椒粉腌半小时，然后过油，捞出，沥干。②把姜切成薄片。③葱切成小段。④热油2大匙，爆香姜片，倒入鸭肉同炒，放入葱白、酱油、糖、淀粉拌炒均匀。⑤出锅前再放入葱段，翻炒均匀即可食用。

3.清热解暑、平肝降压，饮用苦瓜菊花汤。

苦瓜菊花汤具有清热解暑、平肝降压之功效。此外，还能够治疗肝火上炎或肝阳上亢引起的高血压，以及血压升高所致的头晕、心慌等症状。

苦瓜菊花汤

材料：新鲜苦瓜250克，白菊花10克，冷水适量。

制作：①将苦瓜洗干净，切开，去瓤、子，切成薄片。②将白菊花淘洗干净，放入锅内，倒入水后放入苦瓜片，大火烧开，稍煮片刻即可食用。

处暑起居养生

1.处暑后的"秋冻"要灵活掌握。

"春捂秋冻"是古代劳动人民流传下来的重要的养生方法。所说的"秋冻"是指入秋以后，气温下降，不要马上就穿上厚厚的保暖衣服，而是要让身体适当"挨冻"，也就是民间所说的"七分寒"。这是由于处暑以后，天气虽然已经开始转凉，可是由于"秋老虎"的影响，气温不会一下子降得很低，有时还有可能忽然升高，使人感觉酷热难受，因此，这个时节适当"秋冻"，是最好的养生之道。"秋冻"的好处在于，适当的"挨冻"可以提高我们的身体对寒冷的防御能力，从而增强在深秋以及入冬后呼吸系统对寒冷的适应能力，降低呼吸系统疾病的发病概率。虽然"秋冻"的好处甚多，但是"秋冻"的同时还要注意以下几个方面：

（1）有慢性病的患者或者体质差的人应避免"秋冻"。因为这类人受冻之后，身体容易出现病情加重或者不适，反而对身体不利。

（2）"秋冻"要适可而止，切忌盲目挨冻。若昼夜温差大，也要适时灵活增减衣物，否则容易患呼吸道或心血管疾病。

（3）晚上休息时不要挨冻，要盖好被子，否则处于睡眠状态的人容易感染风寒。

2.处暑时节要保证良好的睡眠质量。

处暑节气，天气凉爽，人们的睡眠质量会大大提高。但是，为了拥有更好的睡眠质量，还应该注意以下几个方面：

（1）睡前不要发脾气。临睡前发脾气会导致气血紊乱，使人失眠，而且消极的情绪还会影响身体健康，容易肝火上升。

（2）睡前进食有害健康。睡前进食会加重肠胃负担，不但容易造成消化不良，还会影响睡眠质量。

（3）睡前请勿饮茶。茶中的咖啡碱能使中枢神经系统兴奋，使人很难进入梦乡。

（4）睡前避免太兴奋。如果睡前太兴奋，大脑神经就会持续兴奋，使人难以入睡，导致早晨不想起床。

（5）躺下不要卧谈。卧谈不但会使人因兴奋难以入睡，而且躺着说话有损肺部健康，往往还会产生口干舌燥的症状。

（6）睡觉尽量不要张口。张着口睡觉不但会因为吸入冷空气和灰尘而伤肺，还会导致胃部着凉，引发其他疾病。

（7）睡时忌讳吹迎面风。睡觉开着窗户，假若床对着窗户，容易吹迎面风，此时如果不注意保暖，易受风邪侵袭。

（8）睡觉不要用被子掩面。用被子捂住面部睡觉会使人呼吸困难，甚至造成全身缺氧，导致早晨起床浑身乏力、头重脚轻。

（9）老年人要坚持午休的习惯。随着年龄的不断增长，老年人的气血、阴阳俱亏，会出现昼不寐、夜不瞑的现象。古人云："少寐乃老年大患。"古书中记载，老年人宜"遇有睡意则就枕"。这些都是符合养生学原则的。

处暑运动养生

1. 秋高气爽，宜到户外散步。

处暑节气，常到户外去散步、呼吸新鲜空气，是最简单的运动养生。散步运动量虽然不大，却能使人全身都运动起来，非常适合体质弱、有心脏病、高血压等无法进行剧烈运动的中老年人。散步不仅能帮助我们活动全身的肌肉和骨骼，还能加强心肌的收缩力，使血管平滑肌放松，从而有效预防心血管疾病。另外，散步还有助于促进消化腺分泌和胃肠蠕动，从而改善人的食欲。同时，多散步还能增大肺的通气量，提高肺泡的张开率，从而使人的呼吸系统得到有效锻炼，改善肺部功能。户外散步虽然是一种很简单的运动养生，但是，在处暑的时候散步还要注意以下几个要领：

（1）外出散步时衣服要穿着舒适、宽松，处暑时天气已经开始转凉，切勿因穿得过于单薄而受寒，但也不要穿得太厚，以免行动不便。老人或体质弱的人出于安全考虑，可以拄一根拐杖。

（2）户外散步前要先舒展一下筋骨，简单做做准备活动，做做深呼吸，然后再慢慢走，以便达到较好的运动效果。

（3）户外散步时心情要放松，保持平常的心态。这样，全身的气血才会畅通，百脉流通，达到其他运动所达不到的轻松健身效果。

（4）户外散步时不要慌张，保持从容不迫的状态为最好，还要忘掉所有的烦心琐事，令自己心神放松、无忧无虑。

（5）户外散步时要把握好速度，不要太快，保持每分钟六七十步最佳。可以走一会儿停下来稍事休息，然后再接着走，也可坐下稍歇片刻。

（6）户外散步的强度要根据自身实际情况，切勿有疲惫不堪的感觉，也不要走到气喘吁吁。年老体弱的人更应该把握好运动强度，否则会适得其反，更有甚者会酿出其他意想不到的后果。

（7）进行户外散步活动，不要过于迷信一些口头禅。人们一直都相信"饭后百步走，活到九十九"，确实也有很多人这样去做了。科学研究表明，这种做法实际上并不科学。吃完饭后，消化器官需要大量的血液进行工作。如果这个时候运动，血液就不能很好地供给消化系统，从而影响肠胃的蠕动和消化液的分泌，导致消化不良。对于心血管疾病患者和老人来说，饭后散步带来的不利影响尤其严重。在此建议，户外散步尽量在饭后两个小时以后进行为最佳。

处暑起居与运动养生

常到户外去散步，呼吸新鲜空气，活动全身的肌肉和骨骼，可加强心肌的收缩力。

坚持早锻炼，可以提高肺脏的生理功能和机体耐寒能力。

处暑时节夜晚已经有了寒气，所以晚上尽量选择在室内静养，抵御寒气入侵。

2.秋季运动宜早动晚静。

处暑时节气温日变化波动较大，常常是早晚凉风习习、清风阵阵，中午骄阳似火，半夜寒气逼人。这个时节运动健身必须掌握这种气温变化规律。处暑的早晨，虽然凉风习习，但气温随着太阳的升起而逐渐上升。坚持早锻炼，可以提高肺脏的生理功能和机体耐寒冷能力。而且适宜的晨练运动，还可以使人的身体一整天维持良好状态。这对于一些慢性疾病，如高血压、动脉硬化、肺结核、胃溃疡等，都有较为明显的疗效。不过，晨练要尽量选好运动项目，运动量不宜过大，要尽量保持身体虽有些发热，但不会大量出汗的状态为好。这样的运动量能使你在锻炼结束后感到浑身舒服、精神焕发、步履轻松，效果最好。而处暑的夜晚，阵阵清风阵阵凉，会让人感到寒气逼人，人体必须增加产热，才能抵御外界的寒冷环境。并且，随着夜越来越深，寒气会越来越重。此时若过多的运动，会使人体的阳气不断散失，有悖秋季养生的原则。处暑早晨锻炼的项目，以打太极为最佳之选。太极拳是我国历史悠久的传统运动项目。其动作前后贯通、连绵不断、轻松柔和，给人以协调、自然之美感，且具有宝贵的健身价值和医疗价值。其"心静无杂念，用意不用力"的原则，非常适合中老年人。若晚上能坚持静养，如盘腿静坐——腰直头正、调匀呼吸、不急不缓——让自己处于自然放松状态，则不仅可以锻炼忍耐腰酸腿痛的意志，还可以排除思想上的杂念和烦恼，使心情舒畅。静坐能够加强体内血液的循环，增强肺活量，加快新陈代谢速度，起到防病抗病的效果。

处暑时节，常见病食疗防治

1.慢性支气管炎可食用山药杏仁粥。

处暑时节，慢性支气管炎发病率较高。慢性支气管炎是一种慢性非特异性炎症，多发生在气管、支气管黏膜及其周围组织。慢性支气管炎临床上的特征主要有咳嗽、咳痰以及气喘等。此病虽为慢性病，但可能并发阻塞性肺气肿、肺动脉高压、肺源性心脏病等。慢性支气管炎患者应该多吃些菜花、西红柿、猕猴桃、橙子等，因为这些食物含有丰富的维生素A和维生素C，这两种营养素可以保护呼吸道黏膜。慢性支气管炎患者要注意少吃辛辣食物。

山药杏仁粥具有补中益气、温中补肺之功效，还适用于秋季燥咳不眠、慢性支气管炎等疾病。

山药杏仁粥

材料：新鲜山药、杏仁各50克，小米250克。

制作：①将新鲜山药洗干净，去皮，切成片，焯水，沥干。②将小米炒香，磨成细粉。③将杏仁炒香，去皮、尖，切成末。④将山药片、小米粉、杏仁末入锅，加水，大火烧开后改小火熬至粥成即可食用。

2.肺源性心脏病可食用枸杞子煲苦瓜。

处暑节气，有时突然出现的冷空气容易使呼吸道局部血管发生痉挛缺血，增加气道的阻力，进而诱发或加重肺源性心脏病。肺源性心脏病简称"肺心病"，是由于肺炎、支气管炎引发肺部动脉血管病变，导致肺动脉压力升高，最终引发心脏病变的一种疾病。肺心病在中老年人中较为多见，以长期咳嗽、咳痰及呼吸困难为主要症状。肺源性心脏病患者的食谱应有高热量、高维生素、高蛋白和易消化的特点。

慢性支气管炎的防治措施

处暑时节气温下降，空气也变得干燥，这种气候对气管的刺激加大，容易诱发或导致慢性支气管炎。另外此时草枯叶落，空气中过敏物质较多，也是诱发支气管炎的病因之一。因此在处暑时节应该做好支气管炎的预防。

（1）日常生活中坚持不吸烟，不喝酒；外出时应注意周围环境，加强保护，防止烟雾、粉尘和有害气体对呼吸道的影响。

（2）时常开门窗通风，保持居室内空气流通，调整好室内的适宜温、湿度。

（3）加强户外活动，增强机体抵抗力。

（4）天气凉，要注意多穿衣服，不可忽视下肢的保暖。除了坚持每晚睡前用热水泡脚外，夜间要多盖被褥。

多喝点杏仁粥对你的支气管炎有好处。

（5）可以多喝些山药杏仁粥，此粥具有补中益气、温中补肺之功效，适用于慢性支气管炎等疾病。

假若出现心力衰竭的迹象时，为了防止心脏负担过重，务必要减少食盐的摄入量。

枸杞子煲苦瓜具有补肺肾、消炎退热、润肺止咳之功效，适合肺心病患者食用。

枸杞子煲苦瓜

材料：枸杞子12克，苦瓜100克，瘦猪肉50克，鸡汤、葱段、姜丝、盐、酱油、味精、食用油等适量。

制作：①把枸杞子淘洗干净。②苦瓜去瓤，切成块。③瘦猪肉切成块。④油烧热，放入瘦猪肉炒至变色，倒入苦瓜、枸杞子、葱段、姜丝、盐、酱油、鸡汤，小火煲至汤稠，加入味精，搅拌均匀即可食用。

用法：每天1次，佐餐食用即可。

肺源性心脏病的预防措施：

（1）常到户外做强身健体运动，适当练习腹式呼吸，以此来增强身体的各项机能。

（2）过敏体质的人尽量避免接触花粉、尘螨及鱼、虾等过敏源。

（3）居室要勤开门、窗换气，保持室内空气新鲜。

（4）积极养成良好的生活习惯，作息有规律，张弛有度。

第三章

白露：白露含秋，滴落乡愁

白露时节是一年中温差最大的时节，夏季风和冬季风将在这时激烈地邂逅，说不清谁痴迷谁，谁又留恋谁，只有难舍难分的纠缠。白露临近中秋，自然容易勾起人的无限离情。白露注定是思乡的。白露含秋，滴落三千年的乡愁。

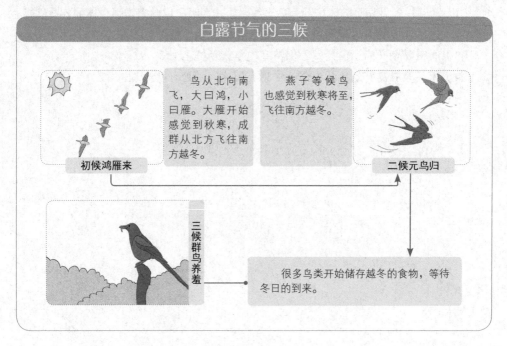

白露节气的三候

初候鸿雁来

鸟从北向南飞，大曰鸿，小曰雁。大雁开始感觉到秋寒，成群从北方飞往南方越冬。

燕子等候鸟也感觉到秋寒将至，飞往南方越冬。

二候元鸟归

三候群鸟养羞

很多鸟类开始储存越冬的食物，等待冬日的到来。

白露气象和农事特点：天高气爽，千家万户忙秋收、秋种

1. 天高气爽，云淡风轻。

阳历 9 月 8 日前后，太阳黄经为 165° 时就是白露节气。此时，全国大部分地区天高气爽、云淡风轻、气温渐凉，晚上草木上可以见到白色露水。露水是由于温度降低，水汽在地面或近地物体上凝结而成的水珠。此时，天气转凉，地面水汽结露最多。所以，白露实际上是表示天气已经转凉。一个春夏的辛勤劳作，经历了风风雨雨，送走了高温酷暑，迎来了气候宜人的收获季节。俗话说："白露秋分夜，一夜冷一夜。"这个时节夏季风逐渐被冬季风所代替，多吹偏北风。冷空气南下逐渐频

繁，加上太阳直射地面的位置南移，北半球日照时间变短，日照强度减弱，夜间常晴朗少云，地面散热快，因此温度下降也逐渐加速。

2.既是收获的时节，也是播种的时节。

白露是收获的时节，也是播种的时节。东北平原开始收获谷子、大豆和高粱，华北地区秋季农作物成熟，大江南北的棉花正在吐絮，进入全面分批采收的农忙时期。西北、东北地区的冬小麦开始播种，华北的秋种也即将开始，正在紧张筹备送肥、耕地、防治地下害虫等工作。黄淮地区、江淮及以南地区的单季晚稻已扬花灌浆，双季双晚稻即将抽穗，都要抓紧目前气温还较高的有利时机浅水勤灌。待灌浆完成后，排水落干，促进早熟。如遇低温阴雨，还要注意防治稻瘟病、菌核病等病害。秋茶正在采制，同时要注意防治叶蝉的危害。白露之日后，全国大部分地区降水明显减少。东北、华北地区9月份降水量一般只有8月份的1/4至1/3；黄淮流域地区有一半以上的年份会出现夏秋连旱，这种旱情对冬小麦的适时播种来说是最主要的威胁；华南和西南地区白露后却常常秋雨绵绵，平均2～3天就有一个雨日，四川盆地这时甚至是一年中雨日最多的时节。过量的秋雨对农作物的正常成熟和收获也将有害。

白露时节的气象和农事特点

天气转凉，水汽在地面或近地物体上凝结而形成露水。

这个时节的天气天高气爽、云淡风轻，降水减少。

白露时节既是收获的时节，也是播种的时节。东北秋季作物成熟，冬小麦开始播种，一片繁忙景象。

白露民俗宜忌

白露民俗

1. 白露吃番薯——消除胃酸、胃胀。

番薯具有抗癌功效，中医还以它入药。番薯叶有提高免疫力、止血、降糖、解毒、防治夜盲症等保健功能，经常食用有预防便秘、保护视力的作用，还能保持皮肤细腻、延缓衰老。很多地方的人们认为白露期间应多吃番薯，认为吃番薯丝和番薯丝饭后就不会发生胃酸和胃胀，所以就有了在白露节吃番薯的习俗。

2. 白露茶——清香甘醇。

一提到白露，爱喝茶的人便会想到喝"白露茶"。白露时节，茶树经过夏季的酷热，此时正是生长的极好时期。白露茶既不像春茶那样鲜嫩、不禁泡，也不像夏茶

白露民俗

白露时节，天气转凉，阴气上涨。这时候是进补的好时机，白露时节的民俗大都和吃有关。

吃番薯

在白露时节，很多地方都有吃番薯的习俗，人们普遍认为吃番薯可以在饭后不发生胃酸和胃胀。

白露茶

如果说春茶喝的是那股清新的香气，那么白露茶喝的则是一种浓郁、醇厚的味道。经过了一夏的煎熬，茶叶也仿佛在时间中熬出了最浓烈的品性。

酿米酒

白露酒是湖南郴州汉族特有的传统名酒，每年白露节一到，家家酿酒，待客接人必喝"白露米酒"。

打核桃、吃核桃

白露时节是核桃成熟的时期。白露一过，正好是上山打核桃的农忙时间，因此有"白露打核桃、吃核桃"的说法。

那样干涩、味苦，而是有一种独特甘醇的清香味，特别受品茶爱好者的青睐。

3. 白露米酒——风味独特、营养丰富。

湖南资兴兴宁、三都、蓼江一带历来就有酿酒习俗。特别是白露时节，几乎家家户户酿酒。这个时节酿出的酒温中含热，略带甜味，称作"白露米酒"。白露米酒中的精品是"程酒"，这是因为取程江水酿制而得名。白露米酒保留了发酵过程中产生的葡萄糖、糊精、甘油、醋酸、矿物质及芳香类物质，其营养物质多以低分子糖类和肽、氨基酸的浸出物状态存在，容易被人体消化吸收，以香味浓郁、酒味甘醇、风味独特、营养丰富的特性深受人们喜爱。

白露民间忌讳

1. 白露之日忌讳下雨。

据说白露之日最忌讳下雨。由于白露之日正是收割、播种庄稼的好时节。如果遇上阴雨天气，就会严重影响农作物收成。因此有农谚说"白露日落雨，到一处坏一处""白露前是雨，白露后是鬼""处暑雨甜，白露雨苦"。人们认为这天的雨是苦雨，会使农作物变苦；收割时的稻子沾上了白露的苦雨，容易使稻谷发霉生虫，从而被虫蛀空。

2. 白露之日忌讳刮风。

民间传说，白露之日如果刮风，就会给棉花造成伤害，因此白露之日忌讳刮风。如同谚语所说的："白露日东北风，十个铃子（棉桃）九个脓；白露日西北风，十个铃子九个空。"这个时节正是棉花生长的关键时节，一旦刮大风就会严重影响棉花结桃的质量。

白露饮食养生：养心润肺，早晚加衣，防止着凉

白露饮食养生

1. 品白露茶，饮白露酒。

白露时节的露水是一年中最好的。民间认为白露时节的露水有延年益寿的功效，于是便在白露那天承接露水，制作白露茶，煎后服用。白露茶深受饮茶爱好者的喜爱，因为白露时节天气转凉，凝结的露水对茶树有很好的滋养功效，所以这时的茶叶会有一种独特的滋味，甘醇无比。白露茶历经春夏两季，不像春茶那样不耐泡，也少了夏茶的燥苦，不凉不燥、温和而清香，并且还具有提神醒脑、清心润肺、温肠暖胃之功效。

此外，白露时节，古人还使用白露露水酿成白露酒，这样的酒较为香醇。据说用白露当天取自荷花上的露水酿成的"秋白露"品质最好，也最为珍贵。在江浙一带，至今还流传着饮用白露酒的习俗。白露时节，人们酿制米酒来招待客人。这样

的白露米酒以糯米、高粱、玉米等五谷杂粮为主，并用天然微生物纯酒曲发酵，品味起来温热香甜，并且含有丰富的维生素、氨基酸、葡萄糖等营养成分。白露时节适量饮用白露酒，可以生津止渴。另外，白露酒具有疏通经络、补气生血的功效。

白露养生茶饮

白露时节，气候干燥，这时应该多饮水，以防秋燥。适当饮用一些茶，不仅可以补水，还有着养生防病的功效。

萝卜茶

每天两次，不拘时限，有清热化痰、理气开胃之功，适用于咳嗽、痰多、纳食不香等症。

姜苏茶

有疏风散寒、理气和胃之功，适用于风寒感冒、头痛发热，或有恶心、呕吐、胃痛腹胀等症状的肠胃不适型感冒。

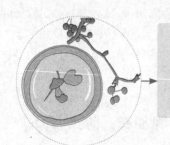

银耳茶

先将银耳洗净，加水与冰糖（勿用绵白糖）炖熟；再将茶叶泡 5 分钟，取汁，和入银耳汤，搅拌均匀服用。此茶有滋阴降火、润肺止咳之功效，适用于阴虚、咳嗽。

橘红茶

橘红 3~6 克，绿茶 5 克。每日 1 剂，随时饮用，有润肺消痰、理气止咳之功效，适用于秋令咳嗽、痰多之症。

2. 白露时节，喝粥有讲究

白露时节，人们往往会出现脾胃虚弱、消化不良的症状，抵抗力也有明显下降。这个时节多吃点温热的、有补养作用的粥食，对健康大有裨益。白露喝粥养生要注意以下几个方面：

（1）熬粥时使用的容器也有讲究，最好用砂锅，尽量不用不锈钢锅和铝锅。

（2）用大米、糯米等谷类熬粥喝可以健脾胃、补中气、泻秋凉，以及防秋燥。还可以根据自己的实际身体状况，在熬粥过程中适当添加一些豆类、干果类等辅料，以达到更好的饮食调养效果。

（3）喝粥时尽量不要加糖。人们喝粥的时候喜欢加糖，其实这样是不好的，尤其是老年人。老年人的消化功能已经有所下降，糖吃得太多，容易在腹部产生胀气，影响营养吸收。

（4）喝粥时，不要与油腻性大的食物同食，否则容易造成消化不良。如果长期混合吃下去，将会患上消化不良的疾病。

（5）糖尿病人尽量不要在早晨喝粥。由于粥是经过较长时间熬制出来的，各种谷类中的淀粉会分解出来，进入人体后很快就会转化成葡萄糖。这种情况对糖尿病患者是非常不利的，很容易使血糖升高，发生危险。

3.养阴退热、补益肝肾宜吃乌鸡。

乌鸡是白露时节的滋补佳品，素有"禽中黑宝"之美称，具有养阴退热、补益肝肾之功效。挑选时以肉质软嫩、毛孔粗大且胸部平整、鸡肉无渗血为上品。烹饪乌鸡时，最好连骨一起用砂锅小火慢慢炖，这样烹制出来的乌鸡滋补效果最好。

养阴退热、补益肝肾可以食用鲜奶银耳乌鸡汤。

鲜奶银耳乌鸡汤

材料：新鲜乌鸡1只，水发银耳20克，百合40克，猪瘦肉230克，鲜奶、姜片、盐等适量。

制作：①将乌鸡、瘦猪肉、分别淘洗干净，切成块，略焯。②银耳洗净，撕成小瓣。③将百合淘洗干净。④锅内放入乌鸡、猪瘦肉、银耳、百合、姜片、适量清水，大火烧开。⑤用小火煲两小时左右，放入鲜奶拌匀，再煮5分钟，撒入盐调味即可食用。

4.吃南瓜可改善秋燥症状。

南瓜含有丰富的维生素 E 和 β–胡萝卜素。β–胡萝卜素可以在人体内转化为维生素 A。维生素 A 与维生素 E 具有增强机体免疫力之功效，对改善秋燥症状有明显的疗效。挑选南瓜时以颜色金黄、瓜身周正、个大肉厚、无伤烂的为佳。维生素 E 和 β–胡萝卜素都属于脂溶性营养素，食用时应用油烹调，以确保人体能够充分吸收其所含的丰富营养。

山药南瓜粥可以改善秋燥症状。

山药南瓜粥

材料：山药、南瓜各30克，大米50克，盐适量。

制作：①洗净南瓜，削去皮、瓤，切成丁。②将山药洗干净，去皮，切成片。③将大米淘洗干净，用清水浸泡半小时，捞出沥水。④锅内倒入适量水，放入大米，大火烧开后放入南瓜、山药，改用小火继续熬煮，待米烂粥稠，撒入盐调味即可食用。

用法：建议每次100克左右。

5. 白露时节慎食秋瓜，防腹泻。

白露时节，天气逐渐转凉。人的肠胃功能也会由于气候的变化而变得敏感，假若还继续生食大量的瓜果，那么就会更助湿邪，损伤脾阳。脾阳不振就会引起腹泻、下痢、粪便稀薄而不成形等急性肠道疾病。这个时节，民间有"秋瓜坏肚"的说法，因此这个时节应该慎食秋瓜以防腹泻。脾胃虚寒的人更应该禁食秋瓜。

白露药膳养生

1. 利尿通乳、安神助眠，食用芡实茯苓粥。

芡实茯苓粥具有消毒解热、利尿通乳、消渴、安神助眠之功效。

芡实茯苓粥

材料：芡实、茯苓粉各50克，粳米100克，桂圆肉20克，温水、冷水、盐各适量。

制作：①把芡实粉、茯苓粉放在一起，用温水调制成糊状。②洗净粳米，用冷水浸泡半小时，捞起，沥干水分。③锅中加入适量水，将粳米、桂圆肉放入，用大火烧开，缓缓倒入芡实茯苓糊，搅拌均匀，改用小火熬煮。④看到米烂成粥时，撒入盐调味，稍焖片刻即可盛起食用。

2. 益气补虚、温中暖下，饮用薏仁荷叶瘦肉汤。

薏仁荷叶瘦肉汤具有益气补虚、温中暖下、抗击压力之功效，可治疗虚劳羸瘦、腰膝疲软、产后虚冷、心内烦躁等症状。

薏仁荷叶瘦肉汤

材料：薏仁50克，新鲜荷叶半张，瘦猪肉250克，料酒5克，盐、味精各3克，冷水适量。

制作：①将薏仁、荷叶淘洗干净。②把瘦猪肉清洗干净，切成薄片。③将薏仁、荷叶同放锅内，倒入适量水，用大火烧开，再改用小火煮半个小时，去掉荷叶，加入瘦猪肉，撒入盐、味精，搅拌均匀，煮熟即可食用。

白露起居养生

1. 白露天气转凉，切勿袒胸露体。

白露时节，夜间较冷，一早一晚气温低，正午时分气温仍较高，是秋天日温差最大的时节。俗话说："白露勿露身，早晚要叮咛。"便是告诫人们白露时节天气转凉，不能袒胸露体，提醒人们一早一晚要多添加些衣服。民谚还有"白露不露身"之说，意思是白露时也不要再穿背心、短裤。另外，古书中记载："秋初夏末，不可脱衣裸体，贪取风凉。"这也是在告诫人们，入秋以后要穿长衣长裤，以免受凉。事实上，白露时节虽然没有深秋那么冷，可是早晚的温差已经非常明显了，如果不注意保暖，很容易着凉感冒，并且容易使肺部感染风寒。此时燥气与风寒容易结合形成风燥，对肺部以及皮毛、鼻窍等肺所主的部位造成伤害。如果感染到筋骨，则容易出现风湿病、痛风等肢体痹症。白露时节，建议睡觉时把凉席收起来，换成普通褥子，关好窗户，换掉短款的睡衣，并把薄被子放在身旁备用。年老体弱的人更要注意根据天气适时添加衣服、被褥，以免着凉患病。

2. 白露时节要及时预防秋燥。

白露时节还要注意预防"秋燥"。"秋燥"，顾名思义，就是因为秋季气候干燥而引起的身体不适。人们常说燥邪伤人，容易耗人津液，并且出现口干、唇干、鼻干、咽干及大便干结、皮肤干裂等症状。身体上的不适必然会引起精神上的浮躁，因此要及时预防秋燥。多喝水是最简单的解决办法，每天早晚必须喝水，尽量保证身体有充足的水分，可以多吃一些富含维生素的食品，如柚子、西红柿等；还可选用一些清肺化痰、滋阴益气的中草药，例如人参、沙参、西洋参、百合、杏仁、川贝等。对于一般人来说，预防秋燥用简单实用的药膳、食疗即可，完全没有必要进行刻意的大补特补。

白露时节补水护肤

入秋以后，由于人体新陈代谢的速度变缓，就容易产生皮肤干燥、粗糙、晦暗等问题，甚至出现黑斑、雀斑。在这个季节，防止皮肤干燥，加强保湿是关键。使用化妆品保湿是一方面，但是更应该采取一些更天然的保湿策略。

（1）秋季多喝白开水是最好、最简单的护肤方法，可以加速新陈代谢，把多余的废物排出体外。

（2）秋季可以在房间里放一盆水来维持室内的湿度，也可以放一个小鱼缸，兼顾美观、实用双重功效。

（3）秋季可以在家里或者办公室中摆放一些自己喜欢的盆景，不但可以净化空气，而且可以保持空气湿度。

3. 白露时节要预防"秋季花粉症"。

白露时节秋高气爽，是人们外出旅游的最佳时期。但是此时，常常有不少游客在旅游期间出现类似"感冒"的症状，发生鼻痒、连续流清鼻涕、打喷嚏，有时眼睛流泪、咽喉发痒，甚至还有人耳朵发痒等。这些表现很容易让人联想到感冒，深秋季节早晚温差很大，特别是当活动量增加后脱掉外衣，就更容易被误认为是受了寒凉，而被当作"感冒"来误诊。其实这种情况不一定是"感冒"，而有可能是"花粉热"。"花粉热"有两个基本的发病因素：一个是个体体质的过敏，另一个是不止一次地接触和吸入外界的过敏源。由于各种植物的开花具有明显的季节性，所以对某种或几种过敏抗原过敏者的发病也就具有明显的季节性了。白露时节是藜科、蓖麻、肠草和向日葵等植物开花的时候，这些植物的花粉就是诱发过敏体质者出现"花粉热"的罪魁祸首。

白露运动养生

1. 白露时节不要赤脚运动。

白露时节，气温下降，地面寒气一天比一天重。许多人喜欢在外面运动，这样脚底就很容易遭到寒气侵袭。人的脚底为人体中重要的保健区域，秋凉之后必须穿袜，以免寒气从脚心入侵。白露过后除了要穿保暖性能好的鞋袜外，还要养成睡前用热水洗脚的习惯。热水泡脚除了可预防呼吸道感染性疾病外，还能使血管扩张、血流加快，改善脚部皮肤和组织营养，可减少下肢酸痛的发生，缓解或消除白天的疲劳。因此这个时节，不但不能赤脚，而且还应当穿上袜子防寒。

2. 白露时节最佳运动——慢跑。

白露时节，天气渐渐变凉，人体的各项生理功能相对减弱，此时应该适当增加活动量，以增强心肺功能和身体的抗寒能力。因此，"动静相宜"就成为这个时节运

白露运动养生注意事项

白露时节不要赤脚运动。天气转凉，赤脚容易让寒气从脚部入侵身体。

白露时节最适宜做慢跑运动，能扩大肺活量。

白露旅游时要预防疲劳性足部骨折。在旅游时要注意休息，不要长时间走路。

动养生的特点，而符合这个特点的最佳运动就是慢跑。

3. 白露旅游时要预防疲劳性足部骨折。

秋高气爽的白露时节是旅游的最佳时间。但是，人们在尽情游玩的同时要提防疲劳性足部骨折，这种骨折也被称作"行军骨折"。尤其中老年人更要引起重视。行走时间过长、足肌过度疲劳很容易引发此种慢性骨折。其临床症状最初表现为足痛，走路多、劳累后加重，疼痛随走路时间的延长加剧，以致最后疼痛难忍，无法行走。预防疲劳性足部骨折应注意在旅游途中或长距离行走时的足部保健，可以采取以下措施预防疲劳性足部骨折：①晚上抬高双足睡觉，促进血液回流。②睡前用热水泡脚，增强血液循环。③按摩双足，放松肌肉，缓解疲劳。④尽量穿平跟旅游鞋。

白露时节，常见病食疗防治

1. 多吃水果、蔬菜防治口腔溃疡。

口腔溃疡俗称"口疮"，是一种出现在口腔黏膜上的浅表层的溃疡，常见于春秋季节更替之时。身体抵抗力较差的人不能及时适应环境变化，就易发生口腔溃疡。溃疡面积有的小如米粒，有的大如黄豆，多呈圆形或卵圆形，溃疡表面凹陷，周围充血，进食刺激性食物时或者食物蹭住溃疡面时常有刺痛感觉。口腔溃疡患者尽量

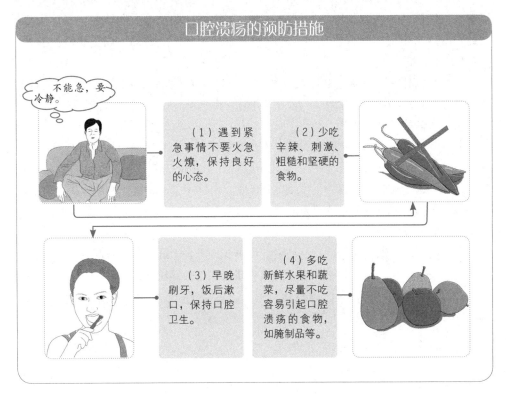

口腔溃疡的预防措施

不能急，要冷静。

（1）遇到紧急事情不要火急火燎，保持良好的心态。

（2）少吃辛辣、刺激、粗糙和坚硬的食物。

（3）早晚刷牙，饭后漱口，保持口腔卫生。

（4）多吃新鲜水果和蔬菜，尽量不吃容易引起口腔溃疡的食物，如腌制品等。

不要食用口香糖、巧克力、烟、酒、咖啡以及辛辣、烧烤、油炸类食品，以免溃疡加重。可以多吃些新鲜的水果、蔬菜，多喝水，平时要注意饮食的营养搭配，避免溃疡发生。

乌梅桔梗汤具有收敛生津、抗炎杀菌、镇痛解热之功效，适用于口腔溃疡、咽痛、音哑、肺炎等症状。

乌梅桔梗汤

材料：乌梅、桔梗各15克。

制作：①将乌梅、桔梗分别淘洗干净，沥干。②锅中放入适量水，倒入乌梅、桔梗，煎浓。③置凉即可轻涂在溃疡处。

用法：用消毒棉签蘸药液轻涂溃疡处，每天1～2次。

2.肺气肿多吃瘦肉、豆浆、豆腐防治。

白露时节肺气肿发病率较高，且此时节患者病情容易加重。肺气肿是指呼吸性细支气管、肺泡管、肺泡囊及肺泡等终末细支气管远端部分膨胀扩张，导致肺组织弹性减退或容积增大。这种病多数是由肺部慢性炎症或支气管不完全阻塞引发，因此支气管炎以及哮喘病患者更容易患上此病。临床表现为肺气不足，动则气短，严重时会导致肺源性心脏病发作。

富含优质蛋白质和铁元素的食品对肺气肿有一定的疗效，例如瘦肉、动物肝脏、豆浆、豆腐等，这些食物不易增痰或上火，可增强抗病能力，能够促进身体康复。因此肺气肿患者应多吃这些食物，同时不要食用牛奶及奶制品，以免痰液变黏稠，加重病情。

玉竹冰糖饮具有润喉清心、祛烦消渴、养阴生津、润肺止咳之功效，并且对改善肺气肿、肺心病有一定疗效。

玉竹冰糖饮

材料：红枣20克，玉竹50克，冰糖末适量。

制作：①将玉竹清洗干净，切成段。②将红枣淘洗干净。③将红枣、玉竹放入锅内，倒入适量水，大火烧开。④改用小火熬煮1小时。⑤起锅去渣、取液，稍凉后放入冰糖末，搅拌均匀即可饮用。

肺气肿的预防措施：

（1）戒酒、戒烟。吸烟最容易诱发或加重支气管炎、肺气肿等呼吸系统疾病。

（2）及时添加衣服，防寒保暖，避免着凉引发呼吸系统疾病。

（3）尽量少吃辛辣、刺激性食物，例如辣椒、大蒜、韭菜、生姜等，否则容易刺激气管黏膜，诱发呼吸系统疾病。

第四章

秋分：秋色平分，碧空万里

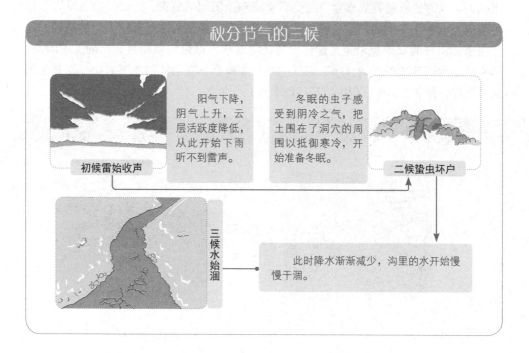

秋分节气的三候

初候雷始收声

阳气下降，阴气上升，云层活跃度降低，从此开始下雨听不到雷声。

冬眠的虫子感受到阴冷之气，把土围在了洞穴的周围以抵御寒冷，开始准备冬眠。

二候蛰虫坯户

三候水始涸

此时降水渐渐减少，沟里的水开始慢慢干涸。

秋分时节，凉风习习，碧空万里

1.秋分时节，凉风习习，碧空万里。

秋分是二十四节气中的第十六个节气，时间在每年阳历9月23日前后，南方的气候由这一节气起才开始入秋。此时，太阳黄经为180°。我国古籍《春秋繁露、阴阳出入上下第十五》中记载："秋分者，阴阳相半也，故昼夜均而寒暑平。"秋分这一天同春分一样，阳光几乎直射赤道，昼夜几乎相等。

秋分是表征季节变化的节气。从这一天起，阳光直射位置继续由赤道向南半球推移，北半球开始昼短夜长。根据我国农历的记载，这一天刚好是秋季九十天的一半，因而称秋分。但在天文学上规定北半球的秋天是从秋分才开始的。秋分时节，长江流域及其以北的广大地区，均先后进入了秋季，日平均气温都降到了22℃以下。秋分后太阳直射的位置南移到南半球，北半球得到的太阳辐射逐渐减少。这个时节地面散失的热量越来越多，气温降低的速度也越来越快。

2.秋分时节秋收、秋耕、秋种忙不停。

由于秋季降温越来越快，秋收、秋耕、秋种的"三秋"大忙显得格外紧张。华北地区已经开始播种冬小麦，长江流域及南部广大地区正忙着晚稻的收割，抢晴耕、翻土地，准备播种油菜。秋分时节的干旱少雨或连绵阴雨是影响"三秋"正常进行的主要不利因素，特别是连阴雨会使即将到手的农作物倒伏、霉烂或发芽，造成严重损失。及时抢收秋收农作物可免受早霜冻和连阴雨的危害，适时早播冬季农作物可争取充分利用冬前的热量资源，培育壮苗安全越冬，为来年奠定丰产的基础。这个时节，南方的双季晚稻正是抽穗、扬花的时候，也是晚稻能否高产的关键时期。早来低温阴雨形成的"秋分寒"天气，是双季晚稻开花结实的主要威胁，因此必须认真做好防御准备工作，保障晚稻高产丰收。

秋分时节气象和农事的特点

北方冷气团开始具有一定的势力，大部分地区雨季已经结束，凉风习习、碧空万里、风和日丽、秋高气爽、丹桂飘香、蟹肥菊黄。

秋分是农业生产上秋收、秋耕、秋种的重要节气，"三秋"大忙，贵在一个"旱"字。如果这时连阴雨，就会影响秋收。

该摘棉花了。

秋分棉花吐絮，正是收获的黄金时机。

秋分农历节日及民俗宜忌

农历节日

农历八月十五日，是我国传统的中秋佳节。这时是一年秋季的中期，因此被称为"中秋"。农历把一年分为四季，每个季节又分为孟、仲、季三个时段，因此中秋也称作"仲秋"。八月十五日夜，人们仰望天空中如玉如盘的朗朗明月，自然会期盼家人团聚。远在他乡的游子，也借此寄托自己对故乡和亲朋好友的思念之情。因此中秋节又称"团圆节"。

1. 嫦娥奔月的传说。

后羿射下了天上的九个太阳，为民除害，深受天下百姓的尊敬和爱戴。随后他娶了美丽、善良的嫦娥姑娘为妻。后羿除了传艺狩猎外，终日和妻子在一起，人们都羡慕这对郎才女貌的恩爱夫妻。不少有志之士慕名前来拜师学艺，心术不正的逢蒙也混了进来。一天，后羿到昆仑山访友求道，巧遇由此经过的王母娘娘，便向王母娘娘求得两颗长生不老的仙丹。据说，服下一颗仙丹的人可以长生不老，服下两颗仙丹的人就能即刻升天成仙。后羿舍不得撇下妻子，只好暂时把两颗仙丹交给嫦娥珍藏起来。

嫦娥将仙丹藏进梳妆台的百宝匣时，被小人逢蒙偷窥到了，他想偷吃仙丹成仙。三天后，后羿率众徒外出狩猎，心怀鬼胎的逢蒙假装生病留了下来。待后羿走后不久，逢蒙手持宝剑闯入内宅后院，威逼嫦娥交出仙丹。嫦娥知道自己不是逢蒙的对手，危急之时，她打开百宝匣，拿出两颗仙丹一口气吞了下去。嫦娥吞下仙丹后，身子立刻感觉轻飘飘地飞了起来，她飞出窗口，向天空飞去。由于嫦娥牵挂着丈夫后羿，便飞落到距离人间最近的月亮上。

太阳落山时，后羿又累又饿地回到家里，没有看见爱妻嫦娥，便询问侍女们是怎么回事。侍女们哭着向他讲述了白天发生的事。后羿既惊又怒，抽剑去杀恶徒，不料逢蒙早已逃亡。

琼台赏月图

在唐代，中秋赏月、玩月颇为盛行；在宋代，中秋赏月之风更盛；明清以后，中秋节赏月风俗依旧，许多地方形成了放天灯、走月亮、舞火龙等风俗。

后羿气得捶胸顿足、悲痛欲绝，仰望着夜空呼唤爱妻的名字。朦胧中他惊奇地发现，当天晚上的月亮格外明亮，恰好这天是农历八月十五日，而且月亮里有个晃动的身影酷似嫦娥。他飞一般地朝月亮追去，可是他追三步，月亮退三步，他退三步，月亮进三步，无论如何也追不上月亮。

后羿思念妻子嫦娥心切，便派人到嫦娥喜爱的后花园里摆上香案，放上她平时最爱吃的蜜食鲜果，遥祭月宫里的嫦娥。老百姓们听说嫦娥奔月成仙的消息后，每年到农历八月十五日，纷纷在月下摆设香案祭拜嫦娥，为漂亮、善良的嫦娥祈求吉祥平安。

2. 赏月、望月。

赏月的风俗源自祭月，严肃的祭祀后来变成了轻松的娱乐。《礼记》中记载有"秋暮夕月"，夕月即祭拜月神。每逢中秋夜，人们在大香案上摆上月饼、西瓜、苹果、李子、葡萄等时令水果，等月亮挂到半空时便开始祭拜。民间中秋赏月活动大约始于魏晋时期，但是没有形成习俗。到了唐朝，中秋赏月颇为盛行，许多诗人的名篇中都有咏月的诗句。待到宋时，形成了以赏月活动为中心的中秋民俗节日，正式定为中秋节。与唐人不同，宋人赏月更多的是感物伤怀，常以阴晴圆缺喻人情事态，即使中秋之夜，明月的清光也掩不住宋人的伤感。但对宋人来说，中秋还有另外一种形态，即中秋是世俗欢愉的节日。宋代的中秋夜是不眠之夜，夜市通宵营业，

中秋民俗

中秋节是我国传统的民间节日，在这一天有着丰富多彩的民俗活动。

赏月

中秋节是我国古老的节日，赏月是节日的重要习俗。许多诗人的名篇中都有咏月的诗句，宋代、明代、清代宫廷和民间赏月活动更具规模，一直延续至今。

吃月饼

月饼象征着团圆，是中秋佳节必食之品。在节日之夜吃月饼，祈祝家人生活美满、甜蜜、平安。

烧塔

烧塔，部分地方又称为"烧塔仔"，是诸如广东、福建、江西等地农村在过中秋节时开展的一项民俗活动。

赏月游人达旦不绝，热闹非凡。

时至今日，民间许多地方还有望月的习俗。安徽一带民谚云："云掩中秋月，雨打上元灯。"黄河中下游地区，中秋节的晚上男女老少登高望月，称月亮的明暗可以卜来年元宵节天气的阴晴。云南新平的傣族人们，每年逢中秋佳节，先对天空鸣放火枪，然后再围坐饮酒，谈笑望月。

3. 吃月饼：团团圆圆。

月饼象征着团圆。月饼又称作"胡饼""宫饼""小饼""月团""团圆饼"等，是古代中秋祭拜月神的供品，流传下来就形成了中秋吃月饼的习俗。每逢中秋，皓月当空，人们便合家团聚，品饼赏月，尽享天伦之乐。月饼的制作从唐代以后越来越考究。苏东坡有诗云："小饼如嚼月，中有酥和饴。"清朝杨光辅也曾写道："月饼饱装桃肉馅，雪糕甜砌蔗糖霜。"看来当时的月饼和现在已颇为相近了。

制月饼迎中秋〔清〕《太平欢乐图》

俗话说："八月十五月正圆，中秋月饼香又甜。"月饼最初是用来祭奉月神的祭品，后来人们逐渐把中秋赏月与品尝月饼结合在一起，寓意家人团圆。

4 烧塔：纪念元末农民起义。

烧塔是民间在中秋传统节日开展的一项民俗活动，相传烧塔是人民反抗元朝残暴统治的起义信号。元朝统治天下以后，蒙古贵族没收了人民的马匹和兵器，剥夺人民游神赛会的权利，甚至不容许百姓夜行和夜间点火。为了监控老百姓活动，统治者把五户人家编成一甲，派一名蒙古贵族当甲长。甲长由五家轮流供养，甲长到每家受供养前后，都要称体重，如果体重减轻，负责供养的那一户就要受惩处。元朝贵族在各乡村作威作福，勒索百姓财物，奸淫良家妇女。他们做贼心虚，怕受百姓报复，规定每甲五户只能共用一把菜刀，其余的没收。元朝末年，黄河连年水灾，物价飞涨，人民流离失所、饥寒交迫。此时，韩山童、刘福通等白莲教首领便利用宗教作为掩护，发动农民起义。元顺帝至正十一年（1351年）夏天，刘福通领导的红巾军在皖北豫南一带举起反元旗帜，得到全国各地的普遍响应。潮汕人民为与周边统一步调，按事前密约，于农历八月十五这一天，在空旷地方用瓦片砌塔，燃烧大火，作为起义行动的信号，一起动手。后来，烧塔便成为中秋佳节习俗，世代流传下来。

中秋节潮汕烧塔多为青少年娱乐活动，中秋节前夕，人们就忙碌起来，四处捡拾残破瓦片，积聚枯树枝、废木片和木块，于中秋下午就开始砌瓦塔。塔的大小、高低依据积聚瓦片的多寡及参与者的年龄层次而定，十岁左右的孩子砌的是小瓦塔，一般只有两三尺高。青年砌的规模较大，由于他们年龄大些，会从四面八方搬来瓦片，故砌的瓦塔往往有五六尺到一丈多高。瓦塔累砌也有讲究，大瓦塔的塔基要铺上红砖条或灰砖块，然后按"品"字形的格局构建。为了使塔身通风透气和造型美观，大的瓦塔常是两片瓦片合在一起按"品"字形架放。塔下留出两个门，一个用于投放燃料，另一个掏出木灰。塔的上端留出烟囱，供吐火舌之用。砌建瓦塔的地方，大都在空地与广场，在同一场地中，有时会砌上几个瓦塔。中秋节夜晚，月亮升至半空以后开始点火，瓦塔开始燃烧起来，至燃烧猛烈时，瓦片被烧得通红透亮，塔口的火焰直冲云天。就在这个时候，人们把粗粒的海盐一大把一大把地撒向塔里，瓦塔发出像鞭炮一样的噼噼啪啪声，再撒上硫黄，燃放出蓝色光焰，十分壮观，吸引广大群众围观欣赏。有的地方还把烧塔习俗作为活动竞赛项目，塔建得高大、燃烧得剧烈，经集体评议后可以给予奖励。

5. 兔儿爷：祈求中秋顺遂吉祥。

兔儿爷流行于北京、天津等地区，又称"彩兔"。传说古时候，北京城里突然闹起了瘟疫，家家户户都有病人，吃什么药都不管用。嫦娥看到人间烧香求医的情景，心里十分难过，就派玉兔到人间去为百姓消灾治病。于是，玉兔变成一个少女来到了北京城。她走了一家又一家，治好了很多病人。人们为了感谢玉兔，都要送给她东西。可玉兔什么也不要，只是向别人借衣服穿。这样，玉兔每到一处就换一身装扮，有时候打扮得像个卖油的，有时候又像个算命的，一会儿是男人装束，一会儿又是女人打扮。为了能给更多的病人治病，玉兔就骑上马、鹿或狮子、老虎，走遍了北京城内外，直到消除瘟疫。为了纪念玉兔给人间带来的吉祥和幸福，人们便用泥塑造了玉兔的形象，每到农历八月十五那一天，家家都要供奉玉兔——"兔儿爷"，以祈中秋顺遂吉祥。

秋分民俗

秋分时节和清明时节有些民俗相类似，也有扫墓祭祖的习惯，称作"秋祭"。一般秋祭的仪式，是扫墓祭祖前先在祠堂举行隆重的祭祖仪式，杀猪、宰羊，请鼓手吹奏，由礼生念祭文等。扫墓祭祖活动开始时，首先扫祭开基祖和远祖坟墓，全族和全村男女老少都要出动，规模很大，队伍往往达几百甚至上千人。开基祖和远祖墓扫完之后，分房扫祭各房祖先坟墓，最后各家扫祭家庭私墓。大部分客家地区秋季祭祖扫墓，都从秋分或更早一些时候便开始了，最迟清明要结束此项活动。因为据说清明以后鬼门就关闭了，祖先英灵就受用不到后人孝敬的供品、礼物等。

1. 吃秋菜：家宅安宁、身强力壮。

秋分时节，民间很多地方要吃一种称作"野苋菜"的野菜，有的地方也称之为"秋碧蒿"，这就是"吃秋菜"的习俗。秋分一到，全家老小都挎着篮子去田野里采摘秋菜。在田野中搜寻时，多见是嫩绿的、细细的，约有巴掌那样长短。采回的秋菜一般人家与鱼片"滚汤"食用，炖出来的汤叫作"秋汤"。有民谣说："秋汤灌脏，洗涤肝肠。阖家老少，平安健康。"人们争相吃秋菜，目的是祈求家宅安宁、身体强壮有力。

2. 送秋牛：送"秋牛图"。

秋分时节，民间挨家挨户送秋牛。送秋牛其实就是把二开红纸或黄纸印上全年农历节气，还要印上农夫耕田的图样，名曰"秋牛图"。送图者都是些民间能言善辩、能歌善舞之人，主要说些秋耕吉祥、不违农时的话，每到一家便是即景生情，见啥说啥，说得主人乐呵呵，捧出钱来交换"秋牛图"。言词虽然是即兴发挥，随口而出，但句句有韵动听。民间俗称"说秋"，说秋之人便叫"秋官"。据说秋分遇到"秋官"吉祥。

3. 秋分也粘雀子嘴。

秋分之日，部分地区农民按习俗放假休息，家家户户要吃汤圆。与春分之日雷同，还要将十几个或二三十个不用包心的汤圆煮好，用细竹叉扦着置于室外田边地坎，这就是传说中的"粘雀子嘴"，寓意是阻止麻雀破坏庄稼，保佑当年五谷丰登。

秋分民间忌讳

1. 江淮、广西忌不下雨。

秋分之日，江淮地区的人们最希望能下雨，倘若天晴将会发生旱情，有民谣"秋分天晴必久旱"。在广西一带也有秋分祈盼下雨的习惯，民间有一句谚语说的是："秋分夜冷天气旱。"显然是说秋分之日夜里寒冷，将会发生旱情，危害农作物生长发育。

2. 华北平原忌刮东风。

秋分时节，在华北平原最忌讳刮东风，有谚语云："秋分东风来年旱。"如果秋分时节刮起了东风，那么第二年会发生干旱，影响农作物生长发育。

3. 秋分忌讳电闪雷鸣。

秋分之日民间忌讳电闪雷鸣。有谚语云："秋分只怕雷电闪，多来米价贵如何。"据说秋分之日要是遇到电闪雷鸣，那么就会影响到秋天庄稼的正常生长发育，导致农作物减产，稻米的价格就会飞涨，因此要提前做好预防自然灾害的准备工作。

秋分饮食养生：平衡阴阳，预防寒凉之气伤身

秋分饮食养生

1. 阴阳平衡，食物要多样化。

秋分时节，天气逐渐由热转凉，昼夜均等。因此，这个时节养生也要遵循阴阳平衡的原则，使阴气平和，阳气固密。"阴阳平衡"是中医的说法，其实这与现代医学中的"营养均衡"有异曲同工之妙。想要均衡营养，就必须要做到不挑食，保证

食物的多样化和蛋白质、脂肪、碳水化合物、维生素、矿物质、膳食纤维以及水等营养素的平衡摄入。夏季天气炎热，人们食欲大多有所下降，很容易缺乏营养，所以到了秋天，要保证营养的充足和平衡。另外，一日三餐的合理安排也很重要，要遵循"早吃饱、午吃好、晚吃少"的原则，适当调配。吃东西时，切忌囫囵吞枣，尽量要细嚼慢咽，这样才能使肠胃更好地消化和吸收食物中的营养，而且还有利于保持肠道内的水分，起到生津润燥、益气的功效。

2. 补骨添髓，宜多吃螃蟹。

螃蟹具有清热解毒、补骨添髓之功效。秋分时节多吃螃蟹有助于体内运化，调节阴阳平衡。挑食以外壳背呈墨绿色、肚脐凸出、附属肢上刚毛丛生的螃蟹为上品。螃蟹性寒，食用时须蘸食葱、生姜、醋等调味品，以祛寒杀菌。

食用"秋蟹"有讲究

秋分时节，螃蟹肉嫩味美，最有滋补价值。但是食用"秋蟹"是有讲究的，如果食用不当，会给健康造成损害。

（1）没有蒸熟或煎炸的生螃蟹不能吃。螃蟹身体中往往有寄生肺吸虫，生吃螃蟹会使肺吸虫也进入体内。

（2）不吃内脏没去除干净的螃蟹。蟹鳃和蟹胃都含有很多病菌和脏东西，食用这些器官可能会引起肠胃疾病。

这只已经死了，不能再吃了。

（3）不吃已经死亡的螃蟹。螃蟹在临死前和死亡后，体内的组氨酸分解会产生组胺。组胺是一种对人体有毒的物质，而且即使螃蟹清蒸或煎炸完全熟透了，组胺的毒性也不会被破坏掉。

秋日蟹锅

材料：新鲜螃蟹500克，鸡肉末180克，猪肉末120克，银耳200克，莲藕末、竹笋块、胡萝卜片各100克，鸡蛋1个，植物油、盐、香菜末、干淀粉、米酒、葱段、姜片等适量。

制作：①将螃蟹内脏清理干净。②锅内倒油烧热，放葱段、姜片煸香，放胡萝卜、竹笋、螃蟹翻炒，下米酒、盐、开水，小火慢炖。③大碗内放肉末、莲藕末、香菜末、鸡蛋、盐、干淀粉，拌馅挤成小丸子。④另起锅将小丸子煮2~3分钟，倒入炒锅，放盐、银耳，煮熟即可食用。

3.秋分时节，宜多食红薯。

常吃红薯能使人"长寿少疾"，尤其在秋分时节多食用些红薯，对身体大有裨益。挑食红薯以新鲜、干净、表皮光洁、没有黑褐色斑的为佳。红薯中的气化酶常常会使食用者产生烧心、吐酸水、肚胀等不适症状，建议在蒸煮红薯时，适当延长蒸煮时间，就可以避免上述症状出现。秋分时节可以食用红薯炒玉米粒。

红薯炒玉米粒

材料：玉米粒100克，红薯150克，青柿子椒半个，枸杞子、植物油、水淀粉、盐、鸡精、胡椒粉等适量。

制作：①将红薯冲洗干净，去皮，切成丁。②将玉米粒淘洗干净，焯水。③将青柿子椒洗干净，切碎。④红薯丁下锅炸至皮面硬结，捞出控油。⑤锅中留底油烧热，放入青柿子椒和玉米粒，略炒；放红薯丁，翻炒片刻；撒入盐、鸡精、胡椒粉，炒熟。⑥下枸杞子炒匀，用水淀粉勾芡即可食用。

4.益阴补髓、清热散瘀可食用油酱毛蟹。

油酱毛蟹

材料：河蟹500克，姜、葱、醋、酱油、白糖、干面粉、味精、黄酒、淀粉、食油各适量。

制作：①将蟹清洗干净，斩去尖爪，蟹肚朝上，齐正中斩成两半，挖去蟹鳃，在蟹肚被斩剖处抹上干面粉。②将锅烧热，放油滑锅烧至五成熟，将蟹（抹面粉的一面朝下）入锅煎炸，待蟹呈黄色后，翻身再炸，使蟹四面受热均匀；至蟹壳发红时，加入葱姜末、黄酒、醋、酱油、白糖、清水，烧八分钟左右，至蟹肉全部熟透后，收浓汤汁。③撒入味精，再用水淀粉勾芡，淋上少量明油，出锅即可食用。

5.清热消痰、祛风托毒可食用海米焓竹笋。

海米焓竹笋

材料：竹笋400克，海米25克，料酒、盐、味精、高汤、植物油等适量。

制作：①洗净竹笋，用刀背拍松，切成4厘米长段，再切成一字条，放入沸水锅中焯去涩味，捞出过凉水。②将油入锅烧至四成热，投入竹笋稍炸，捞出淋干油。③锅内留少量底油，把竹笋、高汤、盐略烧，入味后出锅。④再将炒锅放油，烧至五成热，下海米，烹入料酒，高汤少许，加味精，将竹笋倒入锅中翻炒均匀，装盘即可食用。

6.补脾消食、清热生津可食用甘蔗粥。

甘蔗粥

材料：甘蔗汁800毫升，高粱米200克。

制作：将甘蔗洗净榨汁，把高粱米淘洗干净，将甘蔗汁与高粱米同入锅中，再加入适量的清水，煮成薄粥即可食用。

秋分药膳养生

1.滋阴壮阳、养气补气，食用乌鸡糯米粥。

乌鸡糯米粥具有滋阴壮阳、养气补气、养血补血之功效，可用于治疗贫血等症状。

乌鸡糯米粥

材料：新鲜乌鸡1只，糯米150克，葱段5克，姜2片，盐2克，味精1.5克，料酒10克，冷水适量。

制作：①将糯米淘洗干净，用冷水浸泡2～3小时，捞出，沥干水分。②将乌鸡开膛，冲洗干净，放入开水锅内汆一下捞出。③取锅倒入冷水，放入乌鸡，加入葱段、姜片、料酒，用大火烧开。④改用小火煨煮至汤浓鸡烂，捞出乌鸡，拣去葱段、姜片，加入糯米。⑤用大火煮开后改小火，继续煮至粥成。⑥把鸡肉拆下撕碎，放到粥里，撒入盐、味精调好味，起锅即可食用。

2.清润生津，饮用西红柿豆腐鱼丸汤。

西红柿豆腐鱼丸汤

材料：西红柿、新鲜鱼肉各250克，发菜100克，豆腐2块，葱1根，盐、香油、水适量。

制作：①将西红柿洗干净，切成块。②将鱼肉洗干净，抹干水，剁烂，撒盐调味；倒入适量水，搅至起胶，放入葱花搅匀，加工成鱼丸。③把豆腐切成小块。④将发菜洗干净，沥干，切短。⑤葱洗净，切成葱花。⑥将豆腐放入开水锅内，大火煲开，放入西红柿，再煲开后放入鱼丸煮熟，撒入盐、倒入香油调味即可食用。

3.生津止渴、健胃消食，饮用青苹果薄荷汁。

青苹果薄荷汁

材料：青苹果1个，猕猴桃3个，薄荷叶3片。

制作：①将青苹果洗干净后去核，去皮，切成小块。②猕猴桃去皮，取瓤，切成小块。③将薄荷叶淘洗干净，放入榨汁机中打碎，过滤干净后倒进杯中。④把猕猴桃块、苹果块也用榨汁机榨成汁，倒入装薄荷汁的杯中搅拌均匀，即可直接饮用。

秋分起居养生

1.多事之秋，登高望远，参与集体活动。

秋分时节，天气慢慢转凉，大地万物凋零，自然界到处呈现出一片凄凉的景象，人们容易产生"悲秋"的伤感。俗话说"多事之秋"，因此要注意精神、心态方面的调养，遇到事情要少安毋躁，冷静沉着地应付处理，时刻保持心平气和、乐观的情绪。在秋高气爽、风和日丽的秋日里，多出去走走，常和大自然亲密接触，排解一下秋愁。此时节最适宜的运动莫过于登高望远，参与集体活动，这样能使人身心愉悦、心旷神怡，从而消除不良的情绪。此外，还可以多和亲戚、朋友交流，多参加一些文化节、书画展等有益的活动。

2. 秋分洗脸不宜过勤，注意皮肤保湿。

随着秋分以后气温的逐步下降，皮肤油脂的分泌量会有所减少，人们时常感觉皮肤干燥、紧绷，这时就要注意开始对皮肤的保护了。为了减少油脂的损失，可以减少洗脸的次数。一些人属干性皮肤，本身就缺油，更不宜太频繁地洗脸。如果清洁太彻底，皮肤会很干燥，只需要每天早晨用洗面奶洗一次就行，而且洗面奶要选择温和保湿的产品。有的人皮肤比较敏感，这个季节很容易出现过敏反应，如果用洗面奶等化学产品，就可能引发或加重过敏症状，所以每天用清水洗一次即可。而经常"满面油光"的混合性和油性皮肤的人，在这个时期油脂分泌也会减少，因此不用像夏天一样每天洗好几次脸，另外洁面产品也不用选择清洁效果太强的，不然也会使皮肤干燥。此外，洗脸水温度的控制也很重要，温水是最好的选择。水太热不好，会导致油脂流失更多，皮肤会更干燥；水太凉也不行，对皮肤刺激性太强，会使皮肤变红。另外，洗完脸后，要及时涂抹适合的护肤品，以便更好地保护和滋润皮肤。总之，秋分洗脸不宜过勤，要注意皮肤的保湿。

秋分运动养生

1. 经常慢跑，避免剧烈运动。

秋分时节，人体的生理活动伴随着气候由炎热变凉爽，渐渐进入了"收"的时段。所以，进行适当的运动来养生，才能不违背天时。适当的运动就是要避免过于剧烈的活动，慢跑应该说是较为理想的运动之一。

慢跑历来是任何药物都无法替代的健身运动，坚持轻松的慢跑运动，能增强呼吸系统的功能，使肺活量增加，提高人体通气和换气的能力。秋分时空气清新，慢跑时吸入的氧气可比静坐时多出 8 ~ 12 倍。长期慢跑的人，最大吸氧量不仅明显高于不锻炼的同龄人，还能高于参加一般锻炼的同龄人。

慢跑时间要根据自己的身体状况而定。一般来说，秋分时节天气微凉，慢跑时间不要太长，以每天 30 ~ 40 分钟为宜，当感到全身微微出汗时就停止，以防感冒。慢跑的步伐要轻快，双臂自然摆动，全身肌肉要放松，呼吸要深、长、细缓而有节奏，最好用腹部做深呼吸活动，这样也间接地活动了腹部。要想慢跑见效果，贵在坚持。但是，慢跑健身讲究宁静自然、身动心静，因此慢跑时要带着乐观的心情去跑，千万不能有任何的勉强。应付任务似的强迫自己跑步，是收不到良好的运动效果的。

2. 秋分登山, 延年益寿。

秋分时节风和日丽, 是一年四季中外出旅游和进行户外健身活动的最佳时节。此时进行登山活动, 既不像夏天般酷热难当, 也不像冬日般寒风凛冽, 对身体健康极为有利。

首先, 从运动健身的角度分析来看, 登山是一种向上攀登、考验耐力的行走运动, 对全身的关节和肌肉有很好的锻炼作用, 特别是对腰部和下肢肌肉群极具锻炼作用。在进行登山运动时, 人体要比静止时多摄入 8~20 倍的氧气。充足的氧气对人的心脏和其他内脏器官都有好处: ①能使肺通气量、肺活量增加。②能使血液循环增强, 特别是能增加脑部的血流量。③有较好的降低血脂和减肥作用。因此, 秋分

秋季登山注意事项

秋高气爽, 相信很多人都计划与家人、朋友为伴, 登山畅游。秋季虽然是登山的好时节, 不过也有很多事项需要注意。

（1）登山前, 中、老年人和慢性病患者要做全面身体检查, 以免发生意外。

（2）对山上的气候特点应有所了解, 争取在登山前得到可靠的天气预报。

（3）登山时要思想集中, 不能光顾着看景, 不顾脚下。尤其是老年人和体弱的人更要注意这一点, 走半小时就休息10分钟, 避免过度疲劳。

时节登山运动适于防治神经衰弱、消化不良、慢性腰腿疼和动脉硬化等疾病。而且由于全身的肌肉和骨骼在登山时都能得到锻炼，因此，经常登山的人一般情况下不容易患上骨质疏松症。

其次，从气象角度来看，一来秋分时山上的绿色植物还很茂密，能吸尘、净化空气，所以山顶的空气要比山下的空气好，尤其比我们居住的房屋和办公室内的空气新鲜得多。二是秋分时山顶空气中的负离子含量更高。可别小瞧负离子，它是人类生命中不可缺少的物质。三是山顶的气温比山脚下要低，气温随着地形高度的上升而递减的特性，对人的生理功能起着积极促进作用，如能使人体在登山的过程中，感受到温度的频繁变化，让人体的体温调节系统不断处于紧张的工作状态，从而可以大大提高人体对环境变化的适应能力。

秋分时节，常见病食疗防治

1. 便秘可食用香蕉粥。

秋分时节，天气多变，再加上空气十分干燥，往往容易使人体燥热内结、气虚无力或阴虚血少，这些将会导致便秘。便秘最为典型的症状是排便次数明显减少，有的患者 2～3 天大便一次，更有甚者一周大便一次，并且排便没有规律，排便非常困难，粪便干结，给患者带来极大的痛苦。老年人、妇女和儿童比较容易患上此病。便秘患者应该多吃新鲜的蔬菜、水果，少吃辛辣刺激的食物。膳食纤维有促进肠胃蠕动、预防便秘的作用，因此要保证足够的摄入量，饮食不要太过精细。假若便秘比较严重，那么可以考虑在饭后喝一杯酸奶，减轻便秘痛苦。

香蕉粥具有养胃止渴、滑肠通便、润肺止咳之功效，适用于肠燥便秘、痔疮出血、习惯性便秘等症状。

香蕉粥
材料：成熟新鲜的香蕉 2 根，大米 100 克，冰糖 10 克。

制作：①香蕉去皮，切成丁。②将大米淘洗干净，用清水浸泡半小时。③锅中放入大米，倒入适量水，大火烧开。④再用小火熬煮，粥将成时放入香蕉丁、冰糖，稍煮片刻即可食用。

便秘的预防措施：

（1）平时保持良好的精神状态，避免紧张、焦虑不安等情绪产生。

（2）积极参加健身运动，锻炼身体，增强身体抵抗力、免疫力。

（3）养成定时排大便的好习惯，每天最少一次。

（4）早晨起床时空腹喝一杯温开水，建议其他时间也要勤喝水。

2. 食用香菇肉片防治咽炎。

秋分时节天气干燥，人易上火，因此容易诱发咽炎。咽炎是指咽部黏膜以及黏膜下组织发生炎症。特别是中老年人患病概率较大，而且男性患者多于女性。根据发病时间和患病程度，临床上将咽炎分为急性和慢性两种。不过各种咽炎都具有以下几种相同情况：咽部时常会感觉不适、干燥、痒、灼热，并且有异物感、刺激感、微痛感等症状。萝卜、荸荠等食物不仅营养丰富，更有清润的作用，比较适合咽炎患者食用。咽炎患者要避免食用煎炒以及刺激性的食物，因为这些食物会给患者咽部带来更强烈的刺激。

香菇肉片具有健脾胃、益气血之功效，适合咽炎、体虚等患者食疗。

香菇肉片

材料：香菇300克，新鲜猪肉150克，盐、水淀粉、酱油、植物油等适量。

制作：①将香菇洗干净，切成片。②把猪肉洗干净，切成片，加盐、水淀粉、酱油拌匀，腌入味。③炒锅放植物油烧热，下肉片炒至变色后盛出。④锅内倒入油，烧热，放入香菇、盐、酱油、清水炖煮片刻。⑤倒入刚才盛出的肉片，翻炒至熟。

秋季咽炎的预防措施

（1）切忌连续长时间说话，特别注意不要"扯嗓子"喊。

（2）多喝白开水，保持呼吸道的湿润，尽量少吸烟、喝酒，养成饭后漱口、早晚刷牙的卫生习惯，预防炎症发生。

（3）生活、工作空间勤通风，保证能够呼吸到新鲜的空气。

（4）香菇肉片具有健脾胃、益气血之功效，适合咽炎患者食疗。

第五章

寒露：寒露菊芳，缕缕冷香

寒露时节，中国南北大地上的景观差异最大、色彩最为绚丽。寒露来临之时，也是枫叶飘红、菊花飘香的时节。寒露菊芳，又为清秋增添了一缕冷香。

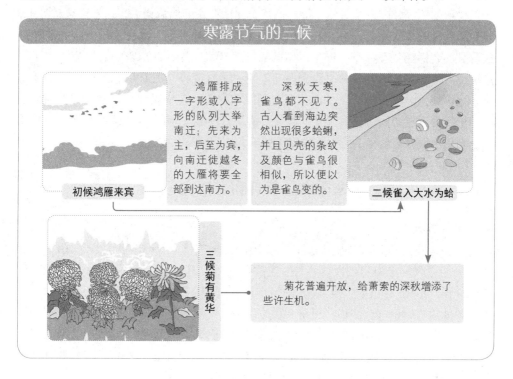

寒露节气的三候

初候鸿雁来宾

鸿雁排成一字形或人字形的队列大举南迁；先来为主，后至为宾，向南迁徙越冬的大雁将要全部到达南方。

深秋天寒，雀鸟都不见了。古人看到海边突然出现很多蛤蜊，并且贝壳的条纹及颜色与雀鸟很相似，所以便以为是雀鸟变的。

二候雀入大水为蛤

三候菊有黄华

菊花普遍开放，给萧索的深秋增添了些许生机。

寒露气象和农事特点：昼暖夜凉，农田秋收、灌溉、播种忙

1. 寒露时节，昼暖夜凉、晴空万里

寒露是二十四节气中第十七个节气，在每年阳历的 10 月 8 日或 9 日，此时太阳黄经为 195°。《月令七十二候集解》说："九月节，露气寒冷，将凝结也。"寒露时的气温比白露时更低，地面的露水更凉，快要凝结成霜了。白露后，天气转凉，开始出现露水，到了寒露，则露水增多，并且气温更低了。寒露以后，北方地区冷空气已经具有一定势力，我国大部分地区在冷高压控制之下，雨季基本结束。天气常

常是昼暖夜凉、晴空万里，对秋季农作物的收获十分有利。大部分地区的雷暴也已经消失，只有云南、四川和贵州局部地区尚可听到雷声。华北10月份降水量一般只有9月降水量的一半或者更少，西北地区则只有几毫米到二十多毫米。干旱少雨往往给冬小麦的适时播种带来一些困难，这些不利因素成为旱地小麦争取高产的主要瓶颈。

2. 寒露时节农田秋收、灌溉、播种忙。

寒露时节，要趁天晴的有利时机抓紧采收棉花。这个时节，江淮及江南的单季晚稻即将成熟，双季晚稻正是灌浆的时候，要注意及时间歇灌溉，保持田间湿润。南方稻区还要注意防御"寒露风"的危害。华北地区要抓紧播种小麦，这时，若遇干旱少雨的天气，应设法造墒、抢墒播种，保证在霜降前后播完，切不可被动等雨，导致早茬种晚麦。寒露前后是长江流域油菜的适宜播种期，品种安排上应先播甘蓝型品种，后播白菜型品种。淮河以南的播种要抓紧扫尾，已出苗的要清沟沥水，防止涝渍。华北平原的甘薯薯块膨大逐渐停止，这时清晨的气温在10℃以下或更低的概率逐渐增大，应根据天气情况抓紧时间采收，争取在早霜前采收结束，否则会因在地里经受低温时间过长，因受冻而导致薯块"硬心"，将会大大降低食用、饲用和工业利用价值，甚至将不能贮藏或用作种子。

寒露农历节日和习俗宜忌

农历节日

农历九月九日俗称"重阳节"，为中国的传统节日，又称"老人节"。由于《易经》中把"六"定为阴数，把"九"定为阳数，九月九日，日月并阳、两九相重，故而称作"重阳"，也叫"重九"。民间在该日有登高的风俗，因此重阳节又称"登高节"，民间还有"重九节""菊花节"等说法。由于"九九"谐音是"久久"，有长久之意，因此常在此日祭祖与推行敬老活动。重阳又称"踏秋"，这天所有亲人都要一起登高"避灾"，佩茱萸、赏菊花，饮菊花酒。自魏晋起，人们逐渐重视过重阳节，重阳节也成为历代文人墨客吟咏最多的传统节日之一。

1. 重阳节的传说。

传说在东汉时期，汝河有一个瘟魔，只要它一出现，就家家有人病倒、天天有人丧命，当地的老百姓受尽了瘟魔的蹂躏。一场瘟疫夺走了桓景的父亲和母亲，桓景也差点儿丧了命。在乡亲们的热心照料下，他幸运地存活下来。病愈之后，他决心出去访仙学艺，发誓一定要为民除掉瘟魔，于是辞别了父老乡亲。

桓景四处寻师访道，访遍了东西南北的名山高士，终于打听到在东方有一座古老的山，山上有一个法力无边的仙长。桓景不畏艰险和路途的遥远，在仙鹤指引下，终于找到了那座高山，找到了那个有着神奇法力的仙长。仙长为他的诚心所感动，终于收留了桓景，并且教给他降妖剑术，还赠予他一把降妖宝剑。桓景废寝忘食地勤学苦练，终于练就了一身非凡的武功。

有一天仙长把桓景叫到跟前说："明天是农历九月初九，瘟魔又要出来作恶，你武艺已经学成，应该回家乡为民除害了。"仙长送给他一包茱萸叶、一盅菊花酒，并且密授辟邪用法，让他骑着仙鹤飞回家乡。

桓景一眨眼便回到家乡。在九月初九的早晨，桓景按照仙长的叮嘱，把乡亲们

重阳民俗

重阳节是我国传统的节日，这一节日由来已久，但在现代又有了新的意义。2013年7月实施的修订版《老年人权益保障法》规定"每年农历九月初九为老年节"，重阳节成为中国法定的老年节。

插茱萸

民间认为九月九日也是逢凶之日，多灾多难，因此在重阳节人们喜欢佩戴茱萸辟邪求吉。

登高望远

每年到了农历九月九日重阳节，民间一个普遍习俗就是在这一天外出登高望远。

赏菊

"九九"重阳节里，各种各样的菊花盛开，观赏菊花就成了节日的一项重要内容。

尊老、敬老

重阳节这天还是我国法定的老年节，在这一天组织老年活动，提倡"尊老、敬老"的民族传统。

领到了附近的一座山上，发给每人一片茱萸叶，让每人喝了一小口菊花酒，做好了降魔的准备。午时三刻，随着几声怪叫，瘟魔冲出汝河。它刚扑到山下，突然闻到阵阵茱萸奇香和菊花酒气，便突然止步，脸色突变。这时桓景手持降妖宝剑，骑着仙鹤追下山去，几个回合就把瘟魔刺死了。仙鹤看到桓景战胜了瘟魔，便辞别了桓景。从此以后，民间农历九月初九登高避瘟疫的风俗便年复一年地流传下去。

2.插茱萸：避难消灾。

古代还风行在农历九月九日插茱萸的习俗，因此重阳节又叫作"茱萸节"。茱萸可入药、可制酒，养生祛病。茱萸香味浓，还有驱虫祛湿、逐风邪的作用，并能消积食、治寒热。因此茱萸还被人们称作"辟邪翁"。

3.登高望远。

登高望远的来源有以下两种说法：

（1）古代人们崇拜山神，以为山神能够使人免除灾害。因此人们在"阳极必变"的重阳日子里，要前往山上登高望远及游玩，以避灾祸。

（2）重阳时节，五谷丰登，农忙秋收已经结束，农事相对比较轻闲。这时又正是山野里的野果、药材之类的成熟季节，农民纷纷上山采集野果、药材和植物原料。这种上山采集活动，人们把它叫作"小秋收"。登高望远的风俗最初可能就是从此演变而来的，至于集中到重阳这一天则是后来的事。

重九登高图 〔清〕石涛

古代民间在重阳有登高的风俗，故重阳节又叫"登高节"，相传登高习俗始于东汉。

寒露民俗

1.观红叶——北京传统习俗。

寒露时节，秋风飒飒，黄栌叶红。寒露节气的连续降温催红了京城的枫叶。金秋的香山层林尽染，漫山红叶如霞似锦、如诗如画。爬香山观看红叶，这个习俗活动很早就已成为北京市民的传统习俗与秋游的重头戏。

2.吃芝麻——延缓衰老。

寒露时节，气温由凉爽转为寒冷。这个时节养生应养阴防燥，润肺益胃。民间有"寒露吃芝麻"的习俗。在北方地区，与芝麻有关的食品都成了寒露前后的抢手货，例如芝麻酥、芝麻绿豆糕、芝麻烧饼等时令小食品。

寒露民间忌讳

1.寒露忌刮风和霜冻。

寒露时节，对于农作物来说最忌刮风。寒露刮风，地里的庄稼会遭殃。根据其天气特点，分为以下两种类型：

一种是干冷型寒露风，以晴冷、干燥为特点，日平均气温比较低。白天日照多、太阳辐射强、气温高，而夜间气温低，受冷空气南下影响，相对湿度小。低温干燥会影响晚稻正常抽穗、扬花、灌浆，形成空壳粒，降低结实率，甚至出现"包颈穗"等现象，稻谷产量将会大幅度下降。

另一种是湿冷型寒露风，以低温阴雨、少日照为特点。连日的低温阴雨和光照不足，使晚稻生长受阻、颖壳闭合、花药不能开裂、无法授粉，不利于晚稻的光合作用，影响晚稻抽穗、开花、灌浆，形成空秕粒。民间有谚语云："禾怕寒露风，人怕老来穷。"形象地指出了寒露风的较大危害。有的地区寒露时忌霜冻，"寒露有霜，晚谷受伤"，即下霜会冻伤晚秋即将收割的稻谷。

总之，寒露时节刮风和霜冻都会造成稻谷减产。因此，寒露时节，要做好刮风和霜冻的防御措施。

2. 白露身不露，寒露脚不露。

白露、寒露时节，民间常说："白露身不露，寒露脚不露。"这是在提醒人们白露、寒露时节，天气变凉，要注意添衣了，不要像夏天那样随意穿衣了，否则将会患病的。

寒露养生：护肺养阴，预防感冒

寒露饮食养生

1. 寒露须进补，更要排毒。

寒露时节，天气越来越冷，为了增强抵抗力，很多人开始进补。这样做会加快体内的新陈代谢，如果毒素不能及时排出体外，就会严重影响身体健康。所以寒露不仅要进好补，而且更要排好毒。

寒露时节宜食养生汤水以润肺生津、健脾益胃，如红萝卜无花果煲生鱼、太子参麦冬雪梨煲猪瘦肉、淮山北芪煲猪横脷等。宜多选甘寒滋润之品，如选用西洋参、燕窝、蛤士蟆油、沙参、麦冬、石斛、玉竹等。其中西洋参味苦，微甘，性凉，入心、肺、肾经，有补气养阴、清虚火、生津液的作用，适用于气阴不足、津少口渴、肺虚咳嗽、虚热烦躁等症；燕窝味甘，性平，入肺、胃、肾经，有益虚补损、滋阴润燥、化痰止咳之功效，常用于肺肾不足引起的咳嗽、气急等症；哈士蟆油味甘、咸，性平，入肺、肾经，有填精益阴、润肺的作用，适用于体虚羸弱、肺痨咯血、燥咳日久等症；石斛（枫斗）味甘，性微寒，入肺、胃、肾经，具有滋阴润肺、益胃补肾、健脑明目、降火之功效，并具生津止渴、补五脏虚劳、清肺止咳、预防感冒之功效。以上这些都是适合寒露时节进补的精品。

2. 寒露时节喝凉茶会加重"秋燥"症状。

寒露时节，由于昼夜气温变化较大，往往容易出现口舌干燥、牙龈肿痛等症状，人们就会自然而然采取饮用凉茶以达到降火的目的。凉茶降火的功效在于它的配方

寒露排毒养生食物

在进补的同时，我们也要选择合适的排毒食品来帮助排出毒素，以促进新陈代谢正常的运行。以下几种常见食物都是不错的选择。

（1）新鲜果蔬汁

新鲜果蔬汁中富含多种营养素，对排出体内毒素有着非常重要的作用。

（2）猪血

猪血含有丰富的血浆蛋白，在人体胃酸和消化液中多种酶的作用下会分解出一种具有解毒、润肠作用的物质。

（3）菌类食物

菌类富含的硒元素可以帮助人体清洁血液、清除废物，长期食用可以起到很好的润肠、排毒、降血压、降胆固醇、防血管硬化以及提高机体免疫力的效果。

中含有多种中草药，如金银花、菊花、桑叶、淡竹叶等。从这一点我们能看出来，凉茶和普通茶饮料有很大区别，它实际上是一种中药复方汤剂。夏天喝些凉茶，会有很好的败火清热、滋阴补阳的作用，不过到了秋天，喝凉茶却可能会损伤人体内的阳气，而且阴液的滞腻会导致脾、胃等器官功能失调，使人体质变虚弱。这是因为和夏天不同，秋天人们上火主要是因为气阴两虚或气不化阴，而喝凉茶则会加重"秋燥"的症状，耗气伤阴。由此看来，凉茶并非什么时节都有利于清热降火，特别是寒露时节，更要慎重饮用。建议寒露时节冲泡饮用枸杞子、麦冬等有滋阴清热功效的中草药。

3.强身健脑、润泽肌肤可吃些鹌鹑蛋。

鹌鹑蛋具有补血益气、强身健脑、润泽肌肤等功效，另外还有润肤抗燥的作用，适合在"凉燥"肆虐的寒露时节食用。鹌鹑蛋以大小适中，而且花斑的颜色、形状都较均匀的为佳。需要注意的是，煮鹌鹑蛋的时间一般不要超过5分钟。

强身健脑、润泽肌肤可以饮用银耳鹌鹑蛋汤。

银耳鹌鹑蛋汤

材料：熟的鹌鹑蛋100克，水发银耳、口蘑、西红柿各50克，葱花、盐、姜末、味精等适量。

制作：①将煮熟的鹌鹑蛋去壳。②将水发银耳洗干净，撕成小朵。③将口蘑去根，淘洗干净，切成块。④将西红柿洗干净，切成块。⑤锅中加入清水烧开，放入银耳、口蘑、西红柿、鹌鹑蛋，煮10分钟左右。⑥撒入姜末、盐、味精搅匀，出锅前撒入葱花。

4. 润肺、清理胃肠可食用木耳。

木耳是一种排毒效果非常好的食品，它所含的胶质有很强的吸附力，能够将人体消化系统内的杂质吸附聚集，从而起到润肺和清理胃肠的功效。挑食以手抓时容易碎、颜色自然、正面黑而近似透明、反面发白并且似乎有一层绒毛附在上面的木耳为佳。浸泡木耳时，向温水中适当加入两匙淀粉，稍加搓洗，就可去除褶皱中的各种杂质。

润肺、清理胃肠可以食用山药炒木耳。

山药炒木耳

材料：山药1根，木耳150克，枸杞子15颗，盐、鸡精、胡椒粉、蚝油、蒜片、葱花、花椒粒、干淀粉、植物油等适量。

制作：①山药去皮，切成滚刀块。②把木耳撕成小片。③将枸杞子泡软，切碎。④山药加干淀粉拌匀。⑤炒锅放植物油烧热，放山药炸至金黄色，捞出。⑥锅内留适量底油烧热，放花椒粒炸香后取出，放蒜片、葱花爆香，放木耳、枸杞子、山药。⑦加入蚝油，撒入胡椒粉、盐、鸡精，炒匀即可食用。

禁忌：刚采摘的新鲜木耳不能食用，否则会发生中毒。

寒露药膳养生

1. 暖胃、补气、乌发和养颜，食用粉皮鱼头。

粉皮鱼头具有暖胃、补气、润肤、乌发、养颜之功效。

粉皮鱼头

材料：粉皮两包，新鲜鲢鱼头半个，青蒜、辣椒片、酒、酱油各1大匙，盐1小匙，胡椒粉、葱段、姜片等适量。

制作：①将鱼头洗干净，抹干，用适量酒、酱油腌10分钟，入油锅煎至两面焦黄。②将粉皮切成宽条。③油锅爆香葱、姜，放入盐、胡椒粉、鱼头、粉皮及适量水，煮15分钟。④煮至汤汁稍收干时即可食用。

2. 口干、咽燥、腰膝酸软，食用朱砂豆腐。

朱砂豆腐具有滋阴清热之功效，适合阴虚火旺、口干、咽燥、腰膝酸软、烦热者进行食疗防治。

朱砂豆腐

材料：熟咸鸭蛋150克，猪油30克，豆腐250克，水淀粉6克，精盐0.6克，胡椒0.3克。

制作：①把熟咸鸭蛋的蛋黄用刀拍碎备用。②将豆腐调成细泥。③炒锅内放猪油，在小火上烧至六七成热时，将豆腐入锅翻炒。④撒入盐、胡椒、水淀粉，再轻翻几次。⑤放入熟咸鸭蛋黄，炒匀。

3.腰背疼痛、盗汗可食用地黄焖鸡。

地黄焖鸡具有温中益气、生津添髓之功效，适用于腰背疼痛、骨髓虚损、不能久立、身重乏气、盗汗、少食之症状。

地黄焖鸡

材料：生地黄50克，母鸡1只，桂圆肉30克，大枣5颗，生姜5克，葱15克，料酒100毫升，酱油20毫升，猪油100克，菜油150克，鸡汤2500毫升，水淀粉40克，饴糖30克。

制作：①把生姜、葱淘洗干净，生姜切成片，葱切成长段。②将生地黄、桂圆肉、大枣洗净塞入鸡腹内。③将鸡宰杀后去毛，开膛去内脏，剁去鸡爪，冲洗干净。④鸡用姜片、葱段、料酒、精盐抹匀，腌半小时，待用。⑤锅内倒入菜油，待油七成热时，把鸡下油锅内炸成浅黄色，倒在漏勺内。⑥把鸡用纱布包好。⑦锅内再倒入猪油，下入葱段、姜片，翻炒几下，加入料酒、鸡汤、盐、饴糖、鸡。⑧用大火烧开鸡汤，撇净浮沫，倒入砂锅内盖上盖，用小火煨至鸡肉烂。⑨挑出葱、姜不用，撒入味精调味，勾芡后即可食用。

禁忌：脾虚有湿、腹满便溏者慎服。

4.补气养血、润肠养发、强筋壮骨，食用黑芝麻牛排。

黑芝麻牛排具有补气养血、润肠养发、强筋壮骨之功效。

黑芝麻牛排

材料：黑芝麻、面粉各50克，新鲜牛里脊肉200克，鸡蛋1个，精盐、辣椒油、植物油等适量。

制作：①把牛里脊肉切成12厘米长、8厘米宽、0.6厘米厚的片，每片相距0.6厘米剞一刀，放入碗中，撒入精盐，腌渍入味。②把鸡蛋打成鸡蛋糊。③把牛肉片两面蘸干面粉，放入碗中，挂上鸡蛋糊，再撒匀黑芝麻并压实。④锅内倒入植物油，烧至六成热时，逐片下入牛肉片，2分钟后，把牛肉片翻个儿再炸片刻，待牛排呈金黄色时，捞出，沥净油。⑤盛出牛排，每块牛排切成8小块，再配上一碟辣椒油，即可开始食用。

寒露起居养生

1.寒露时节要预防感冒、哮喘。

进入寒露时节，伴随着气温的逐渐降低，空气比较干燥，流行性感冒进入高发期。

科学研究发现，当环境气温低于 15℃时，上呼吸道抗病能力将下降。因此，着凉是伤风感冒的重要诱因。这个时节要适时增添衣物，加强锻炼，增强体质。此时，感冒引起的哮喘会越来越严重，慢性扁桃腺炎患者易引起咽痛，痔疮患者病情也会较前加重。

寒露时节预防感冒的措施

进入秋季之后，天气逐渐转冷，气温下降，空气干燥，是流行性感冒的高发季节，所以应采取积极的措施预防感冒。

①积极改善居室环境，定时开窗通风换气，保持室内空气流通、新鲜，防止烟尘污染。

②要科学调节饮食，少盐、多醋，不要吃过分辛辣、油腻食物。

③合理用药防治。

2. 寒露以后要注意足部保暖。

到了寒露时节，就不要再赤足穿凉鞋了，要给足部保暖。传统中医学认为："病从寒起，寒从脚生。"由于足部是足三阳经脉以及肾脉的起点，这个部位受寒，寒邪就会侵入人体，对肝、肾、脾等脏器造成伤害。现代医学理论也证实了足部保暖对健康的重要性。足部仅有血管末梢，血流量少、循环差，脚的皮下脂肪又很薄，因此足部对寒冷比较敏感。并且，一旦足部受冷，还会迅速影响到鼻、咽、气管等上呼吸道黏膜的正常生理功能，将会大大减弱这些部位抵抗病原微生物的能力，进而导致致病菌活性增强，人体很容易患上各种疾病。

寒露以后，要做好足部的保暖工作：①选择保暖效果好的鞋袜、透气的鞋垫。②要注意不要久坐、久站，经常活动肢体，以促进血液循环。③不要把脚在冷水里浸泡，不要穿湿鞋袜，因为湿鞋袜会消耗掉足部大量的热量。④每天临睡前，最好用热水泡泡脚。另一方面，要注意对足部进行一些耐寒锻炼。有人曾经做过实验，让一个缺乏耐寒锻炼的人，把足部浸在14℃的凉水里，很快就会出现鼻黏膜充血、鼻塞、流鼻涕等现象。经过一段时间的锻炼以后，逐渐适应，不再产生以上反应，但是如果再让他把足部浸到更凉的水里，以上反应又会发生。这个实验说明了虽然是脚部受寒，却能引起呼吸道感染，同时也说明了能够通过耐寒锻炼来提高足部对温度变化的适应能力。因此，足部的保暖也不可过于娇气，应在人体适应能力的限度内。

3. 寒露时节，夜凉切勿憋尿。

进入寒露节气，许多人为了防止晚上口干，睡觉前会饮用不少水。这样一来，夜尿的频率就会增加。深夜或者凌晨感觉到了尿意，由于嫌起床较冷，常常下意识地憋尿继续睡觉，这是非常不好的坏习惯。尿液中含有毒素，如果长时间储存在体内不及时排出，就易诱发膀胱炎。高血压患者憋尿会使交感神经兴奋，导致血压升高、心跳加快、心肌耗氧量增加，引起脑出血或心肌梗死，严重的还会导致猝死。如果不习惯半夜起床到卫生间小便，不妨在卧室放个小桶以便排尿。

寒露运动养生

寒露时节正是阴阳交汇之时，因此运动健身的重点是保持机体各项机能的平衡。比起跑步，倒走健身是一项非常好的锻炼机体平衡的运动。如果能够在寒露时节经常进行倒走健身，对于我们的身心健康将会大有裨益。

倒走健身是一种反序运动。平时我们都是正走，因此倒走对我们来说是一个全新的动作，运动时存在一定的难度和危险性，这样就会刺激大脑，使我们进行一个学习和练习新事物的过程。现代医学证实，倒走时可以使一些我们平时很少活动的关节和肌肉得到充分的运动，例如腰脊肌、股四头肌，以及踝膝关节旁边的肌肉、韧带等。这样一来，脊柱、肢体的运动功能就能得到调整，使血液循环更顺畅，机体平衡能力也更强。而且倒走还有很好的防治腰酸腿痛、抽筋、肌肉萎缩、关节炎等疾病的功效。同时，如果能够长期坚持，人体的小脑对方向的判断力以及对人体机能的协调力都将得到很好的锻炼。

进行倒走健身运动时，运动前可以先正向散步10分钟，做好准备活动。这样可以使全身放松，将各个关节、肌肉以及韧带都活动舒展开，身体的各部分都进入倒走的最佳状态。年老体弱和刚刚开始练习倒走的人，可以用拇指朝后、四指朝前的姿势叉腰走，待熟练后，便可以摆臂走，摆臂方法随个人喜好，既可以甩手，又可以握拳屈肘。倒走健身属于有氧运动，为了达到预期的锻炼效果，倒走时要注意以下几点：

（1）倒走时要挺胸抬头、身体挺直、双眼平视前方；走的时候先迈左脚，左腿尽量后抬并迈出，身体重心随之后移；左脚前脚掌先着地，全脚着地后，把重心移到右脚，再换右脚。按同样的标准和要求，左右轮流迈步即可。

（2）倒走时要保证质的要求。在"质"上建议做到：倒走时要保证心率比正常时适当快一些。

（3）倒走时要保证量的要求。在"量"上建议做到：每次不少于20分钟，每周活动4~6次。

（4）倒走健身运动要和正走健身运动相结合，两者交替进行，这样才能达到较好的锻炼效果。

寒露倒走健身运动注意事项

虽然倒走健身好处很多，但是弊端也是很突出的，主要是危险较大，盲目往后倒走，容易发生不可预测的事故。因此倒走健身应注意以下几个方面。

（1）倒走健身要选择行人较少，没有机动车和非机动车通过的活动场地，例如像公园等平坦、四周无障碍的地方。

（2）最好结伴进行倒走健身锻炼，能够互相进行安全提醒，有个照应。

（3）老年人每天倒走1~2次为宜，结核病人不适合倒走。

寒露时节，常见病食疗防治

1. 饮用山药甘蔗汁防治慢性支气管炎。

寒露时节，天气逐渐由凉转冷。这个时节，许多慢性支气管炎患者病情也就开始复发或加重了。慢性支气管炎多由急性支气管炎未能及时治疗转变而成，临床以咳嗽、咳痰、喘息为主要症状。慢性支气管炎可以饮用山药甘蔗汁来防治。

（1）山药甘蔗汁具有补脾益气、润肺生津之功效，适用于老年慢性支气管炎、咳嗽痰喘症状。

山药甘蔗汁

材料：山药适量，甘蔗汁250毫升。

制作：将山药洗干净，去皮，切碎捣烂；加入甘蔗汁，和匀，炖热服食。

用法：每日两次。

（2）罗汉果茶具有清热凉血、润肺化痰之功效，适用于慢性支气管炎、咳嗽、痰多症状。

罗汉果茶

材料：罗汉果20克。

制作：将罗汉果用开水冲泡，代茶饮用。

用法：每日两次。

（3）双仁粥具有健脾利湿、化痰之功效，适用于慢性支气管炎症状。

双仁粥

材料：冬瓜子仁24克，薏苡仁18克，粳米100克。

制作：按常规方法煮粥食用即可。

用法：每日一次。

2. 多吃生津增液食物防治哮喘。

哮喘是一种常见的呼吸道疾病。引起哮喘发作的过敏源很多，有花粉、尘埃、冷空气等。发作前，多有咳嗽、胸闷或喷嚏不断等症状，如果治疗不及时，很快就有可能出现气急、哮鸣、咳嗽、呼吸困难、多痰等症状，严重时还会出现口唇、指甲发紫的可怕现象。寒露时节，冷空气活动较为频繁，每次冷空气过后都伴随着气温、气压、降水、空气湿度的明显变化。因此，在寒露时节要注意哮喘病的发作。

寒露时节，哮喘病患者应适当吃些生津增液的食物，如梨、藕、萝卜、蜂蜜等。另外，瘦肉、蛋类、豆类等蛋白质含量丰富的食物和豆腐、芝麻酱等钙元素含量高的食物，也有一定的预防效果。哮喘病患者可以食用百合啤梨白藕汤进行食疗，它具有平喘止咳、除热利湿之功效。

百合啤梨白藕汤

材料：莲藕、鲜百合各100克，梨1个，啤酒300毫升，盐适量。

制作：①将鲜百合洗净，掰成小片。②洗净莲藕，切块，焯水，沥干。③梨洗净，去皮、核，切块。④砂锅中放入适量清水，加啤酒、梨、莲藕，小火煲两小时，加鲜百合，煮十分钟左右，撒入盐调味。

哮喘病的预防措施

（1）根据天气的变化随时增减衣服，睡觉时也要注意被子的薄厚，不要受寒。

（2）有过敏体质的人要尽量避开灰尘、花粉、霉菌、螨虫等过敏源，实在无法避免，可以戴上口罩，尽量不去人多的地方，远离宠物等，以防引发哮喘。

（3）改善家居环境。平时应当多开窗通风，家居用品尽量少选择羊毛制品。同时，患者的内衣还可以用开水烫洗，以减少尘螨的存在。

（4）调整饮食结构，多参加体育锻炼。一是平时要养成不挑食、平衡饮食的好习惯；二是加强体育锻炼，增强体质。

（5）哮喘病患者可以食用百合啤梨白藕汤进行食疗，它具有平喘止咳、除热利湿之功效。

第六章

霜降：冷霜初降，晚秋、暮秋、残秋

霜降是秋季最后一个时节，书写着沧桑。冷霜初降，等待一叶红透的枫香。霜降一过，虽然仍处在秋天，但是已经是"千林扫作一番黄"的暮秋、残秋、晚秋。

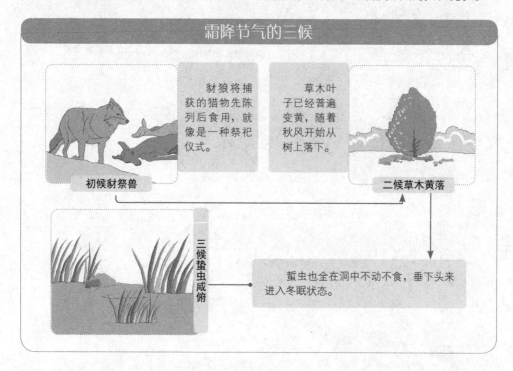

霜降节气的三候

初候豺祭兽

豺狼将捕获的猎物先陈列后食用，就像是一种祭祀仪式。

二候草木黄落

草木叶子已经普遍变黄，随着秋风开始从树上落下。

三候蛰虫咸俯

蛰虫也全在洞中不动不食，垂下头来进入冬眠状态。

霜降气象和农事特点：露水凝成霜，农民秋耕、秋播和秋栽忙

1. 天气逐渐变冷，露水凝结成霜。

每年阳历 10 月 23 日前后，太阳到达黄经 210° 时为二十四节气中的霜降。晚上地面散热很多，温度骤然下降到 0℃ 以下，空气中的水蒸气在地面或植物上直接凝结成细微的冰针，有的形状为六角形的霜花，色白且结构疏松。

霜是怎样形成的呢？霜并非从天而降，而是近地面空中的水汽在地面或地物上直接凝结而成的白色疏松冰晶。在黄河中下游地区，一般阳历 10 月下旬到 11 月上旬会出现初霜，与霜降节气完全吻合。随着霜降的到来，不耐寒的农作物已经收获

或者即将停止生长，草木开始落黄，呈现出一派深秋景象。

《月令七十二候集解》中有关于霜降的记载："九月中，气肃而凝，露结为霜矣。"此时，我国黄河流域已出现白霜，千里沃野上，一片银色冰晶熠熠生辉。此时树叶枯黄，开始落叶了。古籍《二十四节气解》中说："气肃而霜降，阴始凝也。"可见，霜降表示天气逐渐变冷，露水凝结成霜。我国古代将霜降分为三候：一候豺祭兽，二候草木黄落，三候蛰虫咸俯。豺这类动物开始捕获猎物过冬，大地的树叶枯黄，冬眠的动物也藏在洞中不动不食进入冬眠状态。

"霜降始霜"这一自然现象反映的是黄河流域的气候特征。就全年霜日而言，青藏高原上的一些地方即使在夏季也有霜雪，年霜日都在 200 天以上，是我国霜日最多的地方。西藏东部、青海南部、祁连山区、川西高原、滇西北、天山、阿尔泰山区、北疆西部山区、东北及内蒙古东部等地，年霜日都超过 100 天，淮河、汉水以南、青藏高原东坡以东广大地区的年霜日均在 50 天以下，北纬 25° 以南和四川盆地只有十天左右，福州以南及两广沿海平均年霜日不到一天，而海南则是没有霜降的地方。

人们常说"霜降杀百草"，意思是指被严霜打过的植物没有一点生机。这是由于植株体内的液体因霜冻结成冰晶，蛋白质沉淀，细胞内的水分外渗，使原生质严重脱水而变质。霜和霜冻虽形影不离，但危害庄稼的是"冻"而不是"霜"。有人曾经做了一个试验：把植物的两片叶子分别放在同样低温的箱子里，其中一片叶子盖满了

霜降时节气象和农事的特点

霜降是秋季的最后一个节气。霜降含有天气渐冷、开始降霜的意思，是秋季到冬季的过渡节气。

霜降是秋季的最后一个节气，是秋季到冬季的过渡节气。

霜降时节，北方大部分地区已在秋收扫尾，即使耐寒的葱也不能再长了。

在南方，摘棉花、拔除棉秸、耕翻整地，正是秋忙的时节。

霜，另一片叶子没有盖霜，结果无霜的叶子受害极重，而盖霜的叶子只有轻微的霜害痕迹。这说明霜不但不危害庄稼，相反，水汽凝结时，还可放出大量的热量，1克0℃的水蒸气凝结成水，放出的汽化热会使重霜变轻霜、轻霜变露水，使植物免除冻害。

2. 大江南北秋收、秋耕、秋播、秋栽。

霜降节气期间，在农业生产方面，北方大部分地区已在秋收扫尾，即使耐寒的葱也不能再长了，因为"霜降不起葱，越长越要空"。在南方，却是"三秋"大忙季节：单季杂交稻、晚稻在收割；种早茬麦，栽早茬油菜；摘棉花、拔除棉秸、耕翻整地。"满地秸秆拔个尽，来年少生虫和病"，收获以后的庄稼地，要及时把秸秆、根茬收回来，因为那里潜藏着许多过冬的虫卵和病菌，以免来年的庄稼遭虫灾。

霜降农历节日及民俗宜忌

农历节日

每年农历十月初一是民间的祭祖节，人们又称之为"十月朝"。祭祀祖先有家祭，也有墓祭。祭祀时除了食物、香烛、纸钱等一般供物外，还有一种不可缺少的供物——冥衣。在祭祀时，人们把冥衣焚化给祖先，叫作"送寒衣"。所以，祭祖节也叫"烧衣节"。

人们把烧衣节与春季的清明节、秋季的中元节并称为一年之中的三大"鬼节"。为使先人们在阴曹地府免掉受冻之苦，这一天人们要焚烧五色纸，为其送去御寒的衣物，并连带着给孤魂野鬼送温暖。"十月一，烧寒衣"，寄托着今人对逝去之人的怀念，承载着生者对逝者的悲悯。

随着时间的推移，"烧寒衣"的习俗在有些地方慢慢有了一些变化，不再"烧寒衣"，而是"烧包袱"。人们把许多冥钱装进一个纸袋里，写上收者和送者的名字以及相应称呼，这就叫"包袱"。人们认为冥间和阳间一样，只要有钱就可以买到许多东西。

1. 孟姜女哭长城。

给逝去之人送御寒衣服这一习俗，据说是由孟姜女首开先河。

传说秦始皇在统一中国之后，为了抵御北方少数民族入侵，在全国征调壮丁，修筑万里长城，孟姜女的夫君范杞梁年轻力壮，也被抽中做壮丁。当时，两人才成婚不久，正是如胶似漆的好光景，闻此噩耗，如雷轰顶。无奈皇命难违，夫妻俩只得抱头痛哭，最后依依不舍地分别。

自从范杞梁被征调走后，孟姜女的公婆思儿心切、积郁成疾，不久便双双亡故，撇下孟姜女一人，孤苦伶仃、举目无亲，于是她决定去找丈夫。孟姜女不知道范杞梁具体在何处，只知道他在北方修长城，便抱上为他缝制的一套棉衣，一路向北方走去。

连走了几个月，带的干粮吃完了，盘缠也花完了，孟姜女沿街乞讨，终于在农历十月初一来到了长城脚下。可是眼前除了新修的长城，就是荒草中堆积的累累白骨，哪有半个人影。此情此景，令孟姜女心灰意冷。她明白，自己的丈夫十有八九已经死了，于是瘫坐在地，对着长城大哭起来。她的哭声感天动地，竟把长城震塌了一大段。塌下来的城墙中，赫然出现了成堆的白骨。孟姜女认定丈夫的尸首肯定就在这些白骨之中，便把给丈夫做的那套棉衣摆在地上，想焚烧了祭奠亡夫。正待点火，忽又想起地下那么多的冤魂，若要抢丈夫的棉衣怎么办？于是，她抓了一把灰土，在棉衣周围撒了个圆圈，以警告那些孤魂野鬼："这是俺丈夫的领地，你们不要来抢。"

圈好领地后，孟姜女烧着棉衣，边哭边祷告："夫君呀，你死得好惨！天冷了，你把这身衣裳换上吧！"她的泪已经流干了，眼里流出的是血。这血滴在别的白骨上都是一滑而过，落到离她最近、最完整的一具白骨上，却像是不愿意走了，径直渗入骨中。孟姜女心想，这肯定是夫君的遗骨，于是就将尸骨与棉衣灰烬一起掩埋，之后伏在坟头痛哭不已，泪尽而逝。

从此，孟姜女千里寻夫的故事一直流传在民间，百姓深受感动。此后每到十月初一这天，众人便焚化寒衣，代孟姜女祭奠亡夫。此风日盛，后来逐渐形成了追悼亡灵的寒衣节。

2. 烧寒衣——祭奠死者。

在民间流传着一种说法，认为"十月一，烧寒衣"起源于商人的促销伎俩，这个精明的商人生逢东汉，就是造纸术的发明人——蔡伦——的大嫂。

传说这位大嫂名慧娘，她见蔡伦造纸有利可图，就鼓动丈夫蔡莫去向弟弟学习。蔡莫是个急性子，功夫还没学到家，就张罗着开了家造纸店，结果造出来的纸质量低劣，乏人问津，夫妻俩对着一屋子的废纸发愁。眼见就得关门大吉了，慧娘灵机一动，想出了一个鬼点子。

在一个深夜里，惊天动地的鬼哭声从蔡家大院里传出。邻居们吓得不轻，赶紧跑过来探问究竟，这才知道慧娘暴病身亡。只见屋中一口棺材，蔡莫一边哭诉，一边烧纸。烧着烧着，棺材里忽然传出了响声，慧娘的声音在里面叫道："开门！快开门！我回来了！"众人呆若木鸡，好半天才回过神来，上前打开了棺盖。只见一个女人跳出棺来，此人就是慧娘。

只见那慧娘摇头晃脑地高声唱道："阳间钱路通四海，纸在阴间是钱财，不是丈夫把钱烧，谁肯放我回家来！"她告诉众人，她死后到了阴间，阎王发配她推磨。她拿丈夫送的纸钱买通了众小鬼，小鬼们都争着替她推磨——有钱能使鬼推磨啊！她又拿钱贿赂阎王，最后阎王就放她回来了。

蔡莫也假装出一副莫名其妙的样子，说："我没给你送钱啊！"慧娘指着燃烧的纸堆说："那就是钱！在阴间，全靠这些东西换吃换喝。"蔡莫一听，马上又抱了两捆纸来烧，说是烧给阴间的爹娘，好让他们少受点苦。

夫妻俩合演的这一出双簧戏，可让邻居们上了大当！众人见纸钱竟有让人死而复生的妙用，纷纷掏钱买纸去烧。一传十、十传百，不出几天，蔡莫家囤积的纸张就卖光了。由于慧娘"还阳"的那天是十月初一，后来人们便都在这天上坟烧纸，以祭奠死者。

说起过寒衣节，必不可少的东西有三样：饺子、五色纸、香箔。洛阳俗语云："十月一，油唧唧。"意思是说，十月初一这天，人们要烹炸食品、剁肉、包饺子，准备供奉祖先的食品。这些东西油膏肥腻，不免弄得满手、满脸皆是，所以说是"油唧唧"。

寒衣节这天一般在上午准备供品。供品张罗好后，家人打发小孩到街上买一些五色纸及冥币、香箔备用。五色纸乃红、黄、蓝、紫、黑五种颜色，薄薄的。午饭后，主妇把锅台收拾干净，叫齐一家人，就可以上坟烧寒衣了。

人们到了坟前，便开始焚香点蜡，把饺子等供品摆放齐整，一家人轮番下跪磕头，然后在坟头画一个圆圈，将五色纸、冥币置于圈内，点火焚烧。

送寒衣时晋南地区有个风俗，人们会在五色纸里夹裹一些棉花，说是为亡者做棉衣、棉被使用。

霜降民俗

人们买柿子和苹果，意思为事事平安。商人会把栗子和柿子放在一起，图"利市"的好兆头。

打霜降。农谚曰："霜降到，无老少。"意思是此时田里的庄稼不论成熟与否，都可以收割了。

揉桑叶。人们选择在霜降的时节来摘桑叶，可以将这个时节的桑叶用来做茶饮用。

烧寒衣。人们在十月初一这天，会在亲人坟前摆上贡品，给去世的亲人烧一些五色纸、香箔等物品，是一种祭奠死者的习俗。

霜降民间忌讳

1. 霜降之日忌讳无霜。

我国江苏太仓地区，有忌讳霜降日不见霜之说。有句谚语："霜降见霜，米烂陈仓。"如果未到霜降而下霜，稻谷收成受到影响，米价就高，有谚语说："未霜见霜，粜米人像霸王。"云南谚语说："霜降无霜，碓头没糠。"霜降无霜，来年可能闹饥荒。也有谚语云："霜降无霜，来年吃糠。"意思为霜降无霜，主来岁饥荒。彝族还忌霜降日用牛犁田，否则将会导致草枯。

2. 霜降之后忌讳"秋冻"。

"霜降"之时已进入深秋。民间历来有"春捂秋冻"一说，但霜降后温差变化较大。霜降期间，昼夜温差很大，一旦有寒潮来袭，昼夜温差可达10℃以上。在寒冷的刺激之下，人体的植物神经功能容易发生紊乱，胃肠蠕动的正常规律或被扰乱。人体的血管也会在受到寒冷刺激后，出现相应的收缩，使血压骤升。因此，在霜降时节心脑血管疾病，如心梗、心绞痛、脑梗等发病率也开始上升。此外，霜降时节也是易犯咳嗽的季节，是慢性支气管炎容易复发或加重的时期。因此，这个时节忌讳"秋冻"，尤其要注意保暖。

霜降养生：适度秋补，注意保暖

霜降饮食养生

1. 霜降时节，食用坚果要适量。

坚果类食品的品种很多，如花生、核桃、腰果、松子、瓜子、杏仁、开心果等富含油脂的种子类食物都属于坚果。因为它们营养丰富，对人体健康十分有益，所以美国《时代周刊》将坚果评为健康食品中的第三名。

坚果不但营养丰富，而且美味可口，不过在霜降时节，食用坚果要适量，否则反而有损健康。这是由于坚果中都含有非常高的热量，举个例子来说，50克瓜子就和一大碗米饭所含的热量相当。所以我们吃坚果不要过量，一般一天30克是比较合适的。如果一次吃太多，消耗不完的热量就会转化成脂肪储存在我们体内，从而导致肥胖。

2. 霜降时节宜补充蛋白质。

从立秋到霜降只有短短90天，但气温降了15 ~ 20℃。讲究养生的人们为了御寒，会在霜降前后开始进行食补。这一做法在民间流传甚广，相关的民谚不胜枚举，如"补冬不如补霜降""一年补到头，不抵补霜降""霜降进补，来年打虎"等等。

根据研究显示，蛋白质进入人体后会释放出30% ~ 40%的热量，而脂肪、糖类的释放量则分别为5% ~ 6%和4% ~ 5%，蛋白质的这种特性被称为"特殊热力效应"。这说明，多摄入富含蛋白质的食物可增强人体的抗寒能力，因此蛋白质是最适合霜降时节补充的营养物质。另外，充足的蛋白质还能提高人的兴奋度，使人精力充沛。根据营养学分析，肉类蛋白质含量由少到多依次为猪肉、鸭肉、牛肉、鸡肉、兔肉、羊肉。

但是，我们在选择进补食材时不能仅依据这些数据，更重要的是要根据自己的身体状况。如慢性病患者、脾胃虚寒者以及老年人进补时要遵循健脾、补肝、清肺的原则，选择汤、粥等气平味淡、作用缓和的温热食物，其所含的营养物质容易被人体吸收，能起到保持精力充沛、提高人体免疫力和防治疾病的功效。

霜降食坚果注意事项

（4）腰果虽美味可口，但同时也含多种过敏源，过敏体质者应慎食。

（1）南瓜子含有丰富的膳食纤维，但胃热患者食用后会有腹胀感。

食用坚果应该注意……

（3）松子存放过久后，由于脂肪氧化酸败会产生哈喇味，不可再食用。

（2）花生衣有增加血小板数量、抗纤维蛋白溶解的作用，会加重高脂血症患者的病情。

3. 健脾、止血可吃些柿子。

霜降时节也是柿子成熟的季节，此时适当食用些柿子，可养脾胃，更有益于秋冬进补。应挑选个大、色艳、无斑点、无伤烂、无裂痕的柿子食用。柿子最好在饭后吃，还要注意应尽量少吃柿子皮。此外，空腹吃柿子容易患胃柿石症。

柿子饼具有健脾、涩肠、止血的功效。

柿子饼

材料：新鲜柿子两个，面粉、豆沙馅各100克，植物油适量。

制作：①将柿子洗净后去皮、蒂，果肉放入碗中，加入面粉，揉成面团，盖上保鲜膜，饧发15分钟。②取出饧好的面团，切成剂子，搓圆后按扁，包入适量豆沙馅，收口捏紧，做成柿子饼坯。③平底锅内放植物油烧热，放入柿子饼坯，盖上锅盖，用中小火煎至柿子饼两面金黄。

4.吃豌豆可提高人体免疫力。

霜降期间，气温变化幅度较大，此时多吃些富含维生素C的豌豆，可以提高人体免疫力，预防疾病发生。挑选豌豆时，以粒大饱满、圆润鲜绿、有弹性者为佳。豌豆营养丰富，而且含有谷物所缺乏的赖氨酸，将豌豆与各种谷物食品混合搭配食用，是最科学的食用方法。

霜降养生食物

霜降时节气温骤降，人体需要更多的能量来御寒，所以霜降需要进补。

俗话说"秋后萝卜赛人参"，可见萝卜的营养之高，在山东有些地方，霜降这天有吃萝卜的习俗。

肉类含有丰富的蛋白质，是御寒的佳品。而羊肉是蛋白质含量较高的种类。

羊肉

栗子具有养胃健脾、补肾强筋、止咳化痰、活血止血等功效，正是霜降前后的进补佳品。

萝卜

栗子

霜降养生食物

白果

白果有生津润燥、宣肺止咳功效，自然是最适合霜降养生吃的。

柿子

柿子美味多汁，含有丰富的胡萝卜素、维生素C、葡萄糖、果糖和钙、磷、铁等矿物质，可养脾胃，有益于秋冬进补。

食用豌豆菜饭可以提高人体免疫力。

豌豆菜饭

材料：大米250克，小白菜100克，豌豆100克，广式香肠50克。

调料：植物油、盐、味精各适量。

制作：①将大米淘洗干净，沥掉水分。②将广式香肠、豌豆洗净，切丁。③洗净小白菜，切段。④炒锅中放入植物油烧热，放入香肠丁、豌豆，翻炒均匀，盛出备用。⑤将炒锅洗净，倒入适量冷水，放入大米、香肠丁、豌豆，大火煮至米汤快干时改用小火焖。⑥另起锅放植物油烧热，放小白菜炒至变色，加盐、味精翻炒均匀。⑦倒入盛有米饭的锅中，小火焖5分钟。

霜降药膳养生

1. 滋阴润肺、养心安神，食用银耳参枣羹。

银耳参枣羹具有滋阴润肺、生津止渴、养心安神之功效，可改善睡眠。

银耳参枣羹

材料：高丽参20克，银耳15克，红枣10颗，枸杞子30克，冰糖15克，鸡汤200克，清水适量。

制作：①将银耳放入冷水中浸软，去杂质，改用温水浸至发透。②将红枣洗干净，去核。③将高丽参洗干净、切片。④用温水泡软枸杞子，洗干净。⑤砂锅内放入银耳、红枣、枸杞、高丽参片。⑥加入鸡汤和适量冷水，用小火炖煮至熟，放入冰糖后即可食用。

2. 干咳、食饮不振，食用糖醋三丝。

糖醋三丝具有养阴和胃之功效，适用于肺、胃阴伤，症见干咳、食饮不振、口干但不欲饮者。

糖醋三丝

材料：山楂糕50克，黄瓜1条，鸭梨两个，精盐半汤匙，醋2汤匙，白糖2汤匙，香油1汤匙，味精少许。

制作：①将黄瓜洗净后擦干，切成细丝，放盘内，放点盐腌一下。②洗净鸭梨，去皮和核，切成细丝，放凉开水中焯一下，捞出并沥干水分。③将山楂糕切成丝，一并放入黄瓜丝盘内。④加入精盐、白糖、醋和味精，最后淋上香油，拌匀。

3. 补气养胃、清肺化痰，饮用平菇鸡蛋汤。

平菇鸡蛋汤具有补气养胃、清肺化痰之功效。

平菇鸡蛋汤

材料：鲜平菇200克，青菜心60克，鸡蛋两个，酱油、料酒、鲜汤、精盐、植物油各适量。

制作：①把鸡蛋打入碗中，加入料酒、精盐后搅拌均匀。②将鲜平菇洗净、去蒂，切成薄片。③将平菇放入开水锅中，略焯后捞出。④将青菜心洗干净，切成段。⑤将锅中植物油烧热，加入青菜心段煸透。⑥加入平菇片、鲜汤，烧沸。⑦将鸡蛋液、精盐、酱油加入锅中，烧开后即可。

霜降起居养生

1.霜降过后，注意腹部保暖。

因为霜降期间天气寒冷，人体经冷空气的刺激，植物神经功能发生紊乱，胃肠蠕动的正常规律被扰乱。人体新陈代谢增强，耗热量随之增多，胃液及各种消化液分泌增多，食欲改善、食量增加，必然会加重胃肠功能负担，影响已有溃疡的修复。深秋和冬天外出，气温很低，且难免会吞入一些冷空气，引起胃肠黏膜血管收缩，致使胃肠黏膜缺血缺氧，营养供应减少，破坏了胃肠黏膜的防御屏障，对溃疡的修复不利，还可导致新溃疡的出现。因此，为了防止发生以上情况，应做到以下几点：要特别注意起居中的保养，保持情绪稳定，防止情绪消极低落；注意劳逸结合，避免过度劳累；适当进行体育锻炼，改善胃肠血液供应；注意做好防寒保暖措施。

霜降起居与运动养生

霜降时节气温降低，要注意保暖，特别要注意腹部的保暖。腹部受寒后极易发生胃痛、消化不良、腹泻等症状。

孕妇洗澡不宜水温太高，高温可造成胎儿神经细胞死亡，使脑神经细胞数目减少，对胎儿不利。

霜降前后是呼吸系统疾病的发病高峰，为预防这些疾病，就要加强体育锻炼，可以选择登山、散步、慢跑、冷水浴、健身操和太极拳等方式进行锻炼。

锻炼时要不急不躁、按部就班，不要急于求成。运动前要做好准备活动，运动后也要做好整理，不要结束运动后立刻休息。

人们常说"寒从脚生"，因为霜降过后就是更冷的立冬，所以这个时候人们一般都会穿厚的鞋袜，给脚部保暖。不过要提醒大家的是，脐腹部的保暖同样重要。脐腹部指的是上腹部，这个部位的特点是面积大、皮肤血管密集、表皮薄，而且这个部位皮下没有脂肪，但有很多神经末梢和神经丛，所以脐腹部是个非常敏感的部位。若不采取恰当的保暖措施，寒气就很容易会由此侵入人体。

由于人的肠胃都在脐腹部附近，所以此处受寒后极易发生胃痛、消化不良、腹泻等症状，严重时还会使胃剧烈收缩而产生剧痛感。若寒气侵害到小腹，还很容易导致泌尿生殖系统的各种疾病。因此，不能忽视脐腹部的保暖。不仅要适时增添衣服、睡觉时用被子盖好腹部，还可以多用手掌顺时针按摩肚脐。如果已经受了寒气，而且病情比较重，可以把半斤到一斤粗盐炒热，然后装进用毛巾缝制的口袋里，趁热敷在肚脐上，以加强肚脐的保暖。

2. 秋天孕妇洗澡的水温不宜太高。

霜降时节，气候干燥，气温虽然下降得很快，但此时孕妇洗澡不宜水温太高，否则对胎儿不利，因为高温可造成胎儿神经细胞死亡，使脑神经细胞数目减少。实践证明，脑神经细胞死亡后是不能再生的，只能靠一些胶质细胞来代替。这些胶质细胞缺乏神经细胞的生理功能，会影响智力和其他脑功能，使孩子智力低下、反应能力差。总之，即使天气较凉，孕妇洗澡的水温也不宜太高。

霜降运动养生

1. 根据年龄、体质选择运动项目。

霜降是秋季的最后一个节气，常有冷空气侵袭而使气温骤降，此时在运动调养上都需应时谨慎。霜降前后是呼吸系统疾病的发病高峰，常见的呼吸道疾病有过敏性哮喘、慢性支气管炎、上呼吸道感染等。为预防这些疾病，就要加强体育锻炼，通过锻炼增加抗病能力。不同人应根据年龄、体质、爱好等的不同，选择不同的健身项目，可以选择登山、散步、慢跑、冷水浴、健身操和太极拳等方式进行锻炼。

人们常说的登高，也就是爬山运动。登高能使肺通气量、肺活量增加，血液循环增强，脑血流量增加，小便酸度上升。登山时，随着高度在一定范围内的上升，大气中的氢离子和被称为"空气维生素"的负氧离子含量会越来越多，加之气压降低，能促进人的生理功能发生一系列变化，对哮喘等疾病还可以起到辅助治疗的作用，并能降低血糖，增加贫血患者的血红蛋白和红细胞数。登高时间要避开气温较低的早晨和傍晚，登高速度要缓慢，在上下山时应根据气温的变化适当增减衣物。

慢跑也是一项很理想的秋季锻炼运动项目。它能增强血液循环，改善心肺功能，改善脑部的血液供应和脑细胞的氧供应，减轻脑动脉硬化，使大脑能正常工作。慢跑还能有效地刺激代谢，增加能量消耗，有助于减肥、健美。对于老年人来说，慢跑能大大减少由于不运动引起的肌肉萎缩及肥胖症，减少心肺功能衰老的现象，还可以降低胆固醇，减少动脉硬化，并有助于延年益寿。

2. 秋季运动健身要循序渐进

秋季锻炼要不急不躁、按部就班，不要急于求成。运动要由简到繁，由易到难。运动量要循序渐进，由小到大。

运动健身之前，必须做好准备活动。因为机体在适应运动负荷前，有一个逐步适应的变化过程。如果没有做准备活动就进行高强度运动，关节及肌肉等非常容易受到损害。

此外，不可忽略锻炼后的整理运动。机体运动后处于较高的工作状态，如果立即停止运动，坐下或躺下休息，易导致眩晕、恶心、出冷汗等症状。

霜降时节，常见病食疗防治

1. 食用牛奶、鸡蛋、瘦肉，防治胃溃疡。

胃溃疡是一种常见的消化系统疾病，其临床特点为反复发作的节律性上腹痛，常有嗳气、返酸、灼热，甚至恶心、呕吐、呕血、便血等症状。此病在秋末冬初发病率较高，因为这时的气候会刺激人体产生更多的胃酸，进而破坏胃黏膜。胃溃疡患者多为青壮年，男性的患病率要比女性患病率稍高。

胃溃疡患者要选择易消化，而且能提供必要的热量、蛋白质及维生素的食物，如粥、面条、软米饭、牛奶、鸡蛋、豆浆、瘦肉、豆制品等都是不错的选择。这些食物既能增强机体的抵抗力，又能帮助修复溃疡面。

罗汉果糙米粥具有补虚益气、健脾和胃、促进消化的功效，适用于胃溃疡、体虚瘦弱等症。

罗汉果糙米粥

材料：糙米150克，罗汉果两个，盐适量。

制作：①将糙米淘洗干净，用清水浸泡两小时。②洗净罗汉果。③在锅中加入1500毫升清水，加入糙米，大火烧沸后改用小火煮至米软烂，放入罗汉果煮5分钟，加入盐调味即可食用。

胃溃疡的防护措施：

（1）不要过度疲劳，要保持良好的心态和精神状态。

（2）养成良好的饮食、起居习惯，应按时用餐，生活工作要张弛有度，远离烟酒。

（3）坚持经常锻炼身体，促进身体新陈代谢，提高机体免疫力。

2. 前列腺炎多吃维生素 E 含量丰富的坚果。

秋季是泌尿系统疾病的高发季节，其中前列腺炎是一种尿路逆行感染，通常因患者不注意个人卫生或生活方式不科学而引起。这种病的症状主要有尿频、尿急、尿痛、排尿不畅、排泄时有白色分泌物、腰酸、会阴部酸胀不适等，严重者甚至还会出现血尿、尿潴留等症状。

前列腺炎患者的日常饮食最好以清淡、易消化为原则，多吃新鲜的水果、蔬菜。

另外，南瓜子、葵花子等维生素 E 含量丰富的坚果可以有效保护前列腺周围的细胞，平时可以多吃一些。

菟丝核桃炒腰花有温补肾阳、润肠通便的功效，适用于腰膝酸软、慢性前列腺炎等症。

菟丝核桃炒腰花

材料：核桃仁 50 克，水发木耳 30 克，菟丝子 15 克，蒜苗 150 克，猪腰两个，葱花、姜末、盐、味精、料酒、干淀粉、水淀粉、植物油各适量。

制作：①将核桃仁清洗干净。②将菟丝子磨成粉。③洗净木耳，去蒂，撕成瓣状。④将猪腰处理干净，洗净，切腰花。⑤洗净蒜苗，切段。⑥将腰花放入碗中，加入葱花、姜末、干淀粉、料酒拌匀，腌制片刻。⑦炒锅放植物油烧热，下入核桃仁炸香，捞出控油。⑧原锅留底油，烧至八成热；下入姜末、葱花、木耳、蒜苗、腰花，翻炒至八分熟；加入菟丝子粉、盐、味精、料酒，勾入水淀粉，撒入核桃仁后炒匀即可食用。

前列腺炎的预防措施

（1）坐时间长了，要起来活动活动。因为久坐不动会压迫前列腺，导致前列腺充血或前列腺炎。

（2）养成平时多喝水的习惯，这样可以促进前列腺分泌物排出，保持尿路通畅，从而有效预防泌尿系统疾病。

不能再抽烟了

多吃点这个菟丝核桃炒腰花。

（3）不吸烟、不饮酒，少食用辛辣刺激的食物。

（4）积极参加体育锻炼。运动不但能改善人体的代谢功能，而且还能提高机体免疫力。

（5）菟丝核桃炒腰花有温补肾阳、润肠通便的功效，可预防慢性前列腺炎，平时可以多吃一些。

第七章

秋季穿衣、美容、休闲、爱车保养、旅游温馨提示

秋季穿衣：衣物暴晒后再穿，慎穿裙装

1. 秋季穿衣要科学，考虑舒适、保健、防护。

秋季在选择服装时，不能只着眼于实用、美观、得体，而应从有利于活动和健康的角度，充分考虑到舒适、保健、防护等方面的因素。否则，不仅会造成不便，甚至还会危及身体健康。

市面上有一些合成纤维的面料，吸湿性和透气性差，汗液不易蒸发和吸收，且具有较强的静电作用，若皮肤长期受到汗液以及来自衣服上的物理、化学刺激，很容易发生皮炎。

若服装款式选择不当，或穿着紧身的服装，尤其是穿着质地粗糙、坚硬的衣服，会影响机体血液循环，很容易引起局部皮肤破损和浸渍发炎，若胸罩过紧还会使乳房下皮肤发生糜烂。因此，秋季服装款式以宽松为好，衣料以柔软下垂或棉料为好。穿薄而多层套装的，比穿厚而单层的衣服保暖性能更好，最外层的衣服应选用轻且能够容纳大量气体的衣料为好。

一些经过抗皱处理、漂白过的服装，或颜色过于鲜艳和易褪色的服装，所使用的化学物质较多。特别是带有浓重的刺激性气味时，则说明残留的有毒化学物质较多，对人体健康十分有害。

若情绪不好时，最好穿针织、棉布、羊毛等质地柔软的衣料做的服装，不要穿易皱的麻质衣服，以免看起来一团糟，产生不舒服的感觉，而硬质衣料会让人感到僵硬和不快。新衣买回来后，不要急于穿上身，最好先放在清水中浸泡几小时，再充分漂洗干净，晒干后再穿。若不能清洗的，最好置于通风处晾晒几天后再穿。

2. "秋冻"也要讲科学。

人们常说："春要捂，秋要冻。""秋冻"是老祖宗留给我们的一种养生方法。秋天天气变凉，人体皮肤处于疏泄与致密交替的状态。如果能适当接受一些冷空气的刺激，利于皮肤保持致密，防止阳气过度外泄，顺应了秋季阴精内蓄、阳气内收的需要。

（1）秋天需慢添衣。秋冻就是秋天不要急于添加衣物。秋天的降温是一个渐进的过程，如果人们过早地穿上棉衣，不经适度寒冷的刺激，对健康是很不利的。在初秋时穿衣要有所控制，有意让身体"冻一冻"，使机体的防御机能得到锻炼；晚上盖被不要太厚、太多；洗澡、洗脸和洗脚水的温度都不要太高，一般控制在35℃左右为宜。

（2）秋冻不等于"瞎冻"。秋冻有好处，但是"瞎冻"有害处。由于秋天早晚温差比较大，当气温骤降，或到晚秋寒凉时，要及时添衣加被，以防感冒或腹泻。如果到了深秋还穿得过于单薄，对健康是非常不利的。此时应该顺应秋季养生的原则，要适当增加衣服。

在秋季，应随时注意天气的变化，平时要加强体育锻炼，增强自身的抵抗力。如果有关部门预测有某种疾病流行时，应提前注射相关疫苗，防患于未然。

（3）秋冻时重点保护脚。脚是人体各部位中离心脏最远的地方，血液流经的路

秋季要慎穿裙装

秋季是由夏季转冬季的过渡季节。在这个季节里，气候逐渐变冷，有一些时髦女士无视气候的变化，常常是裙裾飘飘。殊不知，这种"只要风度，不要温度"的女士们，往往会为此付出较大的代价。

由于冷空气刺激皮肤，引起皮肤血管收缩，致使表皮血流不畅，影响脂肪细胞的功能。大腿等处的皮下脂肪组织可能出现杏核大小的单个或多个硬块，表皮呈紫红色，触摸较硬，有时伴有轻度的痛和痒，更有甚者还会出现皮肤溃破等症状。

秋天最好不要穿裙子。

一旦发生寒冷性脂肪组织炎，轻者需要适当增加衣裤，注意保暖，如用热毛巾或热水袋局部外敷，数周后即可自愈；重者必须到医院接受治疗。

总之，秋季穿裙装，一定要遵循气候规律，冷空气来临时，最好穿上较厚的袜子和厚料长裙，以御风寒。在饮食方面要注意营养搭配，适当吃些牛肉、羊肉、狗肉和辛辣食品，进行暖身御寒。

程最长，而脚部又汇集了全身的经脉，因此老话常说"脚冷则冷全身"。全身如果发冷，我们身体的抵抗力就会下降，就会生病。因此，秋冻时一定要保护好自己的脚。最好的方法就是在晚上临睡前用热水泡脚一次。

3.秋装暴晒消毒后再穿。

进入凉爽的秋季后，气温一天比一天低，人们便把压在衣柜里的秋冬服装拿出来穿。但是，这些衣服经过长时间的存放，会带有一些病菌，若不经过消毒或者晾晒，将有损皮肤的健康。所以，换秋装之前，最好先把衣服晒晒。例如，有些地方就有"晾箱"的风俗，就是在三伏天把盛衣服的箱子搬出来晒晒，通过暴晒给衣服消毒。这样暴晒消毒既不花钱又没有污染，环保极了。

秋季美容护理：加强保湿，按摩面部养容颜

1.秋季皮肤开始干燥，加强保湿是关键。

入秋以后，由于人体新陈代谢的速度变缓，就容易产生皮肤干燥、粗糙、晦暗等问题，甚至出现黑斑、雀斑。季节转换的温差变化会让皮肤更加敏感，在这个季节，防止皮肤干燥，加强保湿是关键。使用护肤品保湿是一方面，但是更应该采取一些更天然的保湿策略：

（1）秋季多喝白开水是最好、最简单的护肤方法。早上一起床，先喝上一大杯白开水，不但可以加速新陈代谢，把多余的废物排出体外，还能让皮肤一天都保持水润。

（2）秋季可以在房间里放一盆水，维持室内的湿度。如果觉得放个水盆在室内不太雅观，不妨选择一个小鱼缸，兼顾美观、实用双重功效。

（3）秋季可以在家里或者办公室中摆放一些自己喜欢的盆景，不但可以净化空气，而且可以保持空气湿度。

（4）自制一些时尚保湿面膜。①啤酒面膜：把啤酒倒在化妆棉上，直至湿透，分别敷于额头、鼻子、面颊、下巴位置，半个小时后用清水冲洗干净，具有很好的保湿效果。②蜂蜜面膜：把蜂蜜、蛋白、麦片调匀搅拌成糊状，敷面半个小时后用清水冲洗干净，可以减少色素的沉着，有效滋润肌肤。③番茄面膜：把番茄汁、蜂蜜调匀后，均匀敷在脸上，半个小时后用清水冲洗干净，可以有效地预防暗疮。

2.补足肺气，皮肤润泽。

肺气与秋气相通。在秋季，肺的制约和收敛功效强盛，要想保持皮肤清洁，就要养好肺。人体通过肺的宣发肃降，把气血精微物质源源不断地输送到全身肌肤毛孔之中。如果其功能失效日久，则会毛发干燥、面容憔悴。所以要保持皮肤润泽，一定要靠补足肺气。调养肺可以采用以下两种方法：

一是肺津不足。表现是皮肤没有光泽，干燥有皱纹，此时可多喝杏仁露，吃甜

杏仁、百合、蜂蜜、藕粉、梨子、苹果等食品。

二是肺气虚。表现是皮肤松弛，没有弹性。可以多吃富含胶原蛋白的食物，如阿胶、鹿胶等。还可以多吃一些白色食物，如白梨、白果、百合、银耳、豆浆、杏仁等补肺食物。

另外，润泽、美白皮肤也可以吃薏仁。吃薏仁可以让皮肤变得细滑美白，而且它还能促进疤痕及伤口的愈合，避免疮肉、赘肉增生。薏仁在辅助治疗淋巴癌、胃癌、皮肤癌方面也有卓著的功效。用黄豆、薏仁、糙米各三等份，最好留一点薏仁皮。前一天晚上用水全部浸泡，用来第二天熬粥。这种吃法既简单，效果又好。

3.按摩面部，通经络、养容颜。

在气候干燥的秋季，肌肤难免要受到阳光的照射，再加上年龄增长、不良的生活习惯等因素，可能会使脸上的肌肤失去弹性，出现细纹与皱纹。此时最好的保养方法就是多按摩面部，它能使局部皮肤血液通畅、代谢旺盛、皮脂腺和汗腺的功能增强，使皮肤滋润、容颜焕发，对防治秋季皮肤干燥，防止和推迟皱纹的出现具有良好的功效。秋季可以采取以下几种面部按摩方法：

（1）干洗脸。干洗脸就是不需要水，直接用手在脸上搓洗。面部是经络密布的部位，经常干洗脸就相当于按摩面部的经脉穴位。每天可以将双手搓热后擦脸，顺序为脸部正中、下颌、唇、鼻子、额头，然后双手分开，各自摩擦左右脸颊，脸部发红微热即可。此法一天之中随时都可以做，但以清晨为佳，清晨干洗脸有振奋精神的作用。经常干洗脸可以疏通气血，促进五脏精气滋养皮肤，面部皮肤将会光润细腻。

（2）除了干洗脸外，还有一些特殊的面部按摩法，效果不错。具体有：①洗脸后，在面部涂上一些杏仁甘油合剂或其他润肤霜，特别是在额部、眼角等易出现皱纹处，应认真涂抹。②将两手的中指、无名指自然并拢，放在鼻翼两旁的迎香穴（在鼻翼最宽处的两边），点按多次，并沿鼻梁逐渐上推揉至前额，两手分开，横推揉至面部两侧的太阳穴，点按多次。③再用这两指点按迎香穴，沿口角轻抹至下唇下正中的承浆穴（当颏唇沟的正中凹陷处），点按多次，并沿下颌推揉至耳前，再顺面颊上至太阳穴，点按多次。面部微红发热即可。

面部按摩注意事项：①面部按摩须分清肤质，脸部的按摩时间要根据年龄和皮肤的性质、状况来决定，应适度，不宜太长或太短。②干性皮肤多按摩，按摩时间为 8 ~ 15 分钟。③油性皮肤少按摩，按摩时间为 5 ~ 10 分钟。④过敏性皮肤最好不要按摩。

从洗脸判断自己肤质的小窍门：①洗脸后不擦任何化妆品，一整天脸都会很干燥，一般为干性肌肤。②洗脸后感觉还很油腻，一般为油性肌肤。③使用了护肤品脸会干、红、痒，甚至长疹子，一般为敏感性皮肤。

4.嫩滑肌肤是吃出来的。

在秋季，干燥气候会消耗皮肤的水分，使皮肤的柔韧性和光泽度逐渐下降，不过我们可以通过饮食调养来获得嫩滑肌肤。因此，嫩滑肌肤是吃出来的。秋季饮食护肤可以采用以下策略：

（1）秋季饮食护肤应以养阴清热、润燥止渴、清心安神的食品为主。基于此，可以多吃一些含大量水分、维生素、微量元素的蔬菜和水果，如冬瓜、豆芽、胡萝卜、西红柿、梨、苹果等，以及各种干果类，如干桂圆、枣、核桃等。此外，还要多吃一些芝麻、蜂蜜、银耳、乳制品等滋润食品。需要提醒的是，脾胃虚弱的人应避免吃生冷的食物，否则容易引起秋季腹泻疾病。

（2）自己制作养颜粥、膏。①自制芝麻粥：常食芝麻可以驻颜乌发，防治秋季肌肤干燥、头发脱落等症状。取黑芝麻适量，淘洗、晒干、炒熟、研末，每次取20克与粳米50克一同煮粥，早晚服用。②自制樱桃膏：将鲜樱桃1000克加水煮烂，去果核，再加入白糖500克，拌匀，装瓶，放入冰箱内。每次1匙，每天2次。此膏具有补血养颜的功效。

5. 秋季养手、护手策略。

秋季天气干燥，要想双手保持光滑美观，一定要花点工夫养护双手。秋季养护双手应该注意以下几个方面：

（1）要想保持指甲坚韧光洁，首先要保证足够的睡眠及均衡的饮食。人的指甲是由一种名叫角朊的坚硬蛋白质组成的，在化学成分上和头发相似。因此，一些对头发的生长及营养有益的食物，同样有助于指甲的健康生长，例如果仁类、贝壳类、豆类、谷类海藻及牛奶等。

（2）要想保持手部皮肤的细致柔润和指甲的整洁，还依赖于平时的自我保洁和护理，最简单也是最有效的方法是洗手。洗手后，及时抹上护手霜或润肤露，轻轻按摩搓一会儿，让滋润成分被肌肤充分吸收，特别要着重按摩指甲周围的区域。

（3）尽量不要用肥皂来洗手。如果遇上顽固污渍，可用一茶匙糖加少许食油，以双手摩擦，可收到清洁之效。接触冷热水、洗洁精、洗衣粉及漂白水时，要先戴上手套。别忘记随身备一小瓶润肤膏，以便每次洗手后涂用。除了经常性的保养之外，每次接触水后把手擦干，在食醋中蘸一下，可以使皮肤表面形成一层酸性保护膜，对手的保护作用很有效。

（4）定期修剪指甲，可防止指缝内积存污垢而破坏双手的美观。若要留指甲，应将指甲边缘摩擦、修饰光滑并修剪成椭圆形。过尖的指甲形状会削弱指甲的韧性，从而变得易折断。

（5）洗衣、洗碗时，如果要接触像洗涤灵、洗衣液等清洁剂时，最好戴上手套来阻隔化学品对肌肤的伤害，或者在碰水前擦上一层护手霜也具有隐形手套的保护功能。

（6）深秋时要注意手的保暖，以免受冷空气的侵袭，导致经络气血运行不畅，从而产生关节的病变。寒冷天气外出时，要准备质地柔软的保暖手套。

秋季养花：停车坐爱枫林晚，霜叶红于二月花

1. 进行抗寒锻炼，适时入室。

进入秋天，天气渐渐变冷，每种花卉的抗寒能力不同，故入室时间也因花而异。一般来讲，不要急着把花卉搬回房间，让其经历一个温度变化的过程，即抗寒锻炼，这样做有利于植株的养分积累和明年的生长发育。

冬季休眠的花卉不用进行抗寒锻炼，抗寒锻炼是针对一些冬季不休眠的花卉而言的。

（1）增强花的抗冻能力。经过抗寒锻炼的花卉，在生理上形成对低温的适应性，自然就增强了抗冻能力，为安全过冬打下了基础。

（2）抗寒锻炼要有限度。当气温下降剧烈或出现霜冻时，要及时把花搬回房间，防止突然的低温对其造成伤害。但不是所有花都能进行抗寒锻炼的，如红掌、彩叶芋等喜高温的花卉，应在气温未下降前移至室内进行养护。

（3）花儿入室也有讲究。因秋季仍是病虫害的高发季节，植株易遭受介壳虫、红蜘蛛、蚜虫、白粉虱等害虫的危害，病害有叶斑病、枝干的腐烂病等。将花搬入室内前，要清洗一下盆壁和盆底，防止将病虫害带入室内。把花卉搬进室内后要将它放置在有光照处，同时注意通风。室温不宜太高，超过25℃时，要打开门窗进行散热，以免因室内温度高造成徒长。

2. 给予适量水肥，还需区别对待。

进入秋季后的水肥管理，需根据不同花卉的习性区别对待。对于春天开花的腊梅、山茶、杜鹃等，要及时追施2～3次以磷、钾肥为主的液肥，提高花卉的抗寒性能。对于秋季开花的秋菊、桂花和一年多次开花的月季、米兰、茉莉等，要继续供给较充足的水肥，防止出现落蕾现象，同时还可促使其不断开花。观果类花卉在秋季是结果季节，应继续施用以磷肥为主的复合肥。

秋冬或早春开花的花卉，以及秋播的草本花卉，可根据实际需要正常浇水施肥，而对于其他花卉要逐渐减少浇水施肥的次数和数量，以免徒长而遭受冻害。

3. 及时修剪整形，以保留养分。

入秋后的气温在20℃左右时，大多数花卉易萌发较多的嫩枝，应将过高、过密和所有病害或有虫害的枝条剪去。除根据需要保留部分外，其余的均要及时剪除，以减少养分消耗。对于保留的嫩枝也应及时进行摘心修剪，以促使枝干生长充实。对于开花结果的花卉，秋季修剪有利于其在翌年多开花结果。

（1）短剪。茉莉、月季、大丽花等在新生枝条上开花的花木，在北方地区入秋以后还要继续开一次花，应及时进行适当短剪，以利促发新枝，届时开花。此外，秋天要注意及时摘除黄叶、病虫叶，并集中销毁，以防病虫蔓延。对于观叶植物上的老叶、伤残叶片，也要注意及时摘除，以促发新叶，方能保持其观赏价值。

（2）除蕾疏果。菊花、月季、茉莉、大丽花等，秋季现蕾后待花蕾长到一定大小时，除保留顶端1个长势良好的大蕾外，其余侧蕾均应摘除。金橘等观果花木若夏果已经坐住，在剪除秋梢的同时，要将秋季孕育的花蕾及时除去，以利夏果发育良好。当果实长到蚕豆粒大小时还要对其进行疏果。

4. 及时采种，以利来年发芽。

有许多花卉的种子。在仲秋前后陆续成熟，需要及时采收。采收后及时晒干、脱粒，除去杂物后选出籽粒饱满、粒形整齐、无病虫害、具有本品种特征的种子，

秋季养花小常识

（1）进入秋季以后，是盆花翻盆、换土的好时机。

（2）秋季是病虫害的高发季节，盆花入室前，必须彻底防治这些病虫害。未发现病虫害的花卉，也可对其喷洒药物进行预防。

（3）部分夏季开花的喜光木本花卉，如茉莉、扶桑、米兰等，在秋季仍应放在阳光充足的地方，让叶片更好地进行光合作用，及时供给营养。

（4）腊梅、菊花、瑞香、兜兰等此时正将孕蕾，月季、君子兰等花卉即将长枝叶，也将孕蕾，此时应注意追加以磷为主的氮、磷、钾肥2～3次。茉莉、米兰等香花，坚持每月施入上述肥料1～3次。

放室内通风、阴暗、干燥、低温的地方贮藏。一串红、翠菊、茑萝、牵牛等种子收获后去杂晾干，装入布袋内放低温通风处，但切忌将种子装入封严的塑料袋内贮藏，以免缺氧而降低或丧失发芽能力。对于一些种皮较厚的种子，如牡丹、芍药、玉兰、含笑等，采收后最好将种子用湿沙土埋好，对其进行层积沙藏，以利来年发芽。睡莲、王莲的种子必须泡在水中贮存，水温以保持在5℃左右为宜。

5. 适期播种，以便来年赏花。

两年生或多年生草花、部分温室花卉及一些木本花卉都宜进行秋播，牡丹、芍药、郁金香、风信子等球根花卉宜于中秋节栽种。如雏菊、金鱼草、仙客来、瓜叶菊等花卉，以及采收后易丧失发芽能力的非洲菊、秋海棠、飞燕草等花卉都适宜进行秋播。盆栽后放在3~5℃的低温室内越冬，使其接受低温锻炼，以利来年开花。

6. 秋季养护冬眠花卉。

在冬季休眠的花卉品种很多，如腊梅、月季、凌霄等。秋季养护应保证其在寒冬来临前进入休眠状态，可以参考以下三点来做：

（1）盆栽这些花卉时不要将其放在封闭的阳台内，因为阳台内温度较高，会推迟其进入休眠的时间。要将它们放在室外栽培，随着气温的下降，这些花卉逐步进入休眠状态。休眠后不要过早地移入室内，以防温度过高，休眠芽重新萌发，会影响到第二年的开花。

（2）对这些花应以施磷、钾肥为主，尽量减少氮肥的施用量。这样可以促进养分的转化和贮藏，为明年春天的重新生长提供充足的养料。

（3）如果冬季室内温度较高，可以不让花休眠。在保证充足的光照和水肥的条件下，有些花在冬季也会开花。

7. 秋季养花禁忌。

（1）忌入室过晚。11月后，一些喜热的花卉要注意防寒，应提早入室过冬。

（2）忌肥料不够、温度过低。冬季开花的植物如在秋季时供给的肥料不够、温度过低，花卉的营养生长会受到影响，花蕾也会少而小；有些植物花期会推迟。如茶花易落蕾，君子兰会夹箭等现象。

（3）忌室内通风差、修剪不及时。秋季气温较温和、雨水较多，花木生长旺盛，枝叶易繁乱。如不及时疏剪和抹芽，在通风不良处易引发病虫害。

秋季钓鱼——钓鱼人追梦的黄金季节

1. 秋季气象、水情和鱼情有利钓鱼。

秋季是垂钓的黄金季节，秋风送爽，稻菽飘香，是钓鱼人追梦的日子。秋天鱼之所以好钓，是大自然赐予了很多有利因素。

（1）气象的稳定性。入秋后，气温从第二个节令起便逐渐回落，水温亦降，对于淡水中的鲤鱼、鲫鱼来说，可谓是"温而不躁，热而不倦"。因此，秋季是鱼频咬饵食的时期。

秋天由于气象条件较佳，在选钓点上不仅可在平坦处打窝，也可以选一些地形险峻而人迹罕至的水域打大窝。良好的气象条件也使鱼的觅食活动趋于积极、稳定，一改其他季节时咬时停的情况，咬钩既快又狠，中鱼率较高，而且可从清晨延续到黄昏。

适宜的自然环境为钓鱼创造了有利条件，但并不等于在水边随便投竿就能钓到很多鱼，仍需要技巧来找到鱼在水下活动的踪迹和经常逗留的居所。

（2）水情的适应性。天然的湖库乃至坝塘，几乎都靠雨季蓄水，才有了水世界的壮观和辽阔，鱼才有了更大的觅食空间。水情的最佳状态为鱼提供了有利的生活环境。首先，满足了生存和生长的需要。雨季注入的大量新水不仅含有较高的氧分，促进鱼体的新陈代谢，保障了鱼机体的健康，而且随水涌入了丰富的天然饵食，促进了鱼的快速生长。其次，相对的恒温性。小塘、小池的水温极易上升，其原因就是水量少、水位浅，阳光一照，很快把光热"洞穿"到底，并且随着光热长时间的维持，水温趋高，致使这些塘池中的鱼厌食而难钓。但大水面却与之大相径庭，由于新鲜水的流入和不断汇聚，水面的宏大以及水位的升高，秋季白天已较弱的光热仅能渗透水体数十厘米的表层，而对更下层的浸透是一个漫长的积累过程。这样一

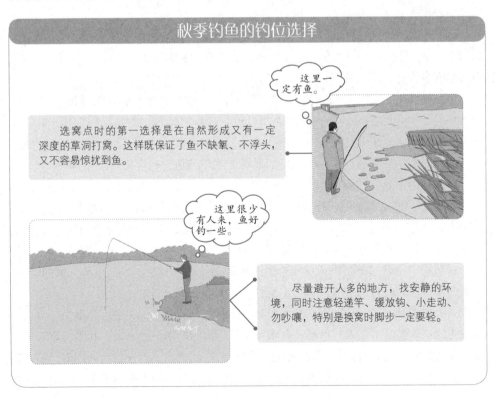

秋季钓鱼的钓位选择

这里一定有鱼。

选窝点时的第一选择是在自然形成又有一定深度的草洞打窝。这样既保证了鱼不缺氧、不浮头，又不容易惊扰到鱼。

这里很少有人来，鱼好钓一些。

尽量避开人多的地方，找安静的环境，同时注意轻递竿、缓放钩、小走动、勿吵嚷，特别是换窝时脚步一定要轻。

来，上下水层不同温度的水流循环变得十分缓慢，形成了一个相对平衡的水温体系，所以钓鱼人有了"数米深处是清凉世界"的认识。这一时期，水温的相对稳定就成了鱼活动的最佳推动力。第三，安全性。可从两方面来看，一是近岸边在水满期淹没了许多障碍物，为鱼抵近活动（觅食）提供了躲藏、隐蔽的天然屏障；二是由于深水区水量的充盈，使深水区域离岸更远，使较大的鱼类也有了安全稳定的居所，形成了群聚之势，更适合远投海竿钓鱼。

（3）鱼的需要性。秋季是鱼饱食壮体的最佳季节。由于秋季的诸多客观条件为鱼的觅食提供了便利，所以也是鱼孕育生命的起始。这一阶段，鱼觅食不仅是为了长大、长壮，更重要的是为了滋养、孕育下一代。例如鲫鱼、鲤鱼都是在这一时段开始怀子，以待来年繁殖后代。

2. 秋季钓鱼地点的选择技巧。

秋天分为早秋、仲秋、晚秋，早秋的气温和夏天差不多，选钓点的方法应与夏天选钓点方法接近，如早晚可选近一点的水域下钓，中午宜在树荫处和深水区下钓。仲秋的平均气温也在20℃以上，所以仍应"钓荫"。"秋钓荫"就是指这个时间的选点方法。晚秋已快接近冬天了，钓点的选择就要根据当天的阴晴情况、风力情况灵活选点。早晚宜选向阳的暖水域，中午则"钓荫"。若是阴天，应选深水区，因深水区的水温变化通常小于浅水区。

3. 秋季钓鱼用饵秘籍。

因秋季水中的植物已经纤维化，鱼是咬不动了，但是秋季昆虫特别多，蚂蚱、螳螂、青虫在树枝上和草丛中都可以捕捉到。此时用昆虫作为钓饵，主要钓草鱼，常常会有令人意想不到的收获。

早秋钓鱼时，要以素饵为主。这时，红薯也已收获。把红薯蒸熟，捣成红薯泥，加入面粉、麸粉和少量的糖，可作为钓青鱼、鲤鱼的饵料，尤其是钓青鱼，收获会很大。到了秋季，鱼儿已很少在近岸区游动，多生活在深水区，此时宜用海竿钓鱼。

晚秋时节，钓鱼应以荤饵为主。若是在肥水塘钓鱼，仍应用面团类素饵。

4. 中秋时节适宜钓鲫鱼。

鲫鱼是一种淡水鱼种，在我国大江南北各类水域中分布最广。鲫鱼之所以成为钓鱼人最钟情的垂钓对象，是因为有水就有它的踪迹，大湖小塘、远水近岸，无处不在，为广大钓鱼爱好者带来了渔趣和欢乐。

在秋季，中秋时节是鲫鱼一年中最肥美的时候。在天高水阔、风清气爽的日子，许多钓友携竿奔赴自然水域，可钓出畅快与享受收获的喜悦。

（1）出钓日子多。从阳历9月下旬起，随着秋分的到来，炎热逐渐退去，爽而不冷成为这一时段的主要天气特征。对于不受时间限制的钓鱼人来说，几乎可以天天出钓，即使在秋雨连绵的日子出钓，也会有鲫鱼大咬的情况。若连续晴朗四五天后，由于气温、水温不断上升，再出现风弱浪小，势必会有鱼咬钩不勤的情况。在这种气候条件下，即使出钓，也要避开午前、午后的三四个小时，或者找数米深的水域下钩。

（2）选好钓场。鲫鱼一般喜在浅滩、近岸活动，更喜欢在水草多的地方游荡觅食。但中秋以后的自然水域，由于大雨季已经过去，在一米左右深的浅滩和近岸处，如果不是因水面小、鱼密度大而被鱼闹浑水体的话，水色都很清亮。一般的湖库大水域，在靠近岸边的三五米水深处几乎可以见底了，此时鱼几乎是不可能到这样的浅滩的。当然，如果离岸不远就有几十厘米到一米多的深坎下陷，也不失为钓边的好钓点。当然，在水草密布的浅滩，如果底泥深厚，倒会呈现出上清下浊的现象。因此常会遇到一大早到湖边，草窠中有鱼活动，水色泛黄，打窝不久就咬钩的情况。选深、选远是这一阶段垂钓的明智选择。这个深是相对的，以钓场最深五六米、中度三四米、浅处一二米为例，首选的必然是中度的三四米水域，这是一个鱼进可觅食、退可安全的环境，不仅有鲫鱼可钓，还经常会遇到大鲤鱼、大草鱼。所谓的远，也不是海竿投到的地方，更不是离岸三四米就叫远，而是七八米合适，十余米更佳。

6. 中晚秋用饵适口钓大鱼。

若想在大面积的水库中钓到一斤以上的野鲤鱼、大鲩鱼，难度较大，因此需寻求更有效的钓法。

秋季钓鱼宜短竿近钓

秋季湖库水满，为钓鱼人提供了更多的钓点选择。那些往日裸露的高坎、石埂、山崖陡壁以及石砌大坝，如今已水系"腰间"或漫至"胸颈"，成了良好的天然钓台。此时如用一支 3 ~ 4 米的短竿近钓，常常会有惊喜的收获。

（1）鱼不滑。上述钓点因平时不被人看重，少有人下竿下饵，故在这一水域的鱼儿少有抗钓性。大多数情况下，投饵不久，就会有较清晰的漂讯，而且动作大而稳，鱼中钩也牢。

（2）个体大。钓久后的长竿钓点，个大的鲫鱼较少，而近处短竿钓到的鲫鱼普遍个体较大，二三斤重的鲤鱼也会咬钩。

（1）熟知鱼的生活习性。到了中晚秋，天气好、气温适宜，此时正是鱼活动最为频繁的时期。许多大鱼游动范围较大，只要水域深浅度合适，就会光临甚至停留。但如果我们仅用常规钓法，很难让它们只在某一水域游或停留一定时间，能钓到的鱼为"过路鱼"，不易获得上乘收获。因此打一个有特色的窝，把鱼招来并且留住，成了钓者的首要任务。

（2）用饵要适口。鱼对应季的植物最为敏感，这也许是出于一种本能，如常见的用秋季的蚂蚱、蝈蝈等昆虫钓大草鱼和鲤鱼效果最佳，用湖边成熟的果实浮钓大草鱼、大鳊鱼最奏效等。而作为底层鱼的鲤鱼，这一阶段对青苞玉米粒最感兴趣。青苞玉米甜、色白、浆鲜、颗粒饱满，对鲤鱼具有极强的诱惑力，就连很小的鲫鱼也很钟情这种饵料，故在施用这种钓饵时，上钩的多是个体大的鲤鱼、鲫鱼和草鱼。

（3）专一性要强。中晚秋时节是各类鱼觅食最为频繁的时期，因而在良好的气象条件下，鱼对饵食的需求欲望比其他季节都强烈。大家都有体会，这一阶段在水库钓鱼，小鱼闹钩的情况比较严重，如果你钓鲫鱼用蚯蚓，那必会被小鱼闹得烦不胜烦。此时若把饵料换作青苞玉米，因它的针对性变强了，特别是在提前打了窝的地方下竿，只要下了守钓的决心，必定会遇到大鱼来咬。在守钓的过程中，可静静等待，不必频繁提竿，营造一个安宁的环境，这样更有利于大鱼咬钩。

（4）灵活用饵。用青苞玉米钓大鱼最有效的办法是提前打窝。在垂钓过程中灵活运用饵料，更能增加鱼的进窝量和加快咬钩速度。具体方法是：首先在试钓中，用挂双粒增大饵形的办法加大对大鱼的诱惑力——往往会有几斤重的大鱼来咬。此后，如果鱼汛变弱，改变饵形，在大钩上仅挂一粒中号大小的玉米粒，并且把饵置于钩尖部位，以使个体偏小的鱼较方便吸饵入口。其次要采取边钓边诱的钓法，间隔二三十分钟就向窝里投少许诱饵，最有效的饵是嚼碎青苞玉米后连浆粒一起准确地投入窝中。由于碎饵浆汁溢出，青苞的清香甜味扩散于水中，很容易招引鱼入窝。

秋季爱车保养：注意车内清洁，更新机油、冷却液体和玻璃水

1.注意驾驶室的清洁和消毒。

经过一个炎热的夏季后，由于高温和潮湿，汽车的驾驶室内或多或少地滋生了致病的细菌和霉菌。如果平时不太注重清洁，座椅下面、地毯下面等各处卫生死角还会积聚较多的灰尘和污物。这些灰尘、污物、细菌和霉菌对驾乘人员的健康有很大危害。因此，在即将进入秋季的换季时节，对驾驶室进行一次彻底的清理保养，是非常有必要的。

（1）驾驶室内部的常规清理保养。在一般情况下，整套的驾驶室清理保养包括对座椅、内饰、地毯、地胶、操作台面板、后备厢等的清洁、除臭和上光养护。

①对驾驶室的清洁。有很多驾驶员认为，将车内整得井井有条，不乱放东西，

就算干净了，其实不然。仪表台操作面板、座椅缝隙、地毯死角、门板边缘或内饰表面等部位，如果不做深入、彻底的清洁，就会积存大量灰尘或污渍，成为细菌、病毒理想的"生长环境"，从而危害车内驾乘人员的健康。在对内室进行清洁时，要注意针对车内部件的不同材质，选用相应的清洁剂进行清洁。对于皮革和塑料饰件还要根据实际情况，进行必要的上光处理，以免褪色、老化。此外，在清洁时，还要注意清洁剂的选择，要选用中性清洁剂，否则会对部件造成损害。

②对皮革的养护。车内加装皮革座椅，会给人以高贵、豪华的感觉，然而，由于皮革的材质特性原因，座椅表面使用时间久了，与人体接触的部位就很容易积存油脂和污垢，如不及时清洁、养护，不仅会使皮革座椅失去美观性，还会在皮革表面出现龟裂和老化。所以，对皮革座椅进行清洁、养护也是十分必要的。对皮革座椅进行清洁，不能直接用水清洗，也不能用含油或酒精的清洁剂清洗，否则会对皮革产生氧化作用。正确的做法，是先用专门的清洁剂去除皮革表面沾染的污渍，然后再喷上皮革保养剂，以保持皮革亮泽柔软。

③对内饰的布置。当车内清洁完毕后，就可以根据驾驶员的意愿来布置内饰了，但必须把握一个原则，即一切美观的布置都不要影响驾驶安全。

（2）驾驶室内部的消毒。有些平时不太注意卫生的驾驶员所驾驶的汽车，常规的清理保养可能只是解决了表面的脏乱问题，而内部的较为严重的污染并没有得到彻底消除。对于这类汽车，还应做一次驾驶室内部的整体消毒。

一般来讲，车内污染不仅会导致空气的味道难闻，更严重的是这些有害物质可能会对神经系统、免疫系统、内分泌系统以及生殖系统产生不利影响，甚至有可能致癌。特别是在夏季，由于开空调、车窗紧闭，导致车内空气不能及时流通，进一步加剧了车内空气的污染。长期在污染的环境中驾车，会导致驾驶员头晕、困倦、咳嗽等不良反应，进而导致情绪压抑、烦躁、注意力无法集中而酿成交通事故。

借用紫外线消毒是一个不错的办法。在车内无人的状况下，用紫外线灯照射车厢内部，消毒完成后，开窗通风5～6小时。

对车厢内的设施进行消毒后，应先用清水擦拭，再用清洁的干布擦干，以便去除残留的消毒剂。需要提醒各位驾驶员朋友，虽然秋季天气凉爽，不用长时间开窗透气，但如果长期关闭车窗，就会使车内空气不流通，从而使顶篷、座椅、空调风道积存的灰尘、细菌留在车内，极易使车内驾乘人员患上各类呼吸道疾病。因此，虽然到了凉爽的秋天，还是应该经常开窗通风。另外，秋高气爽、艳阳高照，有时间的话也可以找一个安静的地方，打开车门和后备厢盖，利用阳光给你的爱车进行一次自然消毒。

2.注意轮胎的胎压和老化痕迹。

当一个人坐进汽车，就等于把自己交给了汽车，而汽车在行驶过程中，实际上就交给了四个轮胎。如果轮胎出现问题，后果将不堪设想。因此，切不可忽视对轮胎的保养。

（1）检查轮胎气压。不适当的胎压可能在行驶时导致爆胎或制动不灵。目前大多数汽车都使用了低压轮胎，由于这种轮胎固有的特性，目测并不能及时准确地发现胎压不足，所以驾驶员最好准备一个气压表，可以自己每周检测一下胎压。

（2）检查轮胎胎面和胎侧壁。秋季天气转凉，轮胎的橡胶会变硬，相对也会变得比较脆，行驶时不但摩擦系数会降低，也较易漏气、扎胎，因此应该经常检查轮胎胎面和胎侧壁上是否有明显的外伤、刮痕等。同时，要经常清理胎纹内的杂物。有些驾驶员对汽车的轮胎不太在意，甚至有了外伤还在使用，这样就很容易导致轮胎爆裂。为了保证驾车安全，当气温下降的时候，你一定要仔细检查轮胎，如果轮胎表面有扎伤，必须及时进行修补，并尽量避免使用修补过的轮胎。

（3）检查胎面的磨损。在北方，进入秋季后，雨雪天气也会增多，路面容易湿滑。尤其是雨雪后，由于温度偏低，路面容易结冰，驾车行驶要特别小心，这

秋季的汽车保养

外部保养

秋天的早上，露水较多，汽车表面往往很潮湿，如果车表面有明显的刮痕，就应及时做喷漆处理，以免刮痕部位受潮而锈蚀。

雨刷保养

秋天时雨少，雨刷会长时间不用，所以在秋季一定要检查雨刷的耗损情况并清洁雨刷。

蓄电池保养

在秋天，汽车蓄电池的电极接线处是最容易出问题的地方，检查时，如果发现电极接线处有绿色氧化物，一定要用开水冲掉。

种路况对轮胎的要求也相应提高。检查一下轮胎花纹的磨损程度，如果磨损较强，建议更换冬季型的轮胎。另外，也可以经常在轮胎的表面喷一些轮胎保护剂，以减少磨损。

3.秋季要对空调进行彻底的清洁、保养。

秋风送爽，随着气温的逐渐下降，汽车空调的使用次数也开始减少，到了深秋季节，汽车空调更是可以停用了。这时的空调经历了整个夏季里雨水和灰尘的侵蚀，如果不注意加以保养，会严重影响空调的使用寿命。所以，秋季要对空调做好彻底的清洁与保养。

（1）购买专用的汽车空调清洗剂对空调外循环系统进行清洁消毒。消毒前，应将车内的食品、纸巾取出，避免吸附异味。找到汽车的空气导入口，如有必要再打开发动机罩；启动发动机，打开窗户；将空调的 AC 开关置于 OFF 位置，将循环挡调至外循环位置，风扇开至最大；向空气导入口吸力最强的位置注入空调清洗剂。这时，清洗剂将沿着风道向蒸发器方向流动，清洗吸附在蒸发器上的霉菌、灰尘。等清洗剂全部注入后，让风扇继续转动 10 ~ 15 分钟。最后，可以看到底盘下面空调的排水管排出污液，这时再感受一下空调出风口的送风是否已经洁净。

（2）清理空调滤芯（空调滤清器）。大部分汽车的空调滤芯安装在驾驶室操作台的储物盒后面。取下滤芯后，启动车辆，打开空调并将其置于外循环挡，把泡沫状的清洗剂喷到滤芯上，空调的外循环风会把清洗剂吸入风道内。清理工作完成后，车内出风口就会吹出清新的空气。如果滤芯污垢严重的话，建议及时更换新滤芯。

4.及时为发动机更换冬季型润滑油。

进入秋季，气温将会从夏季的酷热转向凉爽甚至寒冷，夏季使用的润滑油已经不能满足发动机工作的需要，所以应该为汽车更换冬季型的润滑油。但是，许多驾驶员并不知道该为自己的爱车选用什么样的润滑油，其实，如果掌握了润滑油使用的基本原则，更换润滑油也很简单。

（1）秋季应选用黏度较小的润滑油，以提高泵送能力，降低冷启动磨损。因为在低温下，如果润滑油黏度过高，流动性变差，那么发动机启动的瞬间有些零件之间就可能缺乏润滑，加剧发动机的磨损。相反，如果润滑油黏度适当就可以起到保护发动机的作用。因此，需要根据季节变化适时更换润滑油，最好是在保持同一品牌和质量等级的前提下，在冬季选用黏度较低的润滑油，它比黏度较高的润滑油更容易在冷启动的瞬间为发动机提供保护。

目前市场上的润滑油有多级和单级之分。一般来说，单级发动机润滑油仅限于一个温度，价格相对便宜，多适合气温变化小的区域使用。多级润滑油产品同时满足高温和低温下的黏度要求，各个季节都适用。由于不同发动机散热效果不一样，因此选择发动机润滑油时，厂方提供的说明书是最基本的参考。同时，要根据所处地区的温度条件来进行选择。

（2）可以考虑选择比汽车使用手册中规定的更高等级的润滑油。也就是说，高等级的润滑油可以兼容较低级别的同类产品。不同级别的润滑油质量和适应性也有所不同，高等级润滑油的质量优于较低级润滑油的质量。

如今越来越多的发动机采用了新技术，如涡轮增压、中冷技术等，如果采用质量等级高的润滑产品将有助于减少磨损，延长发动机寿命。对于润滑油换油知识比较匮乏的消费者，这是一种选择润滑油时比较简单的方法。

在更换润滑油的同时，要注意同时更换润滑油滤芯，这样才能让新更换的润滑油发挥更好的功效。另外还要注意，不同品牌间的润滑油产品是不可以混合使用的。

5.将冷却液和玻璃水更换为冬季型。

入秋以后，广大驾驶员换季保养的一项重要内容就是更换汽车的冷却液和玻璃水。为了适应日渐降低的气温，这两种用品都要换成冬季型的防结冰类型。选择冬季防结冰类型的冷却液和玻璃水有以下两种方法：

（1）冷却液以品牌为参考。冷却液是发动机冷却液的俗称，又叫"不冻液"，是汽车发动机正常运转不可缺少的散热介质，直接影响到汽车的使用寿命。知名品牌冷却液一般采用进口的高纯度、腈纶级乙二醇和高纯净去离子软化水为原料，从源

秋季自制玻璃水

秋天有雨，不一定很脏，但是昆虫打在风挡玻璃上时，清水不容易将其清除。因为虫胶也较难处理，所以要加入更多的溶剂。

2.5升可乐瓶，2升纯净水，95%医用酒精500毫升，洗涤剂1瓶盖！酒精这种有机溶剂还是很不错的，去虫胶的效果也很好。

头上确保冷却液的质量。同时在工艺方面也非常考究，严格按照 ISO 质量体系的要求组织生产，生产工序非常严格，并独有过滤、渗透、滴定等质量强化技术，从而保证产品在防冻、防沸、防腐、防垢等性能上表现突出。而一些杂牌冷却液的质量难以保证。劣质冷却液的主要原料是工业甲醇或各种杂醇等化工下脚料，这些东西一般都有刺鼻的气味，且挥发性较强，最重要的是起不到应有的防冻效果。因此，面对鱼龙混杂的冷却液市场，消费者在选择冷却液时，最好以知名品牌为主。

（2）选择玻璃水要考虑使用效果。汽车风挡玻璃的清洗与其他的养护项目相比是一个小维护。但是，这个小维护和行车安全息息相关，能在关键时刻保持风挡玻璃干净、视野清晰的才是好的玻璃水。

第一，秋冬季节使用的玻璃水应该具备优秀的清洗和防冻性能。冬季玻璃水以防冻性能作为选择的基准，应该选择冰点低于当地最低温度10℃以上的玻璃水，不然会造成玻璃水冻住、喷水壶水泵故障等问题。因此，要根据所在地的温度进行选择，正规品牌的产品会以温度划分出不同的级别，要根据季节变化进行合理选择。

第二，尽量选择具备快速融雪、融冰和防眩光、防雾气、防静电功效的产品。由于秋季以后的气候特性，在行车过程中，驾驶者的视线很容易受到光的折射和雾气、静电的影响，给行车带来安全隐患。因此，驾驶员在购买玻璃水的时候，最好选择能有效对付上述不利因素的产品。

第三，质量好的玻璃水还应该具备对风挡玻璃和雨刷器的保护性能。也就是说，要能在正常使用过程当中对车辆进行保护与护理。目前市场上一些品牌的玻璃水通过调配多种表面活性剂及添加剂，具有修复风挡玻璃表面细微划痕的作用，通过形成独特的保护膜，达到对风挡玻璃的全面呵护。有些玻璃水产品还特别添加了多种缓蚀剂，对各种金属都没有腐蚀作用，可以保护汽车面漆、雨刷器及橡胶等零部件。

秋季旅游：赏花、观鸟、朝圣、观潮

1. 赏花观鸟之旅：扎龙湿地，沙家浜。

（1）齐齐哈尔扎龙湿地——鹤的故乡。

齐齐哈尔扎龙湿地位于黑龙江省齐齐哈尔市境内，这里河道纵横、水草丛生，曾被评为"中国最美的六大沼泽湿地"之一。每年8—9月，有两三百种野生珍禽云集于此，其中尤以丹顶鹤居多。在每年8月份举行的观鹤节期间，众多的游客纷至沓来，场面十分壮观。

①沼泽中的舞蹈家。人们把扎龙湿地称为"鹤的故乡"，其中没有任何夸张成分。全世界共有15种鹤，而在扎龙就有6种，其中丹顶鹤的数量约占全世界的1/4。说扎龙是水禽的"天然乐园"也名副其实，这里除丹顶鹤以外，还有大天鹅、小天鹅、大白鹭、草鹭、白鹳、鸳鸯等150多种珍稀水禽。每年的4—5月、8—9月为观鸟的最

佳季节，此时到扎龙湿地来，会听到丹顶鹤引颈高歌。登上望鹤楼，凭栏远眺，绿色的芦苇荡一直铺展到遥远的地平线，三五成群的丹顶鹤在芦苇荡与湖边翩翩起舞。它们迈着轻盈的脚步，时而引颈向天，时而相互凝望。那神情动人心弦、摄人心魄。尤其是在夕阳或是晨光的照耀下，它们的姿态更加显得超凡脱俗。当它们展翅腾飞的时候，就像一道道闪亮的白光，那份洒脱与悠闲的姿态，实在令人叹为观止。

②独特的求爱方式。丹顶鹤独特的求爱方式是扎龙湿地最吸引人之处。每天清晨或黄昏，丹顶鹤成双成对地聚集在沼泽浅滩上，开始一场场情歌对唱。这时，每一只丹顶鹤都会响亮而频繁地鸣叫着，向"恋人"表达着绵绵的爱意。在唱情歌的时候，雄性丹顶鹤会展开漂亮的双翅，围着雌丹顶鹤翩翩起舞，嘴里还"嗝嗝"叫个不停，似乎在征得"恋人"的同意。而雌丹顶鹤若真的有意，也会走上前去，与"恋人"亲密地跳起双鹤舞，而且还会做出各种各样的舞蹈动作。在双方对歌对舞、你来我往之中，丹顶鹤便会选中自己中意的伴侣，从此白头偕老，海枯石烂。

（2）沙家浜芦花——红色旅游及阳澄湖大闸蟹

沙家浜位于江苏常熟的阳澄湖畔，这个因京剧《沙家浜》而出名的小镇，不仅是红色旅游的热门景区，更是观赏芦花的极佳之处。这里有占地一千多亩的芦苇荡，每到芦花开放的季节，色如白雪的芦花摇曳生姿、风情万种，呈现出了一幅多姿多彩的江南美景。

①秋后芦花赛雪飘。芦花之美不是一瓣之芬芳，也不是一朵之娇羞，是一望无际的气势之美，是顾盼生姿的摇曳之美。沙家浜景区里，有华东地区最大的芦苇生态湿地。纵横交错的河巷和茂密的芦苇荡，构成了一个辽阔、幽深而又曲折的水上迷宫。"春夏芦荡一片绿，秋后芦花赛雪飘。"深秋时节，这里的芦苇渐渐变黄，摇曳的芦花开始吐絮，沙家浜最美的季节也随之开始了。如果你有兴趣在芦花飘香、岸柳成行、大雁低鸣的秋天，泛一叶轻舟在芦苇荡中穿梭，便可以看到那随风摇曳的芦花如铺天盖地的白雪一般，煞是迷人。每当日落西山的时候，晚霞中的芦花瑟瑟而动，显得浪漫又伤感。风吹过密密匝匝的芦苇，花穗摇曳生姿，随秋风飞扬；疾风一起，芳香扑鼻的芦花又像汹涌的波涛连绵起伏，给游人带来无限的遐思和畅想，让人流连忘返。

②赏花、品蟹两相宜。沙家浜位于阳澄湖畔，这里河湖密布，水草丰茂，食饵充裕，是螃蟹栖息的理想场所，全国闻名的阳澄湖大闸蟹即产于此。这种蟹不仅健壮有力，而且肉质鲜嫩、脂厚膏盈，蟹黄凝结成块，其中尤以"九月团脐（雌蟹）十月尖（雄蟹）"为珍。每年9—10月是在沙家浜吃蟹的最佳季节，谚语有"吃了大闸蟹，百菜无滋味"之说。如果选择在10月份前往沙家浜，正好可以赶上雄蟹黄白鲜肥，其色、香、味妙不可言。著名学者章太炎的夫人汤国梨曾用诗赞曰："不是阳澄湖蟹好，此生何必住苏州。"由此可见，阳澄湖的大闸蟹是其他地方无法比拟的。

2. 民俗之旅：曲阜和凯里。

（1）山东曲阜——孔子的故乡。

山东曲阜是儒家学派创始人孔子的故乡。它以悠久的历史文明和灿烂的东方古文化而蜚声中外，被西方人誉为"东方耶路撒冷"。每年9月26日至10月10日举行的国际孔子文化节，是海内外文人墨客、旅游爱好者纪念先哲、交流文化、旅游观光的隆重盛会。

①中国国际孔子文化节。这个文化节始创于1989年9月，其前身是孔子诞辰故里游，该活动主要是以纪念孔子、弘扬民族优秀文化为主题，为达到纪念先哲、交流文化、发展旅游、促进改革开放等目的组织举办的。每年节日期间，海内外华人齐聚曲阜市，于9月26日举行隆重热烈、异彩纷呈的开幕式。9月28日会在孔庙大成殿前举行孔子诞辰纪念集会，进行别开生面的祭孔活动，以发思古之幽情，实现敬仰、怀念先师孔子之夙愿。整个活动文化特色显著，乡土气息浓郁。孔子文化节期间，常常还会举办多项观赏性和参与性相结合的活动。例如游览名胜古迹，开展独具特色的文艺演出，组织进行高层次的儒学研讨，举办大规模的经贸洽谈和人才交流大会，等等。

②世人尊崇的"三孔"。孔子是世界历史上伟大的哲学家之一，同时也是中国儒家思想的创始人。在两千多年漫长的历史长河中，儒家文化逐渐成为中国正统文化、传统文化的基石，构成了东方文化的高峰，特别是对中华民族品格和特性的形成产生了至关重要的影响。曲阜的孔府、孔庙、孔林，统称"三孔"，它是中国历代纪念孔子、推崇儒学的象征。"三孔"以丰厚的文化积淀、悠久的历史、宏大的规模和丰富的文物珍藏，被世人尊崇为世界三大圣城之一。1994年，"三孔"被列入世界文化和自然遗产。

（2）凯里芦笙节——吹芦笙、跳迪斯科。

凯里是芦笙演奏的故乡，素有"百节之乡"的美称。每年举办一次的凯里国际芦笙节集民族风情之精华、苗侗服饰之斑斓、侗族大歌之绝唱于一体。它将民族文化、民间传统活动、风情旅游一一展现在了海内外无数游人的眼前。

①东方迪斯科。在芦笙节期间，周围的苗寨人都要组织表演队伍在这里搭起擂台，上演一出出精彩纷呈的好戏。例如百牛大战、唱飞歌、吹芦笙、斗鸡、斗狗、斗鸟等活动。当然最引人注目的还是吹奏芦笙。每逢苗族的传统节日都要吹芦笙，并伴以舞蹈，故称"芦笙舞"。由于这种舞蹈是由十几个甚至几十个盛装打扮的芦笙手围成一个圆圈，边吹边跳，所以又称"踩堂舞"。每次跳芦笙舞的时候，人们汇集在一起，或男吹女跳，或自吹自跳。芦笙音域宽阔、乐声悠远，笙歌洪亮，令人回味无穷。跳踩堂舞的苗族姑娘常常由数十人，甚至几百人组成，她们穿着以银角为代表的银饰盛装，随着芦笙曲调翩翩起舞、尽情欢跳，似乎是一片银色的海洋，场面极为壮观，被誉为"东方迪斯科"。

②绚丽的民族盛装。在少数民族中，苗族是服饰文化最为丰富的民族之一，而贵州又是苗族服饰最为精美之地，刺绣、蜡染、纺织、银饰都极为出色。尤其是那挂满了银饰的银衣，用绉绣、散绣、堆绣等手艺把银片缀在前襟、后背、衣袖、下摆等位置。这些银灿灿的装饰映衬着苗族姑娘的笑脸，使她们更加顾盼生辉。赶在芦笙节去凯里观光，除了能欣赏到载歌载舞的"东方迪斯科"外，还可以观摩绚丽

秋季出游必备物品

进入秋季，天高云淡，红叶斑斓。秋季是登山、赏红叶的好时节，秋季出游，除了慎重选择旅行社签订合同、购买保险外，还需要注意什么呢？在这里给大家总结了秋季出游必备的一些物品。

（1）小型指南针一个，荒野山林中可以让你有明确的方向。

（2）外套。选择登山等活动，因为运动量比较大，山顶和山底一般会有温差，而且山顶的风大，气温变化也大，带件外套防止着凉。

（3）零食。秋日活动一般运动量比较大，而且多在野外，备些吃的有备无患。

（4）必备的外伤药，如创可贴、紫药水、药用酒精棉球、消炎粉等。还可备一条丝巾，既防风又可在必要时做绷带使用。

多彩的苗族服饰。在芦笙节上表演歌舞的苗家姑娘们，一个个身着叮当作响的银饰。苗家姑娘们在比赛歌舞的同时，也在"炫耀"着自己的盛装，令观赏者目眩神迷，获得如同进入仙境般的体验。

3. 避暑之旅：河南云台山。

河南云台山由于终年被云雾围绕而得美名。满山覆盖的原始森林、深邃幽静的沟谷溪潭、千姿百态的飞瀑流泉、如诗如画的奇峰异石、千古绝唱的茱萸峰，以及众多名人墨客的碑刻，形成了云台山独特完美的景观，古往今来，无数游客慕名而来。

（1）云台山以山为奇，景区奇峰秀岭连绵不断，主峰茱萸峰海拔 1308 米。踏着层层叠叠的栈道登上茱萸峰，可以使人领略到"会当凌绝顶，一览众山小"的意境。极目远望，可以看到黄河如一条银带；俯视脚下，群峰如海浪，连绵不绝。在茱萸峰的山腰，有一个药王洞，相传是唐代药王孙思邈采药炼丹的地方，药王洞口有古红豆杉一株，高约二十米，树干很粗，需要三个人才能合抱，树龄在千年左右，是国内极为罕见的名木。

（2）云台山以水为绝，以"三步一泉，五步一瀑，十步一潭"而著称。落差 314 米的云台天瀑是全国最高的瀑布。远远望去，瀑布上吻蓝天，下蹈石坪，犹如擎天玉柱，宛如白练当空。当飞流直下的水流从高空中倾泻而下时，有如银河倾泻，水声震耳、地裂天崩，十多米宽的瀑面拍石打浪、风驰电掣地落入碧水潭中，气势恢宏壮观。除了云台天瀑外，云台山还有天门瀑、黄龙瀑、丫字瀑等，形成了云台山独有的瀑布奇观。

（3）以峡谷为美。在云台山的众多峡谷中，最有名的要数红石峡，它因峡中的岩石都呈红色而得名。峡谷中，山岩层层叠叠、整整齐齐，全是深浅不一的红色，形成红石峡独特的地质风貌。这一层层的红色岩石中，保存着波浪作用下形成的岩石层理，如同一页页可以翻看的史书。在红石峡的谷底，有一条清澈的溪流，夹在红色的山岩中间，溪水像一位少女，变换着不同的姿态向人们展现她的魅力。它时而俏皮、欢快地从高处一跃而下，时而温柔、妩媚地缓缓游动，让人的心情也渐渐地飘离、舒畅起来。

4. 朝圣之旅：山西五台山。

五台山是我国佛教四大名山（五台山、四川峨眉山、安徽九华山和浙江普陀山）之一，位于我国山西省东北部。它是文殊菩萨的道场，因有东、西、南、北、中五座坦如平台的山峰而得名。景区内山势雄伟壮观，寺庙众多，是驰名中外的佛教圣地。

（1）五座主峰各有千秋。五台山海拔有三千多米，是华北地区的最高峰。它有五座主峰，每座主峰各有特点。东台望海峰是观看日出的好地方。每天早晨，太阳从地平线上缓缓升起，云海也变幻莫测、壮丽非凡。南台繁花似锦，因而取名为"锦绣峰"。西台挂月峰是欣赏月色的最佳之地，每当天气晴朗、日落夜静的时候，一轮明月悬挂空中，景色迷离。北台叶斗峰是五台中的最高峰，周围泉水特别多。中台翠岩峰可以见到堆积的巨石，更有热融湖、冰胀丘、石海石川、龙翻石等鬼斧神工的自然景观。

（2）庙宇多，造型奇特。五台山上密布着大小五十多座寺庙，如显通寺、菩萨顶、黛螺顶、塔院寺等。这些寺庙造型奇特，布局各异。塔院寺内有五台山的标志性建筑物——大白塔。大白塔通体洁白，被誉为"清凉第一圣境"。塔顶悬有两百余个铜铃，东边有一座小白塔，相传此塔内藏有文殊菩萨显圣时遗留的金发，因此又称"文殊发塔"。显通寺是五台山规模最大、历史最悠久的一座寺院，其中大雄宝殿是举行佛事活动的重要场所。菩萨顶是五台山最大、最完整的一座喇嘛教寺院。这里是每年农历六月初四至六月十五日黄教法会的主场地，在这个时间段前往旅游可以看到喇嘛们"镇魔"的盛况。

（3）五台山的镇山之宝——奇特的彩虹。

古往今来，中外佛教信徒和游人纷至沓来，朝山礼佛和参观游览。五台山最奇妙的自然景观，莫过于"圆光"射游人之影。一般的彩虹多发生在降雨以后，呈弧形。而五台山却在没有下雨的情况下，有时也会出现彩虹。更为奇特的是，这里的彩虹中会出现各种景观，如飞禽、跑兽、殿堂、佛像，甚至是观察者自己。这种由物理、地理、气象等条件综合汇成的自然景观，壮丽神秘，历来被宗教界视为"镇山之宝"。但是在旅游时，并不是每次都能那么侥幸地看到奇特的彩虹景观，还要凭借天时、地利、人和的运气。

5. 瀑布之旅：贵州黄果树瀑布。

贵州黄果树瀑布是我国最大的瀑布，也是世界上唯一可以从上、下、前、后、左、右六个方位观赏的瀑布。丰水季节，飞流而下的瀑布从断崖顶端凌空坠落，倾入崖下的犀牛潭中，势如翻江倒海，堪称天下一绝。

（1）天下第一瀑。贵州黄果树瀑布是白水河上九级瀑布中最大的一级，素有"天下第一瀑"之称。除了这一瀑布外，还有众多的瀑布可以观赏。诸如瀑顶最宽的陡坡塘瀑布、滩面最长的螺蛳滩瀑布、落差最大的滴水滩瀑布、形态最美的银链坠滩瀑布等。在雨季到来之时，瀑布的水量大增，那撼天动地的磅礴气势，简直令人惊心动魄。有时瀑布激起的水雾高达数百米，漫天飘荡，使其周围经常处于纷飞的细雨之中。即使在冬天少水的季节里，它也显得妩媚秀丽，如一条白色的缎子挂在山崖上，轻轻下泻，坠落在犀牛潭内。此时，满潭为瀑布所溅起的水珠所覆盖，与峡谷两侧的植物勾勒出一幅美丽的自然风情山水画，其景色颇为壮观、清幽迷人。

（2）天然水帘洞。黄果树瀑布的奇巧之处还在于瀑布后的天然水帘洞，它让黄果树瀑布成了世界瀑布家族中唯一有天然水帘洞贯穿瀑身的瀑布。水帘洞洞内有六个洞窗、五个洞厅、三个洞泉和一个洞内瀑布，六个洞窗均被稀疏不同、厚薄不一的水帘所遮挡。穿梭于昏暗的洞中，透过水帘向外看去，巨大的水流从面前轰然跌下，阳光下的虹霓若隐若现。每当日薄西山，站在水帘洞中凭窗眺望，犀牛潭里彩虹缭绕，云蒸霞蔚，瀑布从山上飞流而下，苍山顶上绯红一片，让人赏心悦目、心旷神怡。

6. 石窟之旅：敦煌莫高窟。

甘肃省敦煌市境内的莫高窟，又名"千佛洞"，是我国著名的四大石窟（敦煌莫高窟、大同云冈石窟、洛阳龙门石窟、天水麦积山石窟）之一，也是世界上现存规模最宏大、保存最完好、内容最丰富的佛教艺术宝库。

（1）巧夺天工的壁画——墙壁上的图书馆。绚丽多彩的壁画是敦煌石窟的灵魂，西方学者称其为"墙壁上的图书馆"。这些画有的雄浑宽广，有的瑰丽华艳，体现了不同时期的艺术风格和特色。所描绘的内容多是当时的一些社会生活场景，反映了我国古代狩猎、耕作、纺织、交通、作战以及音乐舞蹈等各个方面的内容。在莫高窟的壁画中，最吸引人的就是飞天，抬头望去，处处可见漫天飞舞的飞天。墙壁之上，飞天在无边无际的茫茫宇宙中飘舞，有的手捧莲蕾，直冲云霄；有的从空中俯冲下来，势若流星；有的穿过重楼高阁，宛如游龙；有的则随风悠悠漫卷。那些蜿蜒曲折的长线、舒展和谐的意趣，为人们打造了一个优美而空灵的想象世界。这些壁画艺术是中国古代美术史的光辉篇章，为中国古代史研究提供了珍贵的形象史料。

（2）技艺精湛的彩塑。莫高窟的彩塑堪称佛教彩塑艺术博物馆，多为佛教人物及其修行涅槃的造像，包括佛像、菩萨像、弟子像以及天王、金刚、力士、神像等。除此之外，彩塑的形状也丰富多彩，有圆塑、浮塑、影塑、善业塑等，最高者 34.5 米，最小的仅两厘米左右，而且栩栩如生、题材丰富、工艺高超。彩塑是石窟艺术的重要组成部分，它是在我国数千年雕塑艺术传统的基础上，吸收和融合了外来艺术，从而发展起来的具有中国风格和气派的彩塑艺术。

（3）标志性建筑——"九层楼"（"北大像"）。莫高窟最高的一座洞窟是第 96 号窟，在其外面建造的"九层楼"是莫高窟的标志性建筑。它高 33 米，外形是一个九层的遮檐，也称作"北大像"，正处在崖窟的中段，与崖顶等高，巍峨壮观。它的木结构为土红色，外观轮廓错落有致，檐角系铃，随风而响。里面有弥勒佛坐像，高 35.6 米，由石胎泥塑彩绘而成，在国内属于第三大佛，仅次于乐山大佛和荣县大佛。

7. 观潮之旅：海宁钱江潮。

浙江海宁潮又称"钱塘江涌潮"，以"一线横江"被誉为"天下奇观"。每当涌潮出现时，数米高的潮水涌入喇叭形状的杭州湾，像一堵无比高大的水墙，犹如万马奔腾，雷霆万钧、呼啸而来，发出雷鸣般的声音。古往今来，吸引了无数中外游客不顾性命安危前来观赏钱江涌潮。

（1）钱江涌潮的形成。涌潮的形成原因除了日、月引力之外，还与钱塘江地理形状类似喇叭有关。从地形上看，钱塘江南岸赭山以东近五十万亩围垦大地，像半岛似的挡住江口，使钱塘江酷似肚大口小的瓶子，而江口东段河床又突然上升，滩高水浅。当大量潮水从钱塘江口涌进来时，由于江面迅速缩小，潮水来不及均匀上升，就只得后浪推前浪，层层相叠。此外。钱塘江水下有很多沉沙，这些沉沙对潮水起着阻挡和摩擦作用，也使潮水前坡变陡、速度减缓，形成后浪赶前浪，一浪叠一浪、一浪高一浪的涌潮，从而形成世界上极少见的自然现象。

（2）瞬息万变的涌潮。在海宁观潮，可以看到交叉潮、一线潮、回头潮，在晚上还能看见夜潮。大缺口是观看十字交叉潮的绝佳地点。由于长期的泥沙淤积，在

感受秋色之旅

（1）新疆阿勒泰喀纳斯

去了喀纳斯，就知道什么是真正的秋色。白桦树叶、青杨树叶在秋风的轻拂中由绿变黄，再由黄变红，远远望去，层林尽染。哈萨克族人木屋中的炊烟袅袅升起，环绕在树梢、弥漫在田野，悠远而宁静……

（2）四川稻城

到了10月、11月已经不是去稻城旅游的最好时间了，因为这里冬季来得比较早，不过这时候的风景却别具特色，在傍河和色拉这两个地方，黄杨林与红草滩最为靓丽，吸引着许多喜欢摄影的人士前往。

（3）云南香格里拉纳帕海

秋冬来临，走进香格里拉的纳帕海，映入眼帘的是金色的草原、皑皑的雪山和充满灵性的各种鸟类。纳帕海藏语称为"纳帕错"，汉语意为"森林背后的湖"。

（4）四川阿坝米亚罗

四川理县境内的米亚罗，是我国目前最大的红叶风景区。3688平方千米的深山峡谷中三颗针、五角枫撩人情思，古尔沟温泉沁人心脾，藏羌风情使人留恋。

江中形成一片沙洲，将从杭州湾传来的潮波分成两股。两股潮头在绕过沙洲后，就像两兄弟一样交叉相抱，形成变化多端、壮观异常的交叉潮。看过大缺口的交叉潮之后，可到盐官等待一线潮。在观看一线潮时，常常未见潮影，便可先闻潮声。当潮水袭来时，远处雾蒙蒙的江面出现一条白线，迅速西移。这时，要不了几分钟，白线便会变成一堵水墙，迅速向前推移，形成雷霆万钧之势，那涛声也似万马奔腾般响彻云霄。看了一线潮，还可以看回头潮。在老盐仓的河道上，出于围垦和保护海塘的需要，建有一条很长的拦河土坝，咆哮而来的潮水遇到障碍后将被折回。在那里，潮水猛烈撞击对面的堤坝，然后以泰山压顶之势翻卷回头，落到西进的急流上，形成一排"雪山"，风驰电掣地向东回奔。于是，老盐仓就成了观潮爱好者看回头潮的最佳位置。

8. 古镇之旅：湖南凤凰古城。

凤凰古城是国家历史文化名城，曾被新西兰著名作家路易·艾黎称赞为"中国最美丽小城"。凤凰古城并不大，却是一座充满了诗意的小城。临水而建的吊脚楼，缓缓流淌的沱江水，不仅孕育了文学大师沈从文、画家黄永玉，也吸引了众多游客纷至沓来。漫步在古城青石板铺就的小路上，感受到的是古意盎然的印象。凤凰古城建于清康熙时，这座小城小到城内仅有一条像样的东西大街，可它却是一条绿色长廊。

（1）沈从文故居。世人知道凤凰古城，了解凤凰古城，是源自沈从文。1902年12月28日，沈从文先生诞生在凤凰古城中营街的一座典型的南方古四合院里。四合院是沈从文先生的祖父沈宏富（曾任清朝贵州提督）同治五年（1866年）购买旧民宅拆除后兴建的，是一座火砖封砌的平房建筑。四合院分前后两进，中有方块红石铺成的天井，两边是厢房，大小共11间。房屋系穿斗式木结构建筑，采用一斗一眼合子墙封砌。马头墙装饰的鳌头、镂花的门窗，小巧别致，古色古香。沈从文故居现陈列有沈老的遗墨、遗稿、遗物和遗像，成为凤凰最吸引人的人文景观之一。沈从文先生在此度过了童年和少年时代。1988年，沈老病逝于北京，骨灰葬于凤凰县听涛山下，同年，故居进行了大修，并向广大游人开放，1991年被列为湖南省人民政府重点文物保护单位，2006年被国务院批准列入第六批全国重点文物保护单位名单。

（2）临水而建的吊脚楼。凤凰古城的吊脚楼起源于唐宋时期。唐垂拱年间，凤凰这块荒蛮之地王化建县，吊脚楼便有零星出现，至元代以后渐成规模。随着岁月沧桑，斗转星移，旧的去了，新的来了，建筑物在日月轮回中不断翻新更替。凤凰古城老城区依山傍水，清浅的沱江穿城而过。这里的山不高而秀丽，水不深而澄清，峰岭相接，河溪萦回，碧绿的江水从古老的城墙下蜿蜒而过。一幢幢临河而建的吊脚楼，参差错落地分布在沱江两岸，充满了浓郁的诗情画意。这种独特的建筑分上下两层，俱属五柱六挂或五柱八挂的穿斗式木结构，具有很高的工艺价值。它上层宽大，下层占地很不规则，上层制作工艺复杂，做工精细考究，屋顶歇山起翘，有雕花栏杆及门窗；下层不作为正式房间，但雕刻也很精美，有金瓜或各类兽头、花卉图样，并通过承挑使之垂悬于河道之上，形成一道独特的风景。在凤凰古城，这种吊脚楼主要集中在回龙阁一带，如今还居住着十几户人家。它们前临古官道，后悬于沱江之上，是凤凰古城最有特色的建筑群之一。目前凤凰古城的吊脚楼多保留着明清时代的建筑风格，其壮观的阵容是十分罕见的。它在形体上不单给人以壮观的感觉，而且在内涵上不断引导着人们去想象和探索。它在风风雨雨的历史长河中代表着一个地域民族的精魂，如一段歌谣、一部史诗，记载着历史，记载着寻常的百姓故事。

（3）充满情调的小城。在凤凰古城，漫步在沱江岸边的青石路上，映入眼帘的是道路两旁随处可见的酒吧、茶馆，许多具有乡土气息的商店更是比肩而立。偶尔还可以看见三三两两的外国人，在这里寻寻觅觅，或坐在酒吧里浅酌慢饮，或钻进工艺品店里精挑细选，一幅悠然自得的样子。再看那红灯高悬的酒吧，一如这座恬静典雅的小城，散发着悠闲、古朴、自然的气息。怪不得有人说，凤凰不是一个可以寻幽探奇的好去处，因为它总是那么平淡。但如果想要寻找久违的自然情调，那么凤凰古城则是一个不可不去的好地方。

第五篇

冬雪雪冬小大寒

——冬季的六个节气

第一章

立冬：蛰虫伏藏，万物冬眠

在呼啸而至的北风中，大家都感受到了初冬的寒意，我们的立冬节气也就到来了。立冬节气在每年阳历的 11 月 7 日或 8 日，我国民间习惯以立冬为冬季的开始，其实，我国幅员辽阔，除全年无冬的华南沿海和长冬无夏的青藏高原地区外，各地的冬季并不都是于立冬日开始的。按气候学划分四季标准，以下半年平均气温降到 10℃以下为冬季，而"立冬为冬日始"的说法与黄淮地区的气候规律基本吻合。我国最北部的漠河及大兴安岭以北地区，9 月上旬就已进入冬季，北京于 10 月下旬也已一派冬天的景象，而长江流域的冬季要到小雪节气前后才真正开始。立冬那天冷不冷，直接关系到未来的天气状况："立冬那天冷，一年冷气多。"一般会冷到什么程度呢？"大雪罱河泥，立冬河封严"，如果"冬前不结冰，冬后冻死人"。

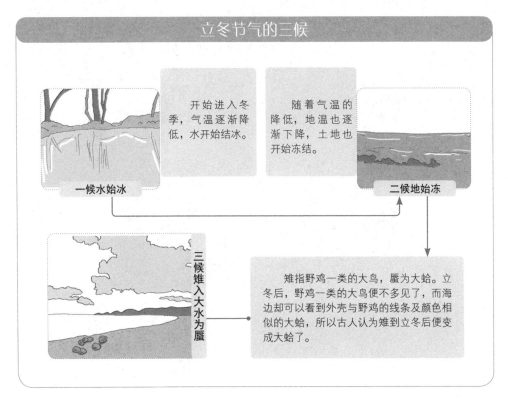

立冬节气的三候

开始进入冬季，气温逐渐降低，水开始结冰。

一候水始冰

随着气温的降低，地温也逐渐下降，土地也开始冻结。

二候地始冻

三候雉入大水为蜃

雉指野鸡一类的大鸟，蜃为大蛤。立冬后，野鸡一类的大鸟便不多见了，而海边却可以看到外壳与野鸡的线条及颜色相似的大蛤，所以古人认为雉到立冬后便变成大蛤了。

立冬气象和农事特点：气温下降，江南抢种、移栽和灌溉忙

1.冬季到来，万物收藏，规避寒冷。

立冬不仅预示着冬天的来临，而且有万物收藏、规避寒冷之意。古人对"立"的理解与现代人一样，是建立、开始的意思。但"冬"字就不那么简单了，《月令七十二候集解》中对"冬"的解释是："冬，终也，万物收藏也。"意思是说秋季作物全部收晒完毕，收藏入库，动物也已藏起来准备冬眠。看来，立冬不仅仅代表冬天的来临，完整地说，立冬是表示冬季开始、万物收藏、规避寒冷的意思。盛传于民间关于"立冬"的谚语，不仅极富情趣，饱含民众智慧，而且也足见世人对"冬天到来"的重视。

2.东北越冬，江南抢种、移栽、播种和浇水。

说到"冬"，自然就会联想到冷。而立冬作为冬天的开始，此时太阳已到达黄经225°，北半球获得的太阳辐射量越来越少。但是由于地表半年间贮存的热量还有一定的剩余，所以一般还不太冷。晴朗无风之时，常有温暖舒适的天气，不仅十分宜

立冬气象和农事特点

真是到了冬天了，越来越冷了。

立冬预示着冬天的来临，而且有万物收藏、规避寒冷之意，这个时节天气开始变得寒冷，并且逐渐出现寒风、雨雪天气。

不长高了，马上就过冬了啊。

立冬后期多有强冷空气侵袭，气温常有较大幅度下降，我国北方地区农作物生长缓慢，进入越冬期。

江南等南方地区开始清沟排水，防止冬季涝渍和冰冻危害。

人，对冬作物的生长也十分有利。但是，这时北方冷空气已具有较强的势力，常频频南侵，有时形成大风、降温并伴有雨雪的寒潮天气。因为立冬后期多有强冷空气侵袭，气温常有较大幅度下降，如果播种后气温低、出苗缓慢、分蘖不足，就会影响产量。

从多年的平均状况看，1月是寒潮出现最多的月份。注意气象预报，根据天气变化及时做好防护和对农作物寒害、冻害等的防御，显得十分必要。同时，降温幅度很大、天气的冷暖异常会对人们的生活、健康以及农业生产产生不利的影响。

我国大部分地区在立冬前后，降水会显著减少。东北地区大地封冻，农林作物进入越冬期；江淮地区"三秋"已接近尾声；江南正忙着抢种晚茬冬麦，抓紧移栽油菜；而华南却是"立冬种麦正当时"的最佳时期。此时，水分条件的好坏与农作物的苗期生长及越冬都有着十分密切的关系。华北及黄淮地区一定要在日平均气温下降到4℃左右，田间土壤夜冻昼消之时，抓紧时机浇好麦、菜及果园的冬水，以补充土壤水分不足，改善田间小气候环境，防止"旱助寒威"，减轻和避免冻害的发生。江南及华南地区，及时开好田间"丰产沟"，搞好清沟排水，防止冬季涝渍和冰冻危害。另外，立冬后空气一般渐趋干燥，尤其是高原地区，这时已是干季，湿度迅减、风速渐增，对森林火险必须高度警惕。

立冬农历节日及民俗宜忌

农历节日

农历十月十五日为中国民间传统节日下元节。此时正值农村收获季节，在民间有做糍粑等食俗，人们在家中做糍粑，并赠送亲友。武进一带几乎家家户户用新谷磨糯米，做小团子，包素菜馅心，蒸熟后在大门外"斋天"。旧时俗谚云："十月半，牵砻团子斋三官。""三官"指天官、地官、水官，有些农家在下元节这天在门外竖天杆，白天在杆上挂黄旗，旗上写着"天地水府""风调雨顺""国泰民安""消灾降福"等字样；晚上在杆顶挂三盏天灯，以示祭祀天、地、水"三官"。民国以后，此俗渐废，唯民间将祭亡、烧库等仪式提前在农历七月十五"中元节"时举行。

农历十月十五日是古老的"下元节"，又称"下元日"，旧时人们又尊此日为"水官生日"。在江南水乡常州，农村多种水稻，副业捕鱼捉虾、驶舟航船等，而这些都与"水"有很大关系，所以农家对"水官生日"特别重视，多于此日"斋三官"（祭祀天官、地官、水官），祈求风调雨顺、国泰民安。

立冬民俗

1.补冬：冬季进补增强体质。

冬天进补的理念在中国人心目中根深蒂固。为了适应气候的季节性变化，调整身体状态，增强体质以抵御寒冬，全国各地在立冬日纷纷进行"补冬"。按照中国人的习惯，冬天是对身体"进补"的大好时节。闽南地区家家杀鸡宰鸭，并加入中药合炖，以增加香味和营养素；也有的把西洋参或高丽参切片，包在鸡、鸭肚之中缝好合炖，让小孩子吃了长身体；有的用党参、川七合炖，以使骨骼健壮。总之，大家都是想方设法大力进补。出嫁的女儿给父母送去鸡、鸭、猪蹄、猪肚之类营养品，让父母补养身体，聊表对父母的孝敬之心。

2.吃咸肉菜饭：江南的风俗。

吃咸肉菜饭是苏州人的传统风俗。过了立冬，该是品味咸肉菜饭的时候了。届时，苏州的家家户户都要烧上两三回咸肉菜饭尝鲜，其热衷程度仅次于五月端午裹

立冬习俗

补冬

冬天是一年四季中保养、积蓄的最佳时机。立冬这天要吃各种营养品进补，要杀鸡或鸭，或吃猪蹄来补养身体。

吃咸肉菜饭

这是苏州的立冬习俗。过了立冬，家家户户都要吃咸肉菜饭。咸肉菜饭用正宗霜打后的苏州大青菜及肥瘦兼有的咸肉，以及苏州白米精制而成。

吃饺子

在北方有立冬吃饺子的习俗。饺子有"交子之时"的意思，立冬正是秋天和冬天交替的日子，所以当然要吃饺子。

扫疥

在有些地方，立冬的时候还有扫疥的习俗，就是把身上的寄生虫——疥虫杀死，以免生疥疮。

粽子吃。咸肉菜饭用正宗霜打后的苏州大青菜及肥瘦兼有的咸肉，以及苏州白米精制而成。

过去苏州人家烧咸肉菜饭非常考究，都在砖灶上烧。砖灶是用砖砌成的烧稻草的灶头。灶上有根长烟囱穿过屋面，灶头拔风性能好，火候可根据柴薪多少进行调节，烧出的咸肉菜饭又香又糯。咸肉菜饭色泽十分艳丽，咸肉红似火，青菜鲜碧可爱，米饭雪白而味鲜香，风味独特，食之令人胃口大开，欲罢不能。

3. 吃饺子：补补耳朵。

在北方，立冬吃饺子已有上百年的历史。饺子有"交子之时"的意思，除夕夜吃饺子代表新旧两年的交替，而立冬则是秋冬季节的交替，所以也有吃饺子的风俗。另外，立冬意味着冬天的到来，天凉了，耳朵暴露在外边很容易被冻伤，因此，吃点长得像耳朵的饺子，补补耳朵，这可是家里人对亲人最贴心的关怀了。

4. 扫疥：杀死身上的寄生虫。

疥疮是由于疥虫感染皮肤引起的皮肤病，本病传播迅速，其体征是皮肤剧烈瘙痒（晚上尤为明显），而且皮疹多发于皮肤皱褶处，特别是阴部。

5. 祭祖：缅怀先人。

立冬时节，秋粮一入库，便是辽宁本溪地区原满族八旗和汉军八旗人家烧香祭祖的季节。满族人家称烧荤香。烧荤香要大操办 5～7 天，宰三头猪。第一头猪祭天，第二头猪祭祖，第三头猪祭歪梨妈妈。一般农家 3～5 年才能筹办一次烧荤香的还愿香。而烧太平香则是差不多一年一次，不宰猪，而是以鸡代替，中等人家宰21 只鸡，一般人家宰 7 只鸡，称为烧素香。同姓同宗者于冬至或前后约定之早日，聚集到祖祠中照长幼之序，一一祭拜祖先，俗称"祭祖"。祭典之后，还会大摆宴席，招待前来祭祖的宗亲们。大家开怀畅饮，相互联络久别生疏的感情。

居住在新宾地区的原满族八旗、汉军八旗人家，将烧香祭祖通称为"唱家戏"。汉族人家烧旗香跳虎神是十分热闹的祭祖仪式，其中唱、念、做、打俱全，特别是虎神装扮得活灵活现，翻滚跳跃。能者可穿房越脊，在房脊上滚动、翻动，还有光着脚穿着一层布的虎爪，跑跳着登刀（是在高梯子上绑上一层层铡刀）而上房脊。看热闹的人从十里八村纷纷而至，一饱眼福。

观众不但饱观跳虎神的全貌，而且可看到摆腰铃、顶水碗、耍鼓等绝活——头顶水碗，两臂上伸支起鼓来团团转，两臂弯曲、手腕端平、食指各挂一鼓旋转，甩起腰铃、鹞子翻身接鼓打在点上；同时还能看到霸王鞭的各种翻滚跳蹦。一支花棍玩耍于手掌、手背、左肩、右肩、左膝、右膝上，二郎担山、脚踢花棍、轱辘毛就地十八滚、站打四面、卧打八方，花样繁多。汉族人家"烧旗香跳虎神"是吸引观众的大好家戏。满族人"烧荤香" 5～7 天，这种烧香遵照萨满教原始规矩，庄严肃穆。

在中国人心目中，"冬至"更似一个含蓄的美好祝福，祭祖是其中最重要的活动，是对先人的缅怀，因而显得更加温馨且相对低调。

6. 迎冬：皇族的仪式。

古书记载："立冬之日，迎冬于北郊，祭黑帝玄冥，车旗服饰皆黑。"在古代，古人以冬与五方之北、五色之黑相配，故于立冬日，皇帝有出郊迎冬的仪式，并赐群臣冬衣，抚恤孤寡。立冬前三日，掌管历法祭祀的官员会告诉皇帝立冬的日期，皇帝便开始沐浴斋戒。立冬当天，皇帝率三公九卿到北郊六里处迎冬。回来后皇帝要大加赏赐，以安社稷，并且要抚恤孤寡。

7. 吃倭瓜：洗涤肠胃。

在天津一带，立冬节气历来有吃倭瓜饺子的习俗。倭瓜即南瓜，又称"窝瓜""番瓜""饭瓜"和"北瓜"，是北方一种常见的蔬菜。一般倭瓜是在夏天买的，存放在小屋里或窗台上，经过长时间糖化，在冬至这天做成饺子馅，味道与夏天吃的倭瓜馅不同，还要蘸醋加蒜吃，别有一番滋味。倭瓜本身性味甘温，有健脾消食、清理肠胃的作用。

立冬民间忌讳

1. 立冬晴，五谷丰。

有不少关于立冬方面的谚语，如"立冬晴，五谷丰""立冬晴，养穷人"等说法。意思是说：立冬如果天气晴朗，这年的收成就很好，穷人才能够得以休养生息；如果立冬下雨，则预示这一年的冬天将会多雨、气温寒冷。古人以立冬作为秋天的结束和冬天的开始，所以十分重视这个节气，并且相信立冬之日的天气能预示着整个冬季的天气走向，对以后的收成也会有很大的影响，其实这种说法缺乏科学依据，是不可取的。

2. 立冬补冬，切忌盲目"进补"。

人类虽然没有冬眠之说，但是民间有立冬补冬的习俗。人们在这个进补的最佳时期，为抵御冬天的严寒、补充元气而进行食补。进补时应少食生冷，尤其不宜过量地补。一般人可以适当食用一些热量较高的食品，特别是北方，可以吃些牛、羊肉，但同时也要多吃新鲜蔬菜，还应当吃一些富含维生素和易于消化的食物。在这个时节，切忌盲目"进补"，以防惹病上身。

立冬养生：冬季的开始，养阴护阳最重要

立冬饮食养生

1. 补养肾肺可多食用黑色食品。

四季与五行、人体五脏相互对应。按照中医理论，冬天合于肾；在与五色配属中，冬亦归于黑。因而在11月上旬的立冬时节，用黑色食品补养肾脏无疑是最好的

选择。现代医学认为，"黑色食品"不但营养丰富，且多有补肾、防衰老、保健益寿、防病治病、乌发美容等独特功效。

所谓"黑色食品"，是指因内含天然黑色素而导致色泽乌黑或深褐的动、植物性食品。黑色食品种类繁多，有的外皮呈黑色，有的则骨头里面是黑色的。除了众所周知的黑芝麻、黑枣以外，黑米、紫菜、香菇、海带、发菜、黑木耳等植物性食品及甲鱼、乌鸡等动物性食品都属于黑色食品。经大量研究表明，"黑色食品"保健功效除与其所含的三大营养素、维生素、微量元素有关外，其所含黑色素类物质也发挥了特殊的积极作用。如黑色素具有清除体内自由基、抗氧化、降血脂、抗肿瘤、美容等作用。

2. 老人、妇女可吃特制养阴护阳暖身餐。

立冬过后，阳气不足会导致一部分人格外怕冷，引起感冒、手脚冰冷等病症。其中抵抗力弱、作息不规律、缺乏运动且脏器功能衰退的老年人和长期偏食、减肥的中青年女性是最易出现上述情况的群体。"冷女人"的血行不畅，不仅冬天会手脚冰凉，而且面部容易长斑。同时，体内的能量不能润泽皮肤，皮肤就会缺乏生气。

立冬饮食养生

（1）多食用黑色食品："黑色食品"不但营养丰富，且多有补肾、防衰老、保健益寿、防病治病、乌发美容等独特功效。

（2）养阴护阳暖身餐：阳气不足会导致感冒、手脚冰冷等病症。老年人宜常喝胡萝卜洋葱汤，女性则多喝莲子粥、枸杞粥、牛奶粥等。

（3）多吃核桃：核桃既可利尿润肠，又可温肺祛病。所以在立冬时节，多食核桃可以益肾固精、强身健体。

（4）体虚多吃牛肉：牛肉能够迅速补充因气温降低而消耗的热量，特别适合身体虚弱者，但也要注意一次不可吃太多。

对此养生专家建议，老年人宜常喝胡萝卜洋葱汤，此汤可滋补暖身、调理内脏、增强身体的免疫力，保障血液的畅通运行；而年轻女性和中年妇女应先看医生，若非肾虚，则可常食豆腐烧白菜，通过获取充足的维生素 B_2，减少体内热量的快速流失，从而提高机体的抗寒能力。建议女性冬季注意养阴护阳，多喝莲子粥、枸杞粥、牛奶粥以及八宝粥等，要适当补食牛、羊、狗肉，以补阳滋阴、温补血气、增强体质和抵抗力，起到润泽脏腑、养颜护肤的效果。

3. 利尿润肠可吃些核桃。

核桃既可利尿润肠，又可温肺祛病。在以养肾为先的立冬时节，多食核桃无疑能够益肾固精、强身健体。

挑选核桃时要选用上等核桃，壳薄圆整，通体有光泽；桃仁白净味香，含油量极高。

在吃的时候不要只吃核桃的白色果仁，表面的褐色薄皮也含有丰富的营养，食之亦佳。同时生桃仁入菜比熟桃仁入菜更能够保持水分和口感。

核桃仁莴苣炒胡萝卜丁具有利尿润肠之功效。

核桃仁莴苣炒胡萝卜

材料：胡萝卜200克，核桃仁30克，莴苣20克，姜片、葱段、盐、鸡精、植物油各适量。

制作：①将胡萝卜、莴苣去皮，洗净，切丁；核桃仁入油锅炸香。②炒锅放植物油烧热，下姜片、葱段爆香，加莴苣丁、胡萝卜丁、核桃仁、盐、鸡精，炒熟即可。

4. 身体虚弱者易多食牛肉。

牛肉能够迅速补充因气温降低而消耗的热量。立冬时节多食牛肉，不仅能暖身暖胃，更能益气滋脾，因而特别适合身体虚弱者。

就保存营养来说，清炖是烹饪牛肉最佳的方式。在选用牛肉的时候要注意，好的牛肉因为表面不含过多水分，弹性极佳，摸上去有油油的黏性；脂肪呈白色，通体色泽以均匀的深红色为宜，且没有异味。牛肉虽好，也要注意不能一次吃太多，最好保持在80克左右。

桂圆红枣煲牛肉可益气滋脾。

桂圆红枣煲牛肉

材料：桂圆肉10克，红枣6颗，牛肉250克，土豆200克，姜片、葱段、盐、植物油各适量。

制作：①将桂圆肉洗净；洗净红枣，去核；洗净牛肉，切块；洗净土豆，去皮，切块。②炒锅放植物油烧至六成热，下葱段、姜片爆香，加牛肉、土豆、盐、400毫升水，大火烧沸，改小火煲45分钟即可。

立冬时节吃火锅的注意事项

　　冬天到了，吃火锅的市民也开始多起来了。但吃火锅和平时吃的各种菜式有点不一样，虽然口腹之欲满足了，却总是会出现这样那样的"后遗症"。不是吃上火了，就是吃完后腹泻，这是因为很少有人了解火锅的健康吃法。

首先，吃火锅时应本着少荤的原则。
　　用大量解腻、去火和止渴的蔬菜、豆腐及菌类佐以适量的肉类，才是最佳的搭配。各种食材搭配在一起吃，才能把火锅吃得既营养又美味。

第二，掌握火候很关键。
　　以保证既不流失营养又充分杀灭食物中的细菌为标准，尤其是水产品，在开锅后煮15分钟以上方能入口。

第三，忌喝火锅汤。
　　火锅汤多由肉类、海鲜和青菜等多种食物混合煮成，含有一种高浓度的名为嘌呤的物质，易诱发或加重痛风病。

第四，切勿吃过辣及过烫的火锅。
　　以免造成食道充血或水肿，火锅也不宜吃得过久，否则极易导致肠胃功能紊乱。

立冬药膳养生

1. 下气宽中、消积导滞，食用萝卜炖排骨

萝卜炖排骨具有下气宽中、消积导滞、健脾理气、止咳化痰之功效。

萝卜炖排骨

　　材料：猪排骨500克，萝卜500克，葱2根，姜1块，酱油1大匙，料酒1大匙，盐、味精、白糖、淀粉各1小匙。

　　制作：①将萝卜洗干净，切成块；把排骨斩成小段；葱切花，姜切片备用。②炒锅热油，将葱、姜和萝卜放入，煸炒至上色，加入料酒、酱油、盐、味精、白糖和清水，放入排骨，大火烧开后转用小火烧30分钟，待汁收浓且口味浓香时，加

入水淀粉，把汁全部挂在原料表面即可装碗。

2. 补脾养胃、补肾涩精，饮用紫菜玉米眉豆汤。

紫菜玉米眉豆汤具有补脾养胃、补肾涩精、益气养血之功效，可治疗脾虚久泻、肾虚遗精、贫血、崩漏带下等症。

紫菜玉米眉豆汤

材料：紫菜19克，玉米棒2段，眉豆75克，莲子75克，猪瘦肉200克，姜1片，盐适量，冷水适量。

制作：①紫菜用水浸片刻，洗干净后沥干水分；洗干净玉米棒、眉豆和莲子；洗干净猪瘦肉，氽烫后冲洗干净。②煲滚适量水，放入玉米段、眉豆、莲子、猪瘦肉和姜片，水滚后改文火煲约90分钟，放入紫菜再煲30分钟，放盐即成。

3. 补精益血、扶正祛邪，饮用首乌松针茶。

首乌松针茶

材料：何首乌18克，松针（花更佳）30克，乌龙茶5克，冷水适量。

制作：先将首乌、松针或松花用冷水煎沸20分钟左右，去渣，以沸烫药汁冲泡乌龙茶5分钟即可。

4. 益气补虚、腰膝疲软，食用苁蓉羊腿粥。

苁蓉羊腿粥

材料：粳米100克，肉苁蓉30克，羊后腿肉150克，葱末5克，姜末3克，盐2克，胡椒粉15克，冷水1000毫升。

制作：①将肉苁蓉洗干净，用冷水浸泡片刻，捞出细切。②将羊后腿肉剔净筋膜，漂洗干净，横丝切成薄片。③将粳米淘洗干净，用冷水浸泡半小时，捞出，沥干水分。④取砂锅加入冷水、肉苁蓉、粳米，先用旺火烧沸，然后改用小火煮至粥成，再加入羊肉片、葱末、姜末、盐，用旺火滚几滚，待米烂肉熟，撒上胡椒粉，盛起即可食用。

立冬起居养生

1. 立冬时节临睡前用温水泡脚。

肾之经脉起于足部，足心涌泉穴为其主穴，立冬时节睡觉时，先用温水泡洗双脚，然后用力揉搓足心，除了能除污垢、御寒保暖外，还有补肾强身、解除疲劳、促进睡眠、延缓衰老，以及防止感冒、冠心病、高血压等多种病发生的功效。如果所泡的药水改用中草药甘草、元胡煎剂，可以防治冻疮；用茄秆连根煎洗，可控制冻疮发展；用煅牡蛎、大黄、地肤子、蛇床子煎洗，可治疗足癣；用鸡毛煎洗，可治顽固性膝踝关节麻木痉挛；用白果树叶煎洗，小儿腹泻也能治愈。从足部强健肾经，相当于养护树木的根基，可以让肾脏中的精气源源不断。

2. 立冬后适当增加室内湿度。

俗话说："三分医，七分养，十分防。"可见养生的重要性。在很多人的意识里，只有老人才需要养生，其实不然，养生是条漫长的路，越早走上这条路，受益越多。立冬后，我国北方室内开始安置炉火或供应暖气了。冬季漫长，长时间生活在使用取暖器的环境中，往往会出现干燥上火和易患呼吸系统疾病的现象。科学研究表明，人生活在相对湿度 40% ~ 60%、湿度指数为 50 ~ 60 的环境中感觉最舒适。冬季，天寒地冷、万物凋零，一派萧条零落的景象。对此，人们首先想到的是防寒保暖，而冬季养生仅防寒保暖是远远不够的。

冬天气候本来就非常干燥，使用取暖器使环境中的相对湿度大大降低，空气更为干燥，会使鼻咽、气管、支气管黏膜脱水，弹性降低，黏液分泌减少，纤毛运动

立冬运动的注意事项

由于立冬后气温低、气压高，人体的肌肉、肌腱和韧带的弹力及伸展性均会降低，肌肉的黏滞性也会相应增强，从而造成身体发僵不灵活，舒展性也随之大打折扣。因此在立冬后进行体育锻炼时，要注意以下几个方面。

（1）运动之前要充分热身

由于人的身体在低温环境中会发僵，运动前若不充分热身，极易造成肌肉拉伤或关节损伤。因此应在正式运动锻炼前先进行预热运动。

（2）运动时衣物的薄厚要适度

冬季健身应该注意……

立冬过后气温降低，在运动前要穿厚实些的衣服，在热身后再除去外衣。

（3）运动时应适时调整呼吸

由于冬天常有大风沙，建议在运动时最好采用鼻腔呼吸的方式，也可以采用鼻吸气、口呼气的呼吸方式，但切忌直接用口吸气。

（4）室内运动时应保持空气流通

一些人习惯在冬天选择室内运动，并把门窗紧闭，这样很容易因缺氧而导致头晕、恶心等症状。

减弱，在吸入空气中的尘埃和细菌时不能像正常时那样将其迅速清除出去，容易诱发和加重呼吸系统疾病。冬天虽然天气很冷，但人们通常穿得厚、住得暖、活动少，饮食方面也偏好温补、辛辣的食物，体内积热不容易散发，容易导致"上火"。尤其是在我国北方，本身气候就非常干燥，再加上室内普遍使用暖气，"上火"更是随时可能发生。另外，干燥的空气使表皮细胞脱水、皮脂腺分泌减少，导致皮肤粗糙、起皱，甚至开裂。因此，使用取暖器的家庭应注意居室的湿度。最好有一支湿度计，如相对湿度低了，可向地上洒些水，或用湿拖把拖地板，或者在取暖器周围放盆水，或配备加湿器，把房间湿度维持在50%左右。如在居室内养上两盆水仙，不但能调节室内相对湿度，还会使居室显得生机勃勃。

此外，居室中应勤开窗通风。通风可使室外的新鲜空气更换室内污浊空气，减少病菌的滋生。不通风的情况下，室内二氧化碳含量超过人的正常需要量，会使人头痛、脉搏缓慢、血压增高，还有可能出现意识丧失。因此，勤开窗很重要。不过应当只开朝南面的窗子，不能使居室中有穿堂风。平时应注意随时补充人体水分。常喝温水或薄荷、苦茶、菊花、金银花等花草茶，冷却体内燥热，促进表皮循环，同时也可以饮用一些去燥热的饮料。

立冬运动养生

1. 立冬时节，规律运动身体好。

立冬时节，天气逐渐转冷，许多动物开始冬眠，不少人只想待在温暖的家中，很少走出户外，更不用提参加体育锻炼了。事实上，这样对健康有害无利，在立冬时节坚持体育锻炼，不但能使人的大脑保持兴奋状态，增强中枢神经系统的体温调节功能，而且还能提高人的抗寒能力。因此在立冬以后坚持有规律运动健身的人一般很少患病。但是，立冬时节锻炼身体还要注意，由于气温的降低，人在立冬以后新陈代谢的速度会放缓，所以在此时节运动锻炼不宜太剧烈，以防止适其反。健身操、太极拳、跳舞或打球等运动均是立冬锻炼不错的选择。

2. 立冬时节，早睡晚起多运动。

立冬时节，往往会呈现气候干燥、天气变化频繁等特点，也是心脑血管疾病、呼吸系统疾病、消化系统疾病的高发期。每年立冬后，受冷空气影响，患感冒、痛风、胃病的病人都有所增加。建议人们进入立冬后，作息要早睡晚起，让睡眠的时间长一点，促进体力的恢复，最好是等到太阳出来以后再起床活动。运动前要做热身运动，运动量逐渐增加，并避免在严寒中锻炼。中老年人冬季锻炼若安排不当，容易引起感冒，尤其是患有慢性病的老年人，可能会引起严重的并发症。平时要保持室内空气流通，要多晒太阳。临睡前如果坚持用热水洗脚，对消除疲劳、改善睡眠大有裨益。坚持每天清早或傍晚用冷水浴鼻，能减少患感冒的概率。关节疼痛的患者要注意保暖，适当休息，并适度运动。

立冬时节，常见病食疗防治

1.食用鲫鱼汤食疗防治急性肾炎。

急性肾小球肾炎常简称"急性肾炎"，是指感染后免疫变态反应引起的急性弥漫性肾小球炎性病变。引发感染的原因不一，表现出的症状为全身浮肿、尿少及尿血。冬天是感冒的高发期，感冒后若不及时治疗，病情就很容易加重，从而引发急性肾炎。此症可发生在任何年纪，但是抵抗力较弱的儿童是急性肾炎的高危人群，因此孩子们在立冬过后更应注意对此病的防治。

急性肾炎的防治措施

（1）立冬后要坚持体育锻炼，以提高免疫力。

早点休息吧，不要熬夜了。

（2）不酗酒，不吸烟，不熬夜。

（3）定期体检，及时排查糖尿病和高血压病，以防止肾炎的发生。

（4）冬瓜皮鲫鱼汤具有补脾益气、利水消肿之功效，适用于各种急、慢性肾炎的调治。

急性肾炎患者应严格控制盐、水和蛋白质的摄入量。伴有水肿、血压高症状的患者应坚持无盐或低盐饮食；水肿严重者应严格控制水的摄入量；氮质血症的患者则应严格限制蛋白质的摄入。

冬瓜皮鲫鱼汤具有补脾益气、利水消肿之功效，适用于各种急、慢性肾炎的调治。

冬瓜皮鲫鱼汤

材料：鲫鱼1条，冬瓜皮30克，盐适量。

制作：①将鲫鱼处理干净，冬瓜皮切块。②把鲫鱼和冬瓜皮入锅，加适量水炖烂，加盐调味即可。

2.吃牛、羊、猪肉，食疗防治缺铁性贫血

缺铁性贫血是因人体内铁元素的储存量不能满足正常红细胞生成的需要，从而引发的贫血。在立冬时节，很多人怕冷是由于铁摄入量不足、吸收量减少、需要量增加、铁利用障碍或丢失过多所致。缺铁性贫血不是一种疾病，而是疾病的症状，症状与贫血程度和起病的缓急相关。在缺铁性贫血患者中，婴幼儿和孕产妇占有很高的比例，表现为心烦意乱、气闷头晕、皮肤干燥、毛发脱落等。患儿会因贫血而发育迟缓，影响日后的学习和生活。

山药干贝猪红粥具有补益脾胃、强壮身体、补充营养之功效，适用于贫血症。

山药干贝猪红粥

材料：水发干贝25克，山药15克，猪血、腐竹各100克，大米250克，胡椒粉、葱花、酱油各适量。

制作：①将猪血切块，山药切片，水发干贝、腐竹洗净，大米淘净。②锅中放入大米、山药、腐竹和干贝，加水适量，煮50分钟，放入猪血略煮，加胡椒粉、葱花、酱油调味。

第二章

小雪：轻盈小雪，绘出淡墨风景

　　小雪是我国二十四节气之一，传统上为冬季第二个节气，即太阳在黄道上自黄经 240° 至 255° 的一段时间，约 14.8 天，每年阳历 11 月 22 日（或 23 日）开始，至 12 月 7 日（或 8 日）结束。《月令七十二候集解》中说道："十月中，雨下而为寒气所薄，故凝而为雪。"小雪表示降雪的起始时间和程度，此后气温开始下降，开始降雪，但还不到大雪纷飞的时节，所以叫小雪。我国地域辽阔，"小雪"代表性地反映了黄河中下游区域的气候情况。这时北方已进入封冻季节。

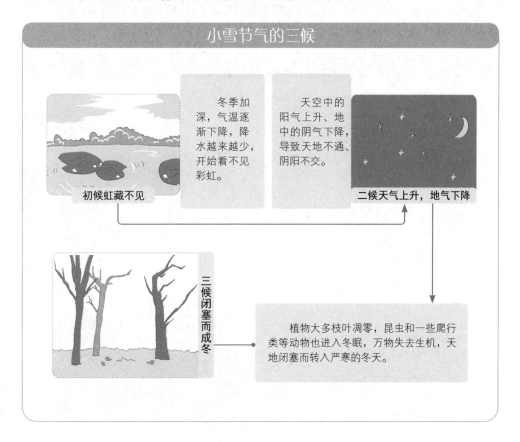

小雪节气的三候

初候虹藏不见

冬季加深，气温逐渐下降，降水越来越少，开始看不见彩虹。

天空中的阳气上升、地中的阴气下降，导致天地不通、阴阳不交。

二候天气上升，地气下降

三候闭塞而成冬

植物大多枝叶凋零，昆虫和一些爬行类等动物也进入冬眠，万物失去生机，天地闭塞而转入严寒的冬天。

小雪气象和农事特点：开始降雪，防冻、保暖工作忙

1. 气温开始下降，开始降雪。

小雪节气，东亚地区已建立起比较稳定的经向环流，西伯利亚地区常有低压或低槽，东移时会有大规模的冷空气南下，我国东部会出现大范围大风降温天气。小雪是寒潮和强冷空气活动频率较高的节气。受强冷空气影响时，常伴有入冬第一次降雪。

小雪节气，南方地区北部开始进入冬季，但是风景各不相同。"荷尽已无擎雨盖，菊残犹有傲霜枝"——已呈初冬景象。因为北面有秦岭、大巴山作为屏障，阻挡冷空气入侵，削减了寒潮的势力，使华南"冬暖"显著。华南全年降雪日数多在五天以下，比同纬度的长江中、下游地区少得多。大雪以前降雪的机会极少，即使隆冬时节，也难得观赏到"千树万树梨花开"的迷人景色。由于华南冬季近地面层气温常保持在0℃以上，所以积雪比降雪更不容易。偶尔虽见天空"纷纷扬扬"，却不见地上"碎琼乱玉"。然而，在寒冷的西北高原，10月份就开始降雪了。高原西北部全年降雪日数可达60天以上，一些高寒地区全年都有降雪的可能。

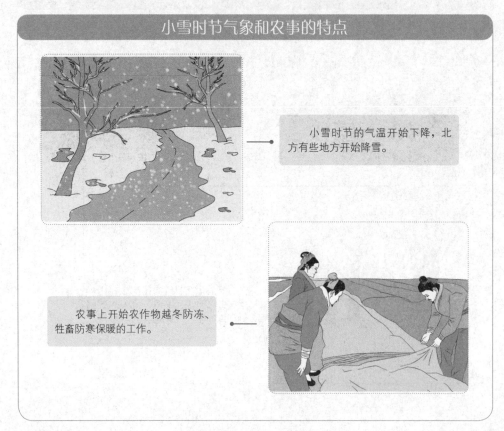

小雪时节气象和农事的特点

小雪时节的气温开始下降，北方有些地方开始降雪。

农事上开始农作物越冬防冻、牲畜防寒保暖的工作。

2.农作物越冬防冻、牲畜防寒保暖工作忙。

小雪时节已进入初冬，天气逐渐转冷，地面上的露珠变成严霜，天空中的雨滴凝结成雪花，流水凝固成坚冰，整个大地披上了一层洁白的素装。但这个时候的雪，常常是半冻半融状态，气象上称为"湿雪"，有时还会雨雪同降，这类降雪称为"雨夹雪"。小雪节气以后，北方地区的果农开始为果树修枝，以草秸编箔包扎株杆，以防果树受冻。冬日蔬菜多采用此法贮存，或用地窖，或用土埋，以利食用。俗话说："小雪铲白菜，大雪铲菠菜。"白菜深沟土埋储藏时，收获前十天左右即停止浇水，做好防冻工作，以利贮藏，并尽量择晴天收获。收获后将白菜根部向阳晾晒 3 ~ 4 天，待白菜外叶发软后再进行储藏。沟深以白菜高度为准，储藏时白菜根部全部向下，依次并排放入沟中，天冷时多覆盖白菜叶和玉米秆防冻。而储藏半成熟的白菜时在沟内放部分水，边放水边放土，放水土之深度以埋住根部为宜，待到食用时即生长成熟了。

小雪时节，秋去冬来，冰雪封地天气寒。要打破以往的"猫冬"坏习惯，农事仍不能懈怠。小雪期间，华南西北部一般可见初霜，要预防霜冻对农作物的危害。小雪节气要加强越冬作物的田间管理，促进麦苗生长，以便安全越冬。人们要注意寒潮及强冷空气降温对生产和生活的影响，同时也要利用好现代的科学知识。

小雪民俗宜忌

小雪民俗

1. 祭水仙尊王——航海者祈祷平安。

水仙尊王，简称"水仙王"，是中国海神之一，以贸易商人、船员、渔夫最为信奉。在民间信仰中，与水有关的神祇，计有水仙尊王、水官大帝及水德星君等。水德星君属于自然崇拜的神祇，水官大帝是民间俗称"三官大帝""三界公"之一的大禹，而水仙尊王就是海神。《海上纪略》说："水仙者，洋中之神。"原来是水神或海神，因迷信驱使而编出神话，把水神或海神人格化了，因此水仙尊王是由自然神演变为了人格神。

各地供奉的水仙尊王各有不同，以善于治水的大禹为主。

2. 建醮：祈求风调雨顺。

建醮是民间规模最大的一项宗教活动，而且也是最普遍的一项宗教活动，它具有祈求国泰民安、风调雨顺的意义。这项流传久远的祭祀仪式，由于动用的人力、物力、财力甚巨，故大部分的庙宇及村庄皆于非常时机或固定年份才予以筹办，因此深受民间百姓的重视与期待，成为具有特色的信仰文化。

"醮"原为祭神之意，中国古祭本有"醮"名，汉代道教盛行以后，为道家所袭用，专指"道人设坛祭神"。自南北朝至明末，历代朝廷多建醮仪，尤盛行于元、明两代。后人把道士搭坛献祭都统称为醮。

3.腌菜：增进食欲，促进消化。

腌菜，是一种利用高浓度盐液、乳酸菌发酵来保存蔬菜，并通过腌制增进蔬菜风味的发酵食品，泡菜、榨菜都属腌菜系列。老南京逢小雪前后必腌菜，称之为"腌元宝菜"。南京各家各户都会在这时节买上一百来斤的青菜，专供腌制用，晾晒、吹软、洗净腌制。虽然每一家都有自己的特色，但是大体的方法是不变的。冬季蔬菜供应紧张时，腌菜就能派上大用场。腌菜一般要吃到来年春天，蚕豆上市时用新

小雪时节的其他民俗

小雪时节的民俗多种多样，除了文中提到的民俗之外，还有很多其他的民俗，比如下面几种民俗。

腌腊肉
小雪后气温急剧下降，天气变得干燥，一些农家开始动手做香肠、腊肉，等到春节时正好享受美食。

吃糍粑
在南方某些地方，还有农历十月吃糍粑的习俗。古时，糍粑是南方地区传统的节日祭品，最早是农民用来祭牛神的供品。

晒鱼干
小雪时台湾地区中南部海边的渔民们会开始晒鱼干、储存干粮。

吃刨汤
吃"刨汤"是土家族的风俗习惯。用热气尚存的上等新鲜猪肉，精心烹饪而成的美食称为"刨汤"。

鲜蚕豆烧腌菜也是一绝。吃不完的腌菜还可以在天好时拿出晒干，制成干菜，以便保存。夏天炎热时节人们出汗多、口味淡，吃一吃用干菜烧的五花肉也是很鲜美的食物。干菜还可以邮寄给远在他乡的亲人品尝，让他们不要忘掉家乡乡情。腌菜就像客家人煲汤一样，讲究文火细煎慢熬，体现的是一种真功夫。一坛腌菜从制作到成熟需要时日，没有半月以上的时间是腌制不出来的。腌制的时间越久，腌菜越是晶莹剔透，越是浓郁纯正。

4. 风鸡：风味独特，养阴补虚。

风鸡一般在小雪前后腌制，春节期间食用。俗语有："风鸡不看灯。"过了正月十五，气候转暖，风鸡不容易保存，易变质，所以必须在此之前吃完。

这里的风鸡指的是风干的鸡。利用冬季朔气腌制肉、鱼、鸡，并悬于室外檐下，不让日光照射，只让自然风吹，故叫作"风"。在小雪前后，选用当年肥鸡，公母皆可，宰杀前断食 12 ~ 24 小时，喂以清水，这样出血干净，肉质比较新鲜。喉部放血后，沥尽余血，不去毛，在翅膀下或肛门处开一个 5 ~ 6 厘米长的口子，拉出全部内脏，并剜去肛门。待鸡余温散尽，取鸡体重 5% ~ 8% 的细盐，下锅炒热后加 15 克左右的花椒粉、五香粉或十三香粉拌匀，用手抹入腹腔、口腔、眼睛和放血的口子处。擦好盐后，将鸡仰卧桌上，两腿以自然姿势压向腹部，将鸡头拉到翅下开口处，鸡嘴要塞进去，再将尾羽向下兜压在腹部，两翅交叉包住后，用细麻绳纵横扎好，鸡背向下，悬挂于室外檐下阴凉、干燥通风处。悬挂一个半月后花椒香盐入骨，即成风鸡。其腊香馥郁，鸡肉鲜嫩，最宜佐酒。

南北方风鸡的制作方法大同小异。风鸡性温，它的功效是通乳生乳、壮阳壮腰、补肾虚、止泄、提高免疫力、健脾、养阴补虚。

小雪民间忌讳

1. 小雪时节忌讳不下雪。

古籍《群芳谱》中说："小雪气寒而将雪矣，地寒未甚而雪未大也。"这就是说，到小雪节气由于天气寒冷，降水形式由雨变为雪，但此时由于"地寒未甚"，故雪量还不大，所以称为"小雪"。但是小雪忌讳天不下雪。农谚说，"小雪不见雪，来年长工歇"，其意是到了小雪节气还未下雪，我国北方冬小麦可能缺水受旱，病虫害也易于越冬，影响小麦生长发育而歉收，故不必请长工。民间也有"小寒大寒不下雪，小暑大暑田开裂"，这也从另一角度说明了"瑞雪兆丰年"的道理。

2. 小雪时节饮食宜忌。

小雪时节，天气阴暗，容易引发抑郁症，因此要选择性地吃一些有助于调节心情的食物。适宜多食一些热粥，热粥不宜太烫，不可食用凉粥。此时适宜温补，如羊肉、牛肉、鸡肉等；同时还要益肾，此类食物有腰果、山药、白菜、栗子、白果、核桃等，而水果首选香蕉。切忌食过于麻辣的食物。

小雪养生：饮食有数，远离抑郁

小雪饮食养生

1. 可御寒的食物：肉类，根茎类，含碘、含铁量高的食物

小雪节气里，天气越来越寒冷。天气阴冷晦暗，光照较少，此时容易引发或加重抑郁症。依靠食物来补充能量是一种让身体快速变暖的好方法，我们应多吃一些能够有效抵御寒冷的食物。以下四类食物能够迅速让人感觉温暖：

肉类：肉类是动物的皮下组织及肌肉，可以食用。蛋白质、脂肪和碳水化合物被称为产热营养素，狗肉、羊肉、牛肉和章鱼肉都富含这些营养素。在小雪节气适当进食这几种肉类食物，可促进新陈代谢，加速血液循环，从而起到御寒的作用。肉类几乎是最普遍受人喜爱的食物，其营养丰富、味道鲜美。食肉使人更能耐饥，长期食用，还可以帮助身体变得更为强壮。此外，人食用肉类食物，可以刺激消化液分泌，有助于消化。

根茎类：研究表明，富含矿物质的根茎类蔬菜，如胡萝卜、山芋、藕、菜花、土豆等，能够有效提高人体的抗寒能力。

含铁量高的食物：铁是人体内必需的微量元素之一，有着重要的生理功能。铁元素不足常常会引发缺铁性贫血，而缺铁性贫血引起的血液循环不畅可使机体产热量减少，从而导致体温偏低。我们日常的食物中多数含铁量较少，有的基本测不到，有些含铁食物不利于吸收。因此，常食用动物血、蛋黄、猪肝、牛肾、黄豆、芝麻、腐竹、黑木耳等富含铁元素的食物，对提高人体的抗寒能力大有裨益。

含碘量高的食物：含碘量高的食品有海带、紫菜、菠菜、鱼虾等。一般含碘量高的食物都可以促进甲状腺素分泌，甲状腺素能加速体内组织细胞的氧化，提高身体的产热能力，使基础代谢率增强、血液循环加快，从而达到抗冷御寒的目的。

2. 润肠排毒、消除抑郁可吃些香蕉。

香蕉不仅能够缓解紧张情绪、消除抑郁，还能润肠排毒、养胃除菌。小雪时节多食香蕉，对调节情绪和调理肠胃大有裨益。

润肠排毒、消除抑郁可以尝试一下香蕉百合银耳羹。

香蕉百合银耳羹

材料：香蕉2根，鲜百合100克，水发银耳15克，枸杞子5克，冰糖末适量。

做法：①将香蕉去皮，切片；百合洗净，撕片；银耳洗净，撕成小朵；枸杞子洗净，用温水泡软。②取一蒸盆，放入香蕉、百合、银耳、枸杞子，加适量水、冰糖末调匀，上笼蒸半个小时即可。

注意：优质香蕉的果皮呈金黄色，无黑褐色的斑点，并会散发浓郁的果香。另外，挤压、低温均会使香蕉表皮变黑，此时香蕉极易滋生细菌，应该丢弃，切莫因怕浪费而食之。此外，在睡前吃些香蕉可以平稳情绪，提高睡眠质量。

3. 解毒、清肺可食用豆腐。

豆腐具有涤尘、解毒和清肺的功效。小雪节气雾天频发，雾气中含有酸、碱、酚、尘埃、病原微生物等多种有害物质，此时多食豆腐，无疑对健康大有益处。

上等的豆腐形状完整且富有弹性，软硬度适中，通体为略带光泽的淡黄色或乳白色。在烹饪的时候，最好将鱼肉、鸡蛋、海带或排骨同豆腐搭配在一起食用，营养均衡，且易吸收。

海带豆腐汤

材料：海带100克，豆腐200克，植物油、葱花、姜末、盐各适量。

制作：①洗净海带，切片；将豆腐切大块，入沸水焯烫后捞出放凉，切成小方丁。②锅中放植物油烧热，放入葱花、姜末煸香，下入海带、豆腐，加入适量清水、盐，大火烧沸，改用小火煮至海带、豆腐入味即可。

小雪药膳养生

1. 补肾益气、祛虚活血，饮用黑豆花生羊肉汤。

黑豆花生羊肉汤具有补肾益气、祛虚活血、益脾润肺等功效。

黑豆花生羊肉汤

材料：羊肉750克，黑豆50克，花生仁50克，木耳25克，南枣10颗，生姜2片，香油、盐适量，冷水3000毫升。

制作：①将羊肉洗干净，切成大块，用开水煮约五分钟，漂干净；将黑豆、花生仁、木耳、南枣用温水稍浸后淘洗干净，南枣去核，花生仁不用去衣。②煲内倒入3000毫升冷水，烧到水开，放入以上用料和姜，用小火煲3小时。③煲好后，把药渣捞出来，放香油、盐调味，喝汤吃肉。

2. 降低血脂、防止胆固醇过高，食用黑木耳粥。

黑木耳粥

材料：粳米100克，黑木耳30克，白糖20克，冷水1000毫升。

制作：①将粳米淘洗干净，用冷水浸泡半小时，捞出沥干水分。②将黑木耳用开水泡软，洗干净、去蒂，把大朵的木耳撕成小块。③锅中加入约1000毫升冷水，倒入粳米，用旺火烧沸后，改小火煮约45分钟，等米粒涨开以后，下黑木耳拌匀，以小火继续熬煮约10分钟，见粳米软烂时调入白糖，即可盛起食用。

3. 补肝肾、乌须发、美容颜，食用红菱火鸭羹。

红菱火鸭羹

材料：火鸭肉、菱角肉各100克，香菇、丝瓜各25克，盐3克，味精1.5克，料酒6克，色拉油5克，高汤500克，冷水适量。

制作：①将香菇用温水泡发回软，去蒂，洗干净，切丁；丝瓜去皮，切丁；火鸭肉、菱角肉也切成丁。②炒锅入色拉油烧热，烹入料酒，注入适量冷水烧沸，把各丁放入锅中煨熟，捞起，滤干水分，放在汤碗中。③将高汤倒入锅中，用盐、味精调味，待微微煮滚，倒入汤碗里即成。

小雪起居养生

1. 小雪时节要做好御寒保暖。

小雪时节已进入初冬，天气逐渐转冷，地面上的露珠变成严霜，天空中的雨滴凝成雪花，流水凝固成坚冰，整个大地穿上了一层洁白的衣服。但是雪也不大，因此叫"小雪"。此时的黄河以北地区会出现初雪，其雪量有限，但还是给干燥的冬季增添了一些乐趣。空气的湿润对于呼吸系统的疾病会有所缓和，但雪后天气温度会有所下降，因此起居要做好御寒保暖，注意身体的健康，以及补食一些食物，避免感冒的发生。

2. 早睡晚起，日出而作。

人们常说，冬季的时候不要扰动阳气，否则会破坏人体阴阳转换的生理机能。这是因为冬天阳气潜藏、阴气盛极，草木凋零、蛰虫伏藏，万物活动趋向休止，以养精蓄锐。所以，冬天我们是以养为主的。

早睡可养人体阳气，迟起能养人体阴气，那晚起是不是就是赖床不起呢？不是的，这是以太阳升起的时间为度。因此，早睡晚起有利于阳气潜藏、阴精蓄积，为第二年春天生机勃发做好准备。而且，这也与冬季气候十分寒冷有关，寒冷的天气

小雪时节起居养生

冬天多穿件衣服。

小雪时节天气转冷，在日常生活中要做好御寒保暖。

太阳出来再起床真舒服。

小雪时节，由于气温骤降、光照不足的缘故，应适当增加睡眠，要早睡晚起，日出而作。

要求人们尽量做到早睡晚起，在养生上要注意保暖避寒。正如《寿亲养老新书》中所说："惟早眠晚起，以避霜威。"

另外，在冷高压影响下，冬天的早晨往往有气温逆增现象，即上层气温高，地表气温低，大气对流活动停止，地面上有害污染物停留在呼吸带。如过早起床外出，会呼吸到有害的空气，不利于人的身体健康。

小雪运动养生

1.长跑要注意热身、呼吸、放松等环节。

小雪时节，天气不时出现阴冷晦暗的景象，气温进一步下降，黄河流域开始下雪，鱼虫蛰伏，人体新陈代谢处于相对缓慢的水平，运动养生应以温和的有氧运动为主。此时人们的心情也会受天气影响，特别容易引发抑郁症，因此，要调节自己的心态，保持乐观态度，经常参加一些户外活动，坚持耐寒锻炼，多运动以增强体质，这样可以有效预防感冒发烧。这个时节，长跑就是不错的运动养生选择。长跑运动时，要注意热身、跑姿、呼吸、放松等几个环节：

（1）热身。长跑之前的热身运动非常重要。小雪时天气严寒，身体处于僵硬的状态，若是在没有热身的情况下贸然进行剧烈运动，运动损伤的概率会比其他季节更大些。热身一般要持续5分钟以上。足尖点地，交替活动双侧踝关节；屈膝半蹲，活动双侧膝关节；交替抬高和外展双下肢，以活动髋关节；前后、左右弓箭步压腿，牵拉腿部肌肉和韧带。

（2）跑姿。不要小看跑的姿势，很多时候，姿势会对你的速度和身体的健康产生影响。上身稍微前倾，两眼平视，两臂自然摆动，脚尖要朝向正前方，不要形成八字，后蹬要有力，落地要轻柔，动作要放松。

当脚前掌着地时，跑的速度快，但比较费力；若是由全脚掌落地过渡到前掌蹬地，则腿后面的肌肉比较放松，跑起来省力，但速度较慢。

（3）呼吸。长跑属于有氧代谢运动，一般情况下以四步一呼吸为宜。刚开始时，氧气供应落后于肌肉活动的需要，会出现腿沉、胸闷、气喘等现象，这属于正常的生理反应。如果感觉比较难受，可停下来步行几百米；若感到特别不适，则应停止长跑。如果呼吸调整不当，会对人的肺部等器官产生很大的影响。同时，冬季空气较冷，呼吸的时候尽量不要使用口腔呼吸。

（4）放松。长跑后不要马上停下休息，应慢走几百米放松，再做一些腰、腹、腿、臂等部位的放松活动。

需要提醒的是，不是所有的人都适合在冬季进行长跑运动的，比如患有心脑血管疾病、高血压和糖尿病的患者，就不宜进行长跑运动。

2.小雪时节，跳舞、跳绳有利于身心健康。

小雪节气到来，北方的大部分地区逐渐开始寒气逼人，而南方的天气也很湿冷，因此感伤、落寞和惆怅等情绪很可能会随之而来。按照传统的养生理论，心情的悲喜会在一定程度上影响身体健康；同样，身体的好坏也会直接影响情绪的变化。所以在小雪时节，应注意保持心情的乐观开朗，并多参加一些体育活动，如跳舞和跳绳就是不错的健身运动选择。

随着美妙的音乐翩翩起舞，十分有益于人的身心健康。跳舞能够促进血液循环，加快新陈代谢，使身体各个器官都得到充分的舒展和锻炼，并能有效滋养肌肉组织。同时，在欢快和舒缓的乐曲中舞动身体，能够使人忘记疲劳和紧张，不仅感到轻松愉悦、无限惬意，更得到了一份美的享受。因此，跳舞对人的生理、心理所起到的双重调节作用是其他运动所不能比拟的。

虽然跳舞这项活动好处多多，但在气温寒冷的小雪时节，跳舞时还应注意以下几个方面：

①选择人群密度较小、空气循环畅通的场所跳舞，不宜去人群密度较大的场所"扎堆"跳舞。

②不要在吃过饭后立即跳舞。这是由于饱腹起舞会影响消化，容易诱发胃肠类疾病。

小雪时节跳绳的注意事项

　　跳绳能够增强心血管系统、呼吸系统和神经系统的功能，能有效预防关节炎、肥胖症、骨质疏松等多种疾病，还可放松心情，有利于心理健康，也能起到减肥的作用。小雪时节，跳绳是一项不错的运动，但是参与此项运动时要注意以下几个方面。

①跳绳的运动场地以木质地板和泥土地为佳，在很硬的水泥地上跳绳易损伤关节，且易引起头晕脑涨。跳绳者应穿质软、轻便的高帮鞋，以避免脚踝受伤。

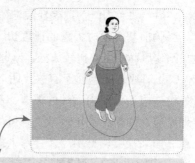

②跳绳时全身的肌肉和关节应放松，脚尖和脚跟应协调用力。身体较胖者和中年妇女宜采用双脚同时起落。上跃不要太高，以免关节负重过大而受伤。

③跳绳是耗能较大的需氧运动，活动前应做好热身运动，适度活动足部、腿部、腕部和踝部等，跳绳后也应做些放松活动。

③跳舞前，不要因为想要"轻装上阵"而一次脱掉过多的衣服，而是应当在跳了一段时间、身体渐渐发热时再逐渐脱掉一些衣物。在出汗后要格外注意保暖，切莫长时间穿着汗水浸透的湿衣服继续跳舞，以防着凉感冒。

④跳舞的时间要根据体质量力而行，应注意及时休息。如在跳舞过程中感觉头晕、胸闷、呼吸急促或心跳过快时，应及时坐下来休息调整。

⑤尽量避免参与节奏过快的舞蹈。由于人的血管弹性在天气寒冷时会变得较差，节奏过快的舞蹈会使人呼吸变得急促、血压骤然升高、心跳加快，容易诱发心血管类疾病，有相关病史的人还有可能因此而加重病情，甚至出现生命危险。

小雪时节，常见病食疗防治

1. 食用川芎黄芪蒸鲫鱼防治肩周炎。

现在随着电脑的普及，很多人得了肩周炎。肩周炎又称"五十肩"，患者多为五十岁左右的中年人，其主要症状为肩关节疼痛和活动不便。但是，现代的年轻人长时间坐在电脑前不动，也会得肩周炎。传统中医以为，肩部受风受寒是导致肩周炎发病的主要原因，所以肩周炎也被称为"漏肩风"。

小雪时节，气温逐渐降低。此时，风寒湿邪很容易侵入人体，导致血液凝固且经络拘急，导致关节僵硬不灵活，因而大大提高了患上肩周炎等病症的概率。在这个时节，应该及时给予治疗和调养。

川芎黄芪蒸鲫鱼具有活血行气、祛风止痛之功效，适用于肩周炎等症。

川芎黄芪蒸鲫鱼

材料：川芎10克，黄芪20克，鲫鱼300克，料酒、姜片、葱段、盐、味精、醋、酱油、香油各适量。

制作：①将川芎、黄芪润透，切片；将鲫鱼处理干净，用盐、味精、酱油、料酒、醋、葱段、姜片腌30分钟。②加黄芪、川芎，大火蒸7分钟，淋香油即可。

肩周炎的预防措施：

（1）避免过度疲劳及在出汗后受风。

（2）注意肩部的保暖防寒。在阴天和雪天时，女士们可在肩部多围一条披肩；男士们尽量多穿有护肩的衣服。另外睡觉时尽量不要把肩膀露在被子外面。

（3）多进行一些体育锻炼和家务劳动，保持身体的灵活性，但要注意防止肩关节扭伤。

（4）可经常对肩部进行简单按摩。

2. 冻疮可饮用黄芪当归瘦肉汤进行食疗防治。

在小雪时节前后，由于气温低和气候潮湿，容易发生冻疮。冻疮指人体受寒邪侵袭所引起的全身性或局部性损伤，表现为手、足、脸颊等暴露部位出现充血性水肿红斑，温度升高时患处会感到瘙痒，严重者会出现患处皮肤糜烂及溃疡等现象。但是，当春天来临，冻疮会随着天气转暖不治而愈。

冻疮患者应注意提高机体的抗寒能力，可多食阿胶、人参之类的补品。另外，食用药膳可起到疏通脉络、散除寒气、理气补血和清热解毒的功效，从而加快冻疮的治愈。

黄芪当归瘦肉汤可疏通脉络，散除寒气。

黄芪当归瘦肉汤

材料：黄芪30克，当归15克，猪瘦肉350克，料酒、盐、鸡精各适量。

制作：①将当归、黄芪分别洗净，润透，切片；猪瘦肉洗净，切丝。②锅内放入当归、黄芪、猪瘦肉、料酒，加入适量水，大火烧沸后改小火煮35分钟，加入盐、鸡精调味。

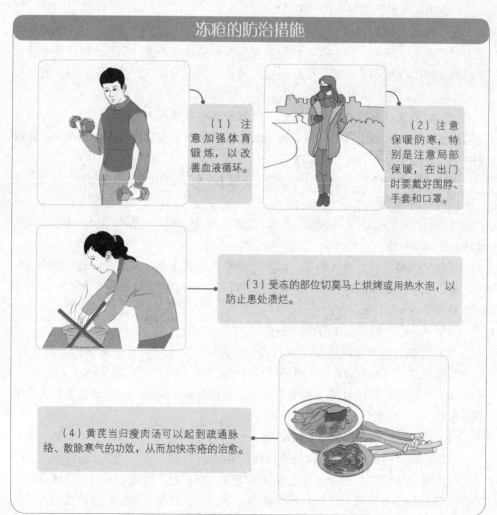

冻疮的防治措施

（1）注意加强体育锻炼，以改善血液循环。

（2）注意保暖防寒，特别是注意局部保暖，在出门时要戴好围脖、手套和口罩。

（3）受冻的部位切莫马上烘烤或用热水泡，以防止患处溃烂。

（4）黄芪当归瘦肉汤可以起到疏通脉络、散除寒气的功效，从而加快冻疮的治愈。

第三章

大雪：大雪深雾，瑞雪兆丰年

二十四节气之一的大雪节气，通常在每年阳历的 12 月 7 日（个别年份的 6 日或 8 日），其时太阳到达黄经 255°。

大雪时节，我国大部分地区的最低温度都降到了 0℃或以下。在强冷空气前沿、冷暖空气交锋的地区，往往会降大雪，甚至暴雪。可见，大雪节气是表示这一时期降大雪的起始时间和雪量程度，它和小雪、雨水、谷雨等节气一样，都是直接反映降水的节气。

在大雪节气，人们要注意气象台对强冷空气和低温的预报，注意防寒保暖。对越冬作物，人们要采取有效措施防止冻害，还要注意牲畜的防冻保暖。

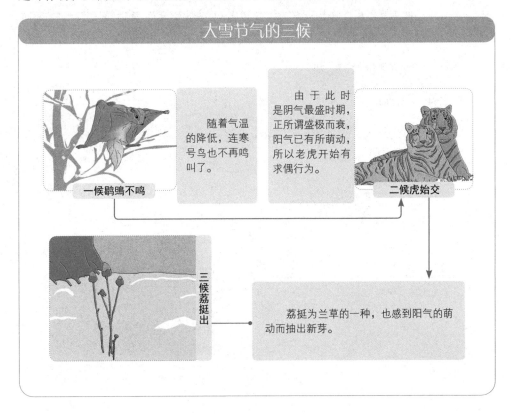

大雪节气的三候

随着气温的降低，连寒号鸟也不再鸣叫了。

一候鹖鴠不鸣

由于此时是阴气最盛时期，正所谓盛极而衰，阳气已有所萌动，所以老虎开始有求偶行为。

二候虎始交

三候荔挺出

荔挺为兰草的一种，也感到阳气的萌动而抽出新芽。

农事特点：北方千里冰封、万里雪飘，南方农田施肥、清沟排水

1. 千里冰封，万里雪飘。

大雪时节的降雪天数和降雪量比小雪节气增多，地面渐有积雪。《月令七十二候集解》说："至此而雪盛矣。"大雪时节天气更冷，降雪的可能性比小雪时更大了。大雪前后，黄河流域一带渐有积雪；而北方已是"千里冰封，万里雪飘"的严冬了。相对于小雪来说，大雪气温也会更低。

2. 江淮以南农作物施肥、清沟排水。

大雪时节，除华南和云南南部无冬区外，我国辽阔的大地已披上冬日盛装。此时东北、西北地区平均气温已达零下 10℃，黄河流域和华北地区气温也稳定在 0℃以下，冬小麦已停止生长。江淮及以南地区的小麦、油菜仍在缓慢生长，要注意施好腊肥，为安全越冬和来春生长打好基础。华南、西南小麦进入分蘖期，应结合中耕施好分蘖肥，注意冬作物的清沟排水。这时天气虽冷，但对贮藏的蔬菜和薯类要勤于检查，适时通风，不可将窖封闭太死，以免温度过高、湿度过大导致烂窖。在不受冻害的前提下应尽可能地保持较低的温度，这样才有利于蔬菜的存储。

大雪时节气象和农事的特点

大雪时节的气温更低了，北方很多地区开始下雪，地上有了积雪，河水也都开始结冰。

在南方，农作物开始施肥、清沟排水。

大雪民俗宜忌

大雪民俗

1. 打雪仗、赏雪景。

大雪期间，如恰遇天降大雪，人们都热衷于在冰天雪地里打雪仗、赏雪景。南宋周密在《武林旧事》卷三中描述了杭州城内的王室贵戚在大雪天里堆雪山、雪人的情形："禁中赏雪，多御明远楼。后苑进大小雪狮儿，并以金铃彩缕为饰，且作雪花、雪灯、雪山之类，及滴酥为花及诸事件，并以金盆盛进，以供赏玩。"

2. 藏冰：为夏日消暑做准备。

古时，为了能够在炎炎夏日享用到冰块，一到大雪时节，官家和民间就开始储藏冰块。这种藏冰的风俗历史悠久，我国冰库的历史至少已有 3000 年以上，《诗经·豳风·七月》曰："二之日凿冰冲冲，三之日纳入凌阴。"据史籍记载，西周时期的冰库就已颇具规模，当时称之为"凌阴"，管理冰库的人则称为"凌人"。《周礼·天官冢宰第一》载："凌人掌冰正，正岁十有二月，令斩冰，三其凌。"这里的"三其凌"，即以预用冰数的三倍封藏。西周时期的冰库建造在地表下层，并用砖石、陶片之类砌封，或用火将四壁烧硬，故具有较好的保温效果。当时的冰库规模已十分可观。1976 年，在陕西秦国雍城故址，考古人员曾发现一处秦国凌阴，可以容纳190 立方米的冰块。

在古代，由于没有制冰设备，所以冰库之冰均采自天然，史书中称"采冰"或"打冰"。为了便于长期贮存，对采冰有一定的技术要求，如尺寸大小规定在三尺以上，太小则易于融化。《唐六典·司农寺》就明文规定藏冰法："每岁藏一千段，方三尺，厚一尺五寸。"天然冰块最好是采集于深山溪谷之中，那里低温持久，冰质坚硬，正午时也不会融化，而且没有污染。《唐六典·司农寺》载："所管州于山谷凿而取之。"要在山谷里采冰也绝不是一件容易的事情，有时候要跑到很远的地方才能找到。

唐人李肸《冰井赋》曰："岂徒远自穷谷，而纳于凌阴。其道有恒，其迹无固。"同时，打冰块与挖冰库都要付出大量的人力、物力。韦应物《夏冰歌》云："当念阑干凿者苦，腊月深井汗如雨。"清人富察敦崇《燕京岁时记》云："冬至三九则冰坚，于夜内凿之，声如錾石，曰打冰。"看来，古人为了建冰库、采冰和贮冰，花费了很多心血。

在南方，受温热气候的影响，很少有大块坚冰，所以冰库往往以北方居多。据文献记载，古代藏冰最南到金陵（今南京）一线。到南宋时，北方的藏冰法才开始在南方逐渐推广，并因地制宜建造冰库。宋人庄绰《鸡肋编》卷中记载："二浙旧少冰雪，绍兴壬子，车驾在钱塘，是冬大寒屡雪，冰厚数寸。北人遂窖藏之，烧地作荫，皆如京师之法。临安府委诸县皆藏，率请北人教其制度。"这是北方贮冰法南移的成功事例。由于南方冰薄，难以久贮，若遇暖冬，更难结成硬冰，所以当地人民开动脑筋，创造了一些人工厚冰法。明人朱国祯《涌幢小品》卷十五记载："南方冰薄，难以久藏。用盐撒冰上，一层盐，一层冰，结成一块，厚与北方等。次年开用，味略咸，可以解暑愈病。"这种撒盐厚冰之法是我国劳动人民智慧的结晶。

古代藏冰已有多种用途，如保存尸体、食品防腐、避暑冷饮等。《周礼·天官·凌人》载："祭祀，共冰鉴。宾客，共冰。大丧，共夷槃冰。"指的就是冰的多种用途。"共夷槃冰"指用冰保存尸体，使之不腐臭。古时，每逢宗庙大祭祀，冰也是首选的供品，不可缺少。冰盛鉴内，奉到案前，与笾豆一列，史称"荐冰"。当然，古代用冰量最大的还是夏日的冷饮和冰食。

古代的劳动人民已能用冬贮之冰制作各种各样的冷饮食品了。从屈原《楚辞》中所吟咏的"挫糟冻饮"，到汉代蔡邕待客的"麦饭寒水"，以及后来唐代宫廷的"冰屑麻节饮"、元代的"冰镇珍珠汁"等，几千年来，冰制美食的品种不断增多。当然，古代能享受冰食冷饮、大量用冰的，多为权贵富豪。《开元天宝遗事》卷二载有杨国忠以冰山避暑降温之举："杨氏子弟，每至伏中，取大冰，使匠琢为山，周围于宴席间。座客虽酒酣而各有寒色，亦有挟纩者，其娇贵如此也。"也难怪历代帝王和豪门富户都大力营建冰库了。

大雪民俗

打雪仗、赏雪景
如果在大雪期间恰好下了大雪的话，人们就会打雪仗、赏雪景。

藏冰
古时，为了能够在炎炎夏日享用到冰块，一到大雪时节，官家和民间就开始储藏冰块。这种藏冰的风俗历史悠久，我国冰库的历史至少已有 3000 年以上。

吃饴糖
我国北方很多地区，在大雪的时候均有吃饴糖的习俗。每到这个时候，街头就会出现很多敲锡锣卖饴糖的小摊贩。妇女、老人食饴糖为的是在冬季滋补身体。

大约到了唐朝末期，人们在生产火药时开采出大量硝石，发现硝石溶于水时会吸收大量的热，可使水温降至结冰，从此人们便可以在夏天制冰了。以后逐渐出现了做买卖的人，他们把糖加到冰里吸引顾客。到了宋代，市场上冷食的花样就多了起来，商人们还在冰里面加上水果或果汁。元代的商人甚至在冰中加上果浆和牛奶，这和现代的冰淇淋已是十分相似了。

藏冰时，要祭司寒之神，祭品要用黑色的公羊和黑色的黍子。羊和黍为何要用黑色的？因为寒气来自北方，司寒之神就是北方之神。北方的土是黑色的，北方的神也是黑色的，故称"玄冥"。因此，祭器要用黑色的。大约从周、秦到唐、宋，历经两千多年，司寒之神都是"玄冥"，但在清朝末年的窖神殿里却供奉起济颠僧来。这个生于南宋的疯疯癫癫的穷和尚，喜欢吃狗肉、喝烧酒，也特别爱怜穷苦人。因此，在旧社会，砖窑、煤窑、冰窖、杠房、轿子铺等行业，均奉其为保护神。

与此同时，为了保持藏冰不"变质"，还要定期对冰库进行维修与保养。《周礼》记载："春始治鉴……夏颁冰，掌事秋刷。"郑玄注云："刷，清也。刷除凌室，更纳新冰。"古人冬季藏冰，春天开始使用冰库，炎夏之际将冰用完，秋天清刷整修，以备冬天再贮新冰。这样年复一年，冰库去旧纳新，年年为人们贮藏生活用冰。

到了 14 世纪，中国人又发明了深井贮冰法，大大延长了天然冰块的贮存期。人们利用打井的技术，往地下打一口粗深的旱井，深八丈，然后将冰块倒入井内，封好井口。夏季启用时，冰块如新。唐人史宏《冰井赋》云："凿之冰井，厥用可观；井因厚地而深。"又云："穿重壤之十仞，以表藏固。"当时八尺为一仞，十仞即为八丈，此即唐代冰井的建造深度。韦应物《夏冰歌》亦云："出自玄泉杳杳之深井，汲在朱明赫赫之炎辰。"所以，在唐代，用来贮藏冰块的冰库又被称为"冰井"。

经过数百年的发展，17 世纪的冰库又被改良为了"冰窖"。冰窖亦建在地下，四面用砖石垒成，有些冰窖还涂上了用泥、草、破棉絮或炉渣配成的保温材料，进一步提高了冰窖的保温能力。冰窖以京城最多，以皇家冰窖最为宏大。徐珂《清稗类钞·宫苑类》记载："都城内外，如地安门外、火神庙后、德胜门外西、阜成门外北、宣武门外西、崇文门外、朝阳门外南皆有冰窖。"此外，民间也修建了许多小型冰窖，还出现了专门以贮冰和卖冰为业的冰户，这就使冰库的数量大为增加。清代冰窖按照其用途被分为了三种：官冰窖，府第冰窖，商民冰窖。

尽管古代的冰库多为皇室和权贵所拥有，用冰者多为上层社会的人物，但冰库的发明和营造、藏冰的超群技术，则是古代劳动人民血汗与智慧的结晶，并在中华民族的科学史上留下了光辉的篇章。

大雪民间忌讳

大雪时节忌讳无雪。

雪对农作物有许多好处，严冬积雪覆盖大地，可保持地面及作物周围的温度不会因寒流侵袭而降得很低，为冬作物创造了良好的越冬环境，起到保暖、提升地温的作用。同时积雪待到来年春天融化，为农作物的生长提供充足的水分，可起到保墒、防止春旱的作用，有助于冬小麦返青，并可冻死泥土中的病毒与病虫。正由于有这些好处，所以在大雪时忌讳无雪。"冬无雪，麦不结""大雪兆丰年，无雪要遭殃"，这是辛勤劳作的农民千百年来经验的总结，也是对"大雪"作用的概括。并且，降雪时雪从大气中吸收了大量的游离氮、液态氮、二氧化碳、尘埃和杂菌，这等于对污染的大气进行了一次"清洗"。而且吸附在雪花中的含氮物质，随着积雪的融化而渗入土壤，与土壤中的一些酸化合物合成盐类，形成优质肥料。因而，雪是天然的环保卫士和天然的化肥，能提高农作物的质量和产量。

大雪养生：进补的大好时节，综合调养要适中

大雪饮食养生

1. 大雪时节不可盲目进补。

大雪时节，天气寒冷，许多人喜欢在这段时期进行"大补"。但是进补不能盲目进行，更不能随心所欲，如不根据自身的体质进补，很可能会事与愿违，损害身体健康。因此在进补之前我们应多做"功课"，要"补"得健康，"补"得安全。

第一，进补要因体质而异。体态偏瘦、情绪容易激动的人，应本着"淡补"的原则，多选择能够滋养血液、生津养阴的饮食，切忌辛辣；而体态丰满、肌肉松弛的人，适宜多食甘温性的食物，忌食性辛凉、油腻和寒湿类的食物。

第二，大雪节气最适合三类人进补。一是阳气虚弱的人群，他们通常表现为非常怕冷、手脚冰凉、尿频便稀、食欲不振；二是年老体衰并患有慢性病的人群，此时进补对其康复很有帮助；三是身有旧疾的人群，比如慢性支气管炎患者和关节炎患者，若能在此时把身体调养好，烦人的"老病"或许就不会在换季时来扰。

第三，进补要有度有节。若补过了头，进食太多高热量的食物，很有可能会导致胃火上升，从而诱发上呼吸道、扁桃体、口腔黏膜炎症及便秘、痔疮等疾病。

2. 多吃御寒食品。

寒冷的天气会使脂肪的分解和代谢速度变快、胃肠的消化和吸收能力增强、出汗减少，进而导致排尿增多等。这种种变化都需要通过补充相应的营养素来进行调节，以保证机体能够适应大雪时节的寒冷天气。具体做法有：

第一，多吃温热且有利于增强御寒能力的食物，如羊肉、狗肉、甲鱼、虾、鸽、海参、枸杞子、韭菜、糯米等。

第二，增加蛋白质、脂肪和碳水化合物等产热营养素的摄入，多吃富含脂肪的食物。

第三，增加蛋氨酸的摄入量。富含蛋氨酸的食物包括芝麻、葵花子、乳制品、

酵母以及叶类蔬菜等。

第四，补充维生素 A 和维生素 C。维生素 A 多存在于动物肝脏、胡萝卜和深绿色蔬菜中；新鲜的水果和蔬菜则是最主要的维生素 C 来源。

第五，补充钙质，多喝牛奶，多吃豆制品和海带。

3.大雪时节进补可多吃羊肉。

羊肉性温，不仅能够促消化，还能在保护胃壁的同时修补胃黏膜。若在大雪时节进补，不妨多吃羊肉。

在挑选羊肉食材的时候要注意，上等羊肉色泽鲜红、表面具有光泽且不黏手、肉质紧密富有弹性、没有异味。同时，在烹饪的过程中，为了去除羊肉膻味，可在煮羊肉时加入几颗山楂，或放入萝卜、绿豆；在炒羊肉时可多放葱、姜、孜然等调

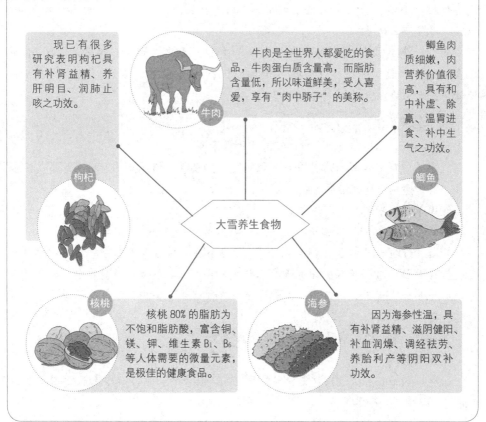

大雪时节温补食物

大雪时节宜温补助阳、补肾壮骨、养阴益精。同时此时也是食补的好时候，但切忌盲目乱补。应多吃富含蛋白质、维生素和易于消化的食物，宜食高热量、高蛋白、高脂肪的食物。

现已有很多研究表明枸杞具有补肾益精、养肝明目、润肺止咳之功效。

牛肉是全世界人都爱吃的食品，牛肉蛋白质含量高，而脂肪含量低，所以味道鲜美，受人喜爱，享有"肉中骄子"的美称。

鲫鱼肉质细嫩，肉营养价值很高，具有和中补虚、除羸、温胃进食、补中生气之功效。

枸杞

牛肉

鲫鱼

大雪养生食物

核桃

核桃 80% 的脂肪为不饱和脂肪酸，富含铜、镁、钾、维生素 B_1、B_6 等人体需要的微量元素，是极佳的健康食品。

海参

因为海参性温，具有补肾益精、滋阴健阳、补血润燥、调经祛劳、养胎利产等阴阳双补功效。

味料。

枣桂羊肉汤

材料：羊肉200克，红枣10颗，桂圆5颗，水发木耳50克，姜片、盐各适量。

制作：①将羊肉洗净，切块，焯5分钟后捞出，沥水。②将红枣去核，洗净；桂圆去壳；水发木耳洗净，撕成小朵。③砂锅中加适量清水，大火烧沸，放入羊肉、红枣、木耳、桂圆肉、姜片，改用中火煲3小时。④加盐调味即可。

4. 消瘀化痰、理气解毒可多吃白萝卜。

白萝卜具有消瘀化痰、理气解毒的功效。在寒冷的大雪时节多吃一些白萝卜，既能败火，又能滋补，对身体健康十分有益。

优质的白萝卜个体丰满、外表白净且没有黑点，萝卜叶呈嫩绿色。而且萝卜皮和萝卜叶中也都含有丰富的营养，千万不要把它们扔掉。

在吃白萝卜时，应做到"细细品味"，因为只有细嚼才能将其中的营养物质完全释放出来。

山楂萝卜排骨煲可消瘀化痰、理气解毒。

山楂萝卜排骨煲

材料：山楂20克，白萝卜、排骨各500克，料酒、盐、姜片、味精、胡椒粉、葱段、棒骨汤各适量。

制作：①将山楂洗净，去核；白萝卜洗净，去皮，切块；排骨洗净，剁段。②在高压锅内放入山楂、白萝卜、排骨、料酒、盐、味精、姜片、葱段、胡椒粉、棒骨汤，大火烧沸，煮30分钟即可。

大雪药膳养生

1. 滋补肝肾、添精止血，食用红枣羊骨糯米粥。

红枣羊骨糯米粥具有滋补肝肾、添精止血的功效，可用于治疗虚劳羸弱、腰膝酸痛、肾虚遗精、崩漏带下等症。

红枣羊骨糯米粥

材料：糯米100克，羊胫骨1根，红枣5颗，葱末3克，盐1克，冷水适量。

制作：①将糯米淘洗干净，用冷水浸泡3小时，捞出沥干水分。②将红枣洗干净，剔除枣核。③将羊胫骨冲洗干净，敲成碎块。④取锅放入适量冷水，放入羊胫骨块，先用旺火煮沸，再改用小火熬煮至糯米熟烂。⑤粥内下入葱末、姜末、盐调好味，再稍焖片刻即可盛起食用。

2. 补血止血、滋阴润肺，食用猪血归蓉羹。

猪血归蓉羹

材料：猪血150克，当归6克，肉苁蓉15克，熟大油4克，葱白5克，盐2克，味精1.5克，香油3克，冷水适量。

制作：①将当归、肉苁蓉洗净，放入锅内，注入适量冷水，煮取药液。②将猪血整理干净，切成块，加入药液中煮熟，放入大油、葱白、盐、味精拌匀，食用时淋上香油即可。

3. 补中益气、补肾壮阳，饮用老鸭芡实汤。

老鸭芡实汤

材料：老鸭1只，芡实50克，盐少许，冷水适量。

制作：①将老鸭去毛及内脏，清洗干净，将淘净的芡实填入鸭腹内缝口。②将鸭子放入砂锅内加适量水，以文火煨至鸭肉熟烂，加盐调味即成。

大雪起居养生

1. 洗澡水温不宜过高，时间不宜过长。

（1）水温不宜过高。热水能使体表血管扩张，加快血液循环，促进代谢产物的排出，去脂作用也比冷水强。但冬季洗热水澡，水温宜控制在 35 ~ 40℃。

水温过高可引起交感神经兴奋，血压升高，然后周身皮肤血管扩张，血压又开始下降。老人血压调节机制减弱，血压下降过低会引起脑梗死。

尤其是在高温浴池中待的时间过长，而浴室窗户紧闭，空气稀薄，再加上出汗多，血液黏稠度增高，使心脏负担加重，从而引起心律失常，甚至导致更严重后果。

（2）时间不宜过长。入浴时间不宜过长，最好不超过半小时。因为，热水浴能使血液大量集中于体表，时间过长易使人疲劳，还会影响内脏的血液供应，大脑功能也易受到抑制。

（3）次数不宜过多。冬季是阳气潜藏的季节，不宜过多出汗，以免发泄阳气。因此，冬季洗热水浴的频率不宜过高，以每周一次为好。否则，会因汗出过多而扰动阳气，不利于冬季养生。

（4）选好时机。饭后不要立即进行热水浴，以免消化道血流量减少，影响食物的消化吸收，时间长了，还会引起胃肠道疾病。空腹时不宜进行热水浴，以免引起低血糖，使人感到疲劳、头晕、心慌，甚至引起虚脱。过度疲劳时也不宜进行热水浴，以免加重体力消耗，引起不适。

（5）其他注意事项。冬季洗澡时，打肥皂不宜过多，以免刺激皮肤，产生瘙痒。

另外，为安全起见，尤其是高龄者入浴，池水不宜太满，以半身浴为宜，水深没胸部以上时，会加重心肺负担。浴后应及时擦干穿衣，以防着凉，并静卧休息，补充水分。

2. 穿睡衣入睡，消除疲劳、预防疾病。

由于皮肤能分泌和散发出一些化学物质，若和衣而眠，无疑会妨碍皮肤的正常呼吸和汗液的蒸发，而且衣服对肌肉的压迫还会影响血液循环。因此，冬天不宜穿厚衣服睡觉。

睡觉时，穿着贴身的内衣内裤，也不利于健康，因为这样会将细菌和体味带到被窝里。如果穿着紧身内衣，将不利于肌肉的放松和血液循环，极大地影响了休息的效果。

另外，冬季的气温较低，温差增大。因睡眠期间肌体抵抗力和对冷环境的适应能力降低，如果穿很少的衣服，甚至一丝不挂地入睡，很容易受凉感冒。

穿睡衣则不同，由于睡衣宽松肥大，有利于肌肉的放松和心脏排血，使人在睡眠时可达到充分休息的目的，有助于消除疲劳、提高睡眠质量，并能预防疾病，保护身体健康。

穿睡衣崇尚舒适，以无拘无束、宽柔自如为宜。面料以自然织物为主。如透气、吸潮性能良好的棉布、针织布和柔软护肤的丝质料子为佳，最好不要选用化纤制品。

大雪运动养生

随着时代的进步，被体育专家称为本世纪最受人们欢迎的运动——游泳——已不再是夏季的运动了，它一年四季都可以使人在健身的同时感受到亲和与优雅。

大雪时节的起居与运动养生

洗澡水温不宜过高，时间不宜过长。

冬季适合穿睡衣入睡。

冬季游泳可以锻炼血管，有助于人们的身体健康。

北方寒冷干燥的冬季最适合游泳，其健身价值比夏季更高。游泳时，由于冷水对皮肤的刺激，使得皮肤的血管急剧收缩，大量血液被驱入内脏和深部组织，血管一次大力收缩后，必定随之一次相应地舒张，这样一张一缩，血管就能得到锻炼，使人体能更快地适应这种冷热交替的变化。所以，冬泳又被称为"血管体操"。冬季游泳在一定程度上还能有效地提高人体的免疫能力，可以使人抵御冬季和春季的流感。同时，人在游泳时身体处于水平状态，心脏和下肢在一个平面上，使得血液从大静脉流回心房时不必克服重力的作用，为血液循环创造了有利的条件。心室充满了流回心脏的血液，有利于提高心血管系统的机能。另外，水的流动和肌肉的运动，都会起到按摩小动脉的作用。这种经常性的按摩，能减少小动脉的硬化，使心脏泵血时所遇到的外围阻力减少，可以防止高血压、心脏病的发生。

游泳运动除了有以上诸多优点外，还可塑造健美的身材。冬泳时有以下两点需注意：

第一步，下水前一定要让各个关节充分活动，用手掌在腰、膝、肩、肘等主要关节部位快速摩擦。多做向上纵跳、拉肩、振臂等肢体伸展运动，尤其对腿部、臂部、腰部进行重点热身，以免在游泳过程中突然抽筋。准备活动时间为5~10分钟。对老年人来说，应尽量避免跳跃入水，以免因瞬间加快心率和增高血压而导致疾病。另外，当水温接近0℃时，入水应采取渐进方式，即脚、下肢、腰、胸逐步入水。

第二步，严格把握冬泳的运动量。冬泳锻炼的安全体温是出水后5 ~ 10分钟内测得腋下体温不低于27.4℃，低于这个温度对身体不利。

第三步，游泳后注意保暖并立即运动以恢复体温。出水后，用毛巾擦干全身，并且不断用手按摩皮肤。穿衣服也应先下后上，因为下肢离心脏较远，体温恢复较慢。穿好衣服，慢跑或原地跳动，直到体温基本恢复。

大雪时节，常见病食疗防治

1. 鼻窦炎多吃动物肝脏、瘦猪肉、胡萝卜。

鼻窦炎是一种常见的鼻科疾病，主要症状为鼻塞流涕、头疼脑热等。鼻窦炎在寒冬时节的发病率居高不下，主要原因是人体抵抗力在气温降低时会随之下降，此时风寒湿邪便会侵入体内，使得伤风感冒在冬季甚为常见，而伤风感冒极易发展为鼻窦炎。

大雪时节，气温温差大，鼻子容易受到天气的影响，随着气温、湿度、气压开始发生变化，再加上空气污染不易扩散等各种因素的影响，鼻窦炎进入高发季节。

鼻窦炎患者要在三餐中增加维生素 A 和 B 族维生素的摄入量，多吃动物肝脏、瘦猪肉、胡萝卜和西蓝花等食物，另外不要抽烟、酗酒。

西蓝花豆酥鳕鱼具有发散风寒、温中通阳之功效，适合感冒、鼻窦炎患者食用。

鼻窦炎的防治措施

（1）积极锻炼身体，增强体质，提高免疫力，促进鼻腔中的血液循环。

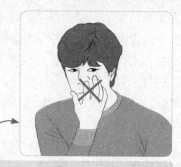

（2）改正挖鼻孔的习惯，防止鼻腔感染病菌。

（3）戴上口罩，防止冷空气刺激鼻黏膜。

（4）注意采取措施预防感冒，防治鼻窦炎。

（5）一旦鼻子周围的器官出现不适，要及早治疗，以免这些病症诱发鼻窦炎。

（6）另外可食用西蓝花豆酥鳕鱼，其具有发散风寒、温中通阳之功效，适合鼻窦炎患者食用。

西蓝花豆酥鳕鱼

材料：鳕鱼1条，西蓝花30克，姜末、葱花、豆豉、盐、味精、料酒、白砂糖、胡椒粉、植物油各适量。

制作：①将鳕鱼洗净，西蓝花切块焯熟。②盆中放鳕鱼、盐、料酒略腌，上笼蒸10分钟。③炒锅放植物油烧热，下葱花、姜末、豆豉炒香，加盐、味精、胡椒粉炒匀，浇入鳕鱼盘中，用西蓝花围盘即可。

2.冠心病人少吃高胆固醇和高脂肪食物。

冠心病是由冠状动脉粥样硬化所引起的心肌缺血、缺氧。中老年人易患此病，特别是40岁以上的男性及脑力劳动者。由于低温、低气压和温差大的环境会使人的机体持续处于应激状态，其中又以心脑血管系统最甚，因此冬天往往是冠心病的高发期，其主要症状包括心绞痛、心肌梗死、心肌缺血或坏死。

患上冠心病以后，要格外注重饮食。注意均衡营养、少吃高胆固醇和高脂肪的食物，严控摄入的总热量，防止体重超标。

冬虫夏草蒸鹌鹑具有补虚损、益气血之功效，可用于辅助治疗气血两虚型冠心病。

冬虫夏草蒸鹌鹑

材料：冬虫夏草10克，白条鹌鹑两只，料酒、姜片、葱段、盐、鸡精、鸡油各适量。

制作：①冬虫夏草用白酒浸泡片刻，鹌鹑洗净。②盆中放盐、鸡精、姜片、葱段、料酒、鸡油、鹌鹑拌匀，腌30分钟，挑出姜片、葱段。③蒸盘中放鹌鹑、冬虫夏草，上笼大火蒸20分钟。

冠心病的防治措施：

（1）日常作息要有规律，保持平和的心态并保证充足的睡眠，善于发现生活中的美好，培养情趣，不要动辄发火或者情绪低落。

（2）经常参加体育锻炼，以增强体质。

（3）长期吸烟、饮酒极易引发冠心病，因此要戒烟、戒酒。

（4）注意防治高血压、高脂血症、糖尿病等慢性疾病，因为这些病症很容易诱发冠心病。

第四章

冬至：冬至如年，寒梅待春风

冬至是中国农历中一个非常重要的节气，也是中华民族的一个传统节日，冬至俗称"冬节""长至节""亚岁"等。早在2500多年前的春秋时代，中国就已经用土圭观测太阳，测定出了冬至，它是二十四节气中最早测定出的一个，时间在每年的阳历12月21日或22日，太阳黄经到达270°。天文学上也把"冬至"规定为北半球冬季的开始。冬至这一天是北半球全年中白天最短、夜晚最长的一天。

天文学上把冬至作为冬季的开始，这对于我国多数地区来说显然偏迟。冬至期间，西北高原平均气温普遍在0℃以下，南方地区也只有6~8℃。不过，西南低海拔河谷地区，即使在当地最冷的1月上旬，平均气温仍然在10℃以上，真可谓秋去春平，全年无冬。

冬至节气的三候

传说蚯蚓是阴曲阳伸的生物，此时阳气虽已生长，但阴气仍然十分强盛，土中的蚯蚓仍然蜷缩着身体。

初候蚯蚓结

麋与鹿同科，却阴阳不同，古人认为麋的角朝后生，所以为阴，而冬至阳生，麋感阴气渐退而脱角。

二候麋角解

三候水泉动

由于阳气初生，所以此时山中的泉水可以流动并且开始慢慢温热。

冬至气象和农事特点：数九寒冬、农田松土、施肥和防冻

1.气温持续下降，进入数九寒冬。

冬至后，北半球白昼渐短，气温持续下降，开始进入数九寒天。冬至以后，阳光直射位置逐渐向北移动，北半球的白天逐渐变长，谚语云："吃了冬至面，一天长一线。"

冬至是太阳倾斜度最大的日子，北半球的日照时间达到最短，所以接收的太阳辐射量也最少。但是，由于地面在下半年积蓄的热量还可提供一定的补充，故这时气温还不是最低。"吃了冬至饭，一天长一线"，冬至后白昼时间日渐增长，但是地面获得的太阳辐射仍比地面辐射散失的热量少，所以在短期内气温仍将继续下降。除了少数海岛和海滨局部地区外，在我国，1月份是最冷的月份，民间有"冬至不过不冷"的说法。

2.农田松土、施肥、除草、防冻做不完。

一过冬至，就是所谓的"数九寒冬"了，但是由于我国地域辽阔，各地气候差

冬至时节的景观差异

由于我国幅员辽阔，所以在同一个节气中，各地的气候候也会有差异，从而导致不同的自然景观。

东北地区
由于纬度高，气温低，冬至时的东北千里冰封，非常寒冷。

黄淮地区
虽然纬度比东北低，但黄淮地区还是白雪皑皑，天地一色。

长江以南
菜麦青青、生机勃勃是长江以南冬至的景色，与北方差异很大。

华南沿海
冬至的华南沿海却是鸟语花香，俨然是春天的景色。

异较大。当东北大地千里冰封、万里雪飘，黄淮地区也是银装素裹的时候，江南的平均气温可能还在 5℃ 以上，冬作物仍在继续生长，菜麦青青，一派生机，正是"水国过冬至，风光春已生"；而华南沿海的平均气温则在 10℃ 以上，更是鸟语花香、满目春光。冬至前后是兴修水利、大搞农田基本建设、积肥造肥的大好时机，同时要施好腊肥，做好防冻工作。江南地区更应加强冬作物的管理，清沟排水、培土壅根，对尚未犁翻的冬壤板结要抓紧耕翻，以疏松土壤、增强蓄水保水能力，并消灭越冬害虫。已经开始春种的南部沿海地区，则要认真做好水稻秧苗的防寒工作。

在这个节气，主要农事有以下这些：一是三麦、油菜的中耕松土、重施腊肥、浇泥浆水、清沟理墒、培土壅根；二是稻板茬棉田和棉花、玉米苗床冬翻，熟化土层；三是搞好良种串换调剂，棉种冷冻和室内选种；四是绿肥田除草，并注意培土壅根，防冻保苗；五是果园、桑园继续施肥、冬耕清园；果树、桑树整枝修剪、更新补缺、消灭越冬病虫；六是越冬蔬菜追施薄粪水、盖草保温防冻，特别要加强苗床的越冬管理；七是畜禽加强冬季饲养管理、修补畜舍、保温防寒；八是继续捕捞成鱼，整修鱼池，养好暂养鱼种和亲鱼；搞好鱼种越冬管理。

冬至民俗宜忌

冬至民俗

1. 过冬节：冬节大于年。

冬至是我国一个传统节日的名称，也叫"冬节""长至节""贺冬节""亚岁"等。和清明一样，冬至又被称为"活节"，之所以有如此称谓，是因为它并没有固定于特定一日。称其"长至"，是基于古人对天象变化的观察，冬至是北半球一年中白昼最短、黑夜最长的一天，所谓"日南至，日短之至，日影长之至，故曰冬至"，此后的白昼便一天天延长了。而我国民间更有"冬节大于年"的说法，或者称其"亚岁"，把它当作仅次于元旦（即今之春节）的节日。

冬至是一个历史悠久的节日，可以上溯到周代。当时国家即有于此日祭祀神鬼的活动，以求其庇佑国泰民安。到了汉代，冬至正式成为一个节日，皇帝于这一天举行郊祭，百官放假休息，次日着吉服朝贺。这个规矩一直沿袭下来。魏晋以后，冬至贺仪"亚以岁朝"，并有臣下向天子进献鞋袜的礼仪，表示迎福践长；唐、宋、元、明、清各朝都以冬至和元旦并重，百官放假数日并进表朝贺，特别是在南宋，冬至节日气氛比过年更浓，因而有"肥冬瘦年"之说法。由上可见，由汉及清，从官方礼仪来讲，说冬至是"亚岁"，甚至"大过年"，绝非虚话。究其原因，主要是周朝以农历十一月初一为岁首，而冬至日总在十一月初一前后。此外，也与古人认为冬至是"阴极之至，阳气始生"观念有关。

而在民间，冬至节俗要比官方礼仪更加丰富。东汉时，天、地、君、师、亲都是冬至的供贺对象。南北朝时，民间又有了于冬至日食赤小豆以辟邪的习俗。唐宋时冬至与岁首并重，于是穿新衣、办酒席、祭祀祖先、庆贺往来等，几乎同过新年一样。明清时，官方仍然维持着一些基本的冬至贺仪，民间却不似过年那样大事操办了，主要集中在祭祖、敬老、尊师这几个项目上，由此衍生出裹馄饨、吃汤圆、学校放假、百工停业、慰问老师、相互宴请及全家聚餐等活动，因而相对过年来讲，更富有个性。

到了今天，冬至已经不似过去那样正式，但是在南方和一些少数民族地区，冬至依然是一个很重要的节日。

在贵州、湖南、广西侗族的聚居地，每年过冬节依然是一个隆重的节日。每到农历十一月初一，人们会按照姓氏或血缘关系，从初一到初九，每天去一房族轮流过节，还有从十一月初一直到月尾，各家轮流过节的。节日里，人们宰鸡杀鸭，吃

冬至民俗

冬至是我国的传统节日，这天各地都有很多的民俗活动。

冬吃节丸

吃冬节丸：也就是吃汤圆，在福建地区，冬至这天有吃汤圆的习俗，他们称为"吃冬节丸"。

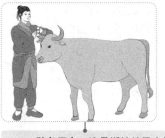

贴冬至丸

贴冬至丸：这是潮汕地区农村的一个习俗，除了吃冬至丸之外，还会在工具或者牲畜身上贴，祈求神明保护。

一九二九不出手，三九四九冰上走……

数九

数九：一种民间消遣方式，有九九消寒图和数九歌，民风不同，各地的数九习俗也不完全相同。

祭祖

祭祖：中华民族作为礼仪之邦，对于祭祖十分重视。冬至是中国传统阴节之一，所以，人们在这天都会祭祖。

糯米糍粑，喝重阳节酿的酒，吃早稻时腌制的荷花酸鱼，全寨休息，小孩、妇女、客人都穿新衣、打糍粑，就连出嫁的女儿也要带着女婿"回娘家"。

2. 吃冬节丸——祈求家人团聚。

冬至是一个内容丰富的节日，经过数千年发展，形成了独特的饮食文化。

"冬至霜，月娘光；柏叶红，丸子捧。"这是福建地区冬至时的一首儿歌。《八闽通志·地理·风俗·兴化府·岁时·冬至》载："前期粉糯米为丸，是日早熟而荐之子祖考。"福建有冬至时吃汤圆的民俗，也叫"吃冬节丸"。

3. 贴冬至丸：祈神保护。

在潮汕地区的农村，"冬节丸"除了用来食用外，它还有一个更特别的用途，就是在门框、碓臼、炉灶、米缸、犁耙、水车以及猪、鸡、鹅、牛等牲畜身上粘贴，祈求神明保护，祷祝牲畜平安过冬，新年健旺。在牛角上贴丸，这是对老牛表功。有些地方还要在水果树上贴上冬节丸，在树干上划破一点树皮，把丸汤淋在上面，祈盼明年果树能贴枝，结的果实像汤圆一样圆润饱满。

4. 数九：传统的智力游戏。

在冬至这天，民间流行以填字作为消遣。九九消寒图通常是一幅双钩描红书法，上有繁体的"庭前垂柳珍重待春风"九字，每字九画，共八十一画，从冬至开始每天按照笔画顺序填充，每过一九填充好一个字，直到九九之后春回大地，一幅九九消寒图就算大功告成。填充每天的笔画所用颜色根据当天的天气决定，晴则为红，阴则为蓝，雨则为绿，风则为黄，落雪填白。此外，还

九九消寒图

九九消寒图与数九的民俗密切相关，除了文字版本之外，还用图画表示的。

有图画版的九九消寒图，又称作"雅图"，是在白纸上绘制九枝寒梅，每枝九朵，一枝对应一九，一朵对应一天，每天根据天气实况用特定的颜色填充一朵梅花。元朝杨允孚在《滦京杂咏》中记载："试数窗间九九图，余寒消尽暖回初。梅花点遍无余白，看到今朝是杏株。"

最雅致的九九消寒图是作九体对联。每联九字，每字九画，每天在上下联各填一笔，如上联写有"春泉垂春柳春染春美"，下联对以"秋院挂秋柿秋送秋香"。不管哪种九九消寒图，在消磨时日、娱乐身心的同时，也简单记录了气象变化。

总之，各家具体采用什么形式，往往根据主人的爱好和文化素质而定。民间还留有九九消寒图民谚："下点天阴上点晴，左风右雾雪中心。图中点得墨黑黑，门外

已是草茵茵。"

民间还流行九九歌，这首歌由于地域不同、风俗不同，便产生了不同的版本。北京地区广泛传唱的版本内容是"一九二九不出手；三九四九冰上走；五九六九沿河看柳；七九河开，八九雁来；九九加一九，耕牛遍地走"，在内蒙古的边远乡村里，则唱成"一九二九门叫狗；三九四九冻死狗；五九六九消井口；七九河开，八九雁来；九九加一九，犁牛遍地走"，而在河北的蔚县地区则流传"一九二九门叫狗；三九四九冻破碌碡；五九六九开门大走；七九河开，八九雁来；九九加一九，犁牛遍地走"。民谣中微妙的变化，反映了不同地区不同的气候条件和生活习俗。

5. 祭祖：人不能忘祖。

冬至是中国传统阴节之一，所以，一到冬至这天，就是民间祭奠祖先的日子，活着的人要到死去亲人的坟前祭拜，以示纪念。人不能忘祖忘宗，在重视传承的中华民族尤其如此。

冬至祭祖的方式和内容存在地域间的差异性，带有浓郁的地方色彩。

6. 祭天：与天地沟通。

在古代，祭祀可以说是一项严肃而不可缺少的仪式，上至君王、下至百姓对此都非常重视。古代帝王亲自参加的最重要的祭祀有三项：天地、社稷、宗庙。所谓宗庙，主要指的就是天坛、社稷坛、太庙。除此之外，还有其他一些祭祀建筑。

7. 祭窑神：保佑井下平安。

冬至是极寒冷的"数九天"的开始，这天在过去是开始生火炉驱寒取暖的日子。石炭（即煤）和木炭是生火的重要燃料，而木炭是在窑中烧成的，石炭是窑里开掘来的，所以人们对窑神崇拜有加，冬天在围炉向火，身上消尽寒气、暖意融融的时刻，不能忘记窑神赐给煤炭的深恩大义，于是敬祭窑神就顺理成章了。

8. 送鞋敬老：献鞋袜于尊长。

我国历来有敬老的优良传统，民国以前的冬至节实际是我国历史上最早的敬老节。

冬至曾是"年"，在黄帝时就曾作为岁首，称作"朔旦"；周朝也曾以冬至所在之月为岁首，所以冬至节俗如祭祖祀仙、拜尊长等，都是相沿古年俗。祭祖是对已故去的老人、先辈长上表示尊敬不忘，数典忘祖被认为是不赦之罪。为了按时参加祭祖先、拜长上仪式，在外地工作或旅行的人必在冬至前赶回家，冬至和过年一样，要求在外的家人一定在节前赶回家来团聚。

在台湾地区还流行着"冬节没返没祖宗"的说法，就是说外出的人到冬节一定要回家拜年祭祖宗，否则就是忘祖、心里没有祖宗。冬至还要蒸九层糕拜祭祖先。九层糕包括甜糕、咸糕、萝卜糕、芋头糕、松糕等，在龟背形的糕面上砌成"寿"，并用糯米分捏成的鸡、鸭、鹅、猪、牛、羊，用蒸笼分层蒸成，其用意是用自己的劳动果实向先人"荐新"、进飨，表示对祖先的敬意。在拜祭祖先时，全家跪在祖先神主木牌前，由家长述说自己的"根"在什么地方，如这家人的祖先是福建某地，家长就祷告说："我们家是从福建某地过来的，现在已经是第几代了。"冬至拜祖就这样在台湾地区代代相传，永不忘"根"。

9.鸡母狗馃——祈求六畜兴旺、五谷丰登。

在澎湖海岛地区，有冬至吃鸡母狗馃的习俗。

鸡母狗馃是一种米塑，就是用米粉捏成小巧玲珑的动物和瓜果造型。冬至节，人们以鸡母狗馃祭拜上天，祈求六畜兴旺、五谷丰登。捏制鸡母狗馃，磨米粉是首道工序。磨粉分干、湿两种磨法。磨干粉是直接把米放到磨盘里，边磨边加米。磨湿粉要先将米放水里浸泡两三天，然后洗净放箥箩里晾干，磨的时候再加水，水里放点红色食用粉，这样，磨出来的粉是淡红色的，很好看。粉磨好后，倒进布袋里，扎紧口子，压上一块大石头，把水榨出来。也可放小木桶里，盖上一层纱布，然后压上草灰包，慢慢吸干水。

冬至前一天，主妇们把米粉揉好后，便招呼孩子们一起捏制鸡母狗馃。鸡母狗馃，顾名思义，形状都以鸡、鸭、狗、羊、牛、兔等家畜为主，也有黄鱼、虾、龟等海洋生物以及南瓜、玉米、菠萝等瓜果。捏出动物、瓜果的轮廓后，再剪出四肢、嘴巴、耳朵、鳞片、叶子等细节，眼睛用细竹签点出，如用黑芝麻点上就更栩栩如生了。全家合作捏母鸡孵小鸡是鸡母狗馃中不可缺少的内容。主妇们压好圆饼形粉团作为鸡窝，再捏只翅膀半张的母鸡放在窝中央，孩子们有的揉些小圆粒作鸡蛋，围在母鸡身边；有的捏一些在壳里欲出不出的小鸡，有的捏憨态可掬的小鸡叠放在母鸡身上和身边，不一会儿，一幅亲子乐融融的景象就呈现在眼前了。

鸡母狗馃做好后，放到蒸笼里蒸，米香溢出后，还要再焖会儿才起锅，不然做好的动物、瓜果，容易塌脖子或掉瓜蒂。

祭完天后，这些鸡母狗馃都由主妇平均分给孩子们。孩子们早就垂涎欲滴，此时便迫不及待地啃起来。舍不得吃的，就藏起来。过一两天，鸡母狗馃变得硬硬的，嚼起来很有劲道，味道也特别，除了米香，似乎还能嚼出瓜果的滋味。

冬至的鸡母狗馃已被列入非物质文化遗产名录。现在冬至，幼儿园里的老师会准备好米粉让孩子们学捏鸡母狗馃。

10.吃"捏冻耳朵"——耳朵不被冻烂。

"捏冻耳朵"是河南人冬至吃饺子的俗称。相传南阳医圣张仲景曾在长沙为官，他告老还乡时正是大雪纷飞的冬天，寒风刺骨。他看见南阳白河两岸的乡亲衣不遮体，有不少人的耳朵被冻烂了，心里非常难过，就叫其弟子在南阳关东搭起棚，将羊肉、辣椒和一些驱寒药材放置在锅里煮熟，捞出来剁碎，用面皮包成像耳朵的样子，再下锅里煮熟，做成一种叫"驱寒矫耳汤"的药物给百姓吃。服食后，乡亲们的耳朵都治好了。后来，每逢冬至人们便模仿做着吃，故形成"捏冻耳朵"这种习俗。至今南阳仍有"冬至不端饺子碗，冻掉耳朵没人管"的谚语。

11. 吃菜包——象征团圆。

菜包是用糯米磨成粉，和熟烂的鼠曲、蓬蒿等物，揉和做成米浆，待半干时手工做成半月形的外皮，里面包笋丝、豆干、菜脯等，是自古以来祭冬的祭物，古人叫作"环饼"（晋代时叫作"寒具"）。冬至清早，家庭主妇必须早起"浮圆仔"（用糖水煮汤圆）、"炊菜包"（蒸菜包），准备祭拜神明、祖先，并且享用"冬至圆"。吃"冬至圆"带有象征团圆及添岁之意。以前，祭拜之后还把"冬至圆"粘在门户、器具上，称为"饷耗"。

冬至民间忌讳

1. 冬至之日吃饺子，忌讳无雨。

河南一带忌冬至不吃饺子，否则会冻掉耳朵，且对农事收获不利。谚语说："冬至不过冬（指不吃饺子），扬场没正风。"湖北一带忌无雨。谚语说："立冬无雨看冬至，冬至无雨一冬晴。"意思是指来年天将大旱。

2. 冬至忌吵架、屠宰、扫地，老人、小孩要早睡。

浙江绍兴冬至忌骂人、吵架，忌说不吉利的话。云南有些地方忌屠宰，忌戴孝之人进家门。浙江杭州冬至前一晚清扫屋内外地面，称"扫隔年地"，冬至日则不能扫地。湖州的老人和小孩要早睡，认为冬至这天晚上阴气最重，而老人和小孩阳气不足，必须避开，否则不利。

旧时民间在冬至这天忌讳甚多。比如不可摔坏东西，打碎盘碗；忌妇女不归宁，出嫁妇女务必回夫家，不得在娘家过夜；忌说不吉利的话；忌吵架滋事。长辈会嘱咐小孩不可啼哭，大人也不可打骂小孩，否则视为不吉利。

冬至养生：保温、御寒、防干燥

冬至饮食养生

1. 冬至宜喝煲鸡汤。

大家都知道在冬季要"数九"，而冬至正是"数九"的第一天，所谓"提冬数九"，就是指从冬至这天起，每隔九天即过一九，一共九九。九九过后春天即将来到。"逢九一只鸡，来年好身体"是民间流传的一种冬季补养方法。冬至过后，天气日渐寒冷，人体对热量和营养素的需求量大大增加，此时适当多吃营养丰富的鸡肉，可以抵御寒冷、强身健体，保证人们健康地迎接春天的到来。

鸡肉是公认的冬季进补佳品。若冬至前后选择食用鸡肉进补，最好的方法是煲鸡汤。鸡汤可以提高身体的免疫力，帮助健康人群抵御流感病毒的侵袭；对于已患流感的人群来说，多喝鸡汤亦能缓解鼻塞、咳嗽等症状。但要特别注意的是，大部分热量及多种营养成分仍然"藏"在鸡肉里，因此要一边喝汤一边吃肉，这样进补的效果才会更明显。

2. 温肾助阳可食用些狗肉。

狗肉能够起到补气和温肾助阳的作用，是冬季进补的最佳选择之一。

在挑选狗肉的时候要注意，优质狗肉的表皮呈白色，肉质呈鲜红色且臊气比较重。在烹饪之前，最好先用白酒和姜片反复揉搓狗肉，再用稀释后的白酒浸泡狗肉1～2小时，最后将处理好的狗肉用清水洗净，放入热油锅中微微炸制再行烹调，能够有效减轻狗肉的腥味。

玉米须附片狗肉汤具有温肾助阳的作用。

玉米须附片狗肉汤

材料：狗肉250克，玉米须50克，附片10克，料酒、姜片、葱段、盐、味精、鸡油、胡椒粉各适量。

制作：①将附片用清水煮1小时，捞出；狗肉洗净，焯去血水，切块；玉米须洗净。②炖锅内放玉米须、附片、狗肉、料酒、姜片、葱段，加水1500毫升，大火烧

冬至养生食物

白菜是人们生活中不可缺少的一种重要蔬菜，味道鲜美可口、营养丰富，素有"菜中之王"的美称，为广大群众所喜爱。

鸡汤，特别是老母鸡汤，向来以美味著称。鸡汤还可以起到缓解感冒症状，提高人体的免疫功能的作用。

狗肉不仅蛋白质含量高，而且蛋白质质量极佳，对增强机体抗病力和细胞活力及器官功能有明显作用。

白菜

鸡汤

狗肉

冬至养生食物

鳝鱼

韭菜

黄鳝有补血、补气、消炎、消毒、除风湿等功效。黄鳝肉性味甘、温，有补中益血，治虚损之功效。

韭菜含有挥发油及硫化物、蛋白质、脂肪、糖类、维生素B、维生素C等，有健胃、提神、温暖的作用。

沸后改小火炖50分钟，加入盐、味精、鸡油、胡椒粉即可。

3. 补肾、御寒可吃些花生。

冬至养生重在固本扶阳，因此养肾是冬至养生的重中之重。花生具有补肾、润燥和御寒的功效，十分适合在冬至食用。

在挑选花生米的时候要挑选个体饱满、果仁外包衣颜色鲜艳的花生米。烹饪的时候最好采用煮的方式，煮花生易于消化，且能最大限度地保证营养不流失。

五香花生米具有补肾、御寒的功效。

五香花生米

材料：花生米250克，盐、花椒粉、小茴香、桂皮各适量。

制作：①盆中放入花生米、盐、花椒粉、小茴香和桂皮，加水至没过花生米，搅匀，腌两天左右，捞出花生米，滗出卤水备用。②锅中放入花生米和卤水，大火煮沸后再煮30分钟，捞出花生米，沥干。③将花生米放凉或风干即可。

冬至药膳养生

1. 阴虚火旺、肌肤不润，饮用甲鱼银耳汤。

甲鱼银耳汤适用于阴虚火旺、肌肤不润、面色无华、眼角鱼尾纹多等症。

甲鱼银耳汤

材料：甲鱼1只，银耳50克，料酒、姜、葱、盐、味精、胡椒粉、香油各少许，冷水2800毫升。

制作：①将甲鱼宰杀后，去头、尾、内脏及爪；将银耳用温水发透，去蒂头，撕成瓣；姜切片，葱切段。②将甲鱼和银耳同放炖锅内，加入料酒、姜、葱、水，用武火烧沸，再用文火煮35分钟，加入盐、味精、胡椒粉、香油即成。

2. 补虚益精、清热明目，食用桑葚枸杞猪肝粥。

桑葚枸杞猪肝粥具有补虚益精、清热明目之功效，对虚劳发热、目赤肿痛、夜盲症患者最适宜。

桑葚枸杞猪肝粥

材料：粳米100克，猪肝100克，桑葚15克，枸杞10克，盐3克，冷水1000毫升。

制作：①将粳米淘洗干净，用冷水浸泡半小时，捞出，沥干水分。②将桑葚洗干净，去杂质；枸杞洗干净，用温水泡至回软，去杂质。③将猪肝洗干净，切成薄片。④把粳米放入锅内，加入约1000毫升冷水，置旺火上烧沸，打去浮沫，再加入桑葚、枸杞和猪肝片，改用小火慢慢熬煮。⑤见粳米熟烂时下入盐拌匀，再稍焖片刻，即可盛起食用。

3. 滋阴益、补肾固精，食用虫草红枣烧甲鱼。

虫草红枣烧甲鱼具有滋阴益气、补肾固精之功效，适用于腰膝酸软、遗精、阳痿、早泄、乏力、月经不调、白带过多等症。健康人食用能增强体质，防病延年。

虫草红枣烧甲鱼

材料：甲鱼1只，冬虫夏草3克，红枣20克，料酒、精盐、葱、姜、蒜、鸡汤各适量。

制作：①将甲鱼宰杀，去肠杂，剥去腿油，洗干净，切成4块；冬虫夏草洗干净，红枣用开水浸泡5分钟。②将甲鱼放入锅中，放入冬虫夏草、红枣，加料酒、精盐、葱段、姜片、蒜瓣和鸡汤，上笼隔水蒸2小时取出，拣去葱、姜、蒜即成。

冬至起居养生

1.冬至期间，应勤晒被褥。

经日光暴晒后的被褥，会更加蓬松、柔软，还具有一股日光独有的香味，盖在身体上会使人感到更加舒服。

2.冬至时节要注意头部的保暖和防风。

中医有"头是诸阳之会"的说法，就是说人体内的阳气很容易上升而聚集在头面部，也最容易通过这个部位向体外散发。在寒冷的冬天，如果不注意保护头面部，令其长期暴露在外，我们的体热就会从这里外散，导致能量消耗、阳气受损。另外，在外界冷空气的刺激下，头部的血管很容易收缩，肌肉也会跟着紧张，极易引起风寒感冒、咳嗽、头痛、鼻炎、牙痛、面瘫、三叉神经痛等症，甚至诱发脑血管疾病，严重时则有可能导致死亡。

所以，冬至时节一定要注意头部的保暖和防风。俗话说"天天戴棉帽，胜过穿棉袄"，在户外最好戴上帽子、口罩等对头面部加以保护，尤其不要让头部迎风吹，而且要尽量避开过道风。即使不在户外，也要注意防风，比如在车里不要大开车窗，晚上不要在打开窗户的房间睡觉。出汗后不要吹冷风，更不要马上到户外去，以免着凉感冒。洗头发时水温最好不要低于35℃，洗完头发后，等头发自然干透或用电吹风吹干后再到户外去。

冬至运动养生

1.时尚运动：溜冰、滑雪和冬泳。

（1）溜冰：在冰面驰骋的魅力难挡。溜冰能增强人的平衡能力、协调能力以及身体柔韧性，提高有氧运动能力。溜冰时看似在冰面上轻盈滑行，其实并不轻松。它需要双腿控制来完成动作，也是锻炼下肢力量的极好方式。溜冰能训练人的平衡感，还有助于儿童的小脑发育。经常参加溜冰运动，不仅能改善心血管系统和呼吸系统的机能，更能有效地培养人的勇敢精神。

但是，强身健体的同时，安全问题也不容忽视。另外，溜冰的时候身上不要带硬器，如钥匙、小刀、手机等，以免摔倒时伤到自己。

（2）冬泳：搏击寒冷，考验意志。冬泳不仅是对身体机能的锻炼，也是对人的意志的锻炼。冬泳1分钟的运动散热量，大约相当于在陆上跑步半个小时的散热量。

冬泳时因为不出汗，因此体内矿物质没有散失。想尝试冬泳的人一定要从夏天高水温时开始游，逐渐适应较低的水温，坚持不懈地游到秋天，方可进行冬泳锻炼。不可心血来潮，突然在17℃以下的低温水中冬泳，这样非但无益，反而对身体还有损害。另有较严重疾病的人，如药物不能控制的高血压病人、先天性心脏病病人、风湿性心瓣膜病人、癫痫病人等，以及感冒初期和中期患者、尚未发育完全的儿童等，在冬季运动量不宜过大，以免发生危险。

（3）常见的运动损伤与处理。①擦伤。处理：伤口干净者一般只要涂上红药水或紫药水即可自愈。②鼻部受外力撞击而出血。处理：应使受伤者坐下，头后仰，暂时用口呼吸，鼻孔用纱布塞住，用冷毛巾敷在前额和鼻梁上，一般即可止血。③脱臼。处理：可以先冷敷，扎上绷带，保持关节固定不动，再请医生矫治。④骨折。处理：首先应防止休克，注意保暖、止血止痛，然后包扎固定，送医院治疗。

2.健身运动要适当，不要过分剧烈。

坚持冬练可减少感冒等疾病的发病率。俗话说："冬天动一动，少闹一场病；冬天懒一懒，多喝药一碗。"也说明了冬季锻炼的重要意义。但是，冬季锻炼宜讲究科

冬至时节的起居与运动养生

起居养生

冬至期间，应勤晒被褥。

冬至时节要注意头部的保暖和防风。

运动养生

先休息一下，不能太剧烈运动。

冬至运动可选择溜冰、滑雪和冬泳。

冬至时节健身运动要适当，不要过分剧烈。

学性。具体来说，应注意以下几点：

（1）运动不宜过于剧烈。《养性延命录》中说："冬日天地闭，阳气藏，人不欲劳作出汗，发泄阳气，损人。"适当活动，微微出汗，可增强体质，提高耐寒能力。若大汗淋漓，则有悖于冬季养藏之道。

（2）做好准备活动。冬季气温低，体表血管遇冷收缩，血流缓慢；肌肉的黏滞性增高，韧带的弹性和关节的灵活性降低。如果没有做充分的准备活动就突然进行剧烈运动，极易发生损伤。

因此，锻炼前要做好充分的准备活动，比如甩手、伸臂、踢腿、转体、扩胸等，以提高肌肉与韧带的伸展性和关节的灵活性，尽量避免运动时发生损伤。

（3）注意呼吸。鼻腔能对空气起加温作用，并可挡住空气里的灰尘和细菌，对呼吸道起保护作用。在运动过程中，由于耗氧量不断增加，仅靠鼻来呼吸难以满足人体需要，此时可用口鼻混合呼吸：口宜半张，舌头卷起抵住上腭，让空气从牙缝中出入，以减轻冷空气对呼吸道的不良刺激。

（4）心境应平和。冬季，阴精阳气均处于藏伏之中，机体功能呈现出"内动外静"的状态。锻炼时要保持心境平和，注意精神内守，做到心静与身动的有机结合，以保养元气。

（5）冰雪天宜防滑。坚持冬跑者，遇冰雪天气，要特别注意防止滑跌，以避免发生意外。

（6）健身宜在日出后。冬季空气的洁净度差，尤其是在上午8时以前和下午5时以后，空气污染最为严重。因为这个季节清晨的地面温度低于空气温度，空气中有一个逆温层，接近地面的污浊空气不易稀释扩散；再加上冬季绿色植物减少，空气洁净度会更差。若此时锻炼身体，不但无益反而会有损健康。所以，冬季锻炼不宜起得过早，最好等待日出之后再进行。

（7）注意保暖。晨起室外气温低，宜多穿衣，待做些准备活动，身体温暖后，再脱掉厚重的衣裤进行锻炼。锻炼后要及时加穿衣服，尤其是冬泳后，宜迅速擦干全身，擦红皮肤，穿衣保暖。

（8）适当摄食饮水。晨起后最好饮杯温开水，以稀释血液黏度，并洗涤体内聚积的毒素。进行健身锻炼之前，可适当吃几片面包，或喝点牛奶等，以避免发生低血糖的症状。

（9）选择好场地。冬季室外锻炼，应选择向阳、避风、安全而无污染的场地。大风、大雾的天气不宜在室外锻炼，室内锻炼时要保持空气流通。

冬至时节，常见病食疗防治

多吃新鲜水果、蔬菜防治牙痛。

牙痛的发病原因多种多样，最主要的是龋齿及各种牙周病变，有些脏器的病变也会间接引发牙痛。冬至时节，天气寒冷干燥，极易上火，所以要特别注意养护牙齿及牙周部位，否则极易出现牙痛的症状。轻微的牙痛只会影响进食，如果症状比较严重，则可能导致无法咀嚼，甚至面颊局部肿胀、说话困难等。

如果已经患有牙痛，要注意调整饮食，多摄入些新鲜的水果、蔬菜，补充维生素和纤维素，适量摄入一些绿茶、生姜等去火止痛的食物，同时还应避免吃辛辣、坚硬、刺激性强的食物，尽量不要喝酒。

京糕拌梨丝

材料：梨1000克，京糕100克，白砂糖适量。

制作：①梨洗净，去皮、核，切粗丝；京糕切粗丝。②取一盆，放入梨丝、京糕丝，加入白砂糖拌匀，装盘即可。

牙痛的预防措施

牙痛主要是龋齿及各种牙周病变，另外有些脏器的病变也会间接引发牙痛。冬至时节，天气寒冷干燥，极易上火，所以要特别注意养护牙齿及牙周部位。

（1）定期进行口腔检查，及时发现病变。

（2）保持口腔清洁。坚持每天早晚刷牙，每次3分钟，饭后要漱口。

（3）少吃甜食，以防止龋齿的发生。

（4）避免牙齿损害。成人的牙齿不会再生，所以我们要爱护牙齿，不要咬过于坚硬的物品，减少对牙齿及牙龈的伤害。

这是京糕拌梨丝。

（5）要注意调整饮食，多摄入些新鲜的水果、蔬菜，补充维生素和纤维素。

第五章

小寒：小寒信风，游子思乡归

小寒是一年二十四节气中的倒数第二个节气。在小寒时节，太阳运行到黄经285°，时值阳历1月6日左右，也正是从这个时候开始，我国气候进入一年中最寒冷的时段。根据中国的气象资料，小寒是气温最低的节气，只有少数年份的大寒气温是低于小寒的。

可见，小寒时节要比大寒更冷，但为什么依然叫"小寒"呢？原来，这和节气的起源有关。因为节气起源于黄河流域。《月令七十二候集解》中说"月初寒尚小……月半则大矣"，就是说，在黄河流域，当时大寒是比小寒冷的。由于小寒处于"二九"的最后几天，小寒过几天后，才进入"三九"，并且冬季的小寒正好与夏季的小暑相对应，所以称为"小寒"。位于小寒节气之后的大寒，处于"四九夜眠如露宿"的"四九"，也是很冷的，并且冬季的大寒恰好与夏季的大暑相对应，所以称为"大寒"。

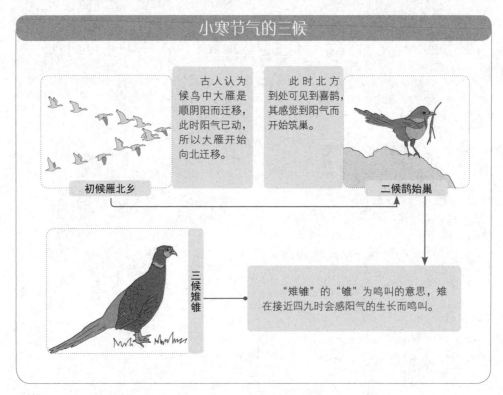

小寒节气的三候

古人认为候鸟中大雁是顺阴阳而迁移，此时阳气已动，所以大雁开始向北迁移。

此时北方到处可见到喜鹊，其感觉到阳气而开始筑巢。

初候雁北乡

二候鹊始巢

三候雉雊

"雉雊"的"雊"为鸣叫的意思，雉在接近四九时会感阳气的生长而鸣叫。

小寒气象和农事特点：天气寒冷，农田防冻、清沟、追肥忙

1. 天气寒冷，还未到最冷。

根据气象专家的观测资料，我国大部地区的全年最低气温就出现在从小寒到大寒节气的这一时段。"三九四九冰上走"和"小寒大寒，冻作一团"，以及"街上走走，金钱丢手"等民间谚语，都是形容这一时节的寒冷。由于气温很低，小麦、果树、瓜菜、畜禽等易遭受冻寒。

有人会有这样一个疑问，既然冬至是北半球太阳光斜射最厉害的时候，那为什么最冷的节气不是冬至而是小寒到大寒这段时间呢？确实，一个地方气温的高低与太阳光的直射、斜射有关。太阳光直射时，地面上接受的光热多；斜射时，地面接受的光热就少，这是决定气温高低的主要原因。其次，斜射时，光线通过空气层的路程要比直射时长得多，沿途中消耗的光热就多，地面上接受的光热也就少了。冬天，北半球的太阳光是斜射的，所以各地天气都比较冷。太阳斜射最严重的一天是冬至，但是冬至过后，太阳光的直射点虽北移，但在其后的一段时间内，直射点仍然位于南半球，我国大部分地区白天吸收的热量还是不如夜间向外放出的热量多，所以温度就会继续降低，直到吸收和放出的热量趋于相等为止。这也是一天中最高温度不是出现在中午而是在下午2点左右的原因。至于小寒和大寒节气哪个更冷，因地区和年份不同，这个问题并没有一个确切的答案。历史资料统计表明，南方小寒节气的平均最低气温要低于大寒节气的平均最低气温，而在北方则相反。

2. 小寒农田防冻、清沟、追肥忙。

由于中国南北地域跨度大，所以，即使是在同样的小寒节气，不同的地域也产生了不同的生产农事、生活习俗。农事上，北方大部分地区地里已无农活，都在进行歇冬，主要任务是在家做好菜窖、畜舍保暖，造肥积肥等工作。过去，牛、马等牲畜就是一家的主要劳力，需特别养护。小寒天气最冷，更要注意牲畜的保暖。民间多在牛棚、马厩烧火取暖。小牲畜御寒要更加谨慎，要单独铺上草垫，挂起草帘挡风。讲究的人家会用温水给牲畜饮，尽量减少牲畜的体能消耗，预防疾病，并且在饮水中加入少许盐，补充牲畜体内盐分的流失，增强牲畜的免疫力。平日我们见到牲畜舔墙根、喝脏水，其实主要目的就是为了从墙根泥土的盐碱中或者脏水中摄取盐分。

而在南方地区则要注意给小麦、油菜等作物追施冬肥，海南和华南大部分地区则主要是做好防寒防冻、积肥造肥和兴修水利等工作。在冬前浇好冻水、施足冬肥、培土壅根的基础上，寒冬季节采用人工覆盖法也是防御农林作物冻害的重要措施。当寒潮成强冷空气到来之时，泼浇稀粪水，施撒草木灰，可有效减轻低温对油菜的危害，露天栽培的蔬菜地可用作物秸秆、稻草等稀疏撒在菜畦上作为冬季长期覆盖物，既不影响光照，又可减小菜株间的风速，阻挡地面热量散失，起到保温防冻的作用。遇到低温来临再加厚覆盖物作为临时性覆盖，低温过后再及时揭去。大棚蔬

菜要尽量多照阳光，即使是雨雪低温天气，棚外草帘等覆盖物也不可连续多日不揭，以免影响植株正常的光合作用，营养缺乏，等天晴揭帘时导致植株萎蔫死亡。对于小寒时节的高山茶园，尤其是西北向易受寒风侵袭的茶园，要以稻草、杂草或塑料薄膜覆盖棚面，以防止风吹引起枯梢和沙暴对叶片的直接危害。雪后应尽早摇落果树枝条上的积雪，避免大风造成枝干断裂。

由于每年的气候都有其相关性，如山东地区就有"小寒无雨，大暑必旱""小寒若是云雾天，来春定是干旱年"的俗语。所以，有经验的农民往往根据往年的小寒气候推测这一年的气候，以便早早做好农事计划。

小寒农历节日及民俗宜忌

农历节日

腊八节——喝腊八粥。

"腊"本为每年年底祭祀的名称。汉蔡邕《独断》："腊者，岁终大祭。"据《礼记·效特牲》记载："伊耆氏始为蜡。蜡也者，索也，岁十二月，合聚万物而索飨之也。"应劭《风俗通义》云："《礼传》：腊者，猎也，言田猎取禽兽，以祭祀其先祖也。或曰：腊者，接也，新故交接，故大祭以报功也。"《史记·秦本纪》中就有惠文君"十二年，初腊"的记载。后来，就把农历十二月叫作"腊月"。

可以说，"腊月"之名是中国原始社会从狩猎时期刚进入农业初期的时候——也就是在传说中的神农时代——就已经有了。根据传说，从周代开始，称农历十二月为腊月的习俗在民间已经很普及了。

腊月，说到底，就是一年的结尾。在农业社会，忙了一年，一定要把五谷杂粮、各种蔬菜吃全了，这样才能有全面的营养。吃得全、收得全。这是祈求人体安康、合家兴旺之意。过了腊月，就到了新的一年，而腊八粥可以把当年地里长出来的五谷杂粮、各种蔬菜全包括进去，什么都不浪费，表明农家对土地上收获的一切都是爱惜的。也希望在新的一年里，什么庄稼都能长得好，都能获得丰收，有个好年景。所以，腊月的种种饮食习俗，其实也是对未来的一种企盼。

腊月最重要的节日，就是每年腊月初八——我国汉族传统的腊八节。腊八节又称"腊日祭""腊八祭""王候腊"或"佛成道日"。古代腊八节欢庆丰收、感谢祖先和神灵（包括门神、户神、宅神、灶神、井神）的祭祀仪式，除祭祖敬神的活动外，人们还要驱逐除疫。这项活动来源于古代的傩（古代驱鬼避疫的仪式）。古时的医疗方法之一即驱鬼治疾。作为巫术活动的腊月击鼓驱疫之俗，今在湖南新化等地区仍有留存，后演化成纪念佛祖释迦牟尼成道的宗教节日。夏代称腊日为"嘉平"，商代称"清祀"，周代称"大蜡"；因在十二月举行，故称该月为"腊月"，称腊祭这一天为"腊日"。先秦的腊日在冬至后的第三个戌日，南北朝开始才固定在腊月初八。

小寒民俗

1.祭祀：年的气氛越来越浓。

祭祀是腊八节的传统节目，在最早的时候，腊八节祭祀的对象只有八个：先啬神——神农，司啬神——后稷，农神——田官之神，邮表畦神——始创田间庐舍、开路、划疆界之人，水庸与坊神——水沟、堤防、猫虎神、昆虫神。到了唐宋，腊八节被蒙上神佛色彩。相传释迦牟尼成佛之前，绝欲苦行，饿昏倒地。一牧羊女以杂粮掺以野果，用清泉煮粥将其救醒。释迦牟尼在菩提树下苦思，终在十二月八日得道成佛，从此佛门定此日为"佛成道日"，诵经纪念，相沿成节。到了明清，敬神供佛更是取代祭祀祖灵、欢庆丰收和驱疫禳灾，成为腊八节的主旋律。其节俗主要是熬煮、赠送、品尝腊八粥等。同时许多人家也由此拉开春节的序幕，忙于杀年猪、打豆腐、腊制风鱼腊肉、采购年货，过年的气氛也越来越浓了。

2.腊八节喝腊八粥。

中国农历十二月称作"腊月"，十二月初八，古代称为"腊日"，俗称"腊八节"。腊八节在中国有着很悠久的传统和历史，在这一天喝腊八粥是全国各地老百姓最传统、也是最讲究的习俗。中国喝腊八粥的历史已有一千多年，最早开始于宋代。每逢腊八这一天，不论是朝廷、官府、寺院还是黎民百姓家都要做腊八粥。到了清朝，喝腊八粥的风俗更是盛行。在宫廷，皇帝、皇后、皇子等都要向文武大臣、侍从宫女赐腊八粥，并向各个寺院发放米、果等供僧侣食用。在民间，家家户户也要做腊八粥，祭祀祖先，同时，合家团聚在一起食用，并馈赠亲朋好友。

全国各地腊八粥争奇竞巧、品种繁多。其中以北京的最为讲究，掺在白米中的物品较多，如红枣、莲子、核桃、栗子、杏仁、松仁、桂圆、榛子、葡萄、白果、菱角、青丝、玫瑰、红豆、花生……总计不下二十种。人们在腊月初七的晚上就开始忙碌起来，洗米、泡果、剥皮、去核、精拣，然后在半夜时分开始煮，再用微火炖，一直炖到第二天的清晨，腊八粥才算熬好。

比较讲究的人家，还要先将果子雕刻成人形、动物花样，再放在锅中煮。比较有特色的就是在腊八粥中放上"果狮"。果狮是用几种果子做成的狮形物，用剔去枣核烤干的脆枣作为狮身，半个核桃仁作为狮头，桃仁作为狮脚，甜杏仁用来做狮子尾巴。然后用糖粘在一起，放在粥碗里，活像一头小狮子。如果碗较大，可以摆上双狮或是四头小狮子。更讲究的，就是用枣泥、豆沙、山药、山楂糕等具备各种颜色的食物，捏成八仙人、老寿星、罗汉像。

腊八粥做好之后，要先敬神祭祖，之后要赠送亲友，并且一定要在中午之前送出去，最后才是全家人食用。吃剩的腊八粥要保存起来，吃了几天还有剩下来的是好兆头，取其"年年有余"的意义。如果把粥送给穷苦的人吃，那更是为自己积德。在东北也有"腊八腊八，冻掉下巴"之说，意指腊八这一天非常冷，吃腊八粥可以使人暖和、抵御寒冷。关中一带到了这一天，家家户户都要煮上一锅腊八粥，美餐一顿。不光大人、小孩吃，还要给牲口、鸡、狗喂一些，并在门上、墙上、树上抹

小寒民俗

祭祀

到了小寒，过年的气氛越来越浓厚，有很多的民俗活动。而祭祀更是必不可少的民俗。

喝腊八粥

农历十二月初八的腊八节，在我国有着悠久的传统和历史，在这一天喝腊八粥是全国各地最传统、也是最讲究的习俗。

吃冰

除了腊八粥，有些地方还有"吃冰"的习俗。据说这天的冰很神奇，吃了它在以后一年里肚子都不会疼。

赏梅

在湖北车溪，腊八节也叫"腊梅节"。在腊梅节的时候，当地百姓会前往峡谷，观赏两岸高坡的梅花。

一些，图个吉利。

3.吃冰、冻冰冰——祈求来年风调雨顺。

除了腊八粥，有些地方还有"吃冰"的习俗。腊八前一天，人们往往会用钢盆舀水冻冰，等到了腊八节就把盆里的冰敲成碎块。据说这天的冰很神奇，吃了它在以后一年里肚子都不会疼。

在有的地方，每年腊月初七夜，家家都要为孩子们"冻冰冰"。大人用红萝卜、萝卜刻成各种花朵，用芫荽作为绿叶，放在一碗清水里，摆在室外窗台上。第二天清早，如果碗里的水冻起了疙瘩，便预兆着来年小麦丰收。将冰块从碗里倒出，五颜六色、晶莹透亮，煞是好看。孩子们人手一块，边玩边吸吮。也有的人清晨一起床，便去河沟、水池打冰，将打回的冰块倒在自家地里或粪堆上，祈求来年风调雨顺、庄稼丰收，这些习俗其实都是在表达劳动人民期望丰收的美好愿望。

4.赏梅、喝腊梅花茶，全年不生病。

在湖北车溪，腊八节也叫"腊梅节"。这一天，车溪人不分男女老少，都要登上峡谷两岸的高坡赏梅。赏梅的时候要对歌，年轻的姑娘和小伙子你唱我答，歌词多是借咏梅来表达年轻人之间的爱慕之情。赏梅结束后，车溪人回到家里，取出新采集的腊梅花，泡上一壶浓香的腊梅花茶，全家人都喝上一杯，据说可以全年不生病。这天，车溪人还要吃腊八粥，不过车溪的腊八粥跟其他地方有点不同，就是加进了腊梅花。所以，比起其他地区，车溪的腊八粥更加清香，使人垂涎欲滴。

小寒民间忌讳

1.小寒忌讳天暖

小寒前后，来自北方的强冷空气及寒潮频袭中原大地，气候十分恶劣。这时候忌讳天暖，"小寒天气热，大寒冷莫说"——大寒会更冷。

2.小寒忌讳无雪

小寒节气忌讳不下雪。谚语说，"小寒大寒不下雪，小暑大暑田干裂"，即第二年会出现干旱。

小寒养生：调理肾脏，温养阳气

小寒饮食养生

1.小寒喝腊八粥有益健康。

我国有每年农历腊月初八喝腊八粥的风俗，这个时间恰逢小寒时节。传统的腊八粥以谷类为主要原料，再加入各种豆类及干果熬制而成。对于腊八粥，现代营养专家建议，各种谷物、豆类等原料都有不同的食疗作用，因此一定要结合自己的身体状况，选择合适的原料。

腊八粥常用的谷类主料有大米、糯米和薏米。其中大米有补中益气、养脾胃、调和五脏、除烦止渴以及益精等作用；糯米可以辅助治疗脾胃虚弱、虚寒泻痢、虚烦口渴、小便不利等症；而薏米则能够防治慢性肠炎、消化不良等症及高脂血症、高血压等心脑血管疾病。

腊八粥中的豆类通常有黄豆、红豆等。其中黄豆具有多种保健功效，比如降低胆固醇、预防心血管疾病、抑制肿瘤、预防骨质疏松等；而红豆则可以辅助治疗脾虚腹泻、水肿等病症。

腊八粥中有一类重要的原料——干果，其中比较常用的有花生、核桃等。花生有润肺、和胃、止咳、利尿、下乳等功效；而核桃则有补肾纳气、益智健脑、强筋壮骨的作用，同时还可以增进食欲、乌须生发，更为可贵的是核桃仁中还有医药学界公认的抗衰老成分——维生素 E。

2. 虚不受补有对策："冬令进补，先引补"。

脾胃虚弱是"虚不受补"的主要原因。进补所用的补品多营养丰富、滋腻厚重，而脾胃虚弱的人食用后往往无法很好地消化和吸收，甚至会因消化不良致使身体更加虚弱。另外脾有湿邪也是导致"虚不受补"的一个原因。各种滋补品对脾有湿邪的人不仅没有任何补虚的功效，反而容易引起腹胀便溏、嗳气呕吐的不良反应，严重时还会出现湿蕴化火，口干、衄血、皮疹等副作用。

针对"虚不受补"的现象，中医学在总结了几千年的进补经验后，得出"冬令进补，先引补"的对策，包括食疗引补以及中药底补。食疗引补就是用芡实、红枣、花生加红糖炖服，或服用生姜羊肉红枣汤，先调节脾胃。而中药底补则适用于脾有邪湿的人，在进补前至少一个月就开始服用健脾理气化湿浊、开胃助消化的中药，先恢复脾胃功能，等到冬令时节再进补。

3. 补肝益肠胃可吃些金针菇。

金针菇不仅具有补肝益肠胃的作用，还可以补益气血，因此是一种非常好的小寒养生进补蔬菜。

在食用金针菇的时候有一点要注意，那就是金针菇一定要煮熟、煮透，这样可以避免鲜金针菇中的有害物质进入人体。而在挑选食材的时候也要注意，鲜金针菇最好选择菌柄均匀整齐、15 厘米左右长、新鲜无褐根、基部粘连较少而且菌伞没打开的。

金菇海鲜酱汤具有补肝益肠胃的作用。

金菇海鲜酱汤

材料：金针菇350克，虾仁、鱿鱼各200克，绿豆芽、菠菜、豆腐泡各150克，盐、白砂糖、胡椒粉、醋、黄酱、葱花、姜末、植物油各适量。

制作：①将鱿鱼洗净，切丝，加醋腌制5分钟；虾仁、金针菇、绿豆芽分别洗净；菠菜洗净，掰开；豆腐泡洗净，切小块。②炒锅放植物油烧热，下葱花、姜末爆香，倒入适量水，放入黄酱，烧开后放入金针菇、豆腐泡、菠菜、绿豆芽煮5分钟，再放入虾仁、鱿鱼，加盐、白砂糖、胡椒粉、醋调味，煮熟即可。

4. 补肾阳、滋肾阴可多食虾。

小寒进补最好阴阳同补，虾肉既可补肾阳又能滋肾阴，具有补而不燥、滋而不腻的特点，是小寒时节的最佳进补食物。

优质的虾应大小适中、身形周正、附肢完整、壳带光泽、不易翻开，体表呈现青色或青白色，在水里能够喷出气泡。勿食用体色发红、身软、无头的不新鲜虾，在处理虾的时候要注意，应挑去虾背上的虾线。

虾仁炒百合有补肾阳之功效。

虾仁炒百合

材料：虾仁300克，百合、西芹各100克，胡萝卜半根，干淀粉、蛋清、胡椒粉、盐、白酒、鸡精、葱花、植物油各适量。

制作：①将虾仁去虾线；百合撕小瓣；西芹去叶，切段，焯后沥水；胡萝卜去皮，切丝。②在大碗中放入虾仁、干淀粉、蛋清、胡椒粉、盐、白酒、鸡精拌匀，腌制2分钟。③炒锅放植物油烧热，放入葱花爆香，放入西芹、胡萝卜、百合翻炒，加入虾仁炒至变色，撒盐、鸡精，翻炒片刻即可。

小寒药膳养生

1. 补虚弱、壮腰膝、强筋骨，食用虫草排骨炖鲍鱼。

虫草排骨炖鲍鱼具有补虚弱、壮腰膝、强筋骨、益气力之功效，适用于老年人肺气肿、咳嗽、动脉硬化、白内障、骨质疏松。

虫草排骨炖鲍鱼

材料：猪排骨200克，冬虫夏草3克，枸杞15克，鲍鱼肉60克，鸡汤、料酒、葱、姜各适量。

制作：①将鲍鱼肉、排骨洗干净，切成小块，放入开水中余一下，捞出，用凉水冲干净。②将鲍鱼、排骨放入砂锅，加入鸡汤，用微火炖煮3小时。③加入料酒、冬虫夏草、枸杞、葱、姜、盐继续炖半小时即成。

2. 滋阴润燥、补气养血，食用百合花鸡蛋羹。

百合花鸡蛋羹具有滋阴润燥、补气养血之功效，可用于治疗贫血症。

百合花鸡蛋羹

材料：鲜百合花25克，鸡蛋4个，菠菜叶30克，水发玉兰片、水发银耳、水发黑木耳均20克，香油3克，色拉油8克，湿淀粉30克，料酒10克，盐4克，味精2克，葱末3克，胡椒粉2克，素高汤200克，冷水适量。

制作：①将鲜百合花择洗干净，用开水烫一下捞出；蛋清、蛋黄分别打入两个碗里，每碗内放入适量盐、味精、胡椒粉，腌拌均匀。②炒锅上火，放入适量冷水烧沸，下入鸡蛋清，待浮起时捞出控水，再放入鸡蛋黄，待熟后也捞出控水。③坐锅点火，下色拉油烧至五成热时，放葱末炒香，加入素高汤、玉兰片、银耳、黑木耳、百合花烧沸，加入料酒、盐、味精调味，放入蛋清、蛋黄、菠菜叶，用湿淀粉勾芡，最后淋上香油，出锅即成。

3. 补肝肾、益筋髓、壮筋骨，饮用枸杞海参汤。

枸杞海参汤具有补肝肾、益筋髓、壮筋骨之功效，可治阳痿、遗精、滑精及肝肾两虚的腰膝冷痛、软弱无力等症。

枸杞海参汤

材料：枸杞20克，海参（水发）300克，香菇50克，料酒20克，酱油10克，白糖10克，盐3克，味精2克，姜3克，葱6克，植物油35克。

制作：①将海参用水发透，切成2厘米宽、4厘米长的块；枸杞洗干净，去果柄、杂质；香菇洗干净，切成3厘米见方的块；姜切片，葱切段。②将炒锅放到武火上烧热，加入植物油，烧至六成热时加入姜、葱爆香，下入海参、香菇、料酒、酱油、白糖，加适量水，武火烧沸，文火焖煮，煮熟后加入枸杞、盐、味精即成。

4. 神疲乏力可食用当归生姜羊肉汤。

小寒时节正是吃麻辣火锅、红焖羊肉的好时节。这个时节可以食用当归生姜羊肉汤，此汤适用于神疲乏力等症状。

当归生姜羊肉汤

材料：当归20克，生姜30克，羊肉500克，黄酒、调料适量。

制作：①将羊肉洗净，切为碎块。②锅内放入羊肉，加入当归、生姜、黄酒及调料，炖煮1～2小时，食肉喝汤即可。

5. 虚弱无力、腰膝酸软，食用羊肾红参粥。

羊肾红参粥具有益气壮阳、填精补髓之功效，适用于虚弱无力、腰膝酸软、畏寒怕冷、耳聋耳鸣、性功能减退等肾阳不足的患者。

羊肾红参粥

材料：鹿肾（或羊肾）1只，红参3克，大米100克，调料少许。

制作：将羊肾切开，剔去内部白筋，切为碎末；红参打为碎末；大米洗净，加入适量水及调料，煮1小时后即可食用。

小寒起居养生

1. 小寒时节应防止冷辐射伤害。

因为小寒的时候是一年天气开始最冷的时候，所以防止冷辐射对身体的伤害非常重要。

据环境医学指出，在我国北方严寒季节，室内气温和墙壁温度有较大的差异，墙壁温度比室内气温低3～8℃。当墙壁温度比室内气温低5℃时，人在距离墙壁30厘米处就会感到寒冷。如果墙壁温度再下降1℃，即墙壁温度比室温低6℃，人在距离墙壁50厘米处就会产生寒冷的感觉，这是由于冷辐射（或称为"负辐射"）所导致的。

人体组织受到负辐射的影响之后，局部组织出现血液循环障碍，神经肌肉活动缓慢且不灵活，全身反应可表现为血压升高、心跳加快、尿量增加、感觉寒冷。如果原先患有心脑血管疾病、胃肠道疾病、关节炎等病变，可能诱发心肌梗死、脑出血、胃出血、关节肿痛等多种症状。

所以，在寒冷的气候条件下，人们应特别注意预防冷辐射及其所带来的不良影响。因此，最好的方法是远离辐射源，也就是过冷的墙壁和其他物体，在睡觉时至少要离开墙壁50厘米。如果墙壁与室内温度相差超过5℃，墙壁就会出现潮湿甚至小水珠。此时可在墙前置放木板或泡沫塑料，以阻断和减轻负辐射。

2. 严冬时节外出、睡前洗头有损健康。

许多人都有睡前洗头的习惯，头发在外面露了一天，确实会沾上许多尘埃，而且洗头也能消除疲劳。但是，这样的做法会对健康造成不好的影响，因为在经过一天的劳累后，晚上是人体最疲劳、抵抗力最差的时候。晚上洗完头发如果不擦干，湿气就会在头皮滞留，长期这样就会使气滞血瘀、经络阻闭、郁积成患。尤其小寒时节气温低，寒湿交加，使得睡前洗头对于身体健康带来的伤害更大。

因此，严寒冬季最好不要在睡觉前洗头。如果实在需要洗，那洗后就应马上擦干或是用电吹风吹干头发，这样，至少能够防止湿气在头上滞留导致受寒或者经络阻塞。

既然临睡前洗头对健康不利，那早晨出门前洗可以吗？答案是否定的。因为天气寒冷，万一头发没有彻底擦干，出门后被寒风吹到，就非常容易感冒。如果经常这样做，

小寒正确使用口罩

寒冬腊月，人们外出时往往喜欢戴上口罩。它既可预防上呼吸道疾病，又能抵御寒冷。但是戴口罩要讲究卫生，要不然反而弄巧成拙，招惹疾病。

戴口罩必须把口鼻都遮住，不要露出鼻子，否则起不到戴口罩的作用。而且只能单面使用，不能两面乱用。

口罩不用时，叠好放在清洁的信封里，不要随便塞入口袋或包中。而且，还应多备几只口罩交替使用。

每日换洗一次，不要连续用上几天。清洗时应开水烫几分钟，然后拧干，放在太阳下晒，以杀菌消毒。

就不只是感冒了，还可能使关节出现疼痛等不适，严重者还会出现肌肉麻痹的现象。

小寒运动养生

1. "冬练三九"要先做好准备活动。

俗话说"冬练三九，夏练三伏"，但是，在气温极低的三九寒冬，人体各器官会发生保护性收缩，而肌肉、肌腱以及韧带的弹力和延展力也都会降低，同时关节灵活性也变得较差。此时我们的身体愈发僵硬、不易舒展，还有干渴烦躁的感觉。在这种状态下，如果直接进行锻炼，非常容易发生肌肉拉伤、关节扭伤等意外。所以冬天锻炼身体的时候，一定要做好准备活动，先热身，使身体的各部位充分进入兴奋状态，这样才能既保证了"冬练三九"的效果，也防止了由此带来的健康隐患。

热身一般分为两步：首先要进行 5 ~ 10 分钟的动态有氧活动，活动强度不宜过大，一般为最大运动的 20% ~40%，锻炼者感觉心律稍有增加即可，适当的活动有慢跑、快走等。这一步可使身体略微发热，为接下来的活动做准备。

在这之后，需要做的是把肌肉和关节伸展一下。通常我们的大肌肉群、关节、下背部以及锻炼时涉及的肌肉和关节都需要伸展，以便达到更好的锻炼效果。我们可以通过压腿、压肩和下腰等简单动作来伸展肌肉，并充分活动各个关节。伸展运动要使肌肉有轻微的拉伸感，而且每个动作维持 15 ~ 30 秒才会有效果。

一般而言，热身的时间只需 10 ~ 15 分钟就可以，不过锻炼者要根据自己的实际情况适当调整。如老年人锻炼或者锻炼环境温度低、锻炼强度较大时，热身的时间应该稍加延长，同时要注意的是准备活动应避免蹦跳和过于剧烈的动作。

2. 公园或庭院步行健身，老少皆宜。

比起其他的健身活动，步行健身锻炼有其独到之处。它不需要任何体育设施，在公园或庭院都可进行，还可活跃人的思维，使灵感频频来临，是一项老少皆宜的健身运动。

步行能加快体内新陈代谢的过程，消耗多余的脂肪；能降低血脂、血压、血糖以及血液黏稠度，提高心肌功能；刺激足部穴位，增强和激发内脏的功能。

轻松而愉快的步行，给人以悠然自得、无拘无束的感觉，是一种精神享受，还有助于缓解紧张情绪，对安神定志也有良好的调适作用。

冬季步行健身，可根据体质、年龄和爱好选择是散步还是走健身步等。建议中老年人最好走健身步——步子要大些，速度宜慢些，每分钟走 60 ~ 70 步是比较好的选择。

小寒时节，常见病食疗防治

吃排骨、蛋黄、番茄食疗防治面瘫。

人们常说"冷在三九，热在三伏"，而"三九天"就在小寒的节气内，因此说小寒是全年最冷的节气。这个时节人们从暖和的室内走到寒冷的室外，面部被冷风直吹，面部血管受刺激后会自动收缩，如果受风时间长，就非常容易诱发口眼歪斜，也就是人们平时所说的面瘫。面瘫是一种以面部表情肌群运动功能障碍为主要特征的常见病。

排骨、深绿色蔬菜、蛋黄、奶制品、番茄等富含钙和 B 族维生素的食物能促进面部肌肉群以及面神经功能恢复正常，面瘫患者应多食。防风葱白粥能够促进面部肌肉群恢复正常。

防风葱白粥

材料：大米100克，防风12克，葱白50克，盐适量。

制作：①将大米淘净，防风洗净，葱白切段。②砂锅中倒入清水，放防风、葱白，大火烧开后改小火煎汁，盛出过滤后备用。③砂锅中倒入清水，放入大米，大火烧开，倒入药汁，改用小火煮至粥成，撒盐搅匀即可。

面瘫、肌肉酸痛的防治措施

（1）保暖防风，不要让冷风直接吹到面部。

（2）锻炼身体，提高机体免疫力。

（3）多做面部按摩，并经常活动面部，锻炼面部肌肉，降低患面瘫的风险。

（4）调节情绪。精神紧张会使人更容易患面瘫，所以要注意自我调节，保持心情愉悦。

（5）防风葱白粥能够促进面部肌肉群恢复正常，可适当饮用。

第六章

大寒：岁末大寒，孕育又一个轮回

　　大寒是二十四节气之一。每年阳历 1 月 20 日前后，太阳到达黄经 300° 时为大寒。《月令七十二候集解》："十二月中。解见前（小寒）。"《授时通考·天时》引《三礼义宗》："大寒为中者，上形于小寒，故谓之大……寒气之逆极，故谓大寒。"这个时期，铁路、邮电、石油、海上运输等部门要特别注意及早采取预防大风降温、大雪等灾害性天气的措施，农业上要加强牲畜和越冬作物的防寒防冻。

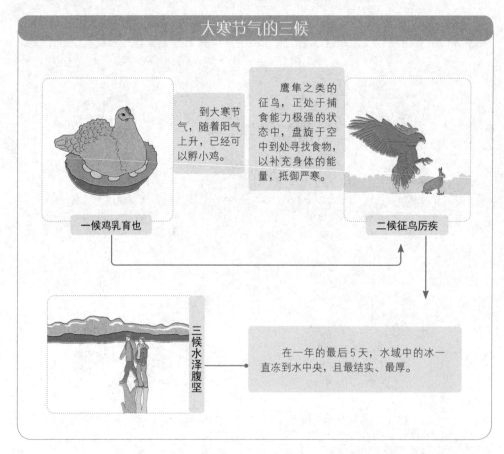

大寒节气的三候

到大寒节气，随着阳气上升，已经可以孵小鸡。

一候鸡乳育也

鹰隼之类的征鸟，正处于捕食能力极强的状态中，盘旋于空中到处寻找食物，以补充身体的能量，抵御严寒。

二候征鸟厉疾

三候水泽腹坚

在一年的最后 5 天，水域中的冰一直冻到水中央，且最结实、最厚。

大寒气象和农事特点：天寒地冻，积肥、堆肥为春耕做准备

1.一年中最冷的时节。

大寒就是天气寒冷到了极点的意思，大寒前后是一年中最冷的季节。大寒正值三九，谚云："冷在三九。"

同小寒一样，大寒也是表示天气寒冷程度的节气。近代气象观测记录虽然表明，在我国绝大部分地区，大寒不如小寒冷，但是在某些年份和沿海少数地方，全年最低气温仍然会出现在大寒节气内。

2.北方积肥、堆肥，南方田间管理捉鼠。

大寒节气，全国各地农活依旧很少。北方地区老百姓多忙于积肥、堆肥，为开春做准备，或者加强牲畜的防寒防冻。南方地区仍要加强对小麦及其他作物的田间管理。广东岭南地区有大寒联合捉田鼠的习俗，因为这时作物已收割完毕，平时见不到的田鼠窝显露出来，大寒也成为岭南当地集中消灭田鼠的重要时机。

大寒时节的气象和农事特点

大寒时节，寒潮南下频繁，是我国大部分地区一年中的最冷时期，风大、低温、地面积雪不化，呈现出冰天雪地、天寒地冻的严寒景象。

北方积肥、堆肥，为来年做准备。而南方依旧是小麦的田间管理，岭南地区有捉鼠的活动。

大寒农历节日及民俗宜忌

农历节日

小年是相对大年（春节）而言的，又被称之为"小岁""小年夜"。大部分地区在农历十二月二十四日过节，不过在有些地区也略有差异，北京、河南等地区十二月二十三日过节。东汉崔寔《四民月令》记载："……小新岁，进酒降神；其进酒尊长、脩刺贺君、师、耆老，如正日。"在宋代，过小年不出门拜贺《太平御览》卷三十三引徐爰《家仪》说："小岁之贺，既非大庆，礼止门内。"这天合家团聚、欢宴饮酒，就像过大年一样。清代姚兴泉《龙眠杂忆》中记安庆桐城县（今属安徽）腊月过小年的情景："二十四晚，设酒醴以延祖先，自密室达门面，内外洞澈，灯烛辉煌，而花炮之声达于四巷，几与除夜无异，土人谓之小年。"

小年有许多习俗，体现了民间对它的重视。

1. 祭灶：送灶王爷。

祭灶的祭祀对象是灶君。所谓"灶君"，就是民间俗称的灶君菩萨、灶王爷、灶公灶母、东厨司命。早在春秋时期，《论语》中就有"与其媚于奥，宁媚于灶"之语。先秦时期，祭灶位列"五祀"之一（五祭祀为祀灶、门、行、户、中霤五神，中霤即土神）。

2. 赶婚：诸神上天，百无禁忌。

过了腊月二十三，民间认为诸神上了天，百无禁忌。娶媳妇、出嫁不用挑日子，称为"赶乱婚"。直至年底，举行结婚典礼的非常多。民谣说："岁晏乡村嫁娶忙，宜春帖子逗春光。灯前姊妹私相语，守岁今年是洞房。"

3. 梳洗：不留一点污秽。

小年以后，大人、小孩都要洗浴、理发。民间有"有钱没钱，剃头过年"的说法。山西吕梁地区婆姨女子都用热水洗脚，未成年的少女，大人们也要帮她把脚擦洗干净，不留一点污秽。

大寒民俗

1. 尾牙祭：祭拜土地公。

民间将农历十二月十六日称之为"尾牙"，源自农历每月初二、十六拜土地公"做牙"（用供品"打牙祭"）的习俗。由于腊月十六是第二次，也就是最后一次"做牙"，所以被称为"尾牙"。

在中国台湾地区，每年的腊月商人都会祭拜土地公，便称之为"做牙"，有"头牙"和"尾牙"之分。二月二日为最初的"做牙"，叫作"头牙"；十二月十六日的"做牙"是最后一个"做牙"，所以叫"尾牙"。尾牙是商家一年活动的尾声，也是普通百姓春节活动的先声。这一天，台湾的平民百姓家要烧土地公金以祭福德正

小年的习俗

　　小年是除夕前的一个大节日，所以在这天，各地有丰富多彩的民俗活动。除了文中介绍的民俗之外，还有许多其他的民俗。

尾牙祭

　　民间在农历每月初二、十六有拜土地公"做牙"的习俗，由于腊月十六日是最后一次"做牙"，也被称为"尾牙"。

糊窗户

　　在天津，有"二十四，扫房子；二十五，糊窗户"的民谣。过去糊窗户不仅要糊窗户，还要裱顶棚。

　　腊月扫尘是民间素有的传统习惯，有为过年做准备的特殊意义。这种习俗一般始于腊月初，盛于腊月二十三日，终于月底最后一天。

　　在所有过年的准备工作中，剪贴窗花是最盛行的民俗活动。

腊月扫尘

蒸花馍

贴窗花

吃饺子、炒玉米

　　腊月二十三日后，家家户户要蒸花馍。花馍分为敬神和走亲戚用的两种类型。前者庄重，后者花哨。

　　祭灶节，北京等地讲究吃饺子，取意于"送行饺子迎风面"。山西东南部吃炒玉米，民谚有"二十三，不吃炒，大年初一一锅倒"的说法。

神（即土地公），还要在门前设长凳，供上五味碗，烧经衣、银纸，以祭拜地基主（对房屋地基的崇拜）。这一天，妇女们傍晚都会准备各种各样的供品去供奉神明土地公，一般多见的是猪肉、豆腐干和水果、糕饼、米酒等。很多企业也不例外，在福建莆田，80%以上的公司企业（特别是台商企业与当地私人企业）在建厂之时，都会在自己的厂里建一座土地公庙。在"做牙"的这一天，公司老板自己或叫员工在自家庙中备好牲醴、祭品，点上香烛、金纸、贡银，最后燃放爆竹，祭拜时口念"通词"，态度非常虔诚地祈求土地爷赐福，希望公司日后生意兴隆、财源广进。

那些开店的商家，由于自己的店面前一般没有土地公庙，他们就直接在店面门口备好供品，焚香祭拜。商家祭拜是以地基为主（房舍所在地上的地神）。

在商界还有一句俗谚："吃头牙粘嘴须，吃尾牙面忧忧。"说的是每到头牙或尾牙时，一些公司会摆丰盛的酒菜宴请员工们，以慰劳他们平日的辛苦。每个职员吃头牙时心情都很好，因为代表着一年新的工作又要开始，自己已经得到公司的肯定与留任。而吃尾牙，很多人则是提心吊胆、愁绪满面，担心吃了这餐饭之后，过了年老板就把自己解雇了。

近年来，尾牙聚餐开始盛行起来，按传统习俗，全家人围聚在一起"食尾牙"，主要的食物是润饼和刈包。润饼是以润饼皮包豆芽菜、笋丝、豆干、蒜头、蛋燥、虎苔、花生粉、辣酱等多种食料。刈包里包的食物则是三层肉、成菜、笋干、香菜、花生粉等，都是美味可口的乡土食品。

在中国福建地区，做尾牙之后的日子——也就是农历十二月十七日到二十二日——往往会作为赶工结账时间，所以也称二十二日为"尾期"。尾期前可以向各处收凑新旧账，延后则就要等到第二年新年以后才收账了。所以尾牙的饭吃完后，就有几天要忙。过了尾期，即使身为债主，如果硬去收账的话，也可能会被对方痛骂一场，说不定还会挨揍，但不能有分毫怨言。

2. 糊窗户：糊上来年好盼头。

在天津，有"二十四，扫房子；二十五，糊窗户"的民谣。扫房子和糊窗户是大寒的两项重要民俗活动。过去糊窗户非常讲究，不仅要糊窗户，还要裱顶棚，糊完窗户还要再贴上各式各样的窗花，之后房间会焕然一新。在这一扫、一糊、一裱、一贴之间，天津的年味儿也就出来了。

扫房子扫掉的是去年的不顺心，糊窗户糊上的是来年的好盼头。过去的窗户都是糊上一层纸，这层纸要经一年的风吹日晒雨淋，难免会出现破损，有了破洞，人们就拿一张白纸抹上糨糊补上，一年下来窗户上会出现很多补丁，看起来不美观，所以过年前一定要换层新窗户纸。旧时房屋均采用四梁八柱的结构形式，墙壁不承重。因为砖非常贵，民间建房多将房屋前窗台的上部用木板装饰。窗户为百眼窗格，外面或油或漆，屋里则糊粉连纸，下层窗格的面积较大，但无论如何，中间必然会留出一块大空白，这片空白要用朱纸来糊，因朱纸比较薄，可以透出光亮来，室内的光线也就更充足了。为了美观，就剪一些寓意美好的图案张贴在上面，这项习惯渐渐演变成了现在各式各样的窗花。

3. 赶年集：购置年货。

大寒节气往往和每年岁末的日子相重合。所以，在这样的日子中，除干农活外，还要为过年奔波——赶年集、买年货、写春联，准备各种祭祀供品、扫尘洁物、除旧布新、腌制各种腊肠、腊肉，或煎炸烹制鸡、鸭、鱼、肉等各种菜肴，同时还要祭祀祖先及各种神灵，以祈求来年风调雨顺。

每到赶年集的时候，也是农村集市一年中最热闹的时候。由于平时农忙，老百姓赶集都是行色匆匆，买了需要的东西就急急回来，因为老百姓最关心的就是田里的庄稼。进入腊月，庄稼该收的收到家里了，该种的已经种上，所以才会有赶年集的心情。

每到集市的那天，无论男女老幼都会穿戴整齐，呼朋引伴，提个布兜去集市逛逛。与其说是赶集，还不如说是去赶会。因为在集市上除了可以采购一些过年的必需品外，还可以消遣消遣、逛逛街，和熟人聊聊天。当然，赶集最重要的一件事情还是购置年货。

由于农村的集市绝大部分是露天的，摊点沿路设置，路两边设摊、中间走人，所以往往热闹非凡。特别是人多的时候，摩肩接踵、车水马龙，路边商贩吆喝声不绝于耳，或者突然有人推着车子，大声喊着"哎，让一让，油一身啊，大家闪开了"，吓得路人匆忙让路。当然，也不乏以此骗人让路的情形。对此，人们总是宽容的，一笑了之。因为大家来赶集，本来就是图个乐子。

集市上的商品可以说是琳琅满目，什么烟酒糖茶、衣帽鞋袜，吃的、用的应有尽有。每个集市都自然形成几个固定的区域，什么菜市、鞭炮市、肉市、牛羊交易市等。经常赶集的，需要买什么东西自然就去相应的市场转转，有合适的就可以买下。

4. 蒸供儿：待过年祭神用。

大寒节气期间，家家户户蒸供品，俗称"蒸供儿"。供品的种类很多，包括家堂供儿、天地供儿等，大小不一，最大的当属家堂供的饽饽，要蒸十个，每个底部直径起码一尺，高6~7寸，顶部三开，插枣，每个少说也在5斤左右，俗称"枣饽饽"。也可以蒸光头饽饽，蒸熟后在顶上打个红点儿，俗称点"饽饽点儿"，以示鲜亮，但大小同枣饽饽一样，数量也是十个。过去，由于经济条件有限，农民蒸大饽饽只好偷工减料。发面时，头罗面和二罗面同时发。做饽饽时，先把发好的二罗面团成团儿，在外面裹上一层头罗面，顶部厚些，底部薄些，因为摆供品时，都是底部朝下，第四个虽然朝上，但又被第五个底部遮住，没人看得见。不过，饽饽蒸得不好，顶部会露出黑面，但人们也见怪不怪，因为家家如此，谁也不笑话谁。天地供儿小一些，比拳头大点，俗称"小枣饽饽"，因为个头小，所以全用头罗面。年糕蒸成板状，俗称"板糕"，有插枣的，有不插枣的，在糕面上点红饽饽点儿，鲜亮、美观。当供品的，切成大小一致的方状两块，摆在一起。家堂供儿个头大，蒸时加屉，烧火计时用香，一炷香尽，饽饽蒸熟。

供儿蒸好后，先放在盘子上、簸箕里，待凉透了，再拾到柳条筐箩里，上面盖好红包袱，以待过年祭神用。如果凉不透，饽饽之间会粘皮，便会影响供儿的美观。

5.办年菜：年前的重头戏。

在准备完了供品和在大寒节日食用的主食之后，接下来的重头戏就是办年菜了。年菜分两种：人食和神供。人食的蔬菜，包括白菜、萝卜、菠菜、葱、香菜等。白菜扒去老叶，萝卜切成萝卜丝，菠菜、香菜也择去黄叶。神供的蔬菜，除以上这些外，沿海人家还备有染成红色的龙须菜。

腊月二十九日这天，除把人食和神供的菜肴制成半成品外，主要是油炸食物。山东荣成人过年或遇有喜庆事，很讲究吃"化鱼"，就是把劳板鱼干或鲨鱼干用水泡软，剁成小块，加鸡蛋面粉调成糊，拌匀后入油锅炸熟，然后与白菜一起烩食，实际就是烧溜鱼块。既然炸鱼了，索性把想炸的东西全炸了，如炸小丸子，包括猪肉丸子、萝卜丸子、豆腐丸子等，甚至连走亲戚、压包袱用的面鱼、麻花扣也一起炸了。

这一天，孩子们都不愿上街玩，而是围着锅台瞅。母亲们总是把那炸老了或炸得不漂亮的塞给他们。等到吃晚饭时，可能孩子们早已饱得吃不下饭了。

6.吃糯米：暖身御寒。

在我国南方广大地区，有大寒吃糯米的习俗，这项习俗虽听来简单，却蕴涵着前人们在生活中积累的生活经验。因为进入大寒，天气分外寒冷，糯米是热量比较高的食物，有很好的御寒作用。

7.喝鸡汤、炖蹄髈、做羹食。

大寒节气已是农历"四九"前后，南京地区不少市民家庭仍然不忘传统的"一九一只鸡"的食俗。做鸡一定要用老母鸡，或单炖，或添加参须、枸杞、黑木耳等合炖，寒冬里喝鸡汤真是一种享受。然而更有南京特色的是腌菜头炖蹄髈，这是其他地方所没有的吃法。小雪时腌的青菜此时已是鲜香可口；蹄髈有骨有肉，有肥有瘦，肥而不腻，营养丰富。腌菜与蹄髈为伍，可谓荤素搭配，肉显其香，菜显其鲜，极有营养价值，又符合科学饮食要求，且家庭制作十分方便。到了腊月，老南京还喜爱做羹食用。羹各地都有，做法也不一样，如北方的羹偏于黏稠厚重，南方的羹偏于清淡精致，而南京的羹则取南北风味之长，既不过于黏稠或清淡，又不过于咸鲜或甜淡。南京冬日喜欢食羹还有一个原因是取材容易，可繁可简、可贵可贱，肉糜、豆腐、山药、木耳、山芋、榨菜等，都可以做成一盆热乎乎的羹，配点香菜，撒点白胡椒粉，吃得浑身热乎乎的。

大寒民间忌讳

1. 大寒时节忌讳天晴无雪。

民间在大寒节气忌天晴不雪。农谚说"大寒三白定丰年""大寒见三白，农人衣食足"，三白指下三场大雪。大寒忌晴宜雪的说法早在唐朝时就有了。古书中记载："一腊见三白，田公笑赫赫。"为什么腊月下雪就预兆丰收呢？《清嘉录·腊雪》说得好："腊月雪，谓之腊雪，亦曰瑞雪。杀蝗虫子，主来岁丰稔。"腊雪杀了蝗虫，次年不闹虫灾，自然丰收在望。

2. 大寒时节饮食宜忌。

大寒时节是感冒等呼吸道传染性疾病高发期，因此应注意防寒，适宜多吃一些温散风寒的食物以防风寒、邪气的侵袭。饮食方面应遵守保阴潜阳的原则，宜减咸增苦，宜热食，但燥热之物不可过食；食物的味道可适当浓一些，但要有一定量的脂类，保持一定的热量。宜食用的食材同"小寒"。适当增加生姜、大葱、辣椒、花椒、桂皮等作为调料。切忌黏硬、生冷食物，尽量少吃海鲜和冷饮等食物。

大寒饮食养生：敛阴护阳，抗风寒

大寒饮食养生

1. 大寒时节宜多吃"红色"食物御寒。

天气寒冷时我们是不是应该多选择些可以生热、保暖的食物呢？营养学家给了我们肯定的答案，并提示说，颜色红润、具有辛辣味及甜味的食物都有这样的效果。

在冬天可多吃一些辛辣的食物，如辣椒、生姜、胡椒等，它们分别含有辣椒素、芳香性挥发油、胡椒碱等物质，有增强食欲、促进血液循环、驱寒抗冻的作用，还能改善咳嗽、头痛等症状。

红色食物不仅能从视觉上吸引人，刺激食欲，而且从中医学角度分析，这类食物还有非常好的驱寒解乏之功效。更可贵的是，红色食物可以帮助我们增强自信心、意志力，提神醒脑、补充活力。其中枸杞搭配桂圆肉或生姜，直接冲泡饮用，就能很好地驱寒发热。

另外，香甜的红枣也是极佳的驱寒食品。由于气虚而导致手脚冰凉的患者，可以把枣肉和黄芪、大米一起煮制，喝前也可再加入少许白糖，便有很好的益气补虚、健脾养胃的功效。

2. 降低胆固醇、预防心血管疾病可多食用燕麦。

燕麦有很好的健脾开胃之功效，这恰好符合大寒时节调养脾胃的需求。另外燕麦是一种对心血管十分有利的食物，它有助于降低胆固醇，促进血液循环，能有效预防心血管疾病。

在挑选燕麦的时候要注意，优质的燕麦应呈浅土褐色，颗粒完整，并有淡淡的

大寒抗风寒食物

大寒期间是各种病毒最活跃的时节，也是感冒等呼吸道传染性疾病高发期，应适当多吃一些温散风寒的食物，以防御风寒、邪气的侵扰。

白菜汁中的维生素A可增加呼吸道黏膜的抵抗力，预防感冒。

清蒸鸡

鸡肉中含有人体必需的多种氨基酸，且其蛋白质易于消化吸收，能增强机体对感冒病毒的抵抗力。

生姜用于解表，主要为发散风寒，多用于治疗感冒轻症，煎汤、加红糖趁热服用，也可预防感冒。

白菜

冬至养生食物

生姜

萝卜有下气消食、除痰润脏、治喘、解毒、利尿和补虚等功效。萝卜中的萝卜素对预防、治疗感冒有独特作用。

萝卜

大葱味辛，性微温，具有发表通阳、解毒调味、发汗抑菌和舒张血管的作用，主要用于风寒感冒、恶寒发热、头痛鼻塞等症状。

大葱

清香味。另外，燕麦片的煮制时间不宜过长，否则会造成营养成分的损失。

虾皮燕麦粥可降低胆固醇、预防心血管疾病。

虾皮燕麦粥

材料：燕麦60克，虾皮、水发紫菜、大米各20克，鸡蛋1个，盐、味精各适量。

制作：①将虾皮洗净；紫菜洗净，撕小片；大米淘净，浸泡30分钟，沥水；鸡蛋磕入碗内打散。②将大米、燕麦入砂锅，加水，大火煮沸，下入虾皮、紫菜，改小火熬至粥稠，加入蛋液、盐、味精搅匀，改大火煮沸即可。

3. 桂圆滋补有妙用。

桂圆不仅可以抵御风寒，还能帮助人体更好地适应春天的生发特性，因此非常适合在大寒时节食用。

蜜饯姜枣桂圆

材料：桂圆肉、红枣各250克，蜂蜜、姜汁各适量。

做法：①将桂圆肉、红枣分别洗净。②锅内放入桂圆肉、红枣，加适量水，大火烧沸后改小火煮至七成熟，加入姜汁和蜂蜜，搅匀，煮熟，起锅放冷即可。

4.多喝红茶或黑茶有益健康。

大寒时节，人的新陈代谢减慢，各项生理活动均不是十分活跃。这时候多喝些红茶或黑茶可以起到扶阳益气的功效，对身体非常有利。

红茶种类繁多，主要有祁红、闽红、川红、粤红等。红茶性味甘温，蛋白质含量较高，具有蓄阳暖腹的作用；红茶中黄酮类化合物含量也很丰富，可以帮助人体清除自由基，杀菌抗酸，还能预防心肌梗死。此外，红茶还有去油、清肠胃的功效。冲泡红茶最好用沸水，并加盖保留香气。

黑茶在存放时可产生近百种酶类，使它具有补气升阳、益肾降浊的作用，能很好地辅助治疗肾炎、糖尿病、肾病。黑茶还能帮助肠胃消化肉食和脂肪，并调整糖、脂肪和水的代谢，因此非常适宜在大寒时节饮用。专家建议，由于黑茶为发酵茶，冲泡时第一杯水应倒掉，不宜饮用。

大寒药膳养生

1.益气止渴、强筋壮骨，饮用椰子黄豆牛肉汤。

椰子黄豆牛肉汤具有益气止渴、强筋壮骨、滋养脾胃、提高免疫力之功效。

椰子黄豆牛肉汤

材料：椰子1个，黄豆150克，牛腱子肉225克，红枣4颗，姜2片，盐适量，冷水适量。

制作：①将椰子肉切块；黄豆洗干净；红枣去核洗干净；牛腱子肉洗干净，氽烫后再冲洗干净。②煲滚适量水，放入椰子肉、黄豆、牛腱子肉、红枣和姜片，水滚后改文火煲约2小时，下盐调味即成。

2.补肝肾、滋阴、润肠通便，食用首乌粥。

首乌粥具有补肝肾、滋阴、润肠通便、益精血、抗早衰之功效。

首乌粥

材料：粳米100克，何首乌30克，红枣5颗，冰糖10克，冷水1000毫升。

制作：①将粳米淘洗干净，用冷水浸泡半小时，捞出沥干水分。②将红枣洗干净，去核，切片；何首乌洗干净，烘干捣成细粉。③粳米放入锅内，加入约1000毫升冷水，用旺火烧沸后加入何首乌粉、红枣片，转用小火煮约45分钟。④待米烂粥熟时，下入冰糖调好味，再稍焖片刻，即可盛起食用。

3. 补诸虚不足、益元气，食用参芪归姜羊肉羹。

参芪归姜羊肉羹具有补诸虚不足、益元气、壮脾胃、去肌热、排脓止痛、活血生血、益寿抗癌之功效。

参芪归姜羊肉羹

材料：羊肉300克，党参、黄芪、当归各20克，料酒5克，味精1.5克，色拉油3克，盐2克，香油2克，姜15克，湿淀粉25克，冷水适量。

制作：①将羊肉撕去筋膜，洗干净，切成小块，调入料酒、色拉油、盐，拌匀腌10分钟。②将当归、党参、黄芪、姜用干净的纱布袋包扎好，扎紧袋口。③将羊肉块、药包放入砂锅中，加适量冷水，用旺火煮沸后改用小火炖至羊肉烂熟，去药包，用湿淀粉勾芡，加入味精，淋上香油。

大寒起居养生

在冬季，一方面是因为户外风大，另一方面也是因为室内有暖气，所以人们总喜欢待在封闭的室内，因此冬季常常是有害气体中毒的高发季节。其中煤气中毒在家庭生活中最为常见，每年冬天都有由煤气中毒导致的伤亡事件发生。

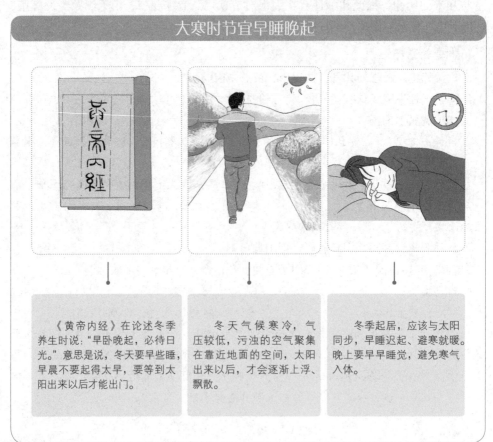

大寒时节宜早睡晚起

《黄帝内经》在论述冬季养生时说："早卧晚起，必待日光。"意思是说，冬天要早些睡，早晨不要起得太早，要等到太阳出来以后才能出门。

冬天气候寒冷，气压较低，污浊的空气聚集在靠近地面的空间，太阳出来以后，才会逐渐上浮、飘散。

冬季起居，应该与太阳同步，早睡迟起、避寒就暖。晚上要早早睡觉，避免寒气入体。

日常生活中，有很多方法可以避免煤气中毒。不过也有一些方法并不科学，起不到预防的作用，比如用水来"吸煤气"——放盆水或泼些凉水。之所以说这个方法没有效果，是因为煤气的主要成分是一氧化碳，而一氧化碳是很难溶于水的。还有一些民间的方法，比如说在炉子上放白菜叶、橘子皮之类的，都是没有科学依据的。

所以，一定要采用安全科学的方法，比如安装风斗，既通气又挡风。另外，最重要也是最根本的方法是要经常对炉火设备，比如烟囱、管道及胶皮管等进行检查，避免堵塞、漏气或倒烟的状况发生。同时一定要保证室内空气的流通，勤通风换气，不要紧闭门窗，窗户上最好能留通风口。睡觉的时候不要开着煤气，如果要在汽车里面睡觉的话，一定要记得关闭引擎，同时不要让车窗紧闭。

一旦发现有人出现有毒气体中毒症状，应马上把中毒者转移到空气新鲜的地方，为他解开领口，并确保其呼吸顺畅。万一发现中毒者呼吸已经停止，要立即进行人工呼吸，并马上送往医院进行抢救。

大寒运动养生

1. 大寒晨起运动前应做搓脸、慢跑等热身活动。

有一句老话，叫"大寒大寒，防风御寒"。因此，在大寒时节要注意防风防寒。衣着要随着气温的变化随时增减，比如在出门时可以根据自身情况适当添加外套，并戴上口罩、帽子和围巾等。有心脑血管疾病和呼吸系统疾病的患者，在大寒节气应尽量避免在早晨和傍晚出门，以防昼夜温差较大，引起疾病发作。此外，大寒时节，运动的时候要顺应"冬藏"的特性，早睡晚起，养精蓄锐。

与此同时，由于大寒节气里气温过低，尤其是在寒冷的清晨，是心脑血管疾病的高发时段，因此，最好等到太阳出来以后再进行户外锻炼，而且在运动前先要做一些准备活动，比如慢跑、搓脸、拍打全身肌肉等。这是因为户外气温比室内低，人的韧带弹性和关节柔韧性都没有之前灵活，如果不先舒展韧带、肌肉，马上进行大运动量活动，极易造成运动损伤。

2. 冬季健身禁忌：用口呼吸、戴口罩等。

（1）忌用口呼吸。冬季锻炼不宜大张着嘴呼吸，因为寒冷的空气会直接吸进口腔而刺激咽喉、气管，引起咳嗽、感冒，甚至进入胃部，引发胃痛。因此，在锻炼时，最好鼻子呼吸，或用半开口腔（牙齿咬紧）和鼻子同时呼吸的"混合呼吸"。

（2）忌戴口罩锻炼。口罩会挡住鼻子，影响呼吸顺利进行，从而影响氧气的吸入，使人产生憋气、胸闷、心跳加快等不适感，因此，运动的时候即使要戴面罩御寒，也不要堵住鼻孔。

（3）忌不做热身运动。在气温很低的冬季，运动前的准备活动时间一定要增加。因为气温的降低，人体的肌肉、肌腱及韧带的弹力和伸张力也降低了，各关节活动的范围减少，突然活动，易发生肌肉、肌腱、韧带和关节挫伤或撕裂。如果平时只做15分钟准备活动，在大寒时节最好能增加到30分钟，这是为了提高处于抑制状态的中枢神经系统的兴奋性和促使各内脏器官的协调及活动各关节。充分的准备活动，就是提高肌肉、肌腱、韧带的弹性和伸张性，有效地防止损伤。

（4）忌忽视保暖。在锻炼的时候，由于运动量比较大，后期身体发热出汗，所以往往穿的衣服会比较少，有些人甚至会选择单衣、薄袜。然而，这样的衣着往往会导致着凉、受冻、感冒。对于一些持续性的运动，比如长跑锻炼等，也不能急于脱衣，更不能一次脱去很多，要等到身体开始感到发热时再逐渐脱下，跑完预定距离后，应立即用干毛巾擦干汗水或换下湿衣，迅速穿好衣服保暖。

（5）忌门窗紧闭，不通风换气。冬季，为了防寒，人们会习惯性地把健身的房间门窗关得紧紧的。然而，在运动的时候，人会呼出大量的二氧化碳，如果多人在一起锻炼——比如在健身房内，那么二氧化碳的含量就更高了，如果再加上汗水的分解产物，消化道排出的不良气体等，室内空气受到的污染将远超想象。人在这样的环境中会出现头晕、疲劳、恶心、食欲不振等现象，锻炼效果自然不佳。因此，在室内进行锻炼时，一定要保持室内空气流通、新鲜。另外，冬季也不宜在煤烟弥漫、空气浑浊的庭院里进行健身锻炼。同时要注意，气候条件太差的天气，如大风沙、下大雪或过冷天气，暂时不要到室外锻炼。若想到室外锻炼，应注意选择向阳、避风的地方。

大寒时节，常见病食疗防治

1. 脂溢性皮炎多吃富含维生素 C、维生素 E、维生素 B 族食物。

脂溢性皮炎是一种慢性皮肤炎症，好发于皮脂腺分布较多的地方。典型症状为皮肤上有边缘清楚的暗黄红色斑、斑片或斑丘疹，其表面覆油腻性鳞屑或痂皮，常伴有不同程度的瘙痒。冬天寒冷、干燥、多风的气候容易使皮肤变得干燥，破坏皮肤的水油平衡，导致脂溢性皮炎的发病率升高。富含维生素 C、维生素 E 和 B 族维生素的食物对改善脂溢性皮炎非常有效，另外茅根茶、蒺藜消风粥、薏米山楂粥等也可以起到辅助治疗的作用。而食用辛辣、油腻食品、甜食或浓茶、浓咖啡则会导致病情恶化。

2. 辅助治疗脂溢性皮炎饮用茅根五味豆浆饮。

茅根五味豆浆饮具有清热利尿、活血散瘀之功效，对脂溢性皮炎有辅助治疗的作用。

茅根五味豆浆饮

材料：白茅根30克，五味子15克，豆浆250毫升，白砂糖适量。

制作：①将五味子、白茅根分别洗净。②锅中放入五味子、白茅根，加水250毫升，小火煎煮25分钟，去渣取汁。③原锅洗净，倒入豆浆，小火煮5分钟，加入药汁烧沸，撒入白砂糖，搅匀即可。

脂溢性皮炎的预防措施

（1）多到户外呼吸新鲜空气，同时保持室内的空气新鲜，多开窗、勤通风。

（2）保持皮肤的清洁，尽可能减少手和脸部的接触，因为污垢最容易引发感染。但任何清洁用品都不可过度使用。

（3）肠胃功能不好也容易引发脂溢性皮炎，所以不宜多食高热量、辛辣刺激的食物。

（4）可以食用茅根五味豆浆饮，它具有清热利尿、活血散瘀之功效，对脂溢性皮炎有辅助治疗的作用。

第七章

冬季穿衣、美容、休闲、爱车保养、旅游温馨提示

冬季穿衣：导热性越低的衣服，保暖效果越好

1. 怎样穿衣最保暖。

冬天怎样穿衣服才会暖和？有人说，多穿几件衣服不就暖和了吗？然而问题看起来很容易，事实上还有一定的学问。衣服的主要功能不是产生热量，而是防止人体热量散逸。当人体穿上衣服后，就像把身体放在一个温度比室温高，变化比室温小的空气层里，衣服既不能减少人体热量的散失，也不能保存人体中的热量，它所起到的作用只是让体内的热量缓慢散发出去而已。所以说，冬季选择一件合适的衣服很有讲究。

首先，衣服的导热性要低，导热性越低的衣服，保暖效果越好。

这就是物理学中热能传递的道理。正因为此，冬天羊毛衫最保暖，在众多的衣料中，羊毛、氯纶、腈纶、蚕丝、醋酯粘胶棉导热性最低，保暖性最高。因此，能买羊毛尽量买羊毛，不要因为贪图便宜而选择锦纶、涤纶的衣服，这些衣服的保暖效果差，即使穿两件，或许也不如一件羊毛衫。

其次，外衣尽量选深色，内衣尽量穿浅色。

衣服的颜色与吸收日光辐射热量有密切关系。各种颜色吸热量由大到小的顺序是：黑、紫、红、橙、绿、灰、蓝、黄、白。可以看出，黑色衣服最吸收太阳热量。所以冬天想要暖和一点，最好外衣选深色，里面穿浅色衣服，这样身体吸收热量大，保暖效果好。而且，深色的衣服穿上能让人心神收敛，更有利于冬天的闭藏。

最后，要纠正"穿得多就是穿得暖"的错误印象。

衣服的保暖程度不在于穿了多少，而在于其质地、舒展性等。有的人上上下下穿了几层衣服，光裤子就有三四条，并不是个好方法。在室内，衣服的穿法是：上装为内衣＋薄毛衣＋厚毛衣，下装为内裤＋薄毛裤＋厚毛裤即可，外出再加上外套、外裤。如果穿得过多则会让自己的活动大受限制，甚至闷出病来。

冬天，由于气温低，气候干燥，皮肤处于收敛状态，血液大部分集中到皮肤深层，而且皮肤的皮脂腺与汗腺分泌减少，皮肤变得干瘪、缺少弹性，受寒冷刺激易发生冻伤和皲裂。

但冬季防寒保暖，须根据"无扰乎阳"的养藏原则，做到恰如其分。衣着过少、过薄，既耗阳气，又易感冒；衣着过多、过厚，则腠理开泄，阳气不得潜藏，寒邪亦易于入侵。

《保生要录》中说："冬月棉衣莫令甚厚，寒则频添重数，如此则令人不骤寒骤热也。"就是说，使人体经常接受稍低于体表温度的冷刺激，以增强对外界寒冷气候的适应能力。

在冬季着装的时候，要注意"衣服气候"，即指衣服里层与皮肤间的温度保持在32～33℃，在皮肤周围创造一个良好的"小气候区"，以缓冲外界寒冷气候的侵袭，使人体维持比较恒定的温度。

由于青年人代谢能力强，自身的体温调节能力比较健全，对寒冷的刺激，皮肤血管能进行较大程度的收缩来减少体热的散失，因此穿衣不可过厚。

对于婴幼儿来说，因其身体较稚嫩，体温调节能力差，应注意保暖。但婴幼儿代谢旺盛，也不可捂得过厚，以免出汗过多而影响健康。

老年人生理功能衰退，代谢水平低，对外界环境适应能力差，活动能力及抗寒能力减弱。因此老人选择冬装，原则上应以防寒保暖为主，并力求宽松、轻便，切忌紧裹身体。

外衣宜选择羊毛和羽绒制品，服装的衣领、袖口宜用封闭型结构，可增加保暖性。内衣不宜选用套头式，尽可能选用对襟开扣式，这样穿脱起来比较方便。

就内衣的衣料而言，应选吸湿性能好、透气性强、轻盈柔软的纯棉针织物为宜。化纤织品易刺激皮肤，引起瘙痒，一般不宜用来做内衣。为保暖起见，老年人还可选用绒衬裤。

患有气管炎、哮喘、胃溃疡的人，最好再增加一件背心；患关节炎、风湿病的人，制作冬衣时在贴近肩胛、膝盖等关节部位用棉层或皮毛加厚，也可单独制作棉垫或皮毛垫。

2. 把全身上下武装起来。

虽然每个人的衣着品味各不相同，尤其是在这个张扬个性的时代，每个人都希望能够穿出自己的风格。但是，相比于其他季节的服饰，冬装的实用特性更加明显。所以，在冬装的选择上，要根据自己的年龄、性别、习惯、生活方式、个人爱好、经济条件以及所从事的职业等不同情况来考虑。

（1）冬季围围巾。缠绕在颈间的围巾，如漫空飞舞的彩蝶，风情万种，并具有防风御寒之效，能使颈部免受寒冷的刺激，预防感冒和颈肩部疾病，对高血压、心血管疾病患者也有益处。

需要提醒的是，围巾大多是由动物毛或混纺毛线织成，其纤维极易脱落，且易吸附灰尘和病菌。因此，戴围巾时不要将脖子与嘴一起捂住，以免吸入脱落的纤维、灰尘与病菌。

（2）冬季穿鞋。对于好生冻疮者，应及早穿棉鞋；足部经常出汗者，宜选用透气性较好的棉鞋和棉线袜。袜子和鞋垫汗湿后，要及时烤干，棉鞋内也应常烘晒。鞋袜干燥，方具有较好的保暖性。

冬季穿鞋还有一个误区，那就是有些人喜欢把鞋子穿得紧紧的，以为这样更暖和。其实，这样做很不科学。

因为空气本身就具有极好的隔热保暖作用，让鞋子和脚之间充斥一些空气可以更好地起到保暖效果。如果冬季穿紧鞋，袜子和鞋内的棉絮、绒毛等弹性纤维受到挤压，鞋袜中静止空气的储量就会大幅度下降，保温性能也随之下降。

而且，鞋穿得太紧，足部皮肤血管会受到挤压，影响血液循环，从而降低足部的抗寒能力，容易发生冻疮。因此，冬季穿鞋应大小适宜，只有这样才具有较好的保暖效果。

另外，冬季的鞋底要适当增厚，因为鞋底厚可增强鞋的防寒性能。若长期在冰天雪地里工作，则应穿带毛的高帮皮鞋或长筒皮靴。

另外，还有一点需要提醒，冬季的时候许多女性喜欢穿高筒靴，既美观又保暖。但是，长期穿高筒靴，可能会因靴筒过紧或鞋跟过高等使足部血管、神经受到挤压，导致足部、踝部和小腿处的部分组织血液循环不良。而且，由于高筒靴透气性差，行走后足部散发的水分无法及时消散，会给厌氧菌、霉菌提供良好的生长和繁殖环境，从而易患足癣和造成足癣感染。

未成年少女最好不要穿高跟皮鞋，如果一定要穿，也不要穿得太久，一有机会就要及时换上便鞋，以改善足部的血液循环。如果穿了一天，晚上临睡前最好用热水洗脚，以缓解足部疲劳。

（3）冬季戴帽。俗话说："冬季戴棉帽，如同穿棉袄。"在数九寒冬，由于身上穿着厚厚的衣服，所以人体热量的主要散侠渠道就是暴露在外的头部和双手。据相关测试发现，处于静止状态下不戴帽的人，在环境气温为15℃时，从头部散失的热量约占总热量的30%，环境气温为4℃时散失的热量占总热量的60%。因此，冬季头部保暖较为重要。

冬季戴的帽子最好能护住耳朵，并与外套、围巾、手套及其他服装、饰件相搭配，使之在颜色、式样与风格上浑然一体，给人一种和谐统一的美感。

选择帽子时，应注意使帽檐和帽顶与自己的脸形、身材相配，如长脸形的人宜戴宽边帽，而对于身材较矮的人来说，则不宜戴大帽子。此外，帽子的式样还需和年龄相称。

（4）冬季戴手套。除了头部之外，双手也是身体热量散逸的重要渠道，因此，带一双手套也能起到极好的御寒作用。在选购手套时，尺码要适宜，尺码太大达不到保暖效果，尺码太小易影响手部血液循环。手套不宜和别人共用，以免某些疾病通过手套传染。

　　老年人血液循环功能差，手足怕冷，所以在选购手套的时候应挑选轻软的毛皮、棉绒、绒线手套。儿童手小、皮肤薄嫩，手套材料以柔软的棉绒、绒线或者弹性尼龙制品为好。

　　手足皲裂者，由于需要擦药，最好戴双层手套，里层手套宜用薄织品，便于经常洗涤。手上出汗比较多的人最好选用棉织手套，既保暖又有良好的吸水性，并且可以常洗换。

　　在冬季骑自行车的时候，不宜选用人造革、尼龙或者过厚的材料制作的手套。因为人造革易发硬；尼龙太滑，易滑手；材料过厚使手指活动不便，这些都不利于骑车安全。

冬季穿衣保暖很重要

　　（1）围巾：具有防风御寒之效，能使颈部免受寒冷的刺激，预防感冒和颈肩部疾病，对高血压、心血管疾病患者也有益处。

　　（2）穿鞋：对于好生冻疮者，应及早穿棉鞋，而且要穿宽松的鞋，鞋底要适当增厚，增强鞋的防寒性能。

　　（3）戴帽：俗话说："冬季戴棉帽，如同穿棉袄。"戴的帽子最好能护住耳朵。

　　（4）戴手套：双手也是身体热量散失的重要渠道，因此，带一双手套也能起到极好的御寒作用。

冬季美容护理：预防皮肤干燥，注意滋阴养颜、护发

1.将皮肤从干燥中解救出来。

常言道"女人是水做的"，事实也确实如此。科学研究表明，女人体内含有比男人更多的水分，因此，比起男人，女人更离不开水的滋润。天寒气燥的季节是体内水分的大敌，平日饮食补水不足、熬夜劳神损耗体液，已经使得水分大大缺失，冬日干冷的气候更会加重水分的流失。面对寒冷干燥的空气，以下四个步骤可以帮助广大爱美的女性挽救干燥的皮肤。

（1）挽救干裂双唇。我们的嘴唇没有油脂分泌功能，在寒冷干燥的冬季，嘴唇是最容易干燥开裂的部位，因此除了内在健脾外，还要依靠润唇膏的"人工"滋润，以减少水分的流失。

如果嘴唇干裂、起皮，甚至流血，最好的应对方法是马上用维生素 B 油涂抹干裂的双唇，伤口会很快愈合。另外，即使双唇再干，也不要舔唇，一方面因为这种动作很不雅观，另一方面，这样只能起到"饮鸩止渴"的作用，因为水分很快蒸发后，反而会令双唇更加干燥。

（2）打理脱皮鼻尖。大多数人都有过冬季鼻尖、鼻翼脱皮的经历，这种情况导致的尴尬结果，就是令涂上粉底后的皮肤表面出现一块块深色的部分。

解决这一问题，首先要用优质磨砂膏和上水，在鼻尖上轻轻打圈，然后涂上不含油分的果酸面霜或水质面霜。涂好后，再用粉扑把湿粉一下印在鼻子上。千万不能抹，一定要用印的动作，这样才能令脱皮的部分看起来不显眼。不过，此方法果酸过敏的人要慎用。

（3）修护干痒面颊。天气变得干燥后，皮肤水分流失加剧。女性很容易感到面部干燥、痛痒难忍，发生脱皮现象。这是皮肤缺水的症状。

对此，有条件的女性朋友可以尝试一下用牛奶来为自己的面部保湿。方法很简单，先将纱布或脱脂棉蘸着牛奶涂满整个面部和颈部，等牛奶结成薄膜、干成粉状后，用清水将其洗净。或者在晚上临睡前取半盆热水，加入几勺牛奶，用水蒸气熏蒸面部，15～20分钟后，趁毛孔张开时，用此水洗脸，并轻轻按摩面部，以帮助皮肤吸收。

（4）科学洗浴防干燥。冬季洗浴有四忌：不要太勤、水别太烫、不要揉搓过重、不要用碱性太强的肥皂。否则非常容易破坏皮肤表层原本不多的皮脂，让皮肤更为干燥，因而也更易发痒、皲裂。一般说来，冬季洗澡次数以每周一两次为宜。洗浴后可擦些甘油、润肤霜等，以保持皮肤湿润，防止皮肤表层干燥、脱落。

2.男士皮肤冬季更需要保养。

说到皮肤的保养与护理，很多人都认为这是女性的事。事实上，男性的皮脂腺和汗腺都比女性大，皮肤酸度也比女性高，分泌的皮脂和汗液多，脸上和身上的毛发也

冬季美容护理

女士篇

（1）双唇：嘴唇没有油脂分泌功能，容易干燥开裂。可以依靠润唇膏滋润，以减少水分的流失。

（2）鼻尖：可以用磨砂膏和上水，在鼻尖上轻轻打圈，然后涂上不含油分的果酸面霜或水质面霜，然后再化妆。

（3）面颊：天气变得干燥后，会感到面部干燥、痛痒难忍，对此，可以尝试一下用牛奶来为自己的面部保湿。

（4）科学洗浴防干燥。冬季洗澡次数以每周一两次为宜。洗浴后可擦些甘油、润肤霜等，以保持皮肤湿润。

男士篇

（1）面部按摩：适当的按摩可以让皮肤表层的衰老细胞及时脱落，促进面部血液循环，改善皮肤。

（2）防冻：冬季在户外工作时，要涂些油脂或防冻膏，以防面部被冻伤或皲裂。

粗而浓。再加上春节期间男人吃喝比较随意，皮肤更容易受污染、变黑、变粗糙。因此，男性更应该对皮肤进行科学、合理的护理和保养。男士护肤要掌握以下几个要点：

首先，对于男士来说，按摩皮肤很重要。适当的按摩可以让皮肤表层的衰老细胞及时脱落，促进面部血液循环，改善皮肤的呼吸，利用皮脂腺及汗液的分泌增加皮肤营养，提高皮肤深层细胞的活力，从而使皮肤光泽而有弹性。

男士的防晒、防冻也是一件很重要的事情。

许多从事户外作业和活动的男士，因为常常风吹日晒，所以夏天防晒、冬天防冻尤为重要。隆冬季节出外时要涂些油脂或防冻膏，以防面部被冻伤或皲裂。晚上临睡前涂些滋润霜；如果嘴唇干裂，可涂点唇膏，使全身得到充分的营养，每一寸皮肤都能够保持湿润光泽。

3.冬季最滋阴养颜的食物。

冬天应多补充水分、盐分，多喝白开水或含盐矿泉水，多吃富含维生素及纤维素的水果、蔬菜，尤其是下面提到的几种。

（1）黄瓜。黄瓜含有多种糖类、氨基酸、维生素C、维生素A等，除具有一定的治病作用外，黄瓜的润肤美容效果还十分突出。

用黄瓜润肤美容可以参考以下的方法：①将黄瓜洗净，去瓤、子，捣碎取汁，用汁涂抹面部，每天1次，可使皮肤清洁、光滑而柔嫩。②将黄瓜切成薄片，贴在眼角鱼尾纹处，1个小时后取下，常用可去除皱纹。③将黄瓜片贴满面部，可使油性皮肤去除油脂，防止青春期分泌物旺盛而产生粉刺。④身体如果被晒伤后，可将黄瓜切成片放于晒伤的部位，具有很好的止痛及恢复晒伤皮肤的效果。

（2）绿豆。绿豆含有丰富的糖、氨基酸、维生素C和维生素A等。取绿豆250克，用文火熬汤，等绿豆煮成花样即可，冷却后用汤擦洗面部及身体四肢，半个小时后，再用清水清洗。若长期使用，可使皮肤白皙。

（3）丝瓜。丝瓜具有清热解毒、活血化瘀的功能，丝瓜外用还有保护皮肤、防止日晒的作用。将丝瓜捣碎，用汁涂抹面部，可以去除皱纹、雀斑。此外，如果在丝瓜中加少许甘油涂抹在皮肤上，更能使皮肤柔嫩有光泽。用丝瓜络洗澡擦身，可起到按摩皮肤的作用。

（4）西红柿。将西红柿捣碎，挤出汁，加入少许蜂蜜或甘油，每天早晚涂擦于面部，10～30分钟后洗净。常用可使皮肤增白，还可使黄褐斑、雀斑渐渐变淡，甚至完全消失。

（5）百合。经常食用百合能增加皮肤营养，促进皮肤新陈代谢，使皮肤变得细嫩、洁白、红润而富有弹性，并减少皱纹。尤其对于各种发热症治愈后遗留的面容憔悴、神经衰弱、失眠多梦，以及更年期女性的面色苍白有较好的恢复作用。

4.冬季护发。

头发虽然不是人体最重要的部位，但也绝不是可有可无的。头发不但可保护头皮和大脑，也是人体健美的标志之一，是人体健康的晴雨表。贫血、内分泌失调、精神过度紧张和疲劳、免疫功能异常等病症，易引发头发脱落、早白等现象。

头发的健康程度是和人的心身健康是紧密相关的，所以如果想要从根本上改善发质，只靠洗、烫、擦、润是不够的，必须从改善体内环境着手，才可治本，使头发健康生长，乌黑油亮。

蛋白质是头发的重要成分，因此保证合理膳食是护发的首要措施，尤其是要重视蛋白质的摄入。应适当补充核桃、板栗、虾仁、木耳、首乌、枸杞等补肾养发的食物，并适当增加含能量较高的食物的摄入。

另外，还要注意生活规律，不熬夜、不睡懒觉，坚持吃早餐，不抽烟、不喝酒；保持心情舒畅，搞好人际关系；适当做一些户外活动，多晒太阳。以上措施都有利于护发。

冬季养花：梅须逊雪三分白，雪却输梅一段香

1. 节日新时尚——年宵花卉。

在春节之际装饰居室、增加节日喜庆气氛、走亲访友时赠送的时令花卉，称为年宵花卉。

（1）年宵花卉的特点：①大部分年宵花卉为自然花期，观赏价值非常高。如大花蕙兰、一品红、仙客来、瓜叶菊、蟹爪莲、腊梅等。②还有许多年宵花卉是通过促成栽培和延迟栽培，调节花期达到春节开花目的的。如杜鹃花、蝴蝶兰、牡丹、长寿花、郁金香、风信子等。③年宵花卉大部分都在温室内养护，栽培技术规范，温度、光照、水分、肥、土控制严格，植株生长健壮、花繁叶茂，加上容器和豪华的包装，观赏效果极佳。

（2）年宵花卉养护方法：①从温室搬回家里的年宵花卉，因环境条件变化大，往往时间不长就会失去生机，因此要根据不同花卉的生长习性及特点，给予精心的管理。温度保持在10℃以上，放到光照充足的窗台前，同时还要注意向盆花周围洒水，以补充室内的空气湿度，尽量满足类似温室里的环境条件。②不要天天浇水，年宵花卉大多用的是保水性能极强的泥炭土、椰糠等，浇一次透水可保持一周左右。浇水次数太多，会导致一些怕水湿的花卉烂根烂茎。③不施肥，植物在开花期内以及冬季低温期要暂停施肥，因此购回的年宵花在观赏期无须施肥，待清明后移至室外时再恢复施肥。④室内要注意通风，在冬季也应注意在晴朗天气的中午经常开窗通风换气，这样既可减少花卉病虫害的发生，又有利于花卉的健壮生长。

（3）挑选年宵花卉：①根据年宵花卉的外观、功能和寓意进行挑选。②根据花的价格和品质挑选年宵花卉，以价格合理、叶色碧绿、株型美观、花朵含苞待放和基质干净卫生的花卉为首选。③蟹爪莲的花期为9月至翌年4月，其花冠妖娆美丽，

颜色绚丽夺目，非常适合在春节期间烘托喜庆气氛。

2. 寒冬腊月，注意防冻保暖。

（1）给花儿们穿上保暖衣。冬季可把喜欢温暖或冬季仍在生长的常绿花卉放在靠近南窗处，保证更充足的阳光和较高温度。避免将不耐寒的常绿木本花卉放在经常开启的门窗附近，以免冷风侵袭，造成植株受冻。如家中温度低，可自制一些简易保温的设施以帮助植物顺利过冬：①用几根细竹条，将两端插于花盆四周边缘，使顶部呈半圆形，并要高于植株 10 厘米，然后套上塑料袋，在花盆边缘下方扎紧，

冬季养花小常识

观花植物

①冬、春两季开花的盆花，大部分都喜光，应放在窗台或靠近窗台的阳光充足处养护。

②花卉入室后要注意通风，使室内温度相对平衡，室温宜保持在 10～20℃；每隔 10～15 天用喷雾清洗枝叶。

观叶植物

①温度。白天室温不低于 18℃，夜间室温不低于 8℃，大部分观叶植物都能安全越冬。

②光照和湿度。观叶植物应放在向阳的南窗附近，在充足光线照射下，冬季也能保持枝叶碧绿。冬季室内湿度不可低于 50％，否则会影响植株的生长及叶片的美观。

然后在塑料薄膜罩上扎几个小洞，以利通风和换气，可起到保温防寒的作用。用竹条做支撑时，要先把细竹条上的毛刺去掉，以避免刮破塑料袋，影响其保温效果。②利用套盆保温。用一只稍大的花盆，在盆内填上一些保温材料或放上些土，再将栽有花卉的花盆嵌在大花盆内即可。③若盆栽花卉比较矮小，家里有大口径的瓶罐，也可直接将其罩在植株上，晴天中午将罩子取下片刻，增加空气的流通性。

（2）准备温床。将花盆放置在一个较大的空盆内，在花盆和空盆之间放些锯末、谷糠或珍珠岩等物，可起到防寒保暖的作用。

（3）多晒太阳增加营养。冬天的光照强度不高，而花卉恰恰又需要多加光照，以利光合作用，生成有机养分，以提高植株的抗寒性。对于一些冬季开花的花卉，增加光照也更有利于其枝叶繁茂，花大而色美。

3.施肥、浇水要加以控制。

冬季气温降低，大部分的植物此时生长缓慢或为半休眠状态，植物养分吸收能力下降，应降低肥、水供给，可停止施肥或施薄肥。除了秋冬或早春开花的仙客来、菊花、瓜叶菊以及一些秋播的草本花卉可继续浇水、施肥外，一般盆花都要严格控制水、肥。盆土如果不是太干，就不要浇水，尤其是耐阴或放在室内较阴冷处的盆花，更要避免因浇水过多而引起烂根、落叶。梅花、金橘、杜鹃等木本盆花也应控制肥、水，以免造成幼枝徒长，影响花芽分化和减弱抗寒力。多肉植物需停肥并少浇水，整个冬季基本上保持盆土干燥，或每月浇1次水。没有加温设备的居室更应减少浇水量和浇水次数，使盆土保持适度干燥，以免烂根或受冻害。

冬季要在中午前后给花浇水，浇花用的自来水一定要经过1～2天日晒后才可使用，因为水温和室温相差5℃以上时，很容易伤根。尤其不可多施氮肥，因为冬季花卉的吸收能力不强，施过多氮肥会伤害根系，使枝叶变嫩，抗寒、抗病能力下降，不利于植物过冬。

4.增湿、防尘要注意。

进入冬季后，需将盆花移入室内过冬。入室后的干燥环境对于喜湿润的花卉生长和越冬十分不利，极易引起花卉叶片干尖或落花落蕾，应采用向叶片喷水和地面洒水的方法增加湿度。可参照以下三种方法：

（1）不要将盆花直接放在暖气片上；如果家里有火炉，要放在离火炉较远的地方，并注意防煤烟。

（2）经常用与室温接近的清水喷洗枝叶，喷水量不宜过多，以喷湿叶面为宜。喷水以在晴天中午前后进行为好（傍晚喷水易使花受冻害）；喷水的同时还要注意通风，保持室内空气流通。

（3）对于一些喜湿又较名贵的花卉，如君子兰、杜鹃、兰花、山茶等，可用塑料薄膜罩起来，既有利于保持和增加空气湿度，又有利于防尘、防寒，使枝叶更加清新。但也要注意时常摘下罩子，适当地为其通风。

5.冬季可在室内养护的花卉。

冬季耐低温花卉：温度低于0℃的地区，室内温度一般在0～5℃的，可培养一些稍耐低温的花卉。如一叶兰、南洋杉、文竹、天竺葵、天门冬、常春藤、橡皮树、鹅掌柴等。

适宜8℃左右的花卉：室内温度如维持在8℃左右时，除可培养以上花卉外，还可培养发财树、君子兰、香龙血树、凤梨、合果芋、绿萝等花卉。

适宜10℃以上的花卉：室内温度维持在10℃以上时，还可培养红掌、仙客来、一品红、瓜叶菊、紫罗兰、万年青、报春花等花卉。

6.冬季室根据因花卉特性摆放位置。

到了深秋或初冬，盆栽花卉要陆续搬进室内，在室内放置的位置要考虑到花卉的特性。通常在冬、春两季开花的花卉，如蟹爪莲、仙客来、瓜叶菊、一品红等和秋播的草花，如三色堇、金鱼草等，以及性喜光照、温暖的花卉，如米兰、茉莉、扶桑等，应放在窗台或靠近窗台的阳光充足处；有些夏季喜半阴而冬季喜光照的花卉，如君子兰、倒挂金钟等也要放在阳光充足的地方。

（1）喜欢温暖、半阴的花卉，如文竹、四季海棠、杜鹃等，可放在离窗台较远的地方；耐低温的常绿花木或处于半休眠状态的花卉，如金橘、桂花、兰花、吊兰可放在有散射光照的地方。

（2）其他一些耐低温而已落叶的木本花卉，如石榴、月季、海棠等需放在室外 –5℃条件下冷冻一段时间，以促进休眠，然后再移入冷室内（0℃左右）保存，不需要光照。

（3）有些畏寒盆花在搬入室内时，最好清洗一下盆壁与盆底，防止将病虫带入室内。发现枯枝、病虫枝条应剪去，对米兰、茉莉、扶桑等可以剪短嫩枝。进室后的第一个星期内，不能紧关窗门，应使盆花适应由室外移至室内的环境变化，否则易使叶子变黄而脱落。

（4）如果盆花多而集中在一起，则植株高的可放在后排，植株矮的放在前排；喜阳的放在前排，耐阴或半耐阴的放在中间或者后排，并定期或不定期地转换盆的朝向。这样既有利于对过冬盆花的管理与养护，创造光合作用条件，又有利于保暖、增湿。如室温超过20℃以上时，应及时半开或全开门窗，以散热降温，防止闷坏盆花或引起徒长，削弱抗寒能力。遇暖天或下雨天，不能将盆花随意搬到室外晒太阳或淋雨，以防患上"感冒"。

注意不要将盆花放在窗口的漏风处，以免因冷风直接吹袭而受冻，也不能直接放在暖气片上或煤炉附近，以免温度过高灼伤叶片或烫伤根系。

7.家庭养花禁忌。

（1）忌养花漫不经心。不少养花者对待植物缺乏应有的细心和勤勉态度。第一，脑子懒，不爱钻研养花知识，长期甘当门外汉，管理不得法；第二，手懒，不愿在花卉上花过多的时间和精力。花卉搬进家后，便被冷落一旁，使其长期缺水、少肥，受病虫害的折磨。即使是再好的花儿，这样下去也会渐渐枯萎。

（2）忌爱花过切。有些养花者对花卉表现得过于喜爱，给花浇水、施肥毫无规律，想起来就浇水、施肥，使花卉过涝、过肥而死。有的随便把花盆搬来搬去，使得花卉要不断适应新的环境，打乱了其原有的生长规律，自然会使花卉感到疲惫，从而阻碍了生长。

（3）忌追逐名花。一些人盲目地认为养花就要养名花，因为名花观赏价值高，市场获利大。在这种心理支配下，他们不惜重金，四处求购名贵花木。结果由于缺乏良好的养护条件和管理技术，致使花买来后不久就夭折了。

（4）忌"良莠不分"。有些养花者不管品种就往家里买。不仅给管理带来了难度，还会把一些不宜养的花卉带进家中，污染了环境，损害了家人的健康。如有些花卉的气味对人的神经系统有影响，容易引起呼吸不畅，甚至产生过敏反应；有些花卉生有利刺，对人体的安全存在着一定的威胁等。

（5）忌"朝秦暮楚"。一些养花者家中的花卉品种经常换来换去。由于种类更换过快，种养时间短，不利于培养出株形优美、观赏性高的花木，也不利于养花水平的提高。

（6）忌观念陈旧。如今养花业的新品种名目繁多，新技术层出不穷，而许多养花者却在花器使用，水、肥管理，种苗培育等方面不善于利用新技术、新设备、新方法，仍然拘泥于传统的花卉养护方法。

冬季钓鱼——孤舟蓑笠翁，独钓寒江雪

1.冬季钓鱼地点选择技巧。

冬天是钓鱼的淡季。因为水温低，鱼的活动量大减，常卧于水底不动，当气温、水温在5℃时，鱼基本上不觅食了。但是，鲫鱼例外，在5℃时仍有食欲。

冬季钓鱼收获虽然差些，但是仍然可以钓到鱼。尤其是初冬，气温与晚秋接近，若是天气晴朗无风，钓点选在向阳处，还是可以钓到鱼的。

"冬钓暖"，顾名思义，其道理大家都会明白。除了向阳的水域外，深水区的水温较浅水区高，所以冬天应钓深水区。

若在池塘钓鱼，应选择环境开阔、太阳一出来就可以照到水面的池塘。有些山中的池塘，四周环山或三面环山，到上午十点以后太阳仍照不到水面，这样的池塘水温上升慢，叫"寒水塘"，是不适宜冬季垂钓的。

水库、湖泊到了冬季水位下降明显，鱼已聚集在湖中心的深水区了。通常情况下，接近堤坝处的水最深，所以钓点应选在坝埂附近，要远投，将钓饵投到几十米以外的深水区。天气晴朗，气温回升时或连续几天高温时，仍可以将稍浅的水域作为钓点。

冬天鱼虽不活跃，但都集中到了深水区，若钓点选准了，钓鱼仍会有收获。

2.冬季钓鱼用饵秘籍。

冬季是一年中最寒冷的季节，也是钓鱼的淡季，但是，并不是说鱼不咬钩了。在江淮流域，人们穿着羽绒服、戴着棉帽去钓鱼是常有的事。近年来，由于全球气候变暖，除三九天较寒冷外，冬季的气温比过去高多了，晴朗的时间长，外出钓鱼的人更多。特别是无风、阳光充足的天气，钓鱼会有收获。

冬季串钩法钓鱼

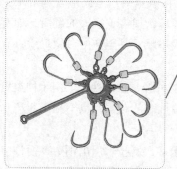

冬钓串钩是诸多钓法中最省力、最方便的一种钓法，特别适合在自然水域中的较大水面远投使用，是一种老少皆宜的野钓方法。

冬天，在自然水域中，由于个体较大的鱼所需食物量大，即使是在水温较低的日子里，也会在一定的时间段寻找食物，因而冬天也会钓上大鲤鱼和草鱼。

由于没有小杂鱼闹钩，不需频繁起竿换饵，只需在钩上穿上固态饵，在短时间内无须换饵。支竿后只需将小铃挂在竿梢即可。

不需要事前打窝，也没有必要刻意寻找下钩的窝点。在正常的天气条件下，中午前后相对暖和，对温度敏感的鱼便会游动起来，容易咬钩。

在冬季钓鱼，调制饵料时应多加一些气味类添加剂，无论是香味料或是甜味料，都应适当加大用量。芳香的饵料无论是作为诱饵还是作为钓饵，钓鱼效果都好一些。

冬季钓鱼，像早春一样，应以荤饵为主。蚯蚓、红虫、蛆芽是首选的钓饵。

诱饵的投放量应适当加大，以增强诱鱼效果。投放诱饵后应耐心等待，除非池中鱼多，否则不可能在短时间内就会有鱼上钩，有时需等待一个多小时才会有鱼游到窝里。若有鱼上钩了，钓到半个小时到一个小时时，应补充诱饵。

3.冬季适宜钓鲤鱼。

在自然淡水域中垂钓，主钓对象除了鲫鱼以外，要数鲤鱼对自然环境的适应性最强，一年四季都能钓到它。冬季钓鲤鱼具有以下几个方面的优势：

（1）鲤鱼适应性强。鲤鱼之所以能发展成大家族，是因为它们对生存的环境条件不挑剔，无论是水质的优劣，还是食物的丰歉，抑或气候的差异、水温的不同等，都能活得自在。冬季最能表现鲤鱼的适应性，其对气温的适应能力强，即使是深冬的12月和次年的1月都会在较好的气象情况下游动觅食。

（2）鲤鱼活动时间长。这一时期的鲤鱼，特别是大个的鲤鱼，一反其他季节间歇觅食的常态，几乎整天都在水底活动，不过其活动的范围相对小些，游动的速度也较缓慢。这种情况表现在钓场水域常常泛起鱼泡。在鲤鱼多的水体，遇到风和日丽的天气（或气候正常），水泡会接连不断，最密集、最多的要数初冬这个阶段，一直到残冬末、来年初。

（3）水情较佳。①水位高，是水体面积一年中最宽广的时期，也是水最深的时期，使易惊的鲤鱼有安全感。②水质尚好，使鲤鱼的生存环境更具富氧性，对其体能的强健十分有利。水质好还体现在一些略有营养的水域。由于气温、水温的相对平和，或者昼夜稍大的温差，使肥泥水底的腐殖物不易形成，从而稳定了水质，这尤其对底层活动的鲤鱼的索饵产生积极作用。③易使鲤鱼群聚。群居是鲤鱼的生活特点，由于水深，水覆盖了许多高坎洼塘和洞穴等复杂地形，正好成了鲤鱼的天然藏身之所，所以选择较为复杂的水底打窝，会钓到许多鲤鱼。④水温平衡期长。湖库几百亩、几千亩的大水域具有自动平衡各层水温的功能，故一两天的寒冷难以导致大面积水域的降温，至多对一米左右深水层产生影响，而两三米以下的水温，变化是微弱的，这可从晴好天气转为寒冷天气的一两天内仍可从深水区钓到大鲤鱼得到证明。

4.冬季钓鱼筏钓的基本条件。

冬季筏钓是一种很有趣的休闲钓法，早在宋、元、明、清时期，许多大画家的笔下就描绘了古代渔者冬雪泛舟、寒水垂钓的情景，唐代文学家柳宗元的"千山鸟飞绝，万径人踪灭。孤舟蓑笠翁，独钓寒江雪"形象地描绘出了冬季筏钓的情景。

（1）冬季筏钓的地理条件。从11月起，我国几乎所有地区都进入寒冷季节，因地理位置的不同，呈现出南北气温的较大差异。季节对钓鱼的影响是客观存在的，冬季由于天寒地冻、草枯水冷，鱼的活动能力下降到最低点，因而形成这一时段鱼不好钓的现实。

但在南方，尤其是两广和滇、黔、川以及江南等温带、热带、亚热带区域，冬季带来的气温下降不是十分明显，形成了夏无酷暑、冬无严寒，为四季垂钓提供了极好的自然条件，为冬季筏钓提供了良好条件。

（2）冬季筏钓的气象条件。南方大部分地区的冬季，12月底前的气温都在十几、二十几度，鱼活动频繁。气象条件适合冬季筏钓的另一个重要因素，是这一时节晴天多，没有大寒大冷的天气。

（3）冬季筏钓的水情条件。①湖库水势已处于最盛阶段，水位已蓄到大坝所能承受的极限，使鱼本能感到安全，从而大胆活动觅食，增大了钓到鱼的机会。而江河水色已趋于清中带浊，水势平稳，利于驶筏到深潭打窝垂钓。②良好的水情为鱼提供了群聚条件，那些水位较深的区域成了鱼群聚集的场所。③水淹没的大片浅滩，积累和滋生鱼类食物，冬季的良好气象条件亦使这些食物不断衍生，促使鱼择时游至宽水之域，放心觅食。

（4）冬季筏钓的风力条件。风为湖库营造了活水，增加了水体溶氧量，使鱼更具活力。许多情况下，冬季的风起始于上午9—10时，可延长至傍晚时分。风力小时一二级，大时三四级，均属库钓的最佳风力。风力作用使江河中流动的水在温暖阳光的照射下，营造了适合鱼活动的条件。

（5）冬季筏钓的鱼情条件。同万物一样，鱼经历了春季的复苏、夏季的大量觅食、秋季的强壮体质，到了冬季，仍在合适的条件下不断补充养分、积蓄能量。因而，冬季仍可钓到鱼，甚至可以钓到大鱼。由于鱼类喜聚集，利用筏钓的办法，可主动到深远之水寻找它们的踪迹，投饵诱之。冬天的鱼普遍肥壮、个体大，其挣扎力度亦不因冬季的寒冷而减弱，这就使冬季筏钓更富挑战性和刺激性。

冬季适合筏钓的另一个原因，是由于此时已过雨季，注入湖库的水已经很少，并且随着水色的澄清，加之水温偏低，鱼活动的区域已由近岸浅水退至远处深水，江河中的鱼也会随着水温的下降而聚集在深水区。因此，除了要找深水外，更有效的办法就是划着舟船、轮胎到湖库江河中去垂钓。

冬季爱车保养：注意胎压和磨损，空调、发动机、电瓶勤保养

1.冬季气温低，注意轮胎的胎压和磨损。

冬季由于户外气温降低，路面干冷，如果遇到雨雪天气，路面又会变得湿滑。可以说，对于行车而言，冬季的路面危机四伏。为了行车安全，应该更加注重汽车的制动性能、操控性以及轮胎的牵引力。因此，轮胎的保养就显得格外重要。

每年10月份过后，我国大部分地区的室外气温会普遍低于10℃，此时普通轮胎

的橡胶将逐渐变硬，弹性会减弱，轮胎的干地性能、湿地制动性能降低，随之就是制动、操控及静音问题出现，时间一长就会出现浮滑现象。

另外，由于冬季气温下降明显，对汽车轮胎的另一个直接的影响就是胎压会因为空气的热胀冷缩而降低。因此，降温后要检查轮胎胎压，不足的话及时充气。

由于上述原因，冬季成了对汽车轮胎损害特别大的一个季节，如果夏季型的轮胎在冬天使用，不但磨损严重，而且也不能充分发挥车辆性能，甚至会影响行驶安全。

一般来说，夏季轮胎在雨天和干地使用能提供很好的操控性，但当面对冬天的冰雪路面时，反而更容易打滑。而冬季型轮胎则是专门针对冬天的冰雪路面设计的，可以更好地避免行驶中的打滑现象。胎面上花纹的一些特殊设计，还能改善在松软雪地里的横向操控性以及汽车行驶的稳定性。

（1）冬季型轮胎的优点。冬季型轮胎在设计时更多地考虑了低温和冰雪气候条件，采用了特殊的橡胶配方（如含硅）和花纹设计，使其无论在冬季冰冻、干冷、湿滑还是积雪的路面上都能提供更好的制动性能和操控性能。通过获得更好的抓地力，冬季型轮胎对牵引力的控制得以明显的加强。冬季型轮胎设计的最高时速比四季型轮胎、夏季型轮胎都要低，保证了冰天雪地下的行车安全。

（2）冬季要做好轮胎保养工作。低温会对胎压测量产生一定影响。气温低时，胎压值也会偏低，此时不妨给轮胎适当增加点胎压，以弥补轮胎与地面摩擦变小、制动性能减弱的不足。但要注意，充气过度也会导致轮胎抓地力下降，影响到操控的舒适性。

冬季路面因干冷而变硬，驾车时应尽量避免轧上玻璃、钉子、带棱角石子等坚硬的异物，以防胎面磨损加剧。清洗时，要以清水、肥皂水清洗轮胎上污物。

在冰雪路面驾驶汽车时，为保护轮胎，还应该做到以下几点：缓慢启动，严禁轮胎空转，启动后逐渐提速，缓慢制动；转弯时减速并充分利用发动机制动，严禁紧急制动或急转弯；准备应付紧急情况的轮胎防滑链，但无积雪或非冻结路面情况下不要使用。

（3）冬季使用轮胎的误区。不少人会在冬天下雪时换上宽大的轮胎，以提高行驶时轮胎的牵引力。其实这是一个误区。实际上，在积雪路面上行驶，反而是较窄的轮胎能提供更大的牵引力。因为在积雪路面上，牵引力不是靠轮胎与地面的摩擦来提供的，而是从轮胎花纹深入冰雪里与冰雪相互咬合获得的。而较宽的轮胎接触地面面积大、压强小，其胎面的花纹更难深入冰雪里，因此牵引力反而小于窄胎。只有当积雪完全盖住车轮，积雪相当深厚的情况下，使用宽胎才具有提高牵引力的优势。

2.寒冷天气防止空调被氟酸腐蚀。

南方地区，汽车空调制冷系统几乎全年启动，不存在冬季维护保养的问题；而北方过了10月份，气温就可能降到10℃以下，汽车空调制冷系统基本进入"冬眠"，时间长达5个月。不过，空调制冷系统的停用并不意味着不用保养和维护，如不保养和维护，空调系统的蒸发器、压缩机有可能发生损坏。另外，汽车空调中的制冷剂在制冷系统停止工作后，会与制冷系统中分离出来的水分化合，生成腐蚀性很强的氟酸，将蒸发器或冷凝器（俗称散热网）等金属件腐蚀穿孔。尤其在蒸发器内，管道拐角多，金属壁薄，就更加容易造成蚀孔而泄漏。制冷系统闲置时间越久，这种腐蚀作用的累积效果越严重。一旦制冷系统启动，水分被分散并随制冷剂循环，就不会形成局部的腐蚀。而且制冷剂在循环流动过程中会不断地流过干燥瓶，会将水分吸除。

如果汽车空调制冷系统长时间不用，运动部件就会因为缺乏充分的润滑而出现卡住现象，造成启动阻力增大，不仅使空调电磁离合器打滑，过度磨损还会使轴封干枯、粘连而失效，造成泄漏。

（1）冬季保养汽车空调制冷系统方法。在冬季，每个月将空调制冷系统启动两三次，可以选择在气温高于10℃以上有阳光的日子，每次10分钟左右。在行驶途中开启制冷系统即可。

（2）汽车空调制冷系统在冬季的除雾作用。寒冷的冬天，遇到雪、雾天气，车窗玻璃很容易起雾，最简单的方法就是开空调消除。汽车空调控制着冷热两个通风管道，热风管道的另一端连接着散热器，冷风管道的另一端连接着空调压缩机，这两条管道在靠近空调出风口的一方会融合成一条。如果风挡玻璃出现了起雾现象，

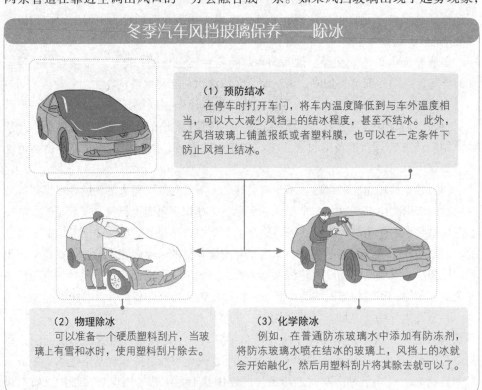

冬季汽车风挡玻璃保养——除冰

（1）预防结冰
在停车时打开车门，将车内温度降低到与车外温度相当，可以大大减少风挡上的结冰程度，甚至不结冰。此外，在风挡玻璃上铺盖报纸或者塑料膜，也可以在一定条件下防止风挡上结冰。

（2）物理除冰
可以准备一个硬质塑料刮片，当玻璃上有雪和冰时，使用塑料刮片除去。

（3）化学除冰
例如，在普通防冻玻璃水中添加有防冻剂，将防冻玻璃水喷在结冰的玻璃上，风挡上的冰就会开始融化，然后用塑料刮片将其除去就可以了。

可以先打开制冷空调，然后通过调整进风冷热旋钮，适当地增加冷空气的排风量来很好地解决这一问题。这样的话，车内空气中的水分会在空调制冷系统内被液化和过滤出去，从而使车内空气变得干燥起来，同时，由于很好地控制了冷热风的搭配比例而不会使车内温度过低。

3.用预热和预防积炭来保护发动机。

进入冬季，一般来说，电喷发动机和化油器发动机在启动后都要怠速暖车，只是时间长短和温度高低不同。发动机经过一段时间的静置，各摩擦面上的润滑油基本消失，失去了油膜的保护；低温使润滑油的黏度大大增加，附着力和流动性变差，此时，启动发动机的运动阻力大大增加。另外，低温下，金属会呈现较小的弹性和抗磨性。只有在工作温度下，发动机才能达到正常的配合间隙，保持最佳工作状态。所以，发动机在冷机状态下启动的话，是需要预热的。权威的研究成果表明，发动机在冷启动时的磨损量与其他工况下的磨损量大体相同。换句话说，发动机在冷启动时的磨损量占整个磨损量的一半左右。正常的怠速预热可以减少这种磨损，延长发动机的使用寿命。低温启动发动机后，如果随即起步行车，不但会出现发动机输出动力不足，更为严重的还会因为燃油在低温时雾化不充分而容易形成积炭。同时，部分没有雾化的汽油还会从缸壁直接流入曲轴箱与润滑油混合，降低润滑油的品质，也进一步加剧了机件的磨损。

当然，发动机预热的时间并非越长越好。过长时间的预热，发动机做无用功，浪费燃料还不利于环保。一般情况下，可以通过观察转速表来判断预热的合适时间，能够正常怠速运转，水温表指针也开始上升时即可行车。

4.防止低温损害蓄电池。

汽车蓄电池的主要作用是启动发动机，并在发动机低转速下，给全车电气设备供电。蓄电池如果不能正常供电，则发动机和车上电器系统就会跟着出问题或者停转。冬季环境温度低，汽车的用电损耗比其他季节要大得多。就以冬季气温急速下降后车辆在冷态启动性差来说，很多时候早上要点几次火车才能启动，严重时根本无法启动车辆。而导致冬季车辆冷启动困难的原因很多，但是比较常见的原因是由于蓄电池性能减弱引起的。每到此时，很多驾驶员才想起检查蓄电池或进行更换。为了避免出现启动故障或电器故障，在进入冬季后，对蓄电池进行特殊的护理是非常必要的。

（1）蓄电池的常规检查。应经常检查蓄电池，保证蓄电池牢固地固定在机舱内，防止由于震动引起的电池壳体的破裂。注意清洁电池的外部，包括极柱和夹头，确保极柱和夹头连接紧固，没有任何腐蚀、烧损和间隙。除此以外，还应该检查电池盖上的排气孔有无堵塞，正常状态下应保持排气孔通畅。如果车辆使用的不是免维护电池，还要检查蓄电池内电解液的液面高度，一般在电池上都标有最低液面的刻度，如果发现液面低于最低限度时应及时补充。在寒冷的冬季来临之后，应该经常注意检查蓄电池的存电情况，必要时还要进行充电。在汽车上对蓄电池充电电流大小的控制是由调节器来完成的，而充电电压过大或过小都会影响蓄电池的寿命，因此除了检查蓄电池本身外，还应该对调节器进行定期检查。

（2）蓄电池的维护。冬季汽车冷启动时，如遇到车辆不好启动，启动时间不要过长，以防止长时间大电流放电导致电池能量的严重损失。一般建议启动时间应控制在 3 ~ 5 秒，而每两次启动之间应保证停歇 20 ~ 30 秒。

5. 注意火花塞积炭和点火间隙。

冬季发动车子的时候，有时会听到"噼噼啪啪"的响声，可发动机就是不能启动。其实这都是因为火花塞疏于保养的缘故。极有可能是火花塞积炭和点火间隙故障。点火系统是发动机工作的关键，而点火系统的关键则是火花塞。它的任务是在准确的时间产生火花，点燃受压缩的混合气，使之快速燃烧，为发动机提供动力。可以说火花塞是汽油发动机心脏的起搏器，它的性能的好坏直接影响着发动机的工作状况。不过，火花塞的工作环境十分恶劣，高温、高压使火花塞成为发动机的易损件之一。

如果由于火花塞积炭、积油故障导致汽车无法启动，火花塞本身并没有损坏时，可以用汽油或煤油、丙酮溶剂浸泡火花塞的电极部位，待积炭软化后，用非金属刷刷净电极上和瓷芯与壳体空腔内的积炭，再用压缩空气吹干。切不可用刀刮、砂纸打磨或蘸汽油烧，以防损坏电极和瓷质绝缘体。

如果是火花塞间隙故障，可以用专用量规或厚薄规检查火花塞的间隙，不过厚薄规所测值往往不太准确。调整时应用专用工具扳动侧电极，不能扳动或敲击中心电极。调整多极火花塞间隙时，应尽可能使各侧电极与中心电极间隙一致。另外，各缸火花塞间隙应基本保持一致。

冬季旅游：观鸟、赏花、探险、美食

1. 观鸟赏花之旅：鄱阳湖，威宁草海，荔波。

（1）江西鄱阳湖——百万候鸟的乐园。

鄱阳湖是世界上最大的越冬白鹤栖息地，每年 11 月到翌年 5 月，水落滩出，各种形状的湖泊星罗棋布，美丽的水乡泽国风光吸引了大批来自内蒙古大草原、东北沼泽地和西伯利亚荒野的珍禽候鸟来此越冬。在这足以容纳数百万候鸟的水面上，有无比壮观的"天鹅湖"，更有令人叹为观止的"鹤长城"。

曾有诗人这样描述鄱阳湖的候鸟："鸟飞千白点，日没半红轮。"在寒冬时节，当你走进保护区，仿佛走进了一个鸟的王国、鹤的乐园。一群群白鹤，远眺像点点白帆在天边飘动，近观似玉在水中亭亭玉立。它们时而信步徜徉，时而窃窃私语，时而引颈高歌，时而展翅腾飞。在这万籁俱寂的天水之间，仿佛是世界上最伟大的交响乐指挥下演奏出的最美妙的音乐。

《滕王阁序》中有这样一个千古名句："落霞与孤鹜齐飞，秋水共长天一色。"每当夕阳西下的时候，这里是一个金碧辉煌的世界，鹤群伴着悦耳的鸟鸣，在湖区上空飞来飘去。当夜幕降临，月明星稀的时候，湖区内成千上万的白鹤、天鹅、雁鸭竞相鸣唱，仿佛是朋友们在叙旧谈情，又像是在共同载歌载舞，庆祝迁徙的胜利。如果这时你住在保护区内，定会被这百万水禽的大合唱所陶醉，而绝无吵闹之感。

鄱阳湖有"白鹤王国"的美称，这里拥有世界上最大的白鹤群，白鹤的数量占全世界总数的2/3以上。在鄱阳湖保护区众多的鸟类中，最珍贵的保护对象就是白鹤。白鹤在地球上已经生活了6000万年，堪称鸟类中的"活化石"。它们脸红眼黄，全身羽毛洁白无瑕，整个轮廓显出一种优雅的曲线美。

据统计，每年冬天在鄱阳湖越冬的白鹤达2000只左右，是全世界最大的白鹤集中越冬地。仅大湖池、常湖池就有白鹤1350只。用国际鹤类基金会主席乔治·阿奇博尔德博士的话来说："这是世界上仅有的一大群白鹤，其价值不亚于中国的万里长城。"

"晴空一鹤排云上，便引诗情到碧霄。"白鹤不仅是吉祥、长寿、华贵的象征，而且还是诗人吟颂的对象。如今，鄱阳湖区域内的吴城镇附近修建了完善的观鸟点，在这里不仅可以观看到数量众多的白鹤，还有小天鹅、白琵鹭、东方白鹳、鸿雁等众多漂亮的鸟类，可以使观鸟者大饱眼福。

（2）贵州威宁草海——冬季的鸟类王国。

威宁草海是真正的"鸟类王国"，是国家鸟类保护区之一。草海的鸟类资源特别丰富，每年在这里栖息的候鸟、留鸟达140多种，有黑颈鹤、白腹锦雉等珍禽，每年在这里越冬的鸟类多达185种、十余万只。其中黑颈鹤、金雕、白尾海雕等七种是国家一级保护鸟类，灰鹤、白琵鹭等20余种是国家二级保护鸟类。每年12月份左右，世界各地的鸟类专家和观鸟者纷至沓来，因此这里被誉为"世界最佳观鸟区"。

每到冬天，数以万计的涉禽和游禽云集于此，其中就有国家一级保护鸟类——黑颈鹤。它是世界上唯一生活在高原沼泽的鹤类。每年初冬时节，青藏高原上"千里冰封"的时候，黑颈鹤举家南迁，飞往草海越冬。草海水质优良、水草茂密、鱼虾众多，自然成了黑颈鹤栖息密度最大的越冬地，它们直到次年春回大地之后才飞回故地。此时，冬季也是观鸟爱好者前往草海观鸟的最佳季节。草海除了拥有特别珍稀的黑颈鹤外，还有大量的灰鹤、丹顶鹤、黄斑苇鸦、黑翅长脚鹬和草鹭栖息于此，是世界人禽共生、和谐相处的十大候鸟活动场地之一，在科学界又被称为"物种基因库"和"露天自然博物馆"。

威宁草海是贵州最大的天然淡水湖，素有"高原明珠"之称。它与青海湖、滇池齐名，是国家级自然保护区，以水草繁茂而得名。这里四季气候宜人、温暖如春。每当暮春时节，草海周围开放着大面积、千姿百态、绚丽动人的杜鹃花。到了冬天，草海则成了观鸟的胜地，这时也是观赏黑颈鹤的最好季节。特别是在风和日丽的时候，站在岸边极目远眺，草海水天一色、烟波浩渺、鸢飞鱼跃、大雁横秋，让人分不清是画是诗还是景色。

（3）贵州荔波——野生梅之乡、梅花的海洋。

每年中原大地银装素裹，"无边落木萧萧下"之时，贵州荔波却是"千树万树梅花开"，成了冬季赏梅的旅游胜地。这里一向是冬季旅游的热门之地，每年1月底至2月初，这里的梅花白茫茫一片，偶尔还夹杂着一朵朵红梅、绿梅、黄梅，成为一道道炫人眼目的风景。

被誉为"中国野生梅之乡"的荔波分布着世界上最大的一片野生梅林，"隆冬十二月，寒风西北吹。独有梅花落，飘荡不依枝"。寒冬腊月，来到荔波的梅原景区，那漫山遍野的梅花芳香四溢，让人怎能不赞赏大自然的妙笔生花，不迷醉这方土地的慷慨赠予。虽然寒风依然凛冽，冷空气依然肆虐，但是就在这梅花的暗香盈袖之间，仿佛早已带来了大地回春的消息。

感受冰雪之美

【亚布力滑雪场】

（1）亚布力滑雪场山高林密，冬季积雪达30～50厘米，最厚可达1米。整个滑雪场可分为竞技滑雪区和旅游滑雪区。每到冬天，这里银装素裹、雪压青松，是国内最大、条件最好的滑雪场地。在亚布力滑雪场，除了滑雪外，还有雪地摩托、狗拉雪橇、滑轮胎、雪滑梯等游玩项目。

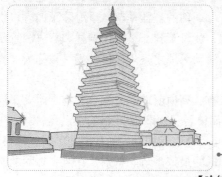

【哈尔滨冰城】

（2）被誉为"冰城"的哈尔滨是世界冰雪文化的发源地之一。一年一度的"哈尔滨冰雪节"更是冰雪资源的大聚会。每年冰雪节期间，市内冰峰林立、银雕玉砌的冰灯雕塑比比皆是。

　　每年到了梅花盛开的时候，当地政府都会举办隆重的梅花节。也正因为荔波野生梅花的独特魅力，在每届梅花节举办期间，这里总是游人如织。在这个时候，倘徉在荔波县城的街头，你能感受到浓浓的节日气氛，未见梅花影，便能闻到梅花香。

　　除了梅花，荔波还被称为"地球之花，山水天堂"，这里一年四季都是山青水绿、鸟语花香。从景色来看，没有旅游淡季和旺季之分。

　　荔波除了山水和花草美丽无比之外，民族风情也很浓郁。自2006年举办第一届梅花节大获成功之后，冬季赏梅已成为了荔波旅游的名片。

　　在持续一个月左右的梅花节期间，还会举办少数民族特技表演、猛牛争霸赛、龙狮表演等活动。游客不仅能赏红梅、品梅酒、饮梅汁，还能感受布依族、水族、苗族、瑶族等民族的民风民俗，充分体验荔波的民族文化和独特的自然风光。

　　2.民俗之旅：南宁民歌节，山西乔家大院。

　　（1）南宁国际民歌艺术节——"歌海"之誉、歌仙刘三姐的故乡。

　　作为壮族歌仙刘三姐的故乡，广西素有"歌海"之誉，每年11月在南宁举行的国际民歌艺术节，是南宁一年一度的民歌会。南宁国际民歌艺术节的前身是创办于1993年的广西国际民歌节，1999年正式改为现名。它以浓郁的民族风情、开阔的国际视野和强劲的现代气息，赢得了社会各界的赞誉。艺术节期间，国内外著名艺术家、歌手纷纷登场，为南宁这个"天下民歌眷恋的地方"增添了无穷的色彩。已连续成功举办了九届的南宁国际民歌艺术节，每年都会给观众带来耳目一新的感觉。

　　在每年艺术节期间，"中国—东盟博览会"也同期举行。这个时候，东南亚时装秀、东南亚美食节、国际龙舟赛、南宁经贸洽谈活动和着精彩的民歌，犹如一颗颗闪亮的珍珠，编织起东南亚各国人民的友谊与交流，串出多姿多彩的"东南亚文化链"。

　　（2）山西乔家大院——清代著名晋商的宅第。

　　始建于清代乾隆年间的乔家大院是清代著名晋商乔致庸的宅第，可以说是当年的"金融中心"。乔家大院曾先后两次增修，一次扩建。外观威严高大，宛如城堡；内观则富丽堂皇，既有跌宕起伏的层次，又有变化的意境，无论是从建筑美学还是从民俗研究来看，都有很高的价值。

　　乔家大院的格局是由甬道将六座大院分为南北两排。北面三座大院均为暗棂柱走廊，便于车、轿出入。大门外侧有拴马柱和上马石。从东往西数，一、二院为三进五联环套院，是祁县一带典型的里五外三穿心楼院。从正院门到上面正房，需连登三次台阶，它不但寓示着"连升三级"和"平步青云"的吉祥之意，也是建筑层次结构的科学安排。

　　南面三院为二进双通四合斗院，西跨院为正，东跨院为偏。中间和其他两院略有不同，正面为主院，主厅处有一旁门和侧院相通。其正院为族人所住，偏院为花庭和用人宿舍。南院每个主院的房顶上盖有更楼，并修建有相应的更道，把整个大院连了起来。

冬季北方旅游注意事项

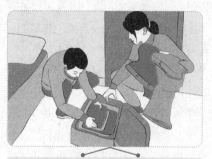

1.备齐防寒的衣物：北方冬天气温约在0℃以下，服装以轻便、舒适、运动、保暖为主，应准备羽绒服、羊毛衣、羊毛裤、帽子、手套、围脖等。

2.注意防滑：冬季北方路多有冰雪，路面湿滑，穿皮靴易滑倒，最好穿雪地防滑棉鞋。

3.在户外活动时，如身体某部位感觉寒冷，一定要活动一下，使身体热起来，如产生冻伤、冻裂或手脚无感觉等情况，不能用热水烫。

等到明天早晨喝。

4.天气干燥，会常感觉口干，每天晚上睡前可以在房间里放一些水，早晨起来饮用会好一点。

5.每次下车时，应注意脚下是否有水或冰，要注意安全。走路时膝盖微弯曲，重心向前倾，这样不易摔倒。

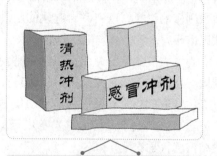

清热冲剂 感冒冲剂

6.备好常用药：冬季寒冷，出门旅游要备常用感冒药；北方爱吃凉菜，肠胃不好的人会闹肚子，要准备一些常用的胃药；北方干燥，还需备些清热冲剂。

乔家大院的六座大院内随处可见的是各种精致的砖雕、木刻、彩绘，每座大院的正门上都雕有各种不同的人物。如一院正门为滚檩门楼，有垂柱麻叶，垂柱上月梁斗子、卡风云子、十三个头的旱斗子，当中有柱斗子、角斗子、混斗子，还有九只乌鸦，堪称一等的好工艺。二门和一门一样，为菊花卡口，窗上也有旱纹，中间为草龙旋板。三门的木雕卡口为葡萄百子图。砖雕工艺更是到处可见，题材非常广泛。此外，还有壁雕、脊雕、屏雕、扶栏雕。

乔家大院各个门庭所悬的牌匾很多，内有四块最有价值。其中有三块牌匾最值得乔家自豪和感到荣幸。那就是光绪四年由李鸿章亲自书写的"仁周义溥"，山西巡抚丁宝铨受慈禧太后面谕送的"福种琅环"及民国年间祁县东三十六村送给乔映奎的"身备六行"。前两块表明乔家在那个时期对官府的捐助，又经朝廷大员题词推崇，因此倍加荣耀光彩；后一块也从另一个侧面反映了乔家的一些善举和为人处事的方法。此外，其他各院的门匾，如彤云绕、慎俭德、书田历世、读书滋味长、百年树人等都具有深刻的寓意。

3. 探险之旅：武隆天坑地缝。

武隆天坑地缝以天然的天坑群、天生桥群、地缝奇观、溪泉飞瀑为主要特色。公园内的岩溶地质、地貌尤为突出，拥有世界最大的天生桥群和世界第二大天坑群，2007 年，武隆天坑地缝被列入世界自然遗产名录。

武隆天坑地缝集南方喀斯特地貌为一体，是经亿万年地质裂变而形成的自然奇迹，其"三桥夹两坑"是景区内最壮观、最奇特的景点。在 1.2 千米距离内，连续生成三座天然石拱桥，即天龙桥、青龙桥和黑龙桥。这三座桥的高、宽、跨度分别在 150 米、200 米、300 米以上，是"世界上最大的天生桥群"。

在三桥之间，连续生成两个世界罕见的岩溶天坑，即天龙坑和神鹰坑，形成坑与坑以桥洞相连，桥与桥以坑隔望的完美组合，构成了世界上独一无二的地质奇观，达到了移步换景的理想境界。走进天坑景区如同走进了一座自然的地质物馆，使人叹为观止。

在武隆天坑地缝景区，有许多奇特的峡谷地缝，其中最有名的当数龙水峡，全长 2 千米，最窄处仅 1 米，从谷顶到谷底高差达 200 ~ 400 米。它与武隆天坑景区是同生在洋水河大峡谷上的姊妹景区，但风光迥然不同，是探险觅幽的好去处。地缝中老树藤萝盘绕，在谷顶与谷底之间设有我国第一部 80 米室外景区观光电梯，站在电梯中，可以将缝外秀色尽收眼底。

4. 古文明之旅：广汉三星堆，西安兵马俑。

（1）广汉三星堆——青铜器艺术精品、七大千古之谜。

地处成都平原的三星堆是辉煌的古蜀国文明遗址，被称为 20 世纪人类最伟大的考古发现之一。在三星堆博物馆里陈列的青铜神树、美轮美奂的玉璋、流光溢彩的金杖，无不诉说着数千年前三星堆文明所达到的最高成就。这些考古发掘，为巴蜀文明的研究打开了一扇神秘的窗口，将蜀国的历史推前了两千多年，填补了中国考古学、青铜文化、青铜艺术史上的诸多空白。

和世界闻名的秦始皇兵马俑一样，三星堆遗址的发现纯属偶然。1929年的一个春天，当地农民在宅旁掏水沟时发现一坑精美的玉石器，因其浓厚的古蜀地域特色引起世人广泛关注。1933年，前华西大学美籍教授葛维汉及其助手林名均首次对三星堆进行发掘，其发掘成果得到当时旅居日本的郭沫若先生的高度评价，由此拉开了对三星堆半个世纪的发掘研究历程。

经过考古学家的努力，现在已经确认，三星堆遗址文化距今4800～2800年，该遗址从新石器时代晚期延续发展至商末周初，时间跨度近2000年。三星堆文明曾是古蜀国都邑所在地，而这一遗址的发掘也揭开了古蜀国的面纱，打开一扇通往四千年前的历史大门。

以三星堆为中心的古蜀王国兴盛于中原地区的殷商时代——青铜器文明的巅峰时代，其在进行祭祀活动中大量使用了青铜器，由此出现了一大批人和动物、植物的立体塑像和人兽形状的饰件，成为早期巴蜀青铜器特有的典范之作。在相对独立的发展历程中，巴蜀青铜器孕育了自己奇特新颖的艺术风格，创造了别具一格的美学传统，成为古代东方艺术中的一朵奇葩。三星堆青铜器系列中的国宝文物"青铜立人像""突目面具"，形体硕大、形象奇特、内涵深邃，不仅为中国青铜文化所罕有，即使是在全世界青铜艺术中也极为罕见。

而伴随着三星堆中一个又一个震惊世界的奇迹，许多谜团也在专家面前一一呈现，虽然专家学者对这些千古之谜争论不休，但终因无确凿证据而成为悬案。例如三星堆文化来自何方？三星堆遗址居民的族属是哪里？三星堆古蜀国的政权性质及宗教形态如何？三星堆青铜器群高超的青铜器冶炼技术及青铜文化是如何产生的？三星堆古蜀国何以产生，持续多久，又何以突然消亡？出土上千件文物的两个坑属何年代及什么性质？三星堆出土的金杖等器物上的符号是文字、是族徽、是图画、还是某种宗教符号？……

这些疑团自三星堆挖掘以来，考古界就为此进行了长达半个多世纪的叩问。三星堆的千古之谜既令人神往，也令人遐想。或许在谜底解开之时，就是重新认识三星堆之日。

（2）秦始皇兵马俑——世界第八大奇迹。

1974年，秦始皇兵马俑的发现震惊了世界。这一建于公元前3世纪的地下雕塑群，以恢宏磅礴的气势、威武严整的军阵、形态逼真的陶俑向人们展示出了古代东方文化的灿烂辉煌，因此被称为"世界第八大奇迹"。

在秦始皇兵马俑内部，总共有三个兵马俑坑。其中一号坑是主力阵容，规模最大，现已出土陶俑1000余尊，战车8辆，陶马32匹，各种青铜器近万件。根据出土兵俑的排列密度估计，一号坑共埋葬兵马俑6000余件。凭栏俯视，东端3列步兵俑面向东方，每列 68 尊，是军阵的前锋，后面接着战车和步兵相间的 38 路纵队构成军阵主体；俑坑南北两侧和西端备有 1 列分别面南、面北和面西的横队，是军阵的翼卫和后卫。

而位于一号坑北侧约 20 米处的二号坑则是秦俑坑中的精华，因为它为我们揭开了扑朔迷离的古代军阵的面纱。二号坑整个平面呈曲尺形，东西最长处 96 米，南北最宽处 84 米，深约 5 米，面积约 6000 平方米，共由四个单元组成：第一单元即东边突出部分，由持弓弩的跪式和立式弩兵俑组成；第二单元即俑坑南半部由驷马战车组成的车兵方阵；第三单元由车兵、步兵、骑兵俑混合编制组成长方阵；第四单元即俑坑北半部由众多骑兵组成的长方阵。这四个方阵有机组合，由战车、骑兵、弩兵混合编组，进可以攻，退可以守，严整有序。

相比于前面两个，三号坑的规模最小，它位于一号坑西端北侧，与一号坑相距 25 米，东距二号坑约 120 米，三个坑呈"品"字状排列。展出的兵马俑，其场面之壮观、气势之威武、规模之巨大，使人震撼。

5. 美食之旅：潮汕美食节。

潮菜已有上千年的历史，它博采海内外美食之精华，经过多年的改善，已发展成为了独具潮汕文化特色、驰名海内外的著名菜系之一。它是潮州文化的一个组成部分，历经千余年的形成和发展，既秉承了传统名菜的风味，又融合了广州菜、东江菜的优点，充分运用了炒、煎、焖、泡、炸、烧、炖、烹、卤、熏、扣、滚等技巧。

潮州菜用料广博，具有"三多"的特点，一是水产品多，二是素菜式样多，三是甜菜品种多。潮州菜在讲究色、味、香的同时，还有意在造型上追求赏心悦目。各种菜肴上席时特别讲究调料，如生炊龙虾必配桔油，干烧雁鹅必配梅膏芥末，清炖白鳝必配红豉油。每当菜肴上齐时，餐桌上酱碟繁多，蔚为大观。

1988 年 9 月 20 日，伴随潮州菜而诞生的第一届潮汕美食节在汕头龙湖宾馆开幕，标志着潮州菜已逐渐成为一种美食文化，在国内外广为传播。潮汕美食节至今已累计成功举办了 13 届，并成为潮汕美食的名片。

在每年潮汕美食节期间，无数游客慕名而来，品尝美食佳肴，感受独特的潮汕饮食文化，使汕头成了美食的天堂。

毋庸置疑，在每届潮汕美食节上独领风骚的多为潮汕特色小吃与特色菜。比如驰名海内外近百年的老妈宫粽球、潮汕手打牛肉丸，来自民间的鼠曲粿，百吃不厌的西天巷蚝烙……这些潮汕美食皆色、香、味俱全，吸引着众多的游客争相品尝。

节日期间，除了能在一城之内吃遍潮汕特色美食外，还可以品尝国内外其他特色佳肴。比如云南的过桥米线、内蒙古草原的孜然烤羊肉、上海城隍庙小吃等；国外的一些小吃也会在此时纷纷登场，比如泰国的咖喱串、日本的章鱼小丸子、印度的薄饼等，其风味也各具特色，同样令人胃口大开。

6. 购物之旅：香港。

香港是全球著名的贸易港，向全世界出口成衣、钟表、玩具、游戏、电子等产品。同时，香港也是国际著名的商业中心。这里汇集了全世界近 200 个国家和地区的各种商品，其发达的商业网络和繁华的商品市场，为它赢得了"商品世界"和"购物天堂"的美誉。

香港的购物中心主要集中在九龙的弥敦道和铜锣湾的怡和街及轩尼诗道。这些商业街汇聚了众多的香港产品和舶来品，生意非常兴旺，堪称购物者购物的黄金之地。

在香港，著名的弥敦道是最为繁华的地区之一，也正是弥敦道的繁荣，带动了两侧与之平行的几十条小街道的繁荣。如位于弥敦道东侧的西洋菜街、通菜街、花园街，贯穿油麻地和旺角两区的上海街，位于弥敦道两侧的庙街和与之垂直的甘肃街等，都是非常有名的商业街。至于和弥敦道齐名的铜锣湾，同样也是商场林立。如时代广场、嘉兰中心、世贸中心、利园、皇室堡、金百利等，这些都堪称香港购物的天堂。

在香港，中环和九龙半岛南端的尖沙咀集中了大部分传统的名店。新兴的名店街有金钟廊、铜锣湾的百德新街、九龙的尖东。名店街的商品大都质优价高、款式新颖、讲究时尚，基本都是世界名牌。

香港被称为"不夜城"，这里的夜晚热闹非凡。其中最著名的夜生活胜地是湾仔，每晚都吸引着无数的夜游人前来纵情玩乐。这里酒吧、夜总会林立，许多娱乐场所还设有现场音乐演奏及舞池。

每当夜幕降临，沿着谢斐道、骆克道或卢押道漫行，你会看到许多娱乐场所，在窄长的街道两旁，满布欧陆式的餐厅和酒吧。毗邻的 SOHO 荷南美食区位于中环至半山自动扶梯旁，汇聚了许多装修雅致的小餐厅及酒吧，情调悠闲。

在尖沙咀，璀璨的霓虹灯照亮九龙半岛，这里也是消遣娱乐的夜天堂。亚士厘道、赫德道、宝勒巷、诺士佛阶及诺士佛台，汇聚了不少时尚的酒吧及小酒馆。此外，尖沙咀东部也有许多卡拉 OK、酒廊、夜总会等娱乐场所。总之，在香港的夜晚，你是不用担心没地方消遣，没地方娱乐的。

除了购物、娱乐，香港的美食也同样充满了无穷的诱惑力。这里的主流饮食以粤菜为主，本地特色以海鲜、甜点和茶餐厅最为流行。虾饺、烧卖、肠粉、蒸排骨和各式糕点都是点心中最为著名的。上茶楼吃点心，香港人称之为"饮茶"。在早上或午饭时间上茶楼品茗和吃点心，是不少香港人每天的例行习惯。

提起香港的美食，不可不提的是海鲜。在香港，不但海鲜种类多，烹调方法更是花样百出。蒸、炒、炸可以随你选择，扇贝、螺、蚬、蚌，还有许多不知名的海产，未选已看得你眼花缭乱。即使不下馆子，各种美味的街头小吃，例如牛什、烧香肠、豉油王鸡腿、花生酱薄饼等也同样令人垂涎欲滴……